内容简介

全球环境问题引人瞩目，环境污染导致的对人类健康和环境的危害，直接关系到人类生存条件，是一个重要的环境健康问题。

本书以当代环境问题为主线，结合环境因素的健康效应，论述了大气污染、水污染、环境化学性污染、环境物理性污染、环境生物性污染、环境放射性污染与人体健康的关系以及居住环境污染、食品污染、日用化学品污染对人体健康的危害，同时还论述了医学地理学与流行病学和地质环境对人体健康的影响以及自然灾害给人类带来的危害。

本书是高等院校环境科学专业的基础课程教材，也可作为理、工、农、医以及文史、语言等专业进行环境教育的参考书。同时也可作为公众环境教育的阅读材料。

ENVIRONMENT AND HEALTH

环境与健康

（第2版）

贾振邦 /编著

北京大学出版社
PEKING UNIVERSITY PRESS

图书在版编目(CIP)数据

环境与健康/贾振邦编著. —2 版. —北京：北京大学出版社，2020. 9
ISBN 978-7-301-31587-3

Ⅰ. ①环…　Ⅱ. ①贾…　Ⅲ. ①环境影响 – 健康 – 高等学校 – 教材　Ⅳ. ①X503.1

中国版本图书馆 CIP 数据核字(2020)第 165633 号

书　　名　环境与健康（第 2 版）
HUANJING YU JIANKANG（DI-ER BAN）
著作责任者　贾振邦　编著
责 任 编 辑　王树通
标 准 书 号　ISBN 978-7-301-31587-3
出 版 发 行　北京大学出版社
地　　址　北京市海淀区成府路 205 号　100871
网　　址　http://www.pup.cn　新浪微博：@北京大学出版社
电 子 信 箱　zpup@pup.cn
电　　话　邮购部 010-62752015　发行部 010-62750672　编辑部 010-62764976
印 刷 者　北京虎彩文化传播有限公司
经 销 者　新华书店
720 毫米 × 1020 毫米　16 开本　22. 25 印张　450 千字
2008 年 8 月第 1 版
2020 年 9 月第 2 版　2024 年 8 月第 4 次印刷
定　　价　58. 00 元

第2版前言

时光荏苒，如白驹过隙。转眼间《环境与健康》出版已有10年。本书是高等院校环境科学专业及理、工、农、医、文史、语言等专业的课程教材和环境教育参考书。同时，也可为公众环境教育提供阅读材料。本书刊印后，受到广大读者的欢迎和喜爱以及同人的肯定和指点，实现了作者的初衷。

随着社会发展、科技进步，环境科学也在不断创新。同时，全球环境污染也日趋严重，环境与健康问题引起全球社会的关注。

2016年5月23—28日，第二届联合国环境大会在内罗毕召开。联合国环境规划署执行主任阿奇姆·施泰纳说："环境一直是，且永远都是保证人类繁荣发展的核心。"联合国环境规划署还发表了题为《健康环境、健康民众》的最新报告，称每年由环境退化和污染导致的过早死亡人数是冲突致死人数的234倍。2012年，全球有1260多万人由于环境原因死亡，占总死亡人数的23%。报告指出，人口增长、城市化速度加快、消费水平上涨、荒漠化和气候变化等是当前全球面临的共同挑战。

当前，环境污染已成为影响我国经济社会可持续发展和公众健康的一个重要因素，引起社会各界普遍关注。为了有力推进我国环境与健康工作，积极响应国际社会倡议，针对我国环境与健康领域存在的突出问题，借鉴国外相关经验，2007年11月5日，卫生部、环境保护总局等18个部门联合制定了《国家环境与健康行动计划(2007—2015)》。《国家环境与健康行动计划》作为中国环境与健康领域的第一个纲领性文件，对指导国家环境与健康工作科学开展，促进经济社会可持续健康发展具有重要意义。

2013年9月29日，环境保护部发布了《中国公民环境与健康素养(试行)》。其发布背景是，依据世界卫生组织有关报告所监测的102种疾病中，有85种受到环境因素的影响。其目的是普及现阶段公民应具备的环境与健康基本理念、知识和技能，为评价公众环境与健康素养现状提供基本参照，促进全社会共同推进国家环境与健康工作等。

2016年10月25日，中共中央、国务院印发并实施了《"健康中国2030"规划纲要》。该纲要要求，进一步夯实环境与健康工作基础，以制度建设为统领，将保障公众健康纳入环境保护政策，有效控制和减少环境污染对公众健康的损害。

2017年2月22日，环境保护部发布了《国家环境保护"十三五"环境与健康工作规划》。该规划指出，环境与健康是一个复杂的科学问题，也是一个关注度极高的、敏感的社会问题，事关社会和谐稳定、国家长治久安和民族生存繁衍。全力推进环境与健康工作,把环境健康风险控制在可接受水平,将其作为推动环境保护事业发展的新动力,对于促进健康中国建设、生态文明建设具有重要意义。

2018年1月24日,环境保护部印发了《国家环境保护环境与健康工作办法(试行)》。该办法适用于环境保护部门为预防和控制与健康损害密切相关的环境因素,最大限度地防止企业事业单位和其他生产经营者因污染环境导致健康损害问题的发生或为削弱其影响程度而开展的环境与健康监测、调查、风险评估和风险防控等活动。

鉴于此,作者产生了重新修订《环境与健康》的想法。同时,责任编辑王树通也有此意,双方一拍即合。此外,重新修定也源于广大读者的喜爱,更离不开北京大学出版社的大力支持,借此机会致以衷心的感谢。

第2版《环境与健康》是在第1版的基础上完成的,其可读性更强。该书整体结构不变,保留基础知识、基本概念和有历史意义的事件(全球重大污染事件等);删除部分过时的数据和内容,更换新数据和新资料;增加自然灾害新章节。第2版中,虽然有的章节内容已经删除或更换,但参考文献中仍保留其索引,以示对原作者的尊敬。

本书重新修订过程中,参考和引用了相关作者的文献资料,对他们的辛勤工作致以衷心的感谢。感谢读者的厚爱。感谢同仁的指点。更感谢编辑王树通的信任和帮助,使本书得以顺利出版。

书中不足与瑕疵之处,请广大读者和同仁指正。

贾振邦

2019年12月27日于蓝旗营

前　　言

人类只有一个地球。

45 亿年前，地球开始形成。她为人类提供了赖以生存的优美自然环境和丰富的物质基础，让人类世世代代在这块土地上繁衍生息。

人类追求幸福，探索宇宙、社会、人生之奥秘，自文明伊始，即代代不绝。其中最令近现代人感到自豪和骄傲的，尤莫过于工业革命所取得的巨大科技进步与物质成果，因为它创造的财富，远远超过了过去几千年财富的总和。

20 世纪以来，许多国家相继走上了以工业化为主要特征的发展道路。随着社会的发展与科技的进步，人类对物质的无止境追求，使得其向大自然的索取达到了无计划、无约束的疯狂程度。人类创造了前所未有的物质财富，加速推进了世界文明发展进程。但是，人类在创造辉煌的现代工业文明的同时，其赖以生存和发展的环境和资源遭到越来越严重的破坏。地球的环境加速恶化、生态失去平衡，从而威胁到全人类未来的生存与发展。而且，人类已经不同程度地尝到了环境破坏的苦果。面对过去的历史，人们开始进行深刻的反省。

环境问题自古有之，其具体内涵随社会的发展而不同。原始社会人口稀少、生产力水平低下，这时的环境问题表现为洪水、猛兽、林火、风暴以及种种自然灾害对人类生存的威胁；农业社会人类生活以种植业和养殖业为中心，主要的环境问题表现为以气象灾害为中心的自然灾害（包括病虫害）对农牧业生产的破坏，过度垦殖引起的水土流失和环境退化是环境问题的另一方面，并且一直延续至今，仍然是当代主要环境问题之一；人类于近 300 年来进入工业社会以后，环境问题又增加了新的内容，这就是自然资源的大量消耗和破坏，以及工业“三废”引起的环境恶化直接构成了对全人类生存的威胁。20 世纪中叶以后，因环境污染而造成人群中毒的公害事件明显增加，国外著名的八大公害事件，其中多数发生在第二次世界大战以后西方国家工业迅速发展的时期。值得注意的是这类事件至今仍时有发生，例如众所周知的印度博帕尔市美国联合碳化物公司所属农药厂的毒气泄漏事件（1984 年 12 月）和苏联切尔诺贝利核电站的核泄漏事件（1986 年 4 月），这些事件均造成几千人死亡，几万人严重受害，几十万人受到不同程度的影响。

可以说，当代的环境问题主要是由于环境污染而不断发生的公害事件以及人类生存环境质量的持续恶化。1991 年 6 月在北京举行的发展中国家环境与发展部长级会议，发表了《北京宣言》，指出当代“严重而且普遍的环境问题包括空气污染，气候变化，臭氧层耗损，淡水资源枯竭，河流、湖泊及海洋和海岸环境污染，海洋和海岸带资源减退,水土流失,土地退化,沙漠化,森林破坏,生物多样性锐减,酸沉降,有毒物品扩散和管理不当,有毒有害物品和废弃物的非法贩运,城区不断扩展,城乡地区生活和工作条件恶化特别是生活条件不良造成疾病蔓延以及其他类似问题。而且发展中国家的贫困加剧,妨碍他们满足人民合理需求与愿望的努力,对环境造成更大压力”。

目前,人类遭遇了威胁生存的十大环境问题:全球变暖、臭氧层破坏、生物多样性减少、酸雨蔓延、森林锐减、土地荒漠化、大气污染、水体污染、海洋污染、固体废物污染。

全球环境问题引人瞩目,环境污染导致对人类健康和环境的危害,直接关系到人类生存条件,是一个重要的环境健康问题。

本书以当代环境问题为主线,结合环境因素的健康效应,论述了大气污染,水体污染,环境化学性污染,环境物理性污染,环境生物性污染,服装、玩具污染与人体健康,以及居住环境污染、食品污染、日用化学品对人体健康的危害,同时也论述了医学地理学与流行病学和地质环境与人体健康。

20世纪是一个伟大的世纪,也是一个充满问题与矛盾的世纪。

21世纪是一个全新的时代——知识经济时代。目前,环境与发展问题受到国际社会的普遍关注,人们越来越深刻地认识到日益严重的全球性环境污染已经威胁到人类生存和社会发展。环境问题已被认为是当代社会所面临的最严重的问题之一。

进入21世纪,我国国民经济高速增长,社会形态正从温饱型向小康型转变。近年来,在社会各界的共同努力下,环境污染问题得到了有效控制和改善。汽车产业的发展是小康型社会的一大表现,它如同一把双刃剑,不仅承载着希望和富强,同时也在破坏着人类和众多生物赖以生存的地球环境。随着我国汽车产销量的大幅增长,汽车内环境污染问题成为继汽车尾气排放污染后的又一危害公众健康安全的突出问题。

世界卫生组织在《2002年世界卫生报告》中将室内空气污染与高血压、胆固醇过高症及肥胖症等共同列为人类健康的十大威胁,报告中强调这十大威胁造成的后果比人们想象得要严重,全世界每年有2400万人的死亡与之紧密相关,由这些因素引起的疾病在发展中国家占到30%,而在中国,1/6的疾病由以上因素引起。据不完全统计,全球近一半的人处于室内空气污染中,室内空气污染已经引起35.7%的呼吸道疾病,22%的慢性肺病和15%的气管炎、支气管炎及肺癌。报告中特别提到室内装饰使用含有有害物质的材料会加剧室内空气污染程度,这些污染对儿童和妇女的影响更大,其污染程度远远超出世界卫生组织的估计。随着室内装饰材料越来越复杂,产生的环境污染也越来越严重。防治室内空气污染及其研究已迫在眉睫。

专家提醒人们,继“煤烟型污染”和“光化学烟雾型污染”后,现代人已经进入了以“室内空气污染”为标志的第三污染时期。

持久性有机污染物(POPs)的环境行为是环境化学和生态毒理学研究的热点。之所以成为当前全球环境保护的热点,正是由于它们能够对野生动物和人类健康造成不可逆转的严重危害,其中包括:对免疫系统的危害;对内分泌系统的危害;对生殖和发育的危害;致癌作用;其他毒性。POPs 还会引起一些其他器官组织的病变,导致皮肤出现表皮角化、色素沉着、多汗症和弹性组织病变等症状。一些 POPs 还可能引起精神心理疾患症状,如焦虑、疲劳、易怒、忧郁等。

目前,在人们生产生活环境中还存在着另外一种污染——光污染,而且这一长期被人们忽视的污染源有可能成为 21 世纪直接影响人类身体健康的又一环境“杀手”。光污染,作为新的社会环境问题,它的危害显而易见,因此产生的纠纷也由于没有法律依据而矛盾重重。作为一个现代法治国家,我们应该及时弥补这一环境立法的空白点,为解决纠纷提供法律依据,为保护环境、走可持续发展道路提供法律保障。

电磁波污染是继水、空气、噪声污染后,由于现代信息发展带给人类新的环境污染。因为电磁场是看不见、摸不着的能量物质,又无时不有、无处不在,因此更具有危险性和危害性。在人们享受信息时代优越感之时,也逐渐认识和体会到它的负效应,即由于电磁波涡流热效应、积累效应致使生命体发生紊乱,从而导致各种疾病的发生。

人们都用化妆品,女性对化妆品更是情有独钟。可是,化妆品中含有污染物。化妆品中的色素、香料、表面活性剂、防腐剂、漂白剂、避光剂等都可导致接触性皮炎。香水、防晒剂、染发剂中含的对苯二胺,口红中含的二溴和四溴荧光素都具有变应原性质,可引起皮肤红肿、搔痒,发生变应性接触性皮炎。胭脂、眉笔的笔芯亦含有变应原,可引起眼睑变应性接触性皮炎。使用含雌激素的化妆品能引起儿童性早熟发育症状。洗发香波中含的苯酚有毒性。含苯胺类化合物的洗发水、含氨醌的皮肤漂白剂、含巯基醋酸的冷烫剂、含硫化物的脱毛剂以及指甲化妆品常可引起刺激性接触性皮炎。祛斑霜的含汞量高达 2%,长期使用易导致发汞、尿汞含量增高,引起慢性汞中毒。

食用受污染的食品会对人体健康造成不同程度的危害。食品污染分为生物性污染、化学性污染、放射性污染。食品污染对人体健康的危害有多方面的表现,可引起急性中毒,也可引起慢性中毒。长期摄入微量黄曲霉毒素污染的粮食,能引起肝细胞变性、坏死、脂肪浸润和胆管上皮细胞增生,甚至发生癌变。慢性中毒还可表现为生长迟缓、不孕、流产、死胎等生育功能障碍,有的还可通过母体使胎儿发生畸形。某些食品污染物还具有致突变作用。突变如发生在生殖细胞,可使正常妊娠发生障碍,甚至不能受孕、胎儿畸形或早死。突变如发生在体细胞,可使在正常情况下不再增殖的细胞发生不正常增殖而构成癌变的基础。

农药由于其化学性质不同,在环境中的降解度不同,对人体的影响也不同。环境中的农药,可通过消化道、呼吸道和皮肤等途径进入人体,其中有机磷农药、有机氯农药污染是造成人体急性或慢性中毒的主要污染物。有机磷农药是一种神经毒剂,它能抑制体内胆碱酯酶,造成乙酰胆碱聚积,导致神经功能紊乱等。急性中毒表现症状包括恶心、呕吐、呼吸困难、瞳孔缩小、肌肉痉挛、神志不清等,慢性中毒主要症状包括头痛、头晕、乏力、食欲不振、恶心、气短、胸闷等。有机氯农药慢性中毒类似有机磷农药中毒症状,并伴有腰痛、肝肿大和肝功能异常等症候。有机氯农药的脂溶性特点,决定了它在人体脂肪中的蓄积。此外,有机氯农药还可以对人体和动物造成内分泌系统、免疫功能、生殖机能等广泛影响。经动物试验证明具有致突变、致畸和致癌作用。

生物入侵不仅对生态系统结构功能造成极大改变,威胁生物的多样性,危害人类健康,而且也对地方乃至全球经济发展造成了阻碍。

面对所有这些问题,人们不得不去改变旧有的工业社会思维模式并进行深刻的反思。为了人类的健康,为了子孙后代的生存和幸福,爱护环境、保护环境,必须从每一个人自身做起。我们这一代人,必须做出正确的抉择。

本书是在作者多年教学与科研工作的基础上完成的。由于作者水平有限,书中存在的错误之处,恳请广大读者批评指正。

书中参考和引用了相关作者的文献资料,在此向这些作者致以衷心感谢。

本书编写过程中,得到北京大学教材建设委员会的支持,北京大学出版社责任编辑王树通细致入微的工作,使书稿中的一些错误得到修正,书稿得以如期完成。本书作者对他们的辛勤工作表示衷心的感谢。

编　者

2008年6月于蓝旗营

目　录

第一章　绪　论 ………………………………………………………………… (1)

第一节　环境和环境问题 ……………………………………………………… (1)

一、人类的环境 ………………………………………………………………… (1)

二、全球环境问题 ……………………………………………………………… (3)

三、全球环境问题分类 ………………………………………………………… (10)

四、全球环境问题的共同特点 ………………………………………………… (11)

五、全球环境问题分布特点 …………………………………………………… (12)

第二节　我国环境状况 ………………………………………………………… (14)

参考文献 ………………………………………………………………………… (18)

思考题 …………………………………………………………………………… (20)

第二章　环境因素的健康效应 …………………………………………… (21)

第一节　健康的定义与标准 …………………………………………………… (21)

一、健康的定义 ………………………………………………………………… (21)

二、健康的十条标准 …………………………………………………………… (23)

三、环境健康指数 ……………………………………………………………… (23)

第二节　影响健康的因素 ……………………………………………………… (24)

第三节　环境与健康的关系 …………………………………………………… (25)

一、新陈代谢与生态平衡 ……………………………………………………… (25)

二、人体的化学组成 …………………………………………………………… (26)

三、适应性和致病过程 ………………………………………………………… (30)

第四节　环境因素对健康作用的特点 ………………………………………… (32)

第五节　环境污染与人体健康 ………………………………………………… (34)

一、环境污染对人体健康的危害 ……………………………………………… (34)

二、环境污染对人体健康的影响因素 ………………………………………… (37)

第六节　全球十大死因 ………………………………………………………… (39)

一、导致死亡的主要疾病 ……………………………………………………… (39)

二、按国家收入组别的主要死亡原因 ………………………………………… (39)

参考文献 ………………………………………………………………………… (41)

思考题 …………………………………………………………………………… (41)

第三章　大气污染与人体健康 …… (43)
第一节　大气污染的基本概念 …… (43)
一、大气污染的含义 …… (43)
二、大气污染分类 …… (43)
三、大气污染源的类型 …… (44)
第二节　世界气候的异常现象及其变化趋势 …… (44)
一、世界气候的异常现象 …… (44)
二、世界气候的变化趋势 …… (46)
三、高温是怎样形成的 …… (47)
第三节　大气污染对人体健康的危害 …… (48)
一、大气污染物的种类 …… (48)
二、大气中主要污染物对人体健康的危害 …… (51)
第四节　汽车尾气污染与人体健康 …… (60)
一、汽车尾气的化学成分 …… (60)
二、汽车尾气的主要有害成分对人体健康的危害 …… (60)
三、汽车尾气的综合致病效应 …… (63)
第五节　汽车内空气污染与人体健康 …… (66)
一、汽车内空气污染的来源 …… (66)
二、汽车内空气污染的危害 …… (68)
三、我国政策 …… (70)
参考文献 …… (72)
思考题 …… (74)
第四章　水体污染与人体健康 …… (75)
第一节　水体污染概述 …… (75)
一、水体污染的定义 …… (75)
二、污水的水质指标 …… (75)
三、水体污染源 …… (76)
四、水体中的污染物质 …… (79)
第二节　水体污染分类 …… (79)
一、化学性污染 …… (79)
二、物理性污染 …… (81)
三、生物性污染 …… (81)
参考文献 …… (84)
思考题 …… (84)
第五章　环境化学性物质与人体健康 …… (85)
第一节　重金属污染物对人体健康的影响 …… (85)
一、重金属的概念及理化性质 …… (85)
二、汞与人体健康 …… (85)

三、镉与人体健康 …………………………………………………………………… (89)
四、铅与人体健康 …………………………………………………………………… (93)
五、锌与人体健康 …………………………………………………………………… (99)
六、砷与人体健康 …………………………………………………………………… (103)
第二节　农药对人体健康的影响 ……………………………………………………… (107)
一、农药的定义与分类 ……………………………………………………………… (107)
二、农药环境污染分类与特点 ……………………………………………………… (109)
三、环境污染事故 …………………………………………………………………… (111)
四、突发性环境污染事故类型 ……………………………………………………… (111)
五、特别重大突发环境事件 ………………………………………………………… (112)
六、重大突发环境事件 ……………………………………………………………… (112)
七、较大突发环境事件 ……………………………………………………………… (112)
八、一般突发环境事件 ……………………………………………………………… (113)
九、农业环境污染事故等级划分规范 ……………………………………………… (114)
十、农药对人体的中毒危害 ………………………………………………………… (114)
第三节　环境激素对人体健康的影响 ………………………………………………… (120)
一、激素与环境激素 ………………………………………………………………… (120)
二、环境激素类物质的来源 ………………………………………………………… (121)
三、环境激素类物质的主要种类 …………………………………………………… (122)
四、环境激素的特点 ………………………………………………………………… (124)
五、环境激素污染对人体的危害 …………………………………………………… (124)
六、环境激素的破坏机理 …………………………………………………………… (125)
第四节　电子废弃物对人体健康的危害 ……………………………………………… (126)
一、电子废弃物的定义和分类 ……………………………………………………… (126)
二、电子废弃物的特点 ……………………………………………………………… (127)
三、电子废弃物对人体健康的危害 ………………………………………………… (129)
第五节　废旧电池对人体健康的危害 ………………………………………………… (130)
一、概述 ……………………………………………………………………………… (130)
二、电池的种类及化学组成 ………………………………………………………… (130)
三、废旧电池对人体健康的危害 …………………………………………………… (131)
第六节　持久性有机污染物对人体健康的影响 ……………………………………… (132)
一、持久性有机污染物的定义与特征 ……………………………………………… (132)
二、POPs 公约 ……………………………………………………………………… (133)
三、持久性有机污染物对人体健康的危害 ………………………………………… (133)
第七节　二噁英污染对人体健康的影响 ……………………………………………… (134)
一、概述 ……………………………………………………………………………… (134)

二、环境中二噁英的来源 …… (134)
三、二噁英对人体健康的危害 …… (135)
参考文献 …… (136)
思考题 …… (138)
第六章　环境物理因素与人体健康 …… (139)
第一节　物理性污染概述 …… (139)
第二节　电磁辐射污染的基本概念 …… (139)
一、电磁辐射污染的定义及分类 …… (139)
二、电磁辐射污染对人体健康的危害 …… (141)
三、电磁辐射污染危害人体健康的机理 …… (143)
四、日常生活中的电磁辐射污染对人体健康的危害 …… (144)
第三节　噪声污染对人体健康的影响 …… (148)
一、噪声的概念与特征 …… (148)
二、噪声污染的来源 …… (149)
三、噪声污染对人体健康的危害 …… (150)
第四节　光污染对人体健康的影响 …… (152)
一、光污染的概念 …… (152)
二、光污染对人体健康的危害 …… (153)
三、光污染危害的机理 …… (155)
参考文献 …… (156)
思考题 …… (158)
第七章　生物性污染与人体健康 …… (159)
第一节　生物性污染的基本概念 …… (159)
一、生物性污染概述 …… (159)
二、生物性污染物的定义 …… (159)
三、生物性污染物的种类 …… (159)
四、生物性污染主要来源和传播方式 …… (159)
第二节　空气生物性污染对人体健康的危害 …… (162)
一、流行性感冒 …… (162)
二、流行性脑脊髓膜炎 …… (163)
三、猩红热 …… (163)
四、百日咳 …… (163)
五、麻疹 …… (163)
六、室内环境中主要的生物性污染物及其来源 …… (164)
七、空气生物性污染物对人类健康的危害 …… (164)
八、病原微生物通过空气传播引发的疾病 …… (165)

第三节　饮水或食物微生物污染对人体健康的危害 …………………… (166)
一、霍乱 …………………… (166)
二、细菌性痢疾 …………………… (167)
三、伤寒 …………………… (167)
四、甲型病毒性肝炎 …………………… (168)
五、炭疽 …………………… (168)
六、疯牛病 …………………… (168)
七、非典型性肺炎 …………………… (168)
八、禽流感 …………………… (169)
第四节　生物入侵对人体健康的危害 …………………… (169)
一、生物入侵的概念 …………………… (169)
二、生物入侵的途径 …………………… (169)
三、历史上的物种交流 …………………… (173)
四、人类行为引发物种入侵的原因 …………………… (174)
五、生物入侵对人体健康的危害 …………………… (175)
六、中国外来入侵物种名单 …………………… (179)
第五节　血吸虫对人体健康的危害 …………………… (181)
一、血吸虫简介 …………………… (181)
二、血吸虫病的地理分布 …………………… (182)
三、血吸虫病的传播 …………………… (183)
四、血吸虫病对人体的危害 …………………… (183)
五、血吸虫病临床症状与发病机制 …………………… (184)
六、我国的血吸虫病 …………………… (185)
第六节　宠物与人体健康 …………………… (187)
一、概述 …………………… (187)
二、几种常见宠物可能导致的人类疾病 …………………… (188)
三、由宠物带来的问题的分析 …………………… (190)
四、宠物带给人疾病的途径分析 …………………… (192)
参考文献 …………………… (193)
思考题 …………………… (196)
第八章　服装、玩具污染与人体健康 …………………… (197)
第一节　服装材料的污染 …………………… (197)
一、服装制造与流通 …………………… (197)
二、天然材料 …………………… (197)
三、人造材料 …………………… (198)
第二节　服装生产的隐患 …………………… (198)
一、染料的危害 …………………… (198)
二、整理剂的种类和危害 …………………… (199)

第三节 服装流通中的污染 …… (200)
一、销售中的污染 …… (200)
二、穿着中的污染 …… (200)
三、储存过程中的污染 …… (201)
四、洗涤过程中的污染 …… (202)
第四节 有关的行业法规和环境标准 …… (202)
一、国际法规 …… (203)
二、国内法规 …… (203)
第五节 玩具与儿童健康 …… (204)
参考文献 …… (207)
思考题 …… (208)
第九章 居住环境污染与人体健康 …… (209)
第一节 居住环境概述 …… (209)
一、居住环境的理念 …… (209)
二、健康住宅 …… (212)
第二节 室内空气污染概述 …… (213)
一、室内空气污染的定义 …… (213)
二、室内空气污染物的分类 …… (214)
三、室内空气污染的特点 …… (214)
第三节 建筑和装饰材料污染与人体健康 …… (214)
一、概述 …… (214)
二、常用建筑装饰材料的种类、用途及其化学成分 …… (215)
三、建筑、装饰材料中的主要污染物 …… (217)
四、建筑、装饰材料室内污染对人体的危害 …… (218)
第四节 吸烟对人体健康的影响 …… (221)
一、烟草、烟雾中的主要化学成分 …… (221)
二、吸烟对人体健康的危害 …… (224)
第五节 厨房污染与人体健康 …… (230)
一、各种家用燃料的燃烧 …… (230)
二、烹调油烟 …… (236)
参考文献 …… (239)
思考题 …… (243)
第十章 食品污染与人体健康 …… (244)
第一节 食源性疾病的基本概念 …… (244)
一、食源性疾病的定义 …… (244)
二、食源性疾病的流行因素与特点 …… (244)

三、导致食源性疾病的食物 …………………………………………………… (244)
四、食源性疾病的分类 ………………………………………………………… (245)
五、对人体健康的危害 ………………………………………………………… (245)
第二节　食品的质量与安全…………………………………………………… (246)
一、食品的概念与分类 ………………………………………………………… (246)
二、食品质量的概念与特性 …………………………………………………… (247)
三、食品安全现状 ……………………………………………………………… (248)
四、我国食品质量安全问题 …………………………………………………… (248)
第三节　食品污染概述………………………………………………………… (249)
一、食品污染的定义 …………………………………………………………… (249)
二、食品污染的分类 …………………………………………………………… (249)
三、食品污染的途径和特点 …………………………………………………… (250)
四、食品污染对人体健康的危害 ……………………………………………… (250)
第四节　环境污染对食品安全性的影响 ……………………………………… (251)
一、大气污染对食品安全的影响 ……………………………………………… (251)
二、水体污染对食品安全性的影响 …………………………………………… (251)
三、土壤污染对食品安全性的影响 …………………………………………… (252)
四、放射性污染与辐照食品的安全 …………………………………………… (253)
第五节　食品农药残留对人体健康的危害 …………………………………… (254)
一、食品农药残留 ……………………………………………………………… (254)
二、有机磷污染食品对人体健康的危害 ……………………………………… (254)
三、多氯联苯污染食品对人体健康的危害 …………………………………… (254)
第六节　有毒金属污染食品对人体健康的危害 ……………………………… (255)
一、食品中有毒金属的来源 …………………………………………………… (255)
二、有毒金属的毒作用特点 …………………………………………………… (255)
三、影响有毒金属作用强度的因素 …………………………………………… (255)
第七节　转基因食品及其安全性评价 ………………………………………… (256)
一、转基因食品的定义和分类 ………………………………………………… (256)
二、转基因食品的研究进展和现状 …………………………………………… (257)
三、转基因食品的安全性及其评价原则 ……………………………………… (258)
四、公众对转基因食品的认识 ………………………………………………… (261)
第八节　食品中放射性对人体健康的危害 …………………………………… (262)
一、食品中的放射性 …………………………………………………………… (262)
二、放射性物质进入人体的途径 ……………………………………………… (262)
三、食品放射性污染对人体的主要危害 ……………………………………… (263)

第九节 食品容器、包装材料对食品的污染 …………………………………… (263)
一、概述 ……………………………………………………………………… (263)
二、金属食品容器的卫生影响 ………………………………………………… (265)
三、陶瓷类食品容器的卫生影响 ……………………………………………… (265)
四、塑料质食品容器的健康影响 ……………………………………………… (266)
五、纸质食品容器的卫生影响 ………………………………………………… (268)
六、玻璃质食品容器的卫生影响 ……………………………………………… (269)
第十节 烧烤食品对人体健康的危害 …………………………………………… (270)
一、概述 ……………………………………………………………………… (270)
二、烧烤食品对人体的危害 …………………………………………………… (270)
第十一节 茶叶与人体健康 ……………………………………………………… (275)
一、概况 ……………………………………………………………………… (275)
二、茶的历史 ………………………………………………………………… (275)
三、茶的分类 ………………………………………………………………… (276)
四、茶的化学成分与功效 ……………………………………………………… (277)
五、茶叶中的有害物质 ………………………………………………………… (278)
六、国内外茶叶相关标准简介 ………………………………………………… (280)
参考文献 ………………………………………………………………………… (283)
思考题 …………………………………………………………………………… (286)
第十一章 日用化学品与人体健康 ……………………………………………… (287)
第一节 概述 ……………………………………………………………………… (287)
第二节 化妆品对人体健康的危害 ……………………………………………… (287)
一、化妆品的定义和分类 ……………………………………………………… (287)
二、化妆品污染的分类 ………………………………………………………… (288)
三、化妆品对人体的危害 ……………………………………………………… (290)
四、化妆品引起皮肤损害的原因分析 ………………………………………… (292)
五、香水对人体的危害 ………………………………………………………… (293)
第三节 洗涤剂对人体健康的危害 ……………………………………………… (295)
一、洗涤剂及其种类 …………………………………………………………… (295)
二、洗涤剂的主要成分 ………………………………………………………… (295)
三、洗涤剂对人体健康的危害 ………………………………………………… (296)
参考文献 ………………………………………………………………………… (297)
思考题 …………………………………………………………………………… (297)
第十二章 医学地理学与流行病学 ……………………………………………… (298)
第一节 医学地理学 ……………………………………………………………… (298)
一、医学地理学的定义 ………………………………………………………… (298)

二、医学地理学发展简史 ………………………………………………………… (298)
三、医学地理学研究的对象与内容 ………………………………………………… (299)
四、医学地理学研究的任务 ……………………………………………………… (300)
第二节　流行病学……………………………………………………………………… (301)
一、流行病学的定义 ……………………………………………………………… (301)
二、流行病学研究的任务 ………………………………………………………… (302)
三、流行病学的特征 ……………………………………………………………… (302)
四、流行病学发展简史 …………………………………………………………… (302)
五、流行病学的研究方法 ………………………………………………………… (303)
六、流行病学的应用 ……………………………………………………………… (305)
参考文献……………………………………………………………………………… (306)
思考题………………………………………………………………………………… (306)
第十三章　地质环境与人体健康 ……………………………………………………… (307)
第一节　生物地球化学性疾病………………………………………………………… (307)
一、生物地球化学性疾病的定义…………………………………………………… (307)
二、生物地球化学性疾病的特点…………………………………………………… (307)
三、生物地球化学性疾病的类型…………………………………………………… (307)
四、影响生物地球化学性疾病流行的因素 ………………………………………… (307)
五、我国地方病防治现状 ………………………………………………………… (308)
第二节　克山病………………………………………………………………………… (309)
一、流行病学………………………………………………………………………… (310)
二、病因学…………………………………………………………………………… (311)
三、临床与病理 …………………………………………………………………… (311)
第三节　大骨节病……………………………………………………………………… (312)
一、流行病学………………………………………………………………………… (313)
二、病因学…………………………………………………………………………… (313)
三、临床表现………………………………………………………………………… (315)
第四节　地方性甲状腺肿与地方性克汀病…………………………………………… (315)
一、流行病学………………………………………………………………………… (316)
二、碘缺乏病的病因学 …………………………………………………………… (317)
三、临床表现………………………………………………………………………… (319)
第五节　地方性氟中毒………………………………………………………………… (320)
一、流行状况和致病因素 ………………………………………………………… (321)
二、病原发生学……………………………………………………………………… (322)
三、临床表现………………………………………………………………………… (323)
第六节　地方性砷中毒………………………………………………………………… (324)
一、流行病学………………………………………………………………………… (324)
二、病因学…………………………………………………………………………… (325)

三、临床表现 …… (326)
参考文献 …… (327)
思考题 …… (327)
第十四章　自然灾害 …… (328)
第一节　概述 …… (328)
一、灾害形成 …… (328)
二、灾害分类 …… (329)
三、灾害特征 …… (329)
四、主要影响 …… (330)
第二节　中国自然灾害 …… (332)
一、中国自然灾害分类 …… (332)
二、中国自然灾害直接经济损失 …… (333)
第三节　国际减轻自然灾害日 …… (333)
一、"国际减轻自然灾害十年"由来 …… (333)
二、"国际减轻自然灾害十年"国际行动纲领 …… (334)
参考文献 …… (335)
思考题 …… (335)

第一章　绪　论

第一节　环境和环境问题

一、人类的环境

环境，就其词义而言，是指周围的事物。但是当我们谈论周围事物的时候，必然暗含着一个中心事物，否则，“环境”一词就失去明确的含义。本书所涉及的是人类的环境，即以人或人类作为中心事物，其他生命和非生命物质被视为环境要素，构成人类的生存环境。也有人把人类和整个生物界作为环境的中心事物，而把其他非生命物质看作生物界的环境，生态学家往往持这种看法。

世界各国的一些环境保护法规中，往往把环境要素或应保护的对象称为环境，这可能是为了适应立法时技术上的需要。例如《中华人民共和国环境保护法》明确指出：“本法所称环境，是指影响人类生存和发展的各种天然的和经过人工改造的自然因素的总体，包括大气、水、海洋、土地、矿藏、森林、草原、野生生物、自然遗迹、人文遗迹、自然保护区、风景名胜区、城市和乡村等。”这就以法律的语言准确地规定了应予保护的环境要素和对象。

总之，从哲学上讲，与某一中心事物有关的周围事物，就是该中心事物的环境。二者构成了矛盾的两个方面，二者之间经常进行着物质、能量和信息的交流。

环境是一个非常复杂的体系，目前还没有形成统一的分类方法。一般是按照下述原则来分类的，即按照环境的主体、环境的范围、环境的要素和人类对环境的利用或环境的功能进行分类。

按照环境的主体来分，目前有两种体系：一种是以人或人类作为主体，其他的生命物质和非生命物质都被视为环境要素，即环境就是指人类的生存环境。在环境科学中多数人采用这种分类法。另一种是以生物体（界）作为环境的主体，不把人以外的生物看成环境要素。在生态学中，往往采用这种分类法。

按照环境的范围大小来分类比较简单。如把环境分为特定空间环境（如航空、航天的密封舱环境等）、车间环境（劳动环境）、生活区环境（如居室环境、院落环境等）、城市环境、区域环境（如流域环境、行政区域环境等）、全球环境和宇宙环境等。

按照环境的要素进行分类则较复杂。如按环境要素的属性可分成自然环境和社会环境两类。自然环境虽然由于人类活动发生巨大的变化,但仍按自然的规律发展着。在自然环境中,按其主要的环境组成要素,可再分为大气环境、水环境(如海洋环境、湖泊环境等)、土壤环境、生物环境(如森林环境、草原环境等)、地质环境等。社会环境是人类社会在长期的发展中,为了不断提高人类的物质和文化生活而创造出来的。社会环境常根据人类对环境的利用或环境的功能再进行下一级的分类,分为聚落环境(如院落环境、村落环境、城市环境)、生产环境(如工厂环境、矿山环境、农场环境、林场环境、果园环境等)、交通环境(如机场环境、港口环境等)、文化环境(如学校及文化教育区、文物古迹保护区、风景游览区和自然保护区)等。

自然环境是人类赖以生存和发展的各种自然因素的总和,即通常所称的自然界。事实上,人类对自然环境的依存关系以及人类对自然环境的理解,随人类文明的进步而有所不同。远古时代人类的自然环境是一个比较狭窄的范畴,而当代人们所理解的自然环境则要广泛得多。因此,也可以把自然环境理解为一个由近及远和由小到大的有层次的系统,这就是:

① 生存环境。由人类赖以生存的空气、水、土壤、阳光和食物等基本环境要素所组成,这也是人类文明初期所了解和利用的自然环境。

② 地理环境。由地球表层的大气圈、水圈、土壤圈、岩石圈和生物圈组成,上达大气圈对流层顶部,下至岩石圈底部,是现代文明所认识的自然环境,也是环境科学和地理科学研究的对象。

③ 地质环境。包括地表以下直至地核的各个地质圈层,与地理环境有着物质和能量的交流。它主要是地质学和地球物理学的研究对象。

④ 宇宙环境。指地球以外的宇宙空间,与地理环境之间也存在着物质、能量和信息的交流。它主要是天文学研究的对象。

我们所研究的环境就是上述的地理环境,包括地球表层的动物、植物和微生物等全部有机体以及同它们相互作用的其他非生物要素,其范围大体上与生物圈相当。

在环境健康学领域,人们以前主要关注一般的生活环境、工作环境、居住环境以及娱乐环境与人体健康的关系。近年来,人们逐渐从生态学的角度认识环境,从致病因子、环境以及人体本身之间的相互关系认识人类健康与疾病的发生、发展规律。从这种意义上,环境可分为自然环境和社会环境两大类,其中自然环境中包括物理、化学以及生物因素,社会环境中包括教育、社会学、经济、文化以及医疗保健等因素。人们的生活环境、工作环境、居住环境以及娱乐环境与上述自然环境、社会环境中的诸多因素相互关联,对人群健康产生直接或间接的影响。

环境物理因素主要包括温度、湿度、气流热辐射、气压、非电离辐射、电离辐射、噪声、振动等。

环境化学因素的种类繁多，既包括许多对人类生存和健康必需的有机和无机物质，又含有人类生活和生产活动中排出的大量有害化学物质。

环境生物因素主要指环境中的细菌、真菌、病毒和寄生虫等。

社会环境包含着诸多的因素，如不同层次的教育、人口的结构和动态变化、各类产业的构造、医疗保险制度、各类文化艺术以及经济体制和状况等。

按照是否受到人类活动的影响，环境又可以分为原生环境和次生环境。

原生环境指天然形成的基本上没有受人为活动影响的环境。其存在对健康有利的许多因素，如清洁的水、空气、土壤和气候，但也会给健康带来不良影响，如引起生物地球化学疾病，即地方病。

次生环境指受到人为活动影响的环境。改造后的环境有更加适合于人类生存的一面，如住宅区、风景区、疗养院等。另外，人为活动以及对环境的改造也可能会严重破坏生态平衡，带来许多环境污染问题。

二、全球环境问题

所谓环境问题，就是指作为中心事物的人类与作为周围事物的环境之间的矛盾。人类生活在环境之中，其生产和生活不可避免地对环境产生影响。这些影响有些是积极的，对环境起着改善和美化的作用；有些是消极的，对环境起着退化和破坏的作用。另外，自然环境也从某些方面（例如严酷的环境条件和自然灾害）限制和破坏人类的生产和生活。上述人类与环境之间相互的消极影响就构成了环境问题。

环境问题的具体内涵随社会的发展而不同。原始社会人口稀少、生产力水平低下，这时的环境问题表现为洪水、猛兽、林火、风暴以及种种自然灾害对人类生存的威胁；农业社会人类生活以种植业和养殖业为中心，主要的环境问题表现为以气象灾害为中心的自然灾害（包括病虫害）对农牧业生产的破坏，同时，过度垦殖引起的水土流失和环境退化又成为环境问题的另一方面，并且一直延续至今，仍然是当代主要环境问题之一；人类于近 300 年来进入工业社会以后，环境问题又增加了新的内容，这就是自然资源的大量消耗和破坏，以及工业“三废”引起的环境恶化直接构成了对全人类生存的威胁。20 世纪中叶以后，因环境污染而造成人群中毒的公害事件明显增加，表 1-1 和表 1-2 列举了一些全球瞩目的公害事件，其中多数发生在第二次世界大战以后西方国家工业迅速发展的时期。值得注意的是这类事件至今仍时有发生，例如众所周知的印度博帕尔市美国联合碳化物公司所属农药厂的毒气泄漏事件（1984 年 12 月）和苏联切尔诺贝利核电站的核泄漏事件（1986 年 4 月），这些事件均造成几千人死亡、几万人严重受害、几十万人受不同程度的影响。此外，还有剧毒物质污染莱茵河事件。

表1-1 全球瞩目的八大公害事件

名称	发生时间	发生地点	发生原因	主要后果
马斯河谷事件	1930年12月1—5日	比利时马斯河谷工业区	工业区处于狭窄盆地中,12月1—5日发生气温逆转,工厂排出的有害气本在近地层积累,据推测,事件发生时大气中二氧化硫浓度达25～100毫克/立方米(ppb)①,有人认为还有氟化物污染。一般认为是几种有害气体和粉尘对人体的综合作用	三天后有人发病,症状表现为胸痛、咳嗽、呼吸困难等。一周内有60多人死亡,心脏病、肺病患者死亡率最高,同时有许多家畜死亡
多诺拉事件	1948年10月 26—31日	美国宾夕法尼亚州多诺拉镇	该镇处于河谷中,10月最后一个星期大部地区受反气旋和逆温控制,加上26—30日持续有雾,使大气污染物在近地层积累。估计二氧化硫浓度为0.5～2.0毫克/立方分米(ppm)②,并存在明显的尘粒。有人认为二氧化硫与金属元素、金属化合物反应生成的“金属”硫酸铵是主要致害物。二氧化硫及其氧化作用的产物与大气中尘粒结合是致害因素	发病者5911人,占全镇总人口43%。其中轻度患者占15%,病症是眼痛、喉痛、流鼻涕、干咳、头痛、肢体酸乏;中度患者占17%,症状是咳痰、胸闷、呕吐、腹泻;重度患者占11%,症状是综合性的。发病概率和严重程度同性别、职业无关,死亡17人
洛杉矶光化学烟雾	20世纪40年代初期	美国洛杉矶市	全市250多万辆汽车每天消耗汽油约1600万升,向大气排放大量碳氢化合物、氮氧化物、一氧化碳。该市临海依山,处于50千米长的盆地中,一年约有300天出现逆温层,5—10月阳光强烈。汽车排出的废气在日光作用下,形成以臭氧为主的光化学烟雾	刺激眼、喉、鼻,引起眼病、喉头炎,大多数居民患病;65岁以上老人死亡400人
伦敦烟雾事件	1952年12月5—8日	英国伦敦市	5—8日英国几乎全境为浓雾覆盖,温度逆增,逆温层在40～150米低空,致使燃煤产生的烟雾不断积聚,尘粒浓度最高达4.46 ppb,为平时的6倍。烟雾中的三氧化二铁促使二氧化硫氧化产生硫酸泡沫,凝结在烟尘或凝源上形成酸雾	四天中死亡人数较常年同期多约4000人。45岁以上的死亡最多,约为平时3倍;1岁以下死亡的,约为平时2倍。事件发生的一周中因支气管炎、冠心病、肺结核和心脏衰弱者死亡分别为事件前一周同类死亡人数的9.3倍、2.4倍、5.5倍和2.8倍。肺炎、肺癌、流感及其他呼吸道病患者死亡率均成倍增加

① ppb(10^{-9},parts per billion)曾用于表示体积浓度,非SI单位,可写成毫克/立方米或微克/升。

② ppm(10^{-6},parts per million)曾用于表示体积浓度,为非SI单位。建议表述为毫克/立方分米或微克/克——编辑注。

续表

名称	发生时间	发生地点	发生原因	主要后果
水俣病事件	1953—1956年	日本熊本县水俣市	含甲基汞的工业废水污染水体，使水俣湾的鱼中毒，人食毒鱼后受害	1972年日本环境厅公布：水俣湾和新潟县阿贺野川下游有汞中毒者283人，其中60人死亡
骨痛病事件	1955—1972年	日本富山县神通川流域	锌、铅冶炼工厂等排放的含镉废水污染了神通川水体，两岸居民利用河水灌溉农田，使稻米含镉，居民食用含镉稻米和饮用含镉水而中毒	1963年前的患者人数不明。1963年至1979年3月共有患者130人（90%以上为65岁以上老人，男性3人），其中死亡81人
四日市哮喘事件	1961年	日本四日市	1955年以来，该市石油冶炼和工业燃油产生的废气严重污染城市空气。全市的工厂粉尘和二氧化硫排放量达13万吨。大气中二氧化硫浓度超出标准5～6倍。500米厚的烟雾中飘浮着多种有毒气体和有毒金属粉尘。重金属微粒与二氧化硫形成硫酸烟雾	1961年哮喘病发作，患者中慢性支气管炎占10%，肺气肿和其他呼吸道病占5%。1964年，连续三天烟雾不散，气喘病患者开始死亡。1967年，一些患者不堪忍受痛苦而自杀。1972年全市共确认哮喘病患者达817人，死亡10多人
米糠油事件	1968年3月	日本北九州市，爱知县一带	生产米糠油时用多氯联苯作脱臭工艺中的热载体，由于生产管理不善，混入米糠油中，食用后中毒	患病者超过1400人，至七八月份患病者超过5000人，其中16人死亡，实际受害者约13 000人。用米糠油中的黑油作家禽饲料，引起几十万只鸡死亡

资料来源：中国大百科全书（环境科学卷），1983；王翊亭等，1995.

表1-2 全球瞩目的十大污染事件

事 件	污染物	时 间	国 家
维素化学污染	二噁英	1976年	意大利
阿摩柯卡的斯油轮泄油	原油	1978年	法 国
三哩岛核电站泄漏	放射性物质	1979年	美 国
墨西哥油库爆炸	原油	1984年	墨西哥
博帕尔农药泄漏	甲基异氰酸甲酯	1984年	印 度
威尔士饮用水污染	酚	1985年	英 国
切尔诺贝利核电站爆炸	放射性物质	1986年	苏 联
莱茵河污染	S,P,Hg	1986年	瑞 士
莫农格希拉河污染	原油	1988年	美 国
埃克森瓦尔迪兹油轮漏油	原油	1989年	美 国

资料来源：中国环境报，2002-11-29.

1984年12月3日凌晨,位于印度中央邦首府博帕尔市的农药厂发生甲基异氰酸甲酯(MIC)储罐泄漏。近40吨MIC及其反应物冲向天空,顺着西北风向市区飘去。顷刻,毒气弥漫,覆盖了市区。密度超过空气的高温MIC蒸气迅速凝结成雾状,贴近地面飘逸,能吞噬人畜的生命。数十万人在茫茫的黑夜中奔逃,咳嗽声、呼喊声、哭叫声响成一片,博帕尔市顿时成了一座恐怖之城。这次人类有史以来最惨重的中毒事故,当时即导致了2500余人丧生,20余万人中毒,累计中毒死亡超过万人。博帕尔农药厂是美国联合碳化物公司的子公司联合碳化物印度有限公司所属的一个工厂,生产的原料、产品及中间体中有多种有毒物质,包括剧毒的光气和MIC等。

1986年4月26日,苏联乌克兰基辅地区切尔诺贝利核电站四号反应堆发生爆炸,引起大火,放射性物质大量外漏扩散,造成人类核能开发史上最严重的事故。释放出的核素达1.85 EBq①($E=10^{18}$,5000万Ci),比1979年3月28日美国宾夕法尼亚州的三哩岛核电站事故释放的629 GBq($G=10^{9}$,17Ci)大几百万倍,另外还有185 TBg($T=10^{12}$,5000Ci)在化学上不活泼的放射性气体,周围11.6万居民被疏散,300多人受严重辐射而被送进医院抢救,死亡31人。科学家根据有限的苏联资料预测:在随后几十年里,受切尔诺贝利核电站辐射损害的2.4万转移居民中将有100~200人患癌症死亡,对苏联西部和欧洲其他部分受切尔诺贝利核电站影响的死亡人数的估计为5000~75000人不等。

1986年11月1日,瑞士巴塞尔市桑多兹化工厂仓库失火,近30吨剧毒的硫化物、磷化物与含有水银的化工产品随灭火剂和废水流入莱茵河。顺流而下150千米内,60多万条鱼被毒死,500千米以内河岸两侧的井水不能饮用,靠近河边的自来水厂关闭,啤酒厂停产。有毒物沉积在河底,使莱茵河因此而“死亡”20年。

可以说,当代的环境问题主要是由于环境污染而不断发生的公害事件以及人类生存环境质量的恶化而引起的。但是,环境保护绝不局限于环境污染及其治理,即狭义的环境保护,它的范畴要广泛得多。如果说,1972年召开的联合国人类环境会议还较局限于狭义的环境保护的话,则从那以后,人们越来越清楚地认识到环境问题只有和人口与发展问题联系起来才能找到正确的解决办法。1991年6月

---

① 贝克勒尔(Becquerel, Bq)是放射性活度的国际单位,是以贝克勒尔(Antoine Henri Becquerel, 1852—1908)的名字命名的,简称贝克(Bq)。放射性元素每秒有一个原子发生衰变时,其放射性活度即为1贝克,$1\ Bq=1\ s^{-1}$。

玛丽·居里(Marie Curie,1867年11月7日—1934年7月4日),世称“居里夫人”,全名玛丽亚·斯克沃多夫斯卡·居里(Maria Skłodowska Curie)。Ci是放射性活度的原用单位,表示每秒有3.7×10^{10}个原子发生蜕变时的放射性活度,为纪念居里夫人而命名。

1903年,贝克勒尔和居里夫妇共享了诺贝尔物理学奖。

国际辐射单位委员会(ICRU,MKPE)提出建议,采用新的国际制单位以逐步取代老的单位,至1985年年底前,着重采用新的单位,即放射性活度的专用单位为贝克勒尔(Becquerel),简称贝克(Bq),原单位居里同时作废。我国国家标准规定,放射性活度的法定计量单位是贝克(Bq),然而在实际工作中,仍经常沿用老的活度单位居里(Ci)。

换算关系:1 Ci(居里)$=3.7\times10^{10}$Bq(贝克)

在北京举行的发展中国家环境与发展部长级会议，发表了《北京宣言》，指出当代"严重而且普遍的环境问题包括空气污染，气候变化，臭氧层耗损，淡水资源枯竭，河流、湖泊及海洋和海岸环境污染，海洋和海岸带资源减退，水土流失，土地退化、沙漠化，森林破坏，生物多样性锐减，酸沉降，有毒物品扩散和管理不当，有毒有害物品和废弃物的非法贩运，城区不断扩展，城乡地区生活和工作条件恶化，特别是生活条件不良造成疾病蔓延，以及其他类似问题。而且发展中国家的贫困加剧，妨碍他们满足人民合理需求与愿望的努力，对环境造成更大压力"。

目前，人类遭遇到了威胁生存的下述十大环境问题。

1. 全球气候变暖

由于人口的增加和人类生产活动的规模越来越大，向大气释放的二氧化碳、甲烷、一氧化二氮、氯氟碳氢化合物（氯氟烃）、四氯化碳、一氧化碳等温室气体不断增加，导致大气的组成发生变化。大气质量受到影响，气候有逐渐变暖的趋势。全球气候变暖将会对全球产生各种不同的影响，较高的温度可使极地冰川融化，海平面每 10 年将升高 6 厘米，因而将使一些海岸地区被淹没。全球变暖也可能影响到降雨和大气环流的变化，使气候反常，易造成旱涝灾害，这些都可能导致生态系统发生变化和遭到破坏，全球气候变化将对人类生活产生一系列重大影响。

2. 臭氧层的耗损与破坏

在离地球表面 10～50 千米的大气平流层中集中了地球上 90％的臭氧气体，在离地面 25 千米处臭氧浓度最大，形成了厚度约为 3 毫米的臭氧集中层，称为臭氧层。臭氧层能吸收太阳的紫外线，以保护地球上的生命免遭过量紫外线的伤害，并将能量贮存在上层大气，起到调节气候的作用。但臭氧层是一个很脆弱的大气层，如果进入一些破坏臭氧的气体，它们就会和臭氧发生化学作用，臭氧层就会遭到破坏。臭氧层被破坏，将使地面受到紫外线辐射的强度增加，给地球上的生命带来很大的危害。研究表明，紫外线辐射能破坏生物蛋白质和基因物质脱氧核糖核酸，造成细胞死亡；使人类皮肤癌发病率增高；伤害眼睛，导致白内障甚至失明；抑制植物如大豆、蔬菜等的生长，并穿透 10 米深的水层，杀死浮游生物和微生物，从而危及水中生物的食物链和自由氧的来源，影响生态平衡和水体的自净能力。

3. 生物多样性减少

《生物多样性公约》指出："生物多样性是指所有来源的形形色色的生物体，这些来源包括陆地、海洋和其他水生生态系统及其所构成的生态综合体；它包括物种内部、物种之间和生态系统的多样性。"在漫长的生物进化过程中会产生一些新的物种，同时，随着生态环境条件的变化，也会使一些物种消失。可以说，生物多样性是在不断变化的。近百年来，由于人口的急剧增加和人类对资源的不合理开发，加之环境污染等原因，地球上的各种生物及其生态系统受到了极大的冲击，生物多样性也受到了很大的损害。有关学者估计，世界上每年至少有 5 万种生物物种灭绝，平均每天灭绝的物种达 140 个，21 世纪初，全世界野生生物的损失可达其总数的 15％～30％。

4. 酸雨蔓延

酸雨是指大气降水中酸碱度(pH)低于5.6的雨、雪或其他形式的降水,这是大气污染的一种表现。酸雨对人类环境的影响是多方面的。酸雨降落到河流、湖泊中,会妨碍水中鱼、虾的成长,以致鱼虾减少或绝迹;酸雨还导致土壤酸化,破坏土壤的营养,使土壤贫瘠化,危害植物的生长,造成作物减产。此外,酸雨还腐蚀建筑材料,有关资料说明,近十几年来,酸雨地区的一些古迹特别是石刻、石雕或铜塑像的损坏程度超过以往百年以上甚至千年以上。目前世界已有三大酸雨区,我国华南酸雨区是唯一尚未治理的区域。

5. 森林锐减

在今天的地球上,我们的绿色屏障——森林正以平均每年4000平方千米的速度消失。森林的减少使其涵养水源的功能受到破坏,造成了物种的减少和水土流失,对二氧化碳的吸收减少进而又加剧了温室效应。

6. 土地荒漠化

全球陆地面积占60%,其中沙漠和沙漠化面积29%。每年有600万公顷(ha,1 ha$=10^4$ m^2)的土地变成沙漠,经济损失每年423亿美元。全球共有干旱、半干旱土地50亿公顷,其中33亿公顷遭到荒漠化威胁。致使每年有600万公顷的农田、900万公顷的牧区失去生产力。人类文明的摇篮底格里斯河、幼发拉底河流域,由沃土变成荒漠。

7. 大气污染

大气污染的主要因子为悬浮颗粒物、一氧化碳、臭氧、二氧化碳、氮氧化物、铅等。大气污染导致每年有30万～70万人因烟尘污染提前死亡,2500万的儿童患慢性喉炎,400万～700万的农村妇女儿童受害。

8. 水污染

目前,全世界每年约有4200多亿立方米的污水排入江河湖海,污染了5.5万亿(万亿为10^{12},词头为T)立方米的淡水,这相当于全球径流总量的14%以上。

第四届世界水论坛提供的联合国水资源世界评估报告显示,全世界每天约有数百万吨垃圾倒进河流、湖泊和小溪,每升废水会污染8升淡水;所有流经亚洲城市的河流均被污染;美国40%的水资源流域被加工食品废料、金属、肥料和杀虫剂污染;欧洲55条河流中仅有5条水质勉强能用。

水污染对人类健康造成很大危害。发展中国家约有10亿人饮用不洁水,每年约有2500多万人死于饮用不洁水,全世界平均每天5000名儿童死于饮用不洁水,约1.7亿人饮用被有机物污染的水,3亿城市居民面临水污染。在肝癌高发区流行病的调查表明,饮用藻菌类毒素污染的水是肝癌的主要原因。

9. 海洋污染

人类活动使近海区的氮和磷增加50%～200%,过量营养物导致沿海藻类大量生长,波罗的海、北海、黑海等出现赤潮。海洋污染导致赤潮频繁发生,破坏了红树林、珊瑚礁、海草，使近海鱼虾锐减，渔业损失惨重。

10. 危险性废物越境转移

危险性废物是指除放射性废物以外，具有化学活性或毒性、爆炸性、腐蚀性和其他对人类生存环境存在有害特性的废物。美国在资源保护与回收法中规定，所谓危险性废物是指一种固体废物和几种固体的混合物，因其数量和浓度较高，可能造成或导致人类死亡率上升，或引起严重的难以治愈疾病或致残的废物。

专栏 1-1

人类活动对自然环境的影响

对地球环境的影响

人类本来就是自然的一个组成部分，近几百年来人类社会非理性超速发展，已经使人类活动成了影响地球上各圈层自然环境稳定的主导负面因子。森林和草原植被的退化或消亡、生物多样性的减退、水土流失及污染的加剧、大气的温室效应突显及臭氧层的破坏，这一切无不给人类敲响了警钟。人类必须善待自然，对自己的发展和活动有所控制，人与自然的和谐发展成为科学发展观的重要内容之一。

对生态系统的影响

联合国在伦敦公布的一份研究报告称，过去 50 年间世界人口的持续增加和经济活动的不断扩展对地球生态系统造成了巨大压力，严重影响了国际社会为削减贫困和抵抗疾病所做的努力。人类活动已给地球上 60%的草地、森林、农耕地、河流和湖泊带来了消极影响。近几十年中，地球上五分之一的珊瑚和三分之一的红树林遭到破坏，动物和植物多样性迅速降低，三分之一的物种濒临灭绝。另外，疾病、洪水和火灾的发生也更为频繁，空气中的二氧化碳浓度不断上升。

对气候的影响

最初，主要表现在由于人类活动影响了陆面的面貌，改变了陆面的粗糙度、反射率和水热平衡等方面，从而引起局部地区气候的变化。随着人类社会的发展，其影响的广度和深度日益增加，人类活动的影响就日益重要。

人类的各种各样的生产和生活活动，增加了全球大气的污染，影响了地球大气对太阳辐射能的反射和散射作用，减弱了入射的太阳辐射强度，从而导致气温的降低。

燃料燃烧后排出的烟尘微粒和自然植被经人类破坏后被大风所刮起的尘埃，以及其他人为原因所造成的尘埃，增加了大气中的烟尘、微粒的数量。其中有许多半径小于 20 微米的气溶胶粒子悬浮在大气中，犹如一把阳伞遮住了阳光，减弱了太阳辐射，导致地面气温降低。有人称之为“阳伞效应”，也有人称此现象为“冷化效应”。

大气中的二氧化碳能透过太阳的短波辐射,强烈地吸收地面的长波辐射,所以,它对地面起着保温作用。二氧化碳浓度增加,"温室效应"的作用也增强,低层大气——对流层的温度将升高。工业革命以来,由于人类大量燃烧化石燃料和毁灭森林,使全球大气中二氧化碳含量在百年内增加了25%。如果按目前的增加速度,到2100年大气中二氧化碳含量将比工业革命前增加一倍。科学家们预测,那时全球平均气温将会上升2~3.5℃,将引起极冰融化,海平面上升15~95厘米,淹没大片经济发达的沿海地区。另外还会引起其他一系列问题。

随着工业的发展,大量的废油排入海洋,形成一层薄薄的油膜散布在海洋上。这层油膜能抑制海面的蒸发,阻碍潜热的释放,引起海水温度和海面气温的升高,加剧气温的日、年变化。同时,由于蒸发作用减弱,海面上的空气变得干燥,减弱了海洋对气候的调节作用,使海面上出现类似于沙漠的气候。因而,有人将这种影响称为"海洋沙漠化效应"。

总之,人为因素对气候的影响是复杂的。但其影响主要是通过以下三条途径进行的:一是改变下垫面的性质;二是改变大气中的某些成分(二氧化碳和尘埃);三是人为地释放热量。这些影响的效果又互不相同,有的增暖,有的冷却,有的变干。而这些影响又叠加在自然原因之上,一起对气候产生影响,并且各个因素之间又互相影响,互相制约。因此,人类活动影响气候变化的过程就更加复杂化了。

人类诞生几百万年以来,一直和自然界相安无事。因为人类的活动能力,也就是破坏自然的能力很弱,最多只能引起局地小气候的改变。但是工业革命以来大量的煤和石油燃烧,向地球大气排放了巨量废气。其中二氧化碳气体造成大气温室效应,使全球变暖,极冰融化,海平面上升;二氧化硫和氮氧化物可以形成酸雨;氯氟烃气体能破坏高空臭氧层,造成南极臭氧洞和全球臭氧层变薄。此外,工业化排放的污染气体也使人类聚居的城市成了浓度特高的大气污染岛。这就是地球大气对人类进行的可怕的报复,大自然是绝不会因为人类的无知而原谅人类的。

三、全球环境问题分类

全球环境也称地球环境,它是向人类提供各种资源的场所,同时也是不断受到人类改造的空间。全球环境的范围包括大气圈中的对流层的全部和平流层的下部及水圈、生物圈、土壤圈和岩石圈的表层。人类和各种生物都是在地球环境中发生、发展、繁衍生息的。

全球环境问题一般是指由于人类活动作用于环境而引起的环境质量变化,以及这种变化对人类活动和健康产生的影响问题。

对于全球环境问题的分类，不同学者提出了不同的见解。有的依大、小环境问题分类；有的从宏观、微观环境问题分类；有的以复杂、简单环境问题分类。延军平等(1999)对全球环境问题的分类如下：

① 根据问题的相互关系分类。一般认为，社会与社会之间的问题有战争、南北关系等；人与人之间的问题有文化、科技、人口、健康等；社会与自然之间的问题有资源、环境、灾害等。环境问题是社会与自然间问题的重要组成部分。

② 根据问题的波及范围大小分类。根据问题的波及范围大小分为不同的等级：全球问题有太空污染、森林破坏、海-气作用、气候暖干化等；洲级问题有环境污染、贫水化等；地区问题有水土流失、荒漠化等。根据问题发生的区域和危害地区，划分为亚洲环境问题、欧洲环境问题、海洋环境问题等。

③ 根据问题的形成原因分类。可分为：自然环境异常形成的自然灾害问题，或称为原始环境问题；人为诱发自然环境性质变化产生的生态环境问题，或称为第一产业环境问题；人为有害释放造成的各种污染问题，或称为第二产业环境问题；有害物质聚集导致或人类本身变化过程导致的生物畸变和城市化、老龄化等问题。

④ 根据问题的增减变化过程分类。可分为：变多变大的过程有人口问题、城市化、荒漠化等；变少变小的过程有贫水化、贫土化、无林化等；程度变强的过程有气候变暖、悬河化等。

⑤ 根据问题的性质分类。可分为：天气气候问题、海洋与水体问题、地球表层问题、生态植被问题、人口社会经济问题等。

⑥ 根据问题的严重程度及因果关系分类。可依次分为：人口问题、资源问题、环境问题、灾害问题等。

此外，有人从地理学角度把环境问题分为三类：地球演化过程中本身存在的环境问题，如火山、地震等；人类活动破坏了自然资源，引起环境质量变坏，如沙漠化等；工、农业生产带来的废物排入环境中，超过环境自净能力引起的环境污染问题。

四、全球环境问题的共同特点

① 人为性。当代许多重大环境问题的出现，是在长时间内，在人为因素与自然因素共同作用下形成的。人是主导因素，却很少可能仅由某种因素单独作用诱发。在人类社会的早期，灾害与环境问题的形成，是以单要素为诱因的，即一对一，现在则是多因素诱发，且一灾多害，因此具有不确定性和难以预报性，治理难度则更大。如干旱，过去主要是大气环流异常所致，现在则要考虑植被破坏、二氧化碳的排放量、厄尔尼诺等因素。因此成因相互交织，形成复杂的多层次结构的联系网络，其最终的显示结果就是直接或间接对人类致害。

② 隐蔽性。诸多重大环境问题是缓慢的累积性灾害现象，通过食物链的转

移,其危害具缓发性和长期性的特点。在形成过程中难以及时发现,当问题严重到一定程度时,方引起注意;一旦问题形成则难以在短时间内消失。

③ 巨害性。诸多重大环境问题直接威胁全人类的生存安全与发展,生态环境恶化等造成的自然灾害频发,且日渐严重,联系到地质历史上中生代曾一度统治地球的恐龙灭绝事实,有人提出了"恐人"的概念,虽有言过其词之嫌,但并不是毫无根据。

④ 移动性。许多重大环境问题具有跨国性,使有害现象扩大化。部分国家出现的问题,可以通过大气运动、河流及海水流动等介质活动影响到另外一些地区,如酸雨、臭氧层空洞、赤潮等有害现象的运动或运动形成的结果。

⑤ 加速性。重大环境问题的种类和强度是一个动态发展过程,也是一个新旧问题不断更迭的过程,其危害有增加的趋势,且最为集中。社会愈发展,致灾因素愈复杂,有害现象亦愈多,其强度也愈大。

⑥ 可变性。如果人类能控制自身的行为,这些重大环境问题均可能在一定程度上减轻。但由于人口密度的增加,是很难彻底恢复到原始状态的。

⑦ 相关性。人口问题是环境问题最主要的源问题,它导致了无林化。无林化是许多环境问题的原因,它同时导致气候环境问题、水环境问题、土地覆盖变化环境问题等。因此,各种全球环境问题间具有成因相关性,构成环境问题的网络结构性和复杂性。

综上所述,可以看出:在当代人类与环境的矛盾中,人类自身的发展达到了一个关键的时刻,人口增长成为矛盾的主要方面;当代的许多人为过程的强度和规模,达到了可以同自然过程相匹敌的程度。而且,有些过程的速度大大超过自然过程,有一些可能造成某些自然过程不可逆转的改变;许多矿产资源被开发出来,同时人工合成了多种自然界原来并不存在的物质,造成了严重的环境危害。

五、全球环境问题分布特点

世界各地区由于经济结构、产业政策和环境政策的不同,所面临的环境问题也有所不同。

① 从地区看,在城市与乡村之间,环境问题的差异表现为:在城市地区,由于交通、工业活动和人类聚居地的过分密集,造成了污染物的集中,环境问题主要表现为环境污染,如大气污染、水污染、噪声污染等;在广大的乡村地区,因利用资源的方式不当或强度过大,环境问题主要表现为生态破坏,如水土流失、荒漠化、土壤盐碱化、森林减少、水源减少、物种灭绝等。

② 从全球看,发展中国家的环境比发达国家严重。这是因为:第一,发展中国家一般都处在经济发展的初级阶段,而人口增长很快,环境承受着发展和人口的双重压力;第二,限于经济、技术水平,发展中国家没有足够的能力进行环境保护,而且在环境问题发生后,不能及时、充分地解决;第三,发达国家利用一些发展中国家

对经济发展的需要，将污染严重的工业转移到发展中国家。

有些环境问题不只影响某一国家或地区，而且可能影响到其他国家甚至全球。如酸雨随着大气的运动，能影响到很远的地区；国际河流的上游被污染，将使全流域受到影响；热带雨林的破坏，会对全球的气候产生影响；大气中二氧化碳浓度的升高和臭氧层的破坏，更是威胁着全人类。

目前，全球环境基金关注的主要领域有：生物多样性（37%）、气候变化（35%）、国际水域（13%）、臭氧的消耗（6%）、其他（9%）。

延军平等（1999）对全球环境问题分布特点进行了比较详细的归纳：

（1）区域差异性

全球环境问题具有分布上的广泛性，但由于自然、社会、经济、历史、文化的差异，不同国家的环境问题具有不同步性并有不同的表现。

发达的工业化国家，如西欧等发达地区，在较早经历了人为诱发的生态环境问题即第一产业环境问题后，目前第二产业环境问题及人为有害释放造成的各种污染问题比较严重。当然，随着社会的发展，还会在这里首先出现新的、目前还没有意识到的环境问题。

发展中国家，由于经济发展阶段的限制，目前仍以第一产业环境问题为主要表现，如非洲萨赫勒地区、亚洲的部分国家。

在发展中国家中发展工业经济和市场经济的一些国家，兼有第一产业环境问题和第二产业环境问题的双重问题，形成了更为复杂的环境问题，如印度、中国等国家。

（2）区域集中性

① 全球集中分布特点。由于人类活动主要集中于陆地，源与汇大部分在陆地，因此陆地环境问题远远严重于海洋；北半球大多以第二产业环境问题为主，南半球以第一产业环境问题为主，而且，全球人口的近80%集中于北半球，陆源污染多，又有西风带的传播作用，不仅北半球环境问题严重于南半球，且比南半球更具有远距离转移的条件；由于人口与城市集中于温带地区，故温带环境问题又严重于其他热量带；沿海大陆是环境问题的又一个重要分布区，各种污染物通过河流进入沿海，使沿海成为海洋藏污纳垢的主要海域，污染物由此逐步向大洋传送；生态环境脆弱区等敏感区也具有环境问题多发性的特点，如南北极、青藏高原、半干旱区、黄土高原区、内海（渤海、波罗的海等）区，环境问题更为严重和多发。

② 国家内部集中分布特点。大城镇、工矿区往往是人类对环境改造最为深刻和影响程度最大的区域。由于地表性质的改变，城市出现了热岛效应、浑浊岛效应、干岛效应（大气湿度下降）、水害效应（水泥等不透水地表使雨水不易入渗而加大洪峰流量或形成城市内涝）等。工矿区位移多，浮尘多，环境问题突出；沿河、沿湖的水陆交错区也有严重的水环境问题；盆地、河谷等封闭的低地区，由于空气不易流动，水循环速度较慢，污染较为严重；在交通线附近，由于车辆的排污和旅客生活废弃物的随意丢弃，形成流动的污染源，是环境问题的多发区。

③ 生态环境问题的集中分布特点。从自然植被类型看,草原区由于开垦和过度放牧,人为破坏面积大,草原退化,并有流沙活动,环境问题严重;森林区虽直接破坏面积较小,但次生灾害多,诱发的潜在问题更为严重,特别是生物种类、数量大幅度减少,导致气候的暖干化,水旱灾害频繁;农耕区水土流失严重,土地退化,农作物物种的单一化,导致病虫害加剧。

综合起来看,温带工业化导致的环境污染问题突出,热带农牧业活动导致的生态环境问题明显。即温带发达国家有严重的环境污染问题,热带发展中国家的生态环境问题突出。

④ 工业污染问题的集中分布特点。发达国家的工业污染,造成欧洲、北美洲等地的环境问题;发展中国家工艺落后,也造成资源浪费和严重污染的问题。

(3) 多灾的地区与国家

由于上述特征,决定了重大环境问题的空间分布具有不均匀性,并形成了几个生态环境脆弱区及环境问题比较严重的地区和国家。严重的生态环境问题往往导致自然灾害的频繁发生。非洲萨赫勒地区、中国黄土高原地区和青藏高原区、巴西亚马孙雨林区、南北极地区等环境敏感而问题突出;亚洲的菲律宾、孟加拉国、印度、印度尼西亚、日本,非洲的埃塞俄比亚、莫桑比克、苏丹,欧洲的意大利,美洲的危地马拉、尼加拉瓜、墨西哥等国环境灾害较集中。

第二节　我国环境状况

根据《中华人民共和国环境保护法》规定,生态环境部会同国家发展和改革委员会、自然资源部、住房和城乡建设部、交通运输部、水利部、农业农村部、国家卫生健康委员会、应急管理部、国家统计局、中国气象局、国家林业和草原局等部门共同编制完成《2017中国生态环境状况公报》(以下简称公报)。公报显示:

1. 大气

(1) 空气质量

全国338个地级及以上城市(以下简称338个城市)中,有99个城市环境空气质量达标,占全部城市数的29.3%;239个城市环境空气质量超标,占70.7%。

按照环境空气质量综合指数评价,环境空气质量相对较差的10个城市(从第74名到第65名)依次是石家庄、邯郸、邢台、保定、唐山、太原、西安、衡水、郑州和济南,空气质量相对较好的10个城市(从第1名到第10名)依次是海口、拉萨、舟山、厦门、福州、惠州、深圳、丽水、贵阳和珠海。

(2) 酸雨

463个监测降水的城市(区、县)中,酸雨频率平均为10.8%。出现酸雨的城市比例为36.1%;酸雨频率在25%以上的城市比例为16.8%;酸雨频率在50%以上的城市比例为8.0%;酸雨频率在75%以上的城市比例为2.8%。

全国降水 pH 年均值范围为 4.42（重庆大足县）～8.18（内蒙古巴彦淖尔市）。其中，酸雨（降水 pH 年均值低于 5.6）、较重酸雨（降水 pH 年均值低于 5.0）和重酸雨（降水 pH 年均值低于 4.5）的城市比例分别为 18.8%、6.7%和 0.4%。

2. 淡水

(1) 全国地表水

全国地表水 1940 个水质断面（点位）中，Ⅰ～Ⅲ类水质断面（点位）1317 个，占 67.9%；Ⅳ、Ⅴ类 462 个，占 23.8%；劣Ⅴ类 161 个，占 8.3%。长江、黄河、珠江、松花江、淮河、海河、辽河七大流域和浙闽片河流、西北诸河、西南诸河的 1617 个水质断面中，Ⅰ类水质断面 35 个，占 2.2%；Ⅱ类 594 个，占 36.7%；Ⅲ类 532 个，占 32.9%；Ⅳ类 236 个，占 14.6%；Ⅴ类 84 个，占 5.2%；劣Ⅴ类 136 个，占 8.4%。

(2) 湖泊（水库）

112 个重要湖泊（水库）中，Ⅰ类水质的湖泊（水库）6 个，占 5.4%；Ⅱ类 27 个，占 24.1%；Ⅲ类 37 个，占 33.0%；Ⅳ类 22 个，占 19.6%；Ⅴ类 8 个，占 7.1%；劣Ⅴ类 12 个，占 10.7%。主要污染指标为总磷、化学需氧量和高锰酸盐指数。109 个监测营养状态的湖泊（水库）中，贫营养的 9 个，中营养的 67 个，轻度富营养的 29 个，中度富营养的 4 个。

(3) 地下水

以地下水含水系统为单元，以潜水为主的浅层地下水和承压水为主的中深层地下水为对象，原国土资源部门对全国 223 个地市级行政区的 5100 个监测点（其中国家级监测点 1000 个）开展了地下水水质监测。评价结果显示：水质为优良级、良好级、较好级、较差级和极差级的监测点分别占 8.8%、23.1%、1.5%、51.8% 和 14.8%。主要超标指标为总硬度、锰、铁、溶解性总固体、“三氮”（亚硝酸盐氮、氨氮和硝酸盐氮）、硫酸盐、氟化物、氯化物等，个别监测点存在砷、六价铬、铅、汞等重（类）金属超标现象。

(4) 省界水体

全国监测的 544 个重要省界断面中，Ⅰ类、Ⅱ类、Ⅲ类、Ⅳ类、Ⅴ类和劣Ⅴ类水质断面比例分别为 4.0%、39.7%、23.3%、13.1%、7.0%和 12.9%。主要污染指标为化学需氧量、氨氮和总磷。

3. 海洋

(1) 全海域

符合第一类海水水质标准的海域面积占中国管辖海域面积的 96%。劣于第四类海水水质标准的海域面积减少 3700 平方千米。

(2) 近岸海域

全国近岸海域水质基本保持稳定，水质级别为一般，主要污染指标为无机氮和活性磷酸盐。417 个点位中，一类海水比例为 34.5%；二类为 33.3%；三类为 10.1%；四类为 6.5%；劣四类为 15.6%。

4. 土地

(1) 水土流失

根据第一次全国水利普查成果,中国现有土壤侵蚀总面积294.9万平方千米,占普查范围总面积的31.1%。其中,水力侵蚀129.3万平方千米,风力侵蚀面积165.6万平方千米。全国新增水土流失综合治理面积5.9万平方千米。

(2) 荒漠化和沙化

第五次全国荒漠化和沙化监测结果显示,截至2014年,全国荒漠化土地面积261.16万平方千米,沙化土地面积172.12万平方千米。与2009年相比,5年间荒漠化土地面积净减少12120平方千米,年均减少2424平方千米;沙化土地面积净减少9902平方千米,年均减少1980平方千米。

5. 自然生态

(1) 生态环境质量

2016年,2591个县域中,生态环境质量为"优""良""一般""较差"和"差"的县域分别有534个、924个、766个、341个和26个。"优"和"良"的县域面积占国土面积的42.0%,主要分布在秦岭—淮河以南及东北的大小兴安岭和长白山地区;"一般"的县域占24.5%,主要分布在华北平原、黄淮海平原、东北平原中西部和内蒙古中部;"较差"和"差"的县域占33.5%,主要分布在内蒙古西部、甘肃中西部、西藏西部和新疆大部。

(2) 生物多样性

受威胁物种对全国34450种高等植物的评估结果显示,受威胁的高等植物有3767种,约占评估物种总数的10.9%;属于近危等级(NT)的有2723种;属于数据缺乏等级(DD)的有3612种。需要重点关注和保护的高等植物达10102种,占评估物种总数的29.3%。

对全国4357种已知脊椎动物(除海洋鱼类)受威胁状况的评估结果显示,受威胁的脊椎动物有932种,约占评估物种总数的21.4%;属于近危等级(NT)的有598种;属于数据缺乏等级(DD)的有941种。需要重点关注和保护的脊椎动物达2471种,占评估物种总数的56.7%。

(3) 自然保护区

截至2016年,全国共建立各种类型、不同级别的自然保护区2750个,总面积147.17万平方千米。其中,自然保护区陆域面积142.70万平方千米,占陆域国土面积的14.86%。国家级自然保护区463个,面积97.45万平方千米。国家湿地公园试点总数达到898处,新增国家湿地公园试点64处。

(4) 森林资源

第八次全国森林资源清查(2009—2013)结果显示,全国森林面积2.08亿公顷,森林覆盖率21.63%,森林蓄积151.37亿立方米。根据联合国粮农组织发布的2015年全球森林资源评估结果,中国森林面积和森林蓄积分别位居世界第5位和第6位，人工林面积居世界首位。

全国有草原面积近4亿公顷，约占国土面积的41.7%，是全国面积最大的陆地生态系统和生态安全屏障。中国北方和西部是天然草原的主要分布区。

专栏1-2

中国沙漠化形势十分严峻

中国是世界上沙漠化严重的国家之一，中国沙漠化形势十分严峻，全国沙漠、戈壁和沙化土地普查及荒漠化调研结果表明，中国荒漠化土地面积大致为262.2万平方千米，占国土面积的27.4%，近4亿人口受到荒漠化的影响。另外，据中、美、加国际合作项目研究，中国因荒漠化造成的直接经济损失约为541亿人民币。

中国荒漠化土地中，以大风造成的风蚀荒漠化面积最大，占了160.7万平方千米。据统计，20世纪70年代以来仅土地沙化面积扩大速度，每年就有2460平方千米土地荒漠化。

土地的沙化给大风起沙制造了物质源泉。因此中国北方地区沙尘暴（强沙尘暴俗称"黑风"，因为进入沙尘暴之中常伸手不见五指）发生越来越频繁，且强度大，范围广。

毛乌素沙地地处内蒙古、陕西、宁夏交界，面积约4万平方千米，40年间流沙面积增加了47%，林地面积减少了76.4%，草地面积减少了17%。浑善达克沙地南部由于过度放牧和砍伐，短短9年间流沙面积增加了98.3%，草地面积减少了28.6%。此外，出现了甘肃民勤绿洲的萎缩，新疆塔里木河下游胡杨林和红柳林的消亡，甘肃阿拉善地区草场退化、梭梭树林消失等一系列严峻的事实。

土地荒漠化最终结果大多是沙漠化。中国荒漠化类型有风蚀荒漠化、水蚀荒漠化、冻融荒漠化、土镶盐渍化等4种。

中国风蚀荒漠化土地面积为160.7万平方千米，主要分布在于旱、半干旱地区，在各类型荒漠化土地中是面积最大、分布最广的一种。其中，干旱地区约有87.6万平方千米，大体分布在内蒙古狼山以西，腾格里沙漠和龙首山以北包括河西走廊以北、柴达木盆地及其以北、以西到西藏北部。半干旱地区约有49.2万平方千米，大体分布在内蒙古狼山以东向南，穿杭锦后旗、橙口县、乌海市，然后向西纵贯河西走廊的中—东部直到肃北蒙古族自治县，呈连续大片分布。亚湿润干旱地区约23.9万平方千米，主要分布在毛乌素沙漠东部至内蒙右东部和东经106°。

中国水蚀荒漠化土地面积为20.5万平方千米，占荒漠化土地总面积的7.8%。主要分布在黄土高原北部的无定河、窟野河、秃尾河等流域，在东北地区主要分布在西辽河的中上游及大凌河的上游。

中国冻融荒漠化土地面积共36.6万平方千米,占荒漠化土地总面积的13.8%。冻融荒漠化土地主要分布在青藏高原的高海拔地区。

中国盐渍化土地面积为23.3万平方千米,占荒漠化土地总面积的8.9%。土壤盐渍化比较集中连片分布的地区有柴达木盆地、塔里木盆地周边绿洲以及天山北麓山前冲积平原地带、河套平原、银川平原、华北平原及黄河三角洲。

沙漠化指旱地生态系统的持续恶化,由极端气候变化和人类活动引起。沙漠化是全球最严峻的环境问题之一,因为它一般发生在世界贫困地区,并严重影响贫困问题解决前景。

专栏1-3

气候变化严重影响我国生态安全

2018年11月28日,气候变化绿皮书《应对气候变化报告2018:聚首卡托维兹》发布。2017年,我国碳排放强度比2016年下降5.1%,比2005年累计下降约46%,提前3年实现碳排放强度下降40%~45%的目标。

该绿皮书由中国社会科学院、国家气象局气候变化经济学模拟联合实验室以及社会科学文献出版社共同发布。2017年全球平均温度比工业化前时期高出约1.1℃,为有完整气象观测记录以来的第二暖年份,也是有完整气象观测记录以来最暖的非厄尔尼诺年份。冰冻圈不断收缩,海平面加速上升,气候变化对自然和人类系统的不利影响正在加剧。

绿皮书指出,全球气候变化对我国的不利影响已经显现,并可能在未来进一步加剧。在粮食生产上,由于气候变化及其造成的水资源短缺,我国主要粮食作物小麦、玉米和大豆的单产在近30年分别降低了1.27%、1.73%和0.41%,约占播种面积12%至22%的耕地受干旱影响。此外,气候变化还导致病虫害恶化,进一步加剧我国粮食安全面临的严峻挑战。在水资源方面,受气候变化影响,我国东部主要河流径流量减少。冰川退缩使青藏高原七大江河源区径流量变化不稳定。水资源可利用性降低,北方水资源供需矛盾加剧,南方出现区域性甚至流域性缺水现象。同时,气候变化也是我国水土流失、生态退化和物种迁移的重要原因,严重影响我国生态安全。

参考文献

[1] B. G. 罗赞诺夫. 环境学原理. 李克煌等译. 郑州:河南大学出版社,1988.

[2] B. J. 内贝尔. 环境科学——世界存在与发展的途径. 范淑琴等译. 北京:科学出版社,1987.

[3] http://cn.chinadaily.com.cn/2016sdhj/2017-01/03/content_27849835.htm,2017-01-03

[4] http://finance.ifeng.com/topic/news/65huanjing/huanbao/hbgs/20090604/747017.shtml,

2009-06-04
[5] http：//huanbao. bjx. com. cn/news/20160530/737572. shtml，2016-05-30
[6] http：//huanbao. bjx. com. cn/news/20180130/877672. shtml，2018-01-30
[7] http：//huanbao. bjx. com. cn/news/20180601/902314-6. shtml，2018-06-01
[8] http：//www. ce. cn/cysc/stwm/gd/201811/30/t20181130_，2018-11-30
[9] http：//www. cenews. com. cn/news/201806/t20180601_876170. html，2018-06-01
[10] http：//www. gov. cn/zwgk/2007-11/16/content_807439. htm，2007-11-16
[11] https：//max. book118. com/html/2018/1004/7200163112001151. shtm，2018-10-04
[12] J. M. 莫兰等. 环境科学导论. 北京市环境保护局译. 北京：海洋出版社，1987.
[13] 丹尼斯 S. 米勒蒂主编. 人为的灾害. 谭徐明等译. 湖北人民出版社，2004.
[14] 桂和荣. 环境保护概论. 北京：煤碳工业出版社，2002.
[15] 郭怀成，陆根法. 环境科学基础教程. 北京：中国环境科学出版社，2003.
[16] 国家环境保护总局. 中国环境状况公报(2003). 北京：中国环境科学出版社，2004.
[17] 韩怀芬. 环境保护导论. 北京：科学出版社，2004.
[18] 郝志功. 当代环境问题导论. 武汉：湖北科学技术出版社，1988.
[19] 何康林. 环境科学导论. 北京：中国矿业大学出版社，2005.
[20] 何振德，金磊. 城市灾害概论. 天津：天津大学出版社，2005.
[21] 黄儒钦. 环境科学基础. 西安：西南交通大学出版社，2002.
[22] 黄润华. 人口・资源・环境・可持续发展. 北京：人民教育出版社，2002.
[23] 贾振邦，黄润华. 环境学基础教程. 2 版. 北京：高等教育出版社，2004.
[24] 姜达炳. 农业生态环境保护导论. 北京：中国农业科技出版社，2002.
[25] 金磊. 城市灾害学原理. 北京：气象出版社，1997.
[26] 井文涌等. 当代世界环境. 北京：中国环境科学出版社，1989.
[27] 鞠美庭. 环境学基础. 北京：化学工业出版社，2004.
[28] 孔昌俊，杨凤林. 环境科学与工程概论. 北京：科学出版社，2004.
[29] 李定龙，常杰云. 环境保护概论. 北京：中国石化出版社，2006.
[30] 李建成. 环境保护概论. 北京：机械工业出版社，2003.
[31] 李焰. 环境科学导论. 北京：中国电力出版社，2000.
[32] 林肇信，刘天齐，刘逸农. 环境保护概论. 北京：高等教育出版社，1999.
[33] 刘培桐，陈益秋. 环境科学概论. 北京：水利出版社，1981.
[34] 刘培桐，孔繁德. 环境科学导论. 北京：中国环境科学出版社，2000.
[35] 刘培桐等. 环境学概论. 北京：高等教育出版社，1985.
[36] 刘少康. 环境与环境保护导论. 北京：清华大学出版社，2002.
[37] 刘天齐等. 环境保护概论. 北京：人民教育出版社，1982.
[38] 刘震炎，张维竞. 环境与能源科学导论. 北京：科学出版社，2005.
[39] 钱易，唐孝炎. 环境保护与可持续发展. 北京：高等教育出版社，2000.
[40] 曲格平等. 环境科学基础知识. 北京：中国环境科学出版社，1984.
[41] 曲格平等. 世界环境问题的发展. 北京：中国环境科学出版社，1988.
[42] 盛连喜. 现代环境科学导论. 北京：化学工业出版社，2002.
[43] 施雅风，黄鼎成，陈 勤. 中国自然灾害灾情分析与减灾对策. 武汉：湖北科学技术出版

社,1992.
[44] 苏多杰,李诸平. 环境科学概论. 西宁:青海人民出版社,2001.
[45] 孙立广,杨晓勇,黄新明. 地球与环境科学导论. 北京:中国科学技术大学出版社,1995.
[46] 王岩,陈宜俍. 环境科学概论. 北京:化学工业出版社,2003.
[47] 王翊亭等. 环境学导论. 北京:清华大学出版社,1985.
[48] 徐炎华. 环境保护概论. 北京:中国水利电力出版社,2004.
[49] 许兆义,杨成永. 环境科学与工程概论. 北京:中国铁道出版社,2002.
[50] 延军平,黄春长,陈瑛. 跨世纪全球环境问题及行为对策. 北京:科学出版社,1999.
[51] 杨志峰,刘静玲等. 环境科学概论. 北京:高等教育出版社,2004.
[52] 战友. 环境保护概论. 北京:化学工业出版社,2004.
[53] 张辛太,吴卫星. 环境保护法概论. 北京:中国环境科学出版社,2003.
[54] 赵景联. 环境科学导论. 北京:机械工业出版社,2005.
[55] 中国大百科全书总编辑委员会. 中国大百科全书(环境科学). 北京-上海:中国大百科全书出版社,1983.
[56] 朱鲁生. 环境科学概论. 北京:中国农业出版社,2005.
[57] 朱源. 国际环境政策与治理. 北京:中国环境出版社,2015.

思 考 题

1. 环境的定义与分类。
2. 威胁人类生存的主要环境问题。
3. 人类活动对自然环境的影响。
4. 全球环境问题的分类。
5. 全球环境问题的共同特点。
6. 全球环境问题的分布特点。
7. 世界主要灾害的分布。

第二章　环境因素的健康效应

第一节　健康的定义与标准

一、健康的定义

(1) 联合国世界卫生组织

20 世纪 70 年代，联合国世界卫生组织（WHO）在世界保健大宪章中对健康做了如下定义："健康不仅是身体没有病，还要有完整的生理、心理状态和社会的适应能力。"

① 身体无病。这是健康的最基本条件。

② 心理健康。心态决定了人生的一切，良好的心理是一切的保证。

③ 生理健康。维持机体各组织的细胞，使功能协调作用完善。

④ 适应社会的能力。当今社会的三大特征为"速度、多变、危机"，相应对策为"学习、改变、创业"。

(2)《黄帝内经》

《黄帝内经》开篇即明确了健康的概念，它认为，一个健康的人必须在天时、人事、精神方面保持适当的和有层次的协调。按照《黄帝内经》的观点，我们所言的健康人，其实只能算是"常人"，而一个真正健康的人应该符合以下三个条件：合天时，"处天地之和，从八风之理，法于阴阳，和于术数"；合人事，"适嗜欲于世俗之间，无意嗔之心，行不欲离于世，被服章，举不欲观于俗，外不劳形于事，内无思想之患，以恬愉为务，以自得为功"；养肾惜精，"志闲而少欲，心安而不惧，形劳而不倦，恬淡虚无，真气从之，精神内守，病安从来"。

有人对这几方面的健康作了如下解释。

① 躯体健康。一般指人体生理的健康。

② 心理健康。一般有三个方面的标志。第一，具备健康的心理的人，人格是完整的，自我感觉是良好的。情绪是稳定的，积极情绪多于消极情绪，有较好的自控能力，能保持心理上的平衡。有自尊、自爱、自信心以及有自知之明。第二，一个人在自己所处的环境中，有充分的安全感，且能保持正常的人际关系，能受到别人的欢迎和信任。第三，健康的人对未来有明确的生活目标，能切合实际地、不断地进取，有理想和事业的追求。

③ 社会适应。指一个人的心理活动和行为，能适应当时复杂的环境变化，为

他人所理解,为大家所接受。

④ 道德健康。最主要的是不以损害他人利益来满足自己的需要,有辨别真伪、善恶、荣辱、美丑等是非观念,能按社会认为规范的准则约束、支配自己的行为,能为人的幸福做贡献。

(3) 我国学者穆俊武提出的健康定义

穆俊武认为健康是指"在时间、空间、身体、精神、行为方面都尽可能达到良好状态。",并给出如下解释:

① 时间概念。是指个人或社会发展的不同时期对健康不能用同一标准来衡量。不能把健康看作静止不变的东西,应理解为不断变化着的概念。他认为"世界卫生组织的健康定义对个人或社会来说,过去是否有过或将来是否有'身体、精神、社会都处于完好的'短暂状态是值得怀疑的。那恰恰不是也不可能是生活方式。"新的健康概念强调时间的重要性,即健康概念的相对性。

② 空间概念。不同地区、不同国家的人,有着各不相同的健康概念和健康标准。这并不意味着没有一个可供人们遵循的健康概念。应根据国家、地区的不同,尽可能达到各自的良好状态。人们对保健的需要在发达国家和不发达国家不同。作为健康教育者,应根据空间来制订保健行为。健康不是由主观或客观的东西来决定的。有些结核病人,没有自觉症状,而胸部X光片发现有结核病变;一些精神病患者,本人没有意识到患病,而是周围人发现他有病;有许多就诊患者认为自己不健康,而多方面检查并未发现异常。对这些没有一个标准来区分。我们不妨从身体、精神、行为等角度,把主观表现、客观征象结合起来去探求健康概念。

③ 身体概念。指人或动物的整个生理组织,有时特指躯干和四肢。

④ 精神概念。哲学上,精神的定义,就内涵方面而言,精神是过去事和物的记录及此记录的重演。

⑤ 行为概念。是一个人在社会生活中对赋予的责任和义务所采取的动态和动机。行为表现为社会性,每个人的行为必然受到他人的影响。

⑥ 健康是个体概念,我们在考虑健康时必须区分是群体的健康还是个人的健康。群体的健康是采用统计学上的平均值,即在一定范围内某一个时期的健康应为正常值,偏离了就不正常;但是,偏离了正常值对于个人来说就不一定不健康,作为个人,健康的标准是一个人特有的。个体健康是现实的,群体的健康是理想的。此外,我们必须结合世界卫生组织宪章和2000年人人享有卫生保健的要求,从国际社会的高度来认识,享受最高标准的健康被认为是一种基本人权,健康是社会发展的组成部分,健康是对人类的义务,人人都享有健康平等的权利。健康是人类生存发展的要素,它属于个人和社会。可以说,健康的含义是多元的、相当广泛的。健康是人类永恒的主题。

健康标准对不同年龄、不同性别的人有不同的要求。根据世界卫生组织的年龄分期:44岁以下的人被列为青年;45～59岁的人被列为中年;60～74岁的人为较老年(渐近老年);75～89岁的人为老年;90岁以上为长寿者。

二、健康的十条标准

① 精力充沛,能从容不迫地应对日常生活的压力而不感到过分紧张;
② 处事乐观,态度积极,乐于担责任,严于律己、宽以待人;
③ 善于休息,睡眠良好;
④ 应变能力强,能够较好地适应环境的各种变化;
⑤ 对于一般感冒和传染病有抵抗能力;
⑥ 体重适当,身体匀称,站立时身体各部位协调;
⑦ 眼睛明亮,反应敏捷无炎症;
⑧ 头发有光泽,无头屑;
⑨ 牙齿清洁,无龋齿、无疼痛,牙龈色正常、无出血现象;
⑩ 肌肉、皮肤有弹性,走路感觉轻松。

三、环境健康指数

1. 环境健康指数的提出

2016年3月,清华大学建筑环境检测中心发布《国内首部家庭室内生态环境健康报告》。报告显示,我国城市居民住宅的室内空气质量整体现状不容乐观。中国室内环境监测中心提供的数据显示,我国每年由室内空气污染引起的超额死亡数可达11.1万人,超额门诊数可达22万人次,超额急诊数可达430万人次。严重的室内环境污染不仅给人们的财富造成损失,更在侵蚀着人们的健康甚至生命。

特别值得关注的是,相对受危害更严重的是儿童、孕妇、老人和慢性病人。其中,由于儿童的身体正处在生长过程中,呼吸量按体重比相对成人高50%,且儿童生活在室内的时间通常较长,因此,儿童比成年人更容易受到室内空气污染的危害。

随着社会的发展、科学技术的提高,我们对周围的环境的关注度在不断提高,我们所能感知到的环境因素也在不断增加。为此,就出现一个如何评价环境的问题,以前由于技术的因素,只能定性进行环境评价,不能进行定量的评价,现在我们可以通过环境健康指数对不同环境进行定量的衡量和评价。所以,环境健康指数提出的意义在于把不同的环境统一到一个量化的平台上进行评价。

2. 环境健康指数的定义

环境健康指数(Environment Health Index,简称EHI)是定量描述环境健康状况的指数(量纲为1),是用来量化评价人居环境、针对人居环境中与人体健康和感受有直接关联的参数进行量化评价。

3. 环境健康指数的组成

最常见的环境健康指数包括温度、湿度、细颗粒物(PM2.5)、有机挥发物(TVOC)、噪声,环境健康指数根据人体感舒适程度和对人体危害程度进行量化评价。针对单项参数还规定了环境健康分指数,主要有PM2.5、TVOC、噪声、光照、温度、湿度,其中危害与参数值成正比的有PM2.5、TVOC、噪声,温度和湿度以一个体感最适宜的数值作为最佳值,随着参数的不断增加和减少,对人体的舒适度和健康的影响不断增大。因此环境健康指数包括PM2.5、TVOC、温度、湿度、噪声五项参数。

4. 环境健康指数的评价

环境健康指数为0~100的量纲为1的指数,数值随着测量参数的变化而变化,数值越小表示所检测环境越恶劣或人体感受越差,数值越大表示所检测的环境越好、人体感受越舒适。

5. 环境健康指数的应用

环境健康指数是对环境综合评价的量化指标。通过对环境健康指数的比较就可以客观、量化地评定以上环境问题。可以为我们的环境评定提供一个可参考的量化标准。在实际使用中,可以看到指数的变化是受到几个参数的整体影响的。通过监测指数可以全面地反映环境对人体的影响情况,可以量化地比较环境的实际优劣。

第二节 影响健康的因素

根据理论推测,人的自然寿命可达100~175岁。但对于绝大多数人来说,实际寿终正寝的年龄很少超过100岁。这是因为,人的健康、寿命受到许多因素的影响。

世界卫生组织研究报告指出,影响个人身体健康和寿命有四大因素:生物学因素、环境因素、医疗保健卫生服务因素以及行为与生活方式因素。

(1) 生物学因素(对健康和寿命的影响占15%)

生物学因素是指遗传和心理。人是由分子、细胞、组织、器官和系统构成的高度复杂的机体,其机体自身完成一系列生命现象:新陈代谢、生长发育、防御侵袭、免疫反应、修复愈合、再生代偿等,按照亲体的遗传模式进行世代繁殖。影响健康的生物学因素还包括由病原微生物引起的传染病和感染性疾病;某些遗传或非遗传的内在缺陷、变异、老化而导致人体发育畸形、代谢障碍、内分泌失调和免疫功能异常等。

(2) 环境因素(对健康和寿命的影响占17%)

环境因素包括自然环境与社会环境,所有人类健康问题都与环境有关。污染、人口和贫困,是当今世界面临的严重威胁人类健康的三大社会问题。自然环境中的物理因素、化学因素、生物因素、大气、水体、土壤、食品的污染程度，生产过程中毒物、粉尘、噪声等等，都与人体健康有相当密切的关系。社会环境涉及政治制度、经济水平、科技发展、文化教育、人口状况等诸多因素。良好的社会环境是人类健康的根本保证。

(3) 医疗保健卫生服务因素(对健康和寿命的影响占 8%)

卫生服务的范围、内容与质量直接关系到人的生、老、病、死及由此产生的一系列健康问题。

(4) 行为与生活方式因素(对健康和寿命的影响占 60%)

行为与生活方式因素包括危害健康的行为与不良生活方式。

① 精神因素，无论是心、肺、肝、肾，还是骨骼、呼吸、消化、内分泌等器官和系统，它们的功能都是由神经系统来调节和控制的。中医认为："怒伤肝，喜伤心，思伤脾，忧伤肺，恐伤肾。"一切对人不利的因素中，最能使人短命夭亡的就是不好的情绪和恶劣的心情。所以，一个人的情绪如何，精神状态如何，会直接影响人的健康和衰老速度。

② 嗜好，不利于健康的嗜好可使人短命。例如，80%的肺癌患者都是嗜好吸烟者。不良生活方式和有害健康的行为已成为当今危害人们健康、导致疾病及死亡的主因。在我国，前三位死因是恶性肿瘤、脑血管和心脏病，这些疾病都与上述因素有关。

第三节 环境与健康的关系

一、新陈代谢与生态平衡

300 万年前，自从地球上出现人类以来，人类的生存与自然环境之间就存在着十分密切的关系。人在整个生命活动过程中，通过呼吸、饮水、进食、排泄等各种方式与其周围环境进行着多种形式的物质和能量交换。人类具有别的生物所没有的社会属性，为了获得良好的生存条件，人类需不断地改造和利用自然，从环境中选择摄取自身所需的元素和物质维持生命活动。在漫长的生物进化过程中，人类对环境条件愈来愈适应，其表现为人类机体中的物质组成及其含量与地壳中元素丰度之间有明显的相关关系，人体与各环境参数之间逐渐建立并保持着动态的平衡关系。如果一种因素由于自然作用或人为活动的结果而发生变化，则将会在人体或生物体中出现相应的生态效应。一旦缺少了所需的某种环境因素，人与生物将无法生存。因此，一个正常、稳定的环境，理应是自然界中各个环境因素与人群、生物种群之间，基本上保持着的一种相对的生态平衡关系。事实上，各种自然的和人为的环境因素的平衡状态并非是静止不变的，而总是处于不断的运动和变化之中，如果某种变化超过一定强度，就可能会破坏固有的平衡状态。在一般情况下，自然界中某些环境因素的变化,不足以引起自然环境的异常,凭借自然界的自净能力和人类对环境的自我调节,在一定时期内可以重新建立起新的相对平衡状态。只有当某些环境因素的改变导致原有的生态系统出现了不可逆转的变化,仅仅依靠自然净化能力已无法使环境系统再恢复或达到新的生态平衡,而且在一定的人群或生物种群中产生了相应的生态效应,才算是出现了环境破坏和污染问题。

二、人体的化学组成

1. 必需元素

人类是物质世界的组成部分,物质的基本单元是化学元素。因此,可以认为人体是由化学元素组成的。

迄今为止,在人体内发现了近60种元素,但并不是所有的元素都是人体必需的。人体99.9%以上的质量是由碳、氢、氧、氮、磷、硫、氯、钠、钾、钙和镁等11种元素组成,称为常量元素。还有不到0.1%是由硅、铁、氟、锌、碘、铜、钡、锰、镍、钴、铬、硒、锡和钒等14种元素组成。由于这些元素在人体内的含量很微小,故称其为人体的微量元素。正常人体的元素组成如表2-1所示。

表2-1 人体的元素组成

常量元素	含量/(%)	微量元素	含量/ppm
氧	65.00	铁	40.00
碳	18.00	氟	37.00
氢	10.00	锌	33.00
氮	3.00	铜	1.00
钙	2.00	钒	0.30
磷	1.00	铬	0.20
钾	0.35	硒	0.20
硫	0.25	锰	0.20
钠	0.15	碘	0.20
氯	0.15	钼	0.10
镁	0.05	镍	0.10
		钴	0.05
总计	99.95		112.35

目前,在人体中已经检验出的微量元素中,铁、氟、锌的含量最多。微量元素在人体中所占比重虽小,但对人体的健康却起着重要作用。医生可根据人体组织或体液中某一元素的含量作为疾病诊断和治疗的依据;营养学家可根据人体内对某元素的需求和现含水平,掌握人体营养状况并进行调节。因此,科学家把微量元素称为"生命的钥匙"。现已知必需的微量元素有铁、氟、锌、硒、铜、钒、铬、锰、钼、碘、镍、钴等10多种,它们常是人体激素、酶和维生素的组成成分。自然环境中的微量

元素一部分经过植物和动物的吸收和富集，然后经由食物链进入人体，另一部分则由水、空气直接进入人体。人体根据生理需要，吸收一定量的必需微量元素，而将多余的通过生理调节排出体外。被排泄到环境中的微量元素，随着时间与空间的变迁，又经过大气、土壤、水体、食物链重新进入人体。微量元素对人体的影响见表2-2。

表2-2　微量元素对人体的影响

元素	生物功能	缺量引起的症状	积累过量引起的症状	摄入来源
铁	组成血红蛋白、细胞色素、铁硫蛋白，贮存、输送氧，参与多种新陈代谢过程	缺铁性贫血、龋齿、无力	青年智力发育缓慢、肝变硬	肝、肉、蛋、水果、绿叶蔬菜、海带等
铜	血浆蛋白和多种酶的重要成分，有解毒作用，有利于铁的吸收和利用	低蛋白血症、贫血、冠心病、头发褪色	类风湿关节炎、肝硬化、精神病、肾损伤、低血压	干果、葡萄干、葵花子、肝、茶、绿叶蔬菜、海米等
锌	控制代谢的酶的活性部位，参与多种新陈代谢过程，胰岛素的成分	贫血、高血压、早衰、侏儒症、皮炎	头昏、呕吐、腹泻、皮肤病、胃癌	肉、蛋、奶、谷物、豆类
锰	多种酶的活性部位	影响生殖腺、骨变形、营养不良	头痛、昏昏欲睡、机能失调、精神病	干果、粗谷物、核桃仁、板栗、菇类
碘	人体合成甲状腺激素必不可少的原料，甲状腺中控制代谢过程	甲状腺肿大、地方性克汀病，影响智力和生长发育	甲状腺肿大、疲怠	海产品、奶、肉、水果、加碘食盐
钴	形成红血球必需的组分，维生素 B_{12} 的核心	贫血、心血管病	心脏病、红血球增多	肝、瘦肉、奶、蛋、鱼、花生、大豆、核桃
铬	Cr(Ⅲ)使胰岛素发挥正常功能，调节血糖代谢	糖尿病、糖代谢反常、动脉粥样硬化、心血管病	肺癌、鼻膜穿孔	各种动物中均含微量铬
钼	染色体有关酶的活性部位、固氮酶必需的元素	龋齿、肾结石、营养不良、降低酶的活性	痛风病、骨多孔症	豌豆、谷物、肝、酵母
硒	正常肝功能必需酶的活性部位，有一定的抗癌作用	心血管病、克山病、肝病、易诱发癌症、大骨节、不育	头痛、肌肉萎缩、脱发、生长迟缓、生育力降低	海米、肉类、肝脏、大米、大蒜、荠菜
钒	能降低血液中胆固醇的含量，与骨和牙齿正常发育及钙化有关	骨、牙齿和软组织正常发育受阻，营养不良性水肿及甲状腺代谢异常	引起呼吸、神经、造血、肠胃系统损伤和新陈代谢的改变	海产品
锡	与蛋白质的生物合成有关	影响生长	呕吐、腹泻、痉挛	谷类、豆类、山楂、葵花子、栗子

续表

元素	生物功能	缺量引起的症状	积累过量引起的症状	摄入来源
氟	是骨骼和牙齿正常生长必需的元素	龋齿	斑釉齿,骨骼生长异常,严重者瘫痪	饮用水、茶叶、鱼等
镍	促进体内铁的吸收,红细胞的增长和氨基酸的合成等。能使胰岛素增加,血糖降低。	降低酶的活性,从而引起生化代谢等方面的异常,影响生长发育	头疼,头晕,恶心,呕吐,高烧,呼吸困难,急性肺炎,肺水肿	水果、蔬菜、谷类、豆类
硅	骨骼及软骨形成初期所必需的元素,保护皮肤,排除机体内铝的毒害作用	影响骨骼和软骨的生长	影响新陈代谢,甚至致癌	

资料来源:生命经纬网,2006-09-05,经修改补充.

2. 非必需元素

除上述10多种必需元素外,还有些普遍存在于组织中的元素。它们的浓度是变化的,而它们的生物效应和作用还未被人们所认识,所以称它们为非必需元素。

按照对人体的生物学作用,又可将非必需元素分成惰性和毒性元素两类。前者如铝、铷、锆等,它们普遍存在于地壳中,对人体有无特殊生理功效,尚不清楚;后者主要是指铍、镉、汞、砷、铊等。应当指出,对于微量元素性质的划分,还没有一致的见解。从元素与生命总的关系看,元素不论其量是"微量"还是"宏量",都各司其职,各有利弊。而必需与非必需、有益与有害、营养与毒性元素的划分仅是人类不同认识阶段的相对概念。如发现了7种必需元素的美国科学家施瓦兹曾预言,所有元素可能最终都显示其生物学作用。随着研究的深入,将会发现一些"非必需元素""有害元素"具有一定的生物学作用而成为必需元素。美国动物和人类元素营养学家默兹也提出相似的看法,他认为,就我们现有的知识,除根据化学性质外,不可能找出一种合理的微量元素分类方法。事实也证实了,过去认为有毒害的元素,如硒、钼、锡、镍、钒等,现在成为必需元素。因所有元素的毒性是固定的,但其毒性作用却与它同生物物质接触的浓度有关,因此对毒性较大的元素,只要控制其对环境的污染,不要长时间接触,就不会给人体健康带来很大的危害。随着对生理功能认识的深入和检测技术的提高,可以预料,现在认为是非必需的微量元素将会有一部分成为必需的微量元素。另外,即使是高毒性元素,在人体内的含量不超过容许范围时,对健康也是无害的。相反,即使是一些必需或惰性的微量元素,如果摄入量过多,同样会引起机能障碍,出现中毒现象。

微量元素在人体中的分布是不均匀的,某些器官或组织对其有明显的选择性,在特定的组织内蓄积,如脑组织对镉、锶、溴、铅,肾组织对铋、铅、硒、砷、硅,肺组织对锑、锡、硒、铬、铅,肝组织对铅、碘、钐、硒、砷、锌、铜以及淋巴结对铀、锑、锰、铝、锂等有选择性地富集作用。某些元素在一些组织或器官中含量过多,超过生理负荷量，就可能导致病理状态，及时发现这种情况是环境医学的重要任务。

微量元素对遗传的影响，是人们早已知道的。克汀病是先天性地方性缺碘的结果；氟斑牙是高氟地区儿童的常见病理现象。微量元素中的金属致癌问题已引起人们的重视，砷、铬、镍已被国际组织认定为致癌物。人体通过新陈代谢作用，使其化学元素组成与所处的自然地理保持着平衡一致的关系。正如英国地球化学家密尔顿等通过对人体血液成分分析发现，人体内 60 多种元素的相对含量与地壳中元素的相对组成十分相似，见图 2-1。

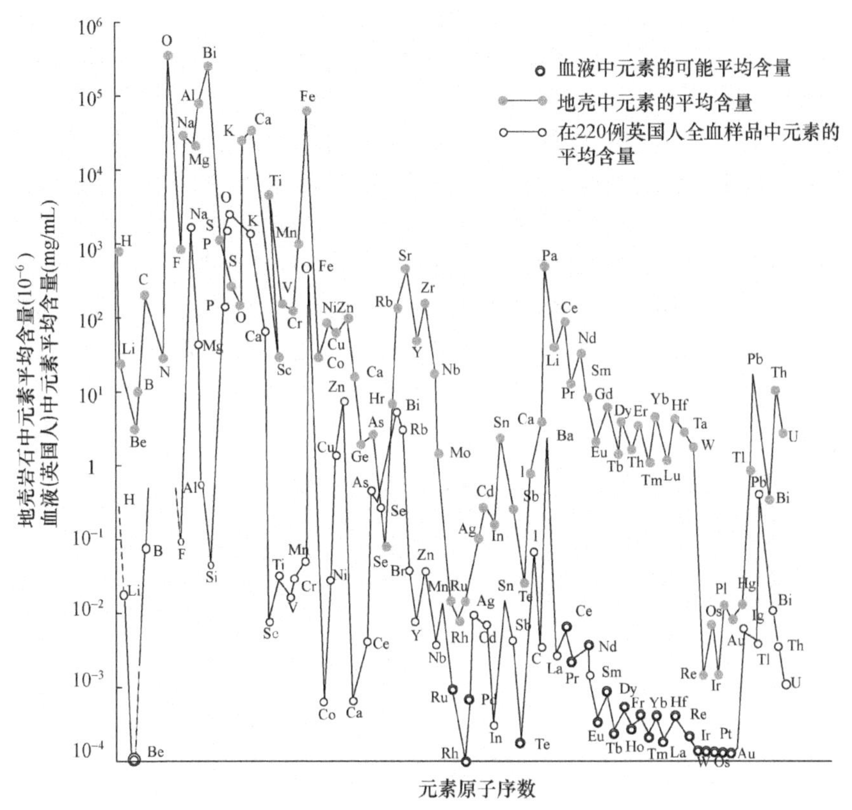

图 2-1　人体血液中和地壳中元素含量的相关性

（资料来源：陈静生，1990）

从图 2-1 可知，人类是自然环境长期发展与进化的产物，化学元素是人与自然环境之间联系的基本物质。综上所述，环境、微量元素以及人体之间存在着十分密切的关系。为了维持人体的正常生理需要，人们必须从生活环境中摄取并排泄适量的微量元素。若人类的正常环境受到污染或破坏，环境中的微量元素就会出现过多或过少的异常情况，于是人体内微量元素的含量比例随之失调，结果机体的功能平衡也遭到破坏，从而导致各种危及人体健康的有害后果。

三、适应性和致病过程

随着现代科学技术的迅速发展和大规模的经济活动,地壳中潜在的物质和能量得到进一步的开发利用,与此同时向大自然排放的污染物质也随之激增,强烈地改变着地壳表面的原始组成,使环境物质存在的状态和数量都产生显著变化,大大超出自然界本身的自净能力和人类生命活动所能调节适应的范围,使一些地区的环境质量明显下降,从而给人类健康带来了隐患和威胁。

人类在长期发展过程中,对环境的变化形成了极其复杂的适应机能,以保持机体与环境的相对平衡。只要环境条件的改变不引起人体生理机能的剧烈变化就不会造成人体与环境条件的平衡失调,否则将发生疾病或死亡。因为人体适应环境的能力是有限度的,由于自然的或人为的原因破坏或污染了环境条件,被改变了的环境超越了人类正常的生理调节范围,可引起人体某些生理功能与结构发生反应和变化,使人罹患某些疾病或影响寿命。变化了的环境条件能否引起环境与人体之间的平衡失调,取决于许多条件,一方面取决于环境因素(化学的、物理的、生物的)性质、变化的强度与持续作用的时间。据测定,古代人和现代人体内化学元素的含量,必需元素变化不大,而非必需元素前者比后者低得多,见表2-3。另一方面也取决于人体的机能状况(如性别、年龄、营养、健康、体质、遗传性等)和接触方式。

表2-3 人体内微量化学元素含量的变化

元素名称	含量/ppm	
	古代人	现代人
必需的微量元素		
铁	60	60
铜	1.0	1.2
钴	0.03	0.03
铬	0.6	0.2
碘	0.1～0.5	0.2
非必需的微量元素		
铅	0.01	1.70
镉	0.001	0.700
汞	<0.001	0.190

资料来源:宋广舜等.环境医学,1985.

因此,在一般情况下,并不是只要有环境条件的异常改变,就会对所有人群带来相同程度的有害影响。由于人群敏感性的不同,对环境因素作用的反应性也有差别。虽大多数人体内有污染物负荷,但不出现明显的生理变化,只有少部分人出现亚临床变化、发病或死亡。所谓高危险人群就是指一人群在接触到有毒物质或致癌物质时,由于个体的生物学性质使其毒性反应的出现较一般人群快而且强。

正常人与高危险人群在污染物浓度不断增加的情况下，他们对毒性作用的反应速度与程度，如图 2-2 所示。

对一般人来讲，环境因素的变化对机体影响的程度是与接触剂量以及个体的敏感性有关，在其环境条件不变时，受影响人群的反应强度呈“金字塔”形分布，如图 2-3。当污染物的剂量不超过阈值时，常呈现生理性超负荷状态，人体可以调节适应；如果作用剂量超过阈值，先出现生理性反应异常，人体进入病理性代偿状态；如果个体代偿能力较强，仍可保持“正常”稳定，处于疾病临床前期状态，这时阻断接触有害因素作用，人体便可恢复健康；如果有害因素继续作用或剂量不断增加或机体代偿能力削弱，超越了机体的代偿能力范围，组织、器官发生障碍，机体出现该环境因素所引起的特有临床症状或使一般疾病的发病率增加、寿命缩短，严重时即可造成急性死亡。

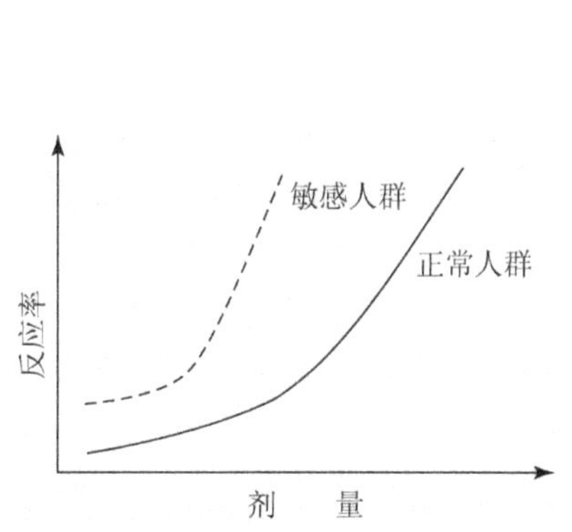

图 2-2　不同人群对环境因素变化的剂量-反应关系

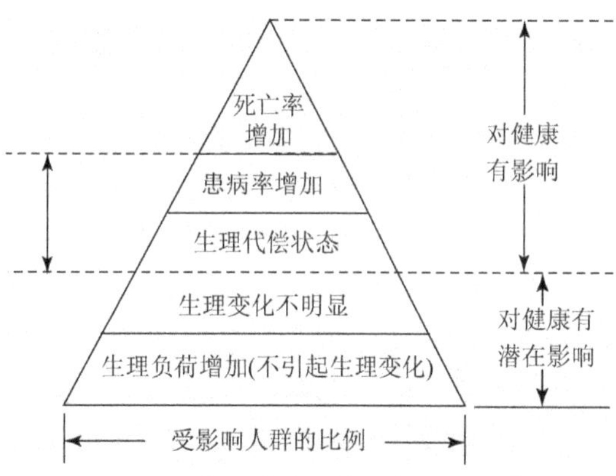

图 2-3　人群对环境异常变化的反应呈“金字塔”形分布

（资料来源：方如康等，1993）

环境污染对人体作用规律呈现“剂量-时间-反应”的线性关系。为了描述的方便，我们采用剂量率——单位时间内进入机体的剂量的概念来表示。根据实验研究，化学、物理性因素对机体的作用呈三种反应形式：

① 生命必需的物质。它们都存在于自然环境中，是人类生存必需的。这些物质对人体的作用特点呈近似抛物线形式。当剂量率在一定的范围内，机体不会出现生理功能波动的峰值。只有剂量率低于或者超过一定范围时，机体反应才显示异常现象。

② 大多数污染物的剂量率与反应的关系呈“S”形。按一定剂量率输入机体时，呈现的反应强度不明显，随着剂量率逐渐增加，反应趋于明显，达到一定剂量率后，反应也到极限强度。

③ 致癌物质和放射性物质的剂量-反应关系呈直线。对于这种有害因素的评价，可采用一般的、可接受的容许危险度水平，如肿瘤发生率在 1/100 000 以下为可接受的水平。

在研究环境与人群健康的关系时,应该及早发现环境因素的异常改变对人群所引起的任何超负荷状态和出现异常生理变化的起点,以便及时采取环境保护措施,这是十分重要的。

第四节 环境因素对健康作用的特点

环境因素按其对人群健康作用的性质,可分为物理、化学、生物学三种。按其来源又可综合分为自然的和人为的两类:前者在环境中的分布适量时,对人群健康是必需的;后者多数是环境污染物,对人类生存是不必要或者危险的。人体对环境变化的反应虽然不是最敏感的生物体,但是它的健康状况都反映着体内生物系统与体外环境系统相互作用的结果。环境质量相对稳定对于生命系统的维持是必需的。目前,由于人类活动造成的资源破坏和环境污染,环境质量下降比以前更剧烈。

环境污染与人群健康的关系极为复杂。环境的生物性污染随着医学科学的进步,对急、慢性传染病的防治均取得显著成效。但是近半个世纪以来,由于工农业生产规模扩大而出现的环境破坏和污染以及人类的生产、生活方式的改变,已使疾病谱的构成发生了很大的变化,病因不明的心血管疾病和癌症等已成为主要的死亡原因。因此,近年来人们本能地把这些现象归结为环境污染问题。环境污染致病特点归纳起来大致有以下几方面:

1. 污染物质种类多,作用多样性,影响范围大

人类环境中的污染物来源广、种类多、数量大。它们各有不同的生物学效应,对机体的危害是多种多样的。它们对人群影响既可以是个别物质的单一危害,又能以多种物质相互结合共同作用于人体。多种污染的联合作用可以增强它们的毒害效果,有时也可能减弱危害作用。环境污染物造成的危害所波及的范围可因污染源的位置、大小及环境介质而不同,可影响到城镇的全体居民,某些大污染源则可影响更大的范围,甚至可以超越国界,波及邻国。

2. 涉及人群广,接触时间长,影响高危险人群

生活环境受到污染,涉及的人群可以是一个居民区、一个城市,甚至整个人类。尤其是老、弱、病、残、幼,甚至胎儿,他们是抵抗力最弱,最容易受到有害因子伤害的人群,称为敏感人群(susceptible population)。有些人群接触某些有害因子的机会比其他人群多,强度也大,因此,摄入量比普通人群要高得多,这种人群称高危险人群(high risk population)。也可以把敏感人群划到高危险人群范围。

高危险人群的构成与下列因素有密切的关系:

① 年龄或生理状态。在人的整个生命过程中,有一些特定时期对某些环境因素的有害作用特别敏感。例如胎儿和新生儿体内解毒酶系统尚未成熟,儿童血清免疫球蛋白水平比成人低,老年应激功能低和孕妇生理机能特殊等。

② 遗传因素。某些遗传缺陷或遗传病可能与机体对毒物的敏感性增强有关。例如葡萄糖磷酸脱氢酶缺陷的个体，在接触氧化剂时，会使体内还原型谷胱甘肽难于维护正常水平，从而使红细胞膜的脆性增加，有引起溶血的危险。

③ 营养状况。营养缺乏可以加剧某些污染物的毒害作用，如膳食中钙、铁不足，可显著地增强铅的毒性。

④ 健康状态。慢性心肺病患者，尤其是老年人对二氧化硫污染特别敏感，这已在历次的伦敦烟雾事件中得到证明。

⑤ 生活习惯。个人的生活习惯是影响污染物接触机会的一个重要因素。如吸烟可导致额外接触各种致癌物（如多环芳烃、铅、砷、亚硝胺等）；渔民和靠近产鱼地区的居民，吃鱼较多，如水体有汞污染，接触有机汞的机会就较多。

3. 污染物质浓度低，作用时间长，危害易被忽视

污染物进入环境后，受到大气、水体稀释，一般浓度较低，但接触者多数长时间不断暴露于污染环境中，甚至终生接触。人类对环境中低浓度污染物的反应不是最敏感的，揭示健康效应的指标也不易明确。因此，对低浓度、慢性的污染危害容易被忽视。人们在污染的环境中生活和工作时间是很长的，微量污染物经过长年累月的积累，剂量不断增大，它的毒害作用也随之逐步显露，天长日久可以酿成极为严重的后果。对某些环境污染物质更不能低估。人们已经发现煤烟和某些化工行业排放物中含有的大量芳烃类化合物与城镇肺癌死亡率升高有关。某些化学物质可致人类癌症，引起孕妇流产、不孕或畸胎等。

4. 多种途径进入人体，污染物相互转化，诸因素综合作用

从大气、水、土壤、食物等多种复杂的环境因素中接受污染物质，通过呼吸道、胃肠道、皮肤等不同途径进入人体。环境中有害因子种类很多，它们常常是同时综合作用于人体。因此，在研究环境与人群健康的关系时，不仅要考虑单一污染物的作用，还应考虑多种污染物的联合作用以及污染物和环境因素的联合作用，它们可呈现叠加作用、协同作用或拮抗。由于环境污染物的组成很复杂，产生的生物学作用也是多样的，可能既有局部刺激作用，也可能有全身性危害；既可呈现特异作用，也可能为非特异作用。

5. 得病容易、去病难，危害时间长

环境污染对人群的危害程度与污染物的理化性质、浓度大小、污染方式、侵入人体途径以及受害者本人的生理状态等各种因素有关。与环境污染造成的急性中毒事件相比，较为普遍的还是慢性中毒。长期暴露于某种低浓度污染物环境中的人群，需要一定的时间使得体内污染物的蓄积达到致病水平，才能显示出不同的生物效应。因此，慢性中毒的潜伏期较长，病情进展不易察觉，一旦出现临床症状时，往往缺乏有效的救治方法。更为严重的，如干扰遗传基因，则显示危害现象的时间更长，要在子孙后代身上才能反映出来。

第五节 环境污染与人体健康

一、环境污染对人体健康的危害

环境污染对人体健康的危害是一个比较复杂的问题，也是医学卫生和生命科学界面临的一个新课题。由环境污染所致的病症是很复杂的。按照中毒的程度及病症显示的时间来划分，原则上可将损害形式分为急性中毒、慢性中毒、远期危害等几种情况。

1. 急性中毒

环境污染物于短时间内大量进入环境，使暴露人群在短时间内出现不良反应、急性中毒甚至死亡。环境污染物引起的急性中毒以大气污染事件比较多见，它们一般有以下特点：影响的范围随污染源和气象条件等因素而变化；常常是事故性排放；不良的气候条件、特殊的地形是促成大气污染事件发生的重要因素；易感人群的发病率高；常常是多种污染物的联合作用。例如伦敦的烟雾事件、印度博帕尔市毒气事件等。

2. 慢性中毒

环境污染物低浓度、长期、反复对机体作用所产生的危害称为慢性中毒。慢性中毒是由于毒物对机体微小损害的积累或毒物本身在体内的蓄积所致。环境污染物的慢性中毒有如下特征：

① 在环境污染物的长期小剂量作用下，机体的免疫功能受到损害而导致抵抗力下降，对生物性感染的敏感性增加，一般健康状况下降，表现为人群的患病率、死亡率增加，儿童生长发育受到影响。

② 环境污染物的长期小剂量作用可直接导致一些慢性疾患。例如由于大气污染物的长期作用，使呼吸道炎症反复发作，呼吸道黏膜表面黏液增加，内膜增厚，最终导致气道狭窄、气道阻力增加，引起慢性阻塞性肺疾患。

③ 某些在环境中不易降解的环境污染物，如重金属、有机氯农药在人体中不断蓄积对机体产生慢性危害。例如日本的水俣病、骨痛病等。

3. 远期危害

对人体健康来说，所谓远期危害是指此种危害作用并不是在短期内表现出来的，例如某些环境因素可以致癌。此外，有些危害并不是当代就表现出来，而是作用于遗传物质在后代表现出来，或是作用于正在发育的胚胎，使出生的婴儿发育有缺陷。因此，对环境污染问题除应注意一般急、慢性中毒外，更应注意它的远期危害作用。

(1) 环境污染引起恶性肿瘤

环境中的某些污染物具有使动物和人体发生恶性肿瘤的特性,能引起恶性肿瘤性疾病的污染物称为致癌物。

有些学者估计人类癌症80%～90%与环境因素有关,病毒因素引起的肿瘤占5%,放射性因素引起的肿瘤占5%,化学性因素引起的肿瘤占90%,而人类所接触到的化学物质和放射性物质主要来自环境污染。人类在生活过程中所接触到的环境污染物,主要是化学性污染物,已报道约有1000种化学物质能够引发实验动物产生肿瘤,而那些可疑能够引发肿瘤的化学物质则比这个数字要大得多。

化学致癌物的种类很多,其分类方法也有多种,现介绍几种常用的分类方法。

① 按作用方式分类

根据致癌物在体内发挥作用的情况,可分为两大类:

第一,直接致癌物(direct carcinogen)。化学物本身直接具有致癌作用,在体内不需经过代谢活化即可致癌。该类物质一般是烷化剂,其化学性质较为活泼,一般在环境中维持不久。它们在体内能释放出亲电子物,同大分子受体结合。如β—丙内酯、硫酸二甲酯、甲烷硫酸甲酯、氮芥、二氯甲醚等。

第二,间接致癌物(indirect carcinogen)。化学物本身不直接致癌,必须是在体内形成的代谢产物才具有致癌作用。大多数致癌物为间接致癌物,在环境中相对稳定,进入机体后经代谢活化,所以污染环境后的危险性较大。根据间接致癌物在体内代谢变化情况,又可将其分为前致癌物(precarcinogen)、近致癌物(proximate carcinogen)和终致癌物(ultimate carcinogen)。通常将间接致癌物经代谢活化所形成的具有致癌作用的代谢物和不需经代谢活化的直接致癌物统称为终致癌物。将需经代谢活化才具有致癌作用的间接致癌物称为前致癌物。而前致癌物经代谢活化所形成的中间代谢物称为近致癌物。近致癌物虽经代谢活化,并可能已具有一定的致癌作用,但必须经进一步代谢才能成为终致癌物,具有更明显的致癌作用。

② 按作用机理分类

根据化学致癌物的作用机理可将致癌物分为以下两类:

第一,毒性致癌物(genotoxic carcinogen)。主要由亲电子的致癌物组成,能与DNA产生相互化学作用而引起DNA损伤。因此通常用化学试验、^{32}P-后标记法等方法检出其与DNA的加合物而鉴定之,在缺乏这方面资料时,也可用短期遗传毒性试验间接评价。金属致癌物中,有些能与DNA相互作用;而另一些可能通过与亲电子剂结合等不同的机理,如影响DNA聚合酶的保真性而产生异常DNA。

第二,无毒致癌物(non-genotoxic carcinogen)。通常没有与遗传物质相互作用的证据,但从其他生物学效应揭示可以作为致癌物的证据。这类物质中很多能增加DNA合成、有丝分裂和细胞复制。

③ 按对人类和动物的致癌性分类

国际癌症研究所(IARC)根据化学物对人类和实验动物的致癌性资料,以及对实验系统和人类其他有关的资料进行综合评价,将化学物质及其类别以及生产过程与人类癌症的关系分为下列四类:

第一类是对人类有致癌作用的化学物质,这些是经流行病学调查和动物实验都证实与人类肿瘤有因果关系的化学致癌物质,虽个别物质尚未被动物实验证实,但流行病调查结果已十分确凿,这类化学物质致癌浓度在现实环境中存在。根据国际癌肿机构报道,这一类化学物质主要包括有黄曲霉素、砷、石棉、苯、联苯胺、氧化镉、氯霉素、铬、赤铁矿、芥子气、镍(纯)、氯乙烯、煤烟与焦油等。

第二类是对人类有可疑致癌作用的化学物质,对于这一类致癌物虽经动物实验证明确实有致癌性,但同人类肿瘤的因果关系尚不明确,仅有一些不够完整的流行病学证据。属于这一类的致癌物质主要有铍、亚硝胺类化合物、一些芳香胺类染料等。

第三类是对人类有潜在致癌性的物质,这一类物质包括了大量在动物致癌实验中显阳性,但目前同人类肿瘤关系尚无线索的物质。属于这一类的化学物质主要有 DDT、六六六、四氯化碳、氯仿等。

第四类,对人类很可能是非致癌物。

根据 IARC 专家组 1987 年对 628 种化学物质及其生产过程与人类癌症关系的总评结果,其中:第一类有 50 种,第二类有 199 种,第三类 378 种,第四类有 1 种。

(2) 环境污染引起突变和畸变

污染物或其他环境因素引起生物体细胞遗传信息发生突然改变的作用,称为致突变作用。人或动物在胚胎发育过程中由于各种原因所形成的形态结构异常,称为致畸作用。环境中某些污染物质进入机体后能使机体细胞中的基因物质改变其原有特性,因而当细胞分裂后,新的子细胞具有新的遗传特性,这种基因物质的改变可能是细胞染色体受到破坏的结果,也可能是一种或几种核苷酸改变的结果。如果这种污染物质作用于人的生殖细胞,则其子孙后代将要携带这种基因于其细胞内,对亲代不显出影响,而使其子孙后代发生遗传突变的可能,使正常妊娠发生障碍,甚至不能受孕,也可使胎儿死亡造成流产,若足月生产可能产生畸形胎儿。能引起这种遗传突变的物质称为致突变物质。另有一类所谓致畸胎物质是外界环境中的物质,其影响胚胎正常发育,严重者可使胚胎的生长发育完全终止,因而使胎儿死亡;轻者可使胚胎生长发育的某一阶段、某一器官或某些组织功能受影响,因而形成人体方面的畸形或生理功能方面的异常,但这种畸形并不具有遗传性。有时致突变物质作用于体细胞,使体细胞中基因发生突变,可使在正常生命过程中已不再分裂的细胞,由于突变的原因,不断分裂而形成癌。所以致突变过程与致癌过程在总的方面有些相似之处。

突变本来是生物界的一种自然现象，是生物进化的基础，但对大多数生物个体往往有害。哺乳动物的生殖细胞如发生突变，可以影响妊娠过程，导致不孕、胚胎死亡等，体细胞的突变，可能是形成癌肿的基础。因此，环境污染物如具有致突变作用，即为一种毒性表现。常见的具有致突变作用的环境污染物有：亚硝胺类、苯并(a)芘、甲醛、苯砷、铅、DDT、烷基汞化合物、甲基对硫磷、敌敌畏、分硫磷、2,4-D、2,4,5-T、百草枯、黄曲霉素 B_1 等。

关于致畸作用机理，一般认为有以下几种可能：

① 环境污染物作用于生殖细胞的遗传物质(DNA)，使之发生突变，导致先天性畸形。生殖细胞突变可遗传，环境污染物作用于体细胞，引起体细胞突变也可引起畸形，但无遗传性。

② 生殖细胞在分裂过程中发现染色体不分离现象，即在细胞分裂中期成对染色体彼此不分开，以致一个子细胞多一个染色体，而另一个子细胞少一个染色体，从而造成发育缺陷。

③ 核酸的合成过程受破坏而引起畸形。

④ 母体正常代谢过程被破坏，使子代细胞在生物合成过程中缺乏必需的物质，影响正常发育。

二、环境污染对人体健康的影响因素

1. 污染物的理化性质

如环境受到某些化学物质污染后，虽然浓度很低或污染量很小，但如果污染物的毒性较大时，仍可造成对人体的一定危害。例如氰化物属有毒物质，如污染了水源，虽含量很低，也会产生明显的危害作用，因为其引起中毒的剂量很低。大部分有机化学物质在生物体内可分解成为简单的化合物而重新排放到环境中，但也有一些在生物体内可转化成为新的有毒物质而增加毒性，例如汞在环境中经过生物转化而形成甲基汞。有些毒物如汞、砷、铅、铬、有机氯等污染水体后，虽然其浓度并不很高，但这些物质在水生生物中可通过食物链逐级富集。例如汞在各级生物的富集，最后，大鱼体内的汞的浓度可较海水中高出数千倍甚至数万倍，人食用后可对人体产生较大的作用。其他有毒物在环境中的稳定性以及在人体内有无蓄积等，都取决于毒物本身的理化性质，并与对人体作用大小有一定的关系。

2. 剂量和反应的关系

环境污染物能否对人体产生影响以及其危害的程度，与污染物进入人体的剂量有关。非必需元素、有毒元素或生物体内目前尚未检出的一些元素由于环境污染而进入体内的量，如达到一定程度即可引起异常反应，甚至进一步发展可产生疾病。对于这类元素主要研究其最高容许限量(环境中的最高容许浓度、人体的最高容许负荷量等)并制订相应的标准。对于人体必需的元素，其剂量反应的关系则较为复杂，环境中这种必需元素的含量过少，不能满足人体的生理需要时，会造成机体的某些功能发生障碍,形成一定的病理改变。而环境中这类元素的含量过多,也会引起不同程度的病理变化。例如,氟在饮用水和环境中含量小于0.5毫克/升(ppm)时龋齿发病率增高;0.5～1.0毫克/升(ppm)时龋齿和斑釉齿发病率最低,无氟骨症;大于1.0毫克/升(ppm)时斑釉齿发病率增高;大于4.0毫克/升(ppm)时氟骨症增多。因此,对这些元素不但要研究确定环境中最高容许浓度,而且还应研究和确定最低供给量。

3. 作用时间

由于许多污染物具有蓄积性,只有在体内蓄积达到中毒阈值时才会产生危害。因此,蓄积性毒物对机体作用的时间长时,则其在体内的蓄积量增加。污染物在体内的蓄积量与摄入量、作用时间及污染物本身的半衰期等三个因素有着密切的关系。

4. 综合影响

环境污染物的污染往往并非单一的,而是经常与其他物理、化学因素同时作用于人体,因此,必须考虑这些因素的联合作用和综合影响。另外,几种有害化学物质同时存在,可以产生毒物的协同作用,促进中毒的发展。

5. 个体感受性

机体的健康状况、性别、年龄、生理状态、遗传因素等差别,可以影响环境污染物对机体的作用,由于个体感受性之不同,人体的反应也各有差异。所以,当某种毒物污染环境而作用于人群时,并非所有的人都能出现同样的反应,而是出现一种"金字塔"形的分布。这主要由于个体对有害性因素的感受性有所不同。预防医学的重要任务,便是及早发现亚临床状态和保护敏感的人群。

环境污染对人体健康的影响是多方面的,而且也是错综复杂的。通过对人群健康的调查和统计,分析并找出可能影响环境的污染物和污染源,找出影响人群健康的原因,并探索污染物剂量与毒性反应关系。通过长期观察和积累资料,为制订环境中污染物最高浓度的标准提供依据,并为防治环境污染对人体的危害提出科学的对策和措施。

研究环境污染对人体健康的影响,是一件非常复杂的事情,首先要进行一系列细致的调查研究,然后才能做出分析评价。结论是否恰当准确,与调查工作有着密切的关系。目前,对流行病学方法的研究与应用,已远远超过了过去单纯着重于对传染病的研究范围,并已渗透到各个领域。在研究环境污染对人体健康的影响时,也需要应用流行病学的有关调查方法,这些方法已成为医学地理学的重要内容之一。全球瞩目的一些公害病,例如伦敦烟雾事件、水俣病、四日市哮喘、洛杉矶光化学烟雾事件、骨痛病等,都是通过一系列的实验研究和流行病学调查而确定的。医学地理学的任务是通过调查研究和阐明大气、水、土壤等环境中的理化致病因素与人体健康、疾病、死亡之间的关系,为消除病因、保护人群健康提供科学依据。

第六节　全球十大死因

一、导致死亡的主要疾病

世界卫生组织公布2016年全球5690万例死亡中，前十位死亡原因值得警惕。

在2016年全球5690万例死亡中，半数以上(54%)由10个原因导致。缺血性心脏病和中风是世界最大的杀手，2016年共造成1520万例死亡。这两种疾病在过去15年中一直是全球的主要死亡原因。

2016年慢性阻塞性肺病夺走了300万人的生命，而肺癌(连同气管和支气管癌)造成170万人死亡。糖尿病在2016年导致了160万人死亡，而2000年时不到100万人。痴呆症导致的死亡在2000—2016年间增加了1倍以上，在死亡原因中的排名由2000年的第十四名上升为2016年的第五名。

下呼吸道感染仍然是最致命的传染病，2016年在全世界造成300万人死亡。2000—2016年间，腹泻病死亡人数减少了近100万，但在2016年仍然导致140万人死亡。同期，结核病死亡人数也同样有所减少，但仍是十大死亡原因之一，死亡人数为130万人。艾滋病毒/艾滋病(HIV/AIDS)不再是世界十大死因之一，2016年死亡人数为100万人，而2000年为150万人。

2016年，道路交通伤害造成140万人死亡，其中约四分之三(74%)为男性成年和未成年人。

二、按国家收入组别的主要死亡原因

2016年，低收入国家的一半以上死亡是由所谓“第一类”疾病造成的，其中包括传染病、孕产原因、妊娠和分娩期间出现的病症以及营养缺陷症。相比之下，高收入国家的死亡人数中不到7%是由这些原因造成的。下呼吸道感染是所有收入组别的主要死亡原因之一。

非传染性疾病导致全球死亡的71%，从低收入国家的37%到高收入国家的88%不等。高收入国家的10个主要死亡原因中有9个是非传染性疾病。然而，就绝对死亡人数而言，全球78%的非传染性疾病死亡发生在低收入和中等收入国家。

2016年，伤害夺走了490万人的生命。其中四分之一以上(29%)由道路交通伤害导致。低收入国家的道路交通伤害死亡率最高，每10万人29.4例死亡(全球比率为每10万人18.8例)。低收入、中低收入和中高收入国家的10个主要死亡原因中也有道路交通伤害。

近年来全球十大死因见表2-4。

表 2-4 全球十大死亡原因

1990年	2000年	2005年	2015年	2016年
1. 下呼吸道感染	1. 缺血性心脏病	1. 缺血性心脏病	1. 缺血性心脏病	1. 缺血性心脏病
2. 早产儿并发症	2. 中风	2. 下呼吸道感染	2. 脑血管疾病	2. 中风
3. 腹泻	3. 下呼吸道感染	3. 脑血管疾病	3. 下呼吸道感染	3. 慢性阻塞性肺病
4. 缺血性心脏病	4. 慢性阻塞性肺病	4. HIV/AIDS	4. 早产儿并发症	4. 下呼吸道感染
5. 脑血管疾病	5. 腹泻	5. 早产儿并发症	5. 腹泻	5. 阿尔茨海默病和其他痴呆病
6. 新生儿脑病	6. 结核	6. 腹泻	6. 新生儿脑病	6. 气管癌,支气管癌和肺癌
7. 疟疾	7. HIV/AIDS	7. 疟疾	7. HIV/AIDS	7. 糖尿病
8. 麻疹	8. 早产儿并发症	8. 新生儿脑病	8. 道路交通伤害	8. 道路交通伤害
9. 先天性异常	9. 气管癌,支气管癌和肺癌	9. 道路交通伤害	9. 疟疾	9. 腹泻
10. 道路交通伤害	10. 道路交通伤害	10. 慢性阻塞性肺病	10. 慢性阻塞性肺病	10. 结核

专栏 2-1

敲响环保警钟 第二届联合国环境大会关注环境与人类健康

2016年5月23日,第二届联合国环境大会在肯尼亚首都内罗毕正式开幕,来自全球170余个国家的代表齐聚一堂,共商解决全球环境问题之道。这次会议将为实现2030年可持续发展议程中的环境目标勾勒蓝图、指明方向,并在“健康环境、健康公民”主题下,讨论环境与人类健康之间的关联,就改善环境质量、保障人类健康提出对策建议。

世界卫生组织发布的报告显示,全球80%以上生活在监测空气质量的城市的人,呼吸着质量超出世界卫生组织限值的空气。高浓度的颗粒物和细颗粒物造成的周边环境污染是健康面临的最大环境风险,在全世界每年导致300多万人过早死亡。

专家分析认为,在影响人类身体健康的几大因素中,环境因素的影响越来越大。其中,空气污染和水污染对健康的威胁最大。还有一个需要特别关注的问题,就是气候变化带来的健康威胁。在过去50年期间,全球气候变化带来一系列健康风险,包括从极度高温造成死亡到传染病规律改变。

世界卫生组织的报告强调,各国可以采取低成本、高效益措施,遏制与环境有关的疾病和死亡上升趋势。同时,提出了行之有效的改善环境和预防疾病战略。例如,使用清洁的家庭烹饪、供暖和照明技术及燃料有助于减少急性呼吸道感染、慢性呼吸道疾病、心血管疾病和烧伤。进一步提供安全用水和良好的环卫设施，并提倡勤洗手，进一步减少腹泻病。此外，颁布禁烟法规可以减少接触二手烟草烟雾，进而减少心血管疾病和呼吸道感染。改善城市交通和城市规划并建造节能住宅将能减少与空气污染有关的疾病，并有助于从事安全的体育活动。

参考文献

[1] http：//news. jstv. com/a/20160603/116213. shtml，2016-06-03
[2] http：//www. envir. gov. cn/info/2016/5/523020. htm，2016-05-05
[3] 蔡宏道等. 环境医学. 北京：中国环境出版社，1990.
[4] 陈静生等. 环境地球化学. 北京：海洋出版社，1990.
[5] 方如康等. 中国医学地理学. 上海：华东师范大学出版社，1993.
[6] 郭新彪等. 环境健康学. 北京：北京大学医学出版社，2006.
[7] 胡伟略. 现代社会的人口健康问题研究. 中国科学院中国现代化研究中心，科学与现代化文集，第八辑：社会现代化问题研究，2006.
[8] 孔志明等. 环境毒理学. 南京：南京大学出版社，1995.
[9] 廖自基. 环境中微量重金属元素的污染危害与迁移转化. 北京：中国环境科学出版社，1989.
[10] 廖自基. 微量元素的环境化学及生物学效应. 北京：中国环境科学出版社，1992.
[11] 刘征涛. 环境安全与健康. 北京：化学工业出版社，2005.
[12] 刘征涛. 环境安全与健康. 北京：化学工业出版社，2005.
[13] 孙儒泳等. 基础生态学. 北京：高等教育出版社，2002.
[14] 谭见安等. 地球环境与健康. 北京：化学工业出版社，2004.
[15] 唐森本. 环境化学与人体健康. 北京：中国环境科学出版社，1989.
[16] 王夔等. 生命科学中的微量元素. 第 2 版. 北京：中国计量出版社，1996.
[17] 卫生防疫控制监管及突发事件应急预案编制及演习操作规范实用手册. 北京：中国知识出版社，2007.
[18] 徐顺清等. 环境健康科学. 北京：化学工业出版社，2005.
[19] 张宝旭. 环境与健康——生活与科学文库. 北京：科学出版社，2000.
[20] 中国工程院环境委员会. 环境污染对健康影响——《环境污染与健康》国际研讨会论文集. 北京：中国环境科学出版社，2004.

思 考 题

1. 健康的定义与标准。
2. 影响健康的因素。
3. 人体的化学元素组成。

4. 环境因素对健康作用的特点。
5. 环境污染对人体健康的危害。
6. 化学致癌物的分类方法。
7. 环境污染对人体健康的影响因素。

第三章　大气污染与人体健康

第一节　大气污染的基本概念

一、大气污染的含义

在英语中大气污染有两个名词：air pollution(空气污染)和 atmosphere pollution(大气污染)。后者用法比较固定，专指有毒有害化学物质排放到室外空气中所产生的污染问题。而对前者的使用比较混乱，有人将此词仅仅理解为室内空气污染；也有人将其理解为室内和室外空气污染的总称。

对于什么是大气污染，许多国家的科学工作者提出了内容类似的定义，可综合概括如下：由于自然或人为的过程，改变了大气圈中某些原有成分或增加了某些有毒有害物质，致使大气质量恶化，影响原来有利的生态平衡体系，严重威胁着人体健康和正常工农业生产，以及对建筑物和设备财产等造成损坏，这种现象称为大气污染。

二、大气污染分类

① 按照大气污染影响所及的范围可分为局部性污染、地区性污染、广域性污染、全球性污染四类。该分类方法中所涉及的范围只能是相对的，没有具体的标准。例如，广域性污染是大工业城市及其附近地区的污染，但对某些面积较小的国家来说，就可能产生国与国之间的广域性污染。

② 按照能源性质和大气污染物组成及反应，也可划分为煤炭型、石油型、混合型和特殊型四类。

煤炭型污染的一次污染物是烟气、粉尘和 SO_2。二次污染物是硫酸及其盐类所构成的气溶胶。此污染类型多发生在以燃煤为主要能源的国家与地区，历史上早期的大气污染多属于此种类型。

石油型污染又称排气型或联合企业型污染，其一次污染物是烯烃、NO_2 以及烷、醇、羰基化合物等。二次污染物主要是臭氧、氢氧基、过氧氢基等自由基以及醛、PAN(过氧乙酰硝酸酯)。此类污染多发生在油田及石油化工企业和汽车较多的大城市。近代的大气污染，尤其在发达国家和地区一般属于此种类型。

混合型污染是指以煤炭为主，并包括以石油为燃料的污染源排放出的污染物体系。此种污染类型是由煤炭型向石油型过渡的阶段，它取决于一个国家的能源发展结构和经济发展速度。

特殊型污染是指某些工矿企业排放的特殊气体所造成的污染，如氯气、金属蒸气或硫化氢、氟化氢等气体。

前三种污染类型造成的污染范围较大，而第四种污染所涉及的范围较小，主要发生在污染源附近的局部地区。

③ 按照污染物的化学性质及其存在的大气环境状况，可将大气污染划分为还原型和氧化型两种类型。

还原型污染，又称为煤炭型污染，多发生在以燃煤为主，兼用燃油的地区，主要污染物为SO_2、CO和颗粒物。在出现逆温天气时，此类污染物容易在低空积累，生成还原性烟雾，著名的伦敦烟雾事件就是最典型的实例，故此类污染又称为伦敦烟雾型。实际上这种污染就是第二种分类方法中的煤炭型和混合型污染。

氧化型污染，又称为汽车尾气型污染，多发生在以石油为燃料的地区，主要污染源为汽车尾气、燃油锅炉和石油化工企业。其一次污染物是CO、NO_x和碳氢化合物。它们在阳光照射下发生光化学反应，生成二次污染物O_3、醛类和PAN等。此类物质具有极强的氧化性，洛杉矶烟雾即为其典型。

三、大气污染源的类型

大气污染可分为自然的和人为的两大类。前者是自然界发生火山爆发、地震、台风、森林火灾等自然灾害造成的，后者是人类活动所排放的有毒有害气体造成的。目前，一般所说的大气污染多指后者。人为造成大气污染的污染源较多，根据不同的研究目的以及污染源的特点，大气污染源的类型有四种划分方法：

① 按污染源存在的形式，可划分为固定污染源和移动污染源两类。此划分法适用于进行大气质量评价时绘制污染源分析图。

② 按污染物排放的方式，可划分为高架源、面源和线源三类。此划分法适用于大气扩散计算。

③ 按污染物排放的时间，可划分为连续源、间断源和瞬时源三类。此划分方法适用于分析大气污染物排放的时间规律。

④ 按污染物产生的类型，可划分为生活污染源、工业污染源和交通污染源三类。此划分法适用于区域大气环境质量评价。

第二节 世界气候的异常现象及其变化趋势

一、世界气候的异常现象

自从人类栖居地球以来的300万年中，世界气候经常而广泛地发生着波动。这些变化大部分与人类的活动影响无关。在不同时期内，有许多不同的自然因素使气候发生了变化，而且现在仍然变化着。

但是，20世纪以来，随着人口增长和科学技术水平的提高，人类在改变世界气候过程中所起的作用越来越明显。尤其是近年来，这种报道更经常地见诸报端。

专栏3-1

2018年全球极端高温天气

2018年，持续极端高温天气袭击整个北半球，亚洲、欧洲、北美洲无一幸免。面对同时期如此大范围的极端天气事件，恐怕已很难将其归咎为“偶然”。山火蔓延、良田变焦土、高温致死案例频发，究竟是谁在“焖烧”地球？

(1)“叫热连天”

气象学上将日最高气温大于或等于35℃定义为“高温日”。有研究发现，长时间暴露在极湿热环境中，人体排出的汗液无法蒸发，会引起器官衰竭；在超过35℃的户外湿热环境中毫无防护地停留6小时以上，将有生命危险。

随着大部分地区持续高温，2018年韩国全国暑热病患者人数较前两年大幅增加，大大超过2万人。非营利机构韩国国民健康保险公团发布的数据显示，2016年因暑热病而到医院就诊的患者达20964人，病症包括心绞痛和热衰竭；2017年这一数字降至18819人。2018年因高温，暑热病人数超过2016年。据韩国气象厅测定，东北部江原道洪川郡8月1日下午最高气温41℃，创下自1907年开始记录气温以来的最高纪录。首尔，8月1日傍晚6时到2日清晨6时30分之间的最低气温为30.3℃，创下111年来韩国夜间最高气温纪录。

(2) 热浪袭来

由于葡萄牙出现40℃以上的极端高温天气，全国从8月2日至6日进入紧急状态，以应对可能发生的森林大火。一些内陆地区气温高达45℃。这是2003年以来葡萄牙夏季出现的最高温度。8月2日，意大利卫生部向18个大城市发布了高温红色预警。该预警涉及意大利北部和中部的大型行政中心，包括罗马、米兰、都灵、威尼斯、热那亚、博洛尼亚和佛罗伦萨，某些地区温度已超过40℃。8月2日，西班牙国家气象部门针对全国多个省份发布了高温预警。西班牙多地气温达到36～44℃。在西班牙首都马德里，8月2日的气温达到了39℃。

(3) 高温发威

一贯凉爽的北欧地区也难逃热浪侵袭，十余起由高温导致的森林大火已烧入以寒冷著称的北极圈。瑞典、丹麦、挪威南部和芬兰北部正在经历极端热浪，高温干燥天气导致山火频发。瑞典火情最为严峻。瑞典自2018年5月起不断出现创纪录的高温天气。连续多日最高气温超过30℃。多地发生森林火灾，且不断蔓延，数千居民被迫撤离受大火威胁的家园。“欧洲恶劣天气”网站数据显示，北欧地区气温在多日内持续高出平均值8～12℃。瑞典遭遇了创纪录高温天气，凯布讷山南峰因峰顶(海拔2097米)冰雪融化海拔降低，失去瑞典最高峰“宝座”。由于酷暑，山上冰雪融化量破纪录。

(4) 威胁生存

除引发森林火灾、危害农业外,欧洲热浪还在威胁淡水鱼类生存。德国莱茵河、易北河等一些河流因吸收了过多热量,导致河中鱼类窒息。在汉堡,当地有关部门从河塘中捞出了5吨死鱼。位于德国东部的部分河流也因为水位太低而实施了全面禁航。北美大陆也持续被"焖烧"。加拿大魁北克省7月初经受几十年罕见连续高温。由于高温干旱,火势难控,美国加利福尼亚州北部山火已燃烧一周,导致超过500座建筑物被毁,迫使近4万人疏散,全州过火面积超过1100平方千米。

(5) 高温席卷中国大部分地区

2018年7月10日以来,高温天气席卷中国大部分地区。截至8月1日,中央气象台连续19天发布高温黄色预警。京津等地最高气温35~36℃,内蒙古、辽宁、江西和福建等地的部分地区最高气温37~39℃,局部地区可达40℃。而截至7月31日,重庆、湖北、湖南、江西、安徽、浙江中西部等地35℃以上高温天数已达到10天至18天。8月1日,江南大部、重庆中部、广东东部等地最高气温也仍保持在35~36℃。

二、世界气候的变化趋势

气候的形成和演变是非常复杂的过程,要确定它究竟是自然原因还是人类的影响以及准确地预测气候的变化趋势是相当困难的。经过多年观测和研究,科学家们提出了各种理论,归纳起来主要有两种学说:"变冷说"和"变暖说"。

1. 变冷说及其根据

变冷说最有力的根据是"米兰柯维奇理论"(Milutin Milankovitch,1879—1958,南斯拉夫气候学家)。这种理论认为冰河期的形成起源于地球自转长时期的偏差,从而引起气流与洋流的变异。另外,地球自转的加速已导致大陆积雪的不规则变动,这些都可能引起气候变冷。

变冷说的第二个根据是"太阳黑子理论"。太阳黑子数量的增加将使太阳辐射减弱,引起地球变冷。通过观测发现,中欧的严冬都集中在太阳黑子数极大值附近。

变冷说的第三个根据是"阳伞效应"。主要是火山爆发喷出的尘埃和工业、交通、炉灶等排放的烟尘不断增加。这些悬浮在大气中的气溶胶颗粒就像地球的遮阳伞一样,反射和吸收太阳辐射,引起地面降温,也有人称此现象为"冷化效应"。

2. 变暖说及其根据

变暖说的根据较多,主要的根据是"温室效应"。由于化石燃料的燃烧,大气中CO_2含量增加。CO_2能够吸收红外辐射,并将它反射回地面,从而干扰地球的热平衡,使低层大气温度上升。此现象与玻璃温室的作用相似,因此称为"温室效应"。

变暖说的第二个根据是"放大器效应"。大气中含有极少的氯氟碳(CFCs)、甲烷(CH_4)和一氧化二氮(N_2O)。尽管它们含量很少,但其吸热能力是巨大的,CH_4

的温室效应比 CO_2 的效果强 300 多倍，而 CFCs 比 CO_2 强 2 万倍。N_2O 也有将 CO_2 的温室效应加以放大的作用。

变暖说的第三个根据是"热岛效应"。随着人口增长，城市不断发展。城市的空气污染、人为热的释放和下垫面的改变引起了气温的上升，使市区温度一般比郊外高 0.5～2.0℃，此现象称为"热岛效应"。

变暖说的第四个根据是"厄尔尼诺效应"。在秘鲁、厄瓜多尔沿岸的海水温度骤然升高，一股暖洋流向南流动，使原属冷水域的太平洋东部水域变成暖水域，导致海洋浮游生物、鱼群和鸟类大量死亡，并引起全球范围气候异常，引发自然灾害。

三、高温是怎样形成的

1. 全球变暖是大背景

当前，全球变暖的趋势已毋庸置疑，130 多年来，全球地表平均温度始终处于增长趋势。过去的几十年，每一个十年的温度都比前一个显著温暖，而且在全球变暖的影响下，极端高温事件也越来越频繁。

最新一项研究显示，因为温室气体不断在大气中累积，即便国际社会落实《巴黎协定》目标，将全球暖化幅度控制在 2℃以内，气候变化仍将导致极端高温天气发生的频率大幅增加。研究还预测，如果全球暖化持续，到 21 世纪末之前，全世界每四人中就有三人要忍受酷热。

2. 特定天气系统触发

高温的形成往往是由特定的天气系统直接导致的，其中最典型、最常见的就是有着"高温使者"称号的副热带高压。高温天气是由于区域上空的"热穹顶"现象造成的。当"热穹顶"发生时，一个强大的高气压停滞在了北半球的许多地区，导致该地区的空气下沉并变热，并不断排斥冷空气，阻止了可以散热的骤雨和暴雷雨的生成。除了会带来炙热的高温外，"热穹顶"也会像个大盖子一样，笼罩住受污染的空气，影响空气质量。

3. 城市热岛效应影响

城市热岛效应指的是城市中心比郊区温度高的现象，如今，随着城市化进程加快，城市热岛效应更加明显，对高温天气无疑起到了推波助澜的作用。世界上热岛最强的是中高纬度的大中城市，德国柏林城区与郊区的温差曾一度高达 13.3℃。正是在这些因素的共同作用下，高温天气就火热"出炉"了。

4. 极端天气与气候变化的密切相关性已成共识

科学家们对越来越频发的极端天气跟踪已久，希望揪出背后的"元凶"。虽然此前他们不愿把极端天气简单归咎于人类活动导致的气候变化，但当极端天气事件以前所未有的强度和频率蔓延全球时，极端天气与气候变化的密切相关性已成共识。

英国《自然》杂志刊文称，科学家们已完成了对 2004 年至 2018 年全球 190 起极端天气事件的归因研究，其中三分之二的案例极大可能归咎于人类活动导致的全球变暖。

世界气象组织发表声明说，北半球变暖速度快于全球水平，高温使森林变得更加干燥易燃。近期一项研究发现,北半球森林正以至少近1万年来未有的速度起火燃烧。野火又向大气中释放CO_2,进一步加剧全球变暖。

尽管人类已开始采取节能减排等诸多措施试图减缓气候变化进程,但科学家预计,未来数十年,极端天气频发的现象非但不能逆转,还会更加严重。

一项最新发表在美国《科学公共图书馆·医学》杂志上的研究显示,到2080年,全球某些地区由热浪导致的死亡案例最高将上升2000%。研究人员称,未来的热浪将更频繁、更强烈、更持久,对赤道附近国家如哥伦比亚、巴西、菲律宾的"杀伤力"尤其大。

科学家称,人们可能需要"学着适应"未来愈发频繁的酷热天气,也必须研究更为有效的措施应对热浪导致的公共健康危机,特别是对发展中国家贫困地区居民的生命威胁。他们提出了开设公共降温中心、将屋顶涂成白色以反射更多阳光等措施。

第三节 大气污染对人体健康的危害

一、大气污染物的种类

大气污染物的种类很多,并且因污染源不同而有所差异。目前大气污染物的物理、化学性质非常复杂。根据污染物的性质,可将其分为一次污染物(原发性污染物)与二次污染物(继发性污染物)。一次污染物是从污染源直接排出的污染物,它可分为反应性物质和非反应性物质。前者不稳定,还可与大气中的其他物质发生化学反应;后者比较稳定,在大气中不与其他物质发生反应或反应速度缓慢。二次污染物是指不稳定的一次污染物与大气中原有物质发生反应,或者污染物之间相互反应,从而生成的新的污染物质,这种新的污染物质与原来的物质在物理、化学性质上完全不同。但无论是一次污染物还是二次污染物,都能引起大气污染,对环境及人类产生不同程度的影响。

按污染物质的物理状态,可分为固体、液体和气体等形式。其中90%以气体形式存在,10%以气溶胶形式存在。

根据化学性质不同,一般把大气污染物分为以下8类:

① 碳氧化物,主要指CO和CO_2;

② 氮氧化物,主要指NO和NO_2,用NO_x表示;

③ 硫氧化物,主要指SO_2等,用SO_x表示;

④ 碳氢化合物,通常包括醛、酮和H—C—O化合物;

⑤ 卤素化合物,主要指氟利昂;

⑥ 氧化剂,主要指O_3、PAN和过氧化物等;

⑦ 颗粒物及气溶胶;

⑧ 放射性物质。

此外,有的地区还有汞蒸气、铅蒸气和石棉等污染。

地球大气圈重要污染物和一些痕量气体的特征列于表3-1。

表 3-1 地球大气圈重要污染物和一些痕量气体的特征

成分	污染源		估计排放量 /(10^6 t·a^{-1})		在大气中停留时间		主要的沉降和去除反应	应解决的问题	
	人为释放	天然释放	人为的	天然的	对流层	同温层		全球	区域
CO_2	燃烧	生物腐烂，从海洋放出	(4～5)×10^3（以C计）	(2～3)×10^4（以C计）	4年	2年	生物吸收，光合作用，海洋吸收	累积在对流层，气候变化与此有关	沉降反应
CO	汽车排出物，燃烧	甲烷反应，森林着火，从海洋中放出，萜烷反应	250	>10^3	0.1～3年		未知，大量沉降	可能氧化为CO_2	累积与否，消失在同温层中
SO_2	化石燃料的燃烧	从海洋中放出（硫酸盐），火山爆发	80（以S计）	50（以S计）	1～4天		氧化成硫酸盐、硫酸	在对流层和同温层上空形成微粒	伤害植物，危害人类健康，微粒形成过程
H_2S	化学过程，污水处理	有机物的腐烂，火山爆发	3（以S计）	100（以S计）	1～2天		氧化成SO_2，通过下雨清洗掉		氧化成SO_2过程
O_3	工厂排放物的光化学反应	由于火山爆发，雷击，森林着火，氧的光离解	少	2000	1～3个月	0.1～2年	还原成O_2	保护由于超音速飞机而破坏的O_3层	光化学过程
水蒸气	燃烧	蒸气	10^4	5×10^3	10天	2年	交界层，具有冷阱作用	影响O_3和同温层辐射平衡	
NO NO_2 N_2O	燃烧	土壤生物作用	30（以N计）	150（以N计） 400（以N计）	5天 1～4天		氧化成硝酸盐，同温层的光离解，土壤的生物作用	对O_3浓度影响，对PAN和微粒形成影响，同温层的光离解率	损害植物（浓度达ppm）光化学过程

续表

成分	污染源		估计排放量/(10^6 t·a^{-1})		在大气中停留时间		主要的沉降和去除反应	应解决的问题	
	人为释放	天然释放	人为的	天然的	对流层	同温层		全球	区域
硝酸							化学反应，扩散到同温层	对 O_3 浓度的影响，对产生气溶胶的影响	
氨	废料处理	生物腐烂	4	6×10^3	2～5天		与 SO_2 反应生成 $(NH_4)_2SO_4$，气溶胶氧化成 H_2SO_4	形成 $(NH_4)_2SO_4$ 气溶胶	
碳氢化物	燃烧，化学过程排出物	生物过程	40	>200		光化学反应	影响气溶胶产生		
CH_4	化学过程	天然气、天然物的腐烂	90	$>10^3$	15～100年		光化学反应，推测大部分形成CO沉降	影响水和臭氧在同温层的浓度和CO形成	影响城市光化学反应
过氧乙酰硝酸盐	工厂排出的烯类在大气中氧化								工业区光化学过程
氟碳化合物	冰霜氟利昂和烟雾剂，包括电绝缘材料						非移动源	累积与否？	寻找去除途径
卤素	工厂排出的HF，HCl	来自土壤、海洋的 Br_2、I_2						Br_2 表示海洋的生物产率	损害生命组织
气溶胶	工业排放农业排放	海盐、土壤尘埃、火山爆发和森林着火产生的微粒	200	1100	大的10天，小的30天	1～2年	雨、雪、雹	增加环境浊度	

资料来源：Ebbe Almquist，1974.

二、大气中主要污染物对人体健康的危害

1. CO的来源与危害

CO是低层大气中较常见的气态污染物，也是人类向自然界排放量最大的气态污染物。

人为源CO主要来自汽车尾气和化石燃料的燃烧。

自然源CO主要来自海洋、森林火灾和森林中释放出的萜烯化合物以及其他生物体的燃烧。此外，还有甲烷和其他碳氢化合物不完全氧化所产生的CO。

CO对人体的毒性作用，在于其同血液中血红蛋白(Hb)的化合反应(血红朊)，产生碳氧血红蛋白(COHb)。血红蛋白同CO的结合能力比它同氧气的结合能力大得多，大约为210倍。因此，人一旦吸入CO，它就和血红蛋白结合起来，减少了血液的载氧能力，使身体细胞得到的氧减少。最初危害中枢神经系统，发生头晕、头痛、恶心等症状，严重时窒息、死亡。

人们对高浓度CO造成的中毒死亡已有认识，但低浓度CO是否会引起慢性中毒尚未有明确的结论。

2. H_2S和SO_2的来源与危害

硫是组成地球的重要元素之一，在生态循环中起着重要作用。大气中硫的化合物主要包括硫化氢(H_2S)、二氧化硫(SO_2)、三氧化硫(SO_3)、硫酸(H_2SO_4)和硫酸盐及其气溶胶、有机硫及其气溶胶等。硫酸和硫酸盐的干、湿沉降是大气酸沉降的最主要成分。这里主要介绍H_2S和SO_2的来源、迁移转化和归宿。

(1) H_2S

H_2S主要来自陆地生物源和海洋生物源，人为来源很少。陆地生态系统产生H_2S的过程与甲烷(CH_4)的产生过程类似。如果缺氧土壤中富含硫酸盐，厌氧微生物(还原菌)则将其分解还原成H_2S。土壤中产生的H_2S一部分重新被氧化成硫酸盐，另一部分被释放到大气中。土壤中H_2S释放率取决于多种因素，包括土壤中H_2S产生率、氧化率和输送效率。另外，光辐射强度、土壤温度、土壤化学成分和酸度等，也都影响着土壤中H_2S的释放率。

由于H_2S主要来自自然源，它的浓度空间分布变化较大。大气中H_2S的浓度为0.05～0.1微克/立方米(ppt)[①]，随高度增加浓度迅速下降。在海洋上空的大气中，H_2S的浓度为0.0076～0.076微克/立方米。也就是说，大气中H_2S的浓度陆地高于海洋，乡村高于城市。H_2S在大气中残留的时间可达1～2天。

(2) SO_2

SO_2是大气中分布广、影响大的物质，常用它作为大气污染的主要指标。SO_2来自自然源和人为源。自然源是火山爆发和还原态硫化物(H_2S)的氧化；人为源是化石燃料(主要是煤)的燃烧，其次是有色金属冶炼、石油加工和硫酸制备等。

---

① ppt(10^{-12}，parts per trillion)曾用于表述体积浓度，非SI单位，建议写成微克/立方米。

SO_2 对人体的主要影响是造成呼吸道内径狭窄。结果使空气进入肺部受到阻碍。浓度高时出现呼吸困难,造成支气管炎和哮喘病,严重者引起肺气肿,甚至致人死亡。

SO_2 还能与血液中的维生素 B_1 结合,使体内维生素C的平衡失调,从而影响新陈代谢活动。

SO_2 还能抑制或破坏某些酶的活性,从而影响生长发育。

另外,SO_2 与大气中颗粒物结合产生"协同作用",此作用对人体健康危害更为严重。1952年12月伦敦发生的烟雾事件就是最好的说明。

3. NO_x 的来源与危害

大气中的 NO_x 主要包括 N_2O、NO、N_2O_3、NO_2、N_2O_5。N_2O_3 和 N_2O_5 在大气条件下易分解成 NO 和 NO_2。

NO_x 既有自然来源,又有人为来源。自然源主要来自生物圈中氨的氧化、生物质的燃烧、土壤的排出物、闪电的形成物和平流层进入物。

NO_x 人为源主要指燃料燃烧、工业生产和交通运输等过程排放的 NO_x。

燃料燃烧是指化石燃料燃烧时,排放的废气中含有 NO,其浓度可达千分之几。NO 排入大气后,迅速转化为 NO_2。

工业生产是指有关企业如硝酸、氮肥和有机合成工业及电镀等工业在生产过程中排出大量 NO_x。

交通运输是指机动车辆和飞机等排出的废气中含有大量 NO_x。汽车排气已成为城市大气中 NO_x 的主要来源。

NO_x 是形成酸雨和光化学烟雾的主要物质,其间接危害是影响呼吸器官和刺激眼睛等。

4. 碳氢化合物的来源与危害

由碳元素和氢元素形成的化合物总称为碳氢化合物(烃)。碳氢化合物主要包括烷烃、烯烃、炔烃、脂环烃和芳香烃。

全世界每年向大气中排放的碳氢化合物约为1858.3兆吨(Mt,$M=10^6$),其中自然排放量占95%,主要为甲烷和少量萜烯类化合物。人为排放量占世界总排放量的5%,主要来自汽车尾气、燃料燃烧、有机溶剂的挥发、石油炼制和运输等。

城市大气中碳氢化合物的人为污染主要来自汽车尾气,即没有完全燃烧的汽油本身和由于燃烧时汽油裂解或氧化而形成的产物。

由碳氢化合物、NO_x 及其光化学反应的中间产物和最终产物所组成的特殊混合物,称作光化学烟雾。

光化学烟雾是一种大气污染现象,最初发生在美国洛杉矶,因此也称作洛杉矶烟雾。洛杉矶烟雾与早期的伦敦烟雾有所不同。伦敦烟雾主要是 SO_x 和悬浮颗粒物的混合物,通过化学作用生成 H_2SO_4 危害人的呼吸系统;而光化学烟雾则是碳氢化合物和 NO_x 在强太阳光作用下发生光化学反应而生成刺激性的产物,如醛、O_3 和PAN。

5. 颗粒物的来源与危害

颗粒物一方面反射部分太阳光,减少阳光的入射,从而降低地表温度;另一方面也能吸收地面辐射到大气中的热量,起着保温作用。两者相比,一般认为前者大于后者,因此总的效应是使气温降低,这就是所谓的“阳伞效应”。

(1) 颗粒物概述

大气中颗粒物有固体和液体两种形态,其直径在0.002～100微米之间。目前对颗粒物的分类尚无统一的方法。一般按颗粒物的重力沉降速度和粒子的大小将其分为两类:粒径大于10微米的颗粒物,由于体积大、质量重,在重力作用下能很快地降落到地球表面,称为降尘或落尘;粒径小于10微米的颗粒物,由于体积小、质量轻,能在大气中飘浮很长时间,称为飘尘。

(2) 颗粒物来源

大气颗粒物来自自然源和人为源:自然源主要包括土壤、岩石碎屑、火山喷发物、林火灰烬和海盐微粒等;人为源主要来自化石燃料燃烧、露天采矿、建筑工地、耕种作业等。

大气颗粒物也可能来源于二次污染物,例如大气中的SO_2、NO_x及烃(碳氢化合物)等在大气中进行各种化学反应后形成的硫酸盐和硝酸盐以及光化学烟雾等。

(3) 颗粒物的物理、化学性质

物理性质主要指颗粒的大小、形状、相对密度和沉降速度。

颗粒物的大小对其物理和化学性质十分重要,并对大气中所发生的化学和物理过程有明显的影响,因而不同粒径的颗粒物对环境、生态和人体健康有不同的影响。

大气颗粒物的组成成分很复杂,包括各种重金属元素、水溶性物质和有机化合物,可以说,几乎包含了自然界存在的所有元素。

大气颗粒物的化学组成随自然条件的变化而有很大差异。一般地讲,海洋上空和清洁大陆颗粒物的化学元素组成分别与海水和地壳元素相似;而城市大气颗粒物的组成则不但包括了地壳元素,同时也包括了许多工业污染物。

(4) 颗粒物对人体健康的危害

颗粒物对人体健康的危害,有两个最重要的因素:一是化学成分,二是粒度。当然,二者之间亦有联系,粒度不同,化学组成也不同。

粒度决定着粉尘向肺泡的侵入以及沉降的速度。0.5～5微米的粒子可直接进入肺泡并在肺内沉积,还可能进入血液送往全身,因此,其危害最大。

在被污染的大气中已经发现了许多有毒颗粒物和致癌物,如金属尘、石棉和芳香烃等。

6. 臭氧层破坏对人体健康的危害

臭氧层存在于距地表16～40千米的平流层中,浓度最大值通常出现在25～30千米的高度。臭氧层气体非常稀薄,即使在最大浓度处,臭氧与空气的体积比也只有百万分之几,若将它折算成标准状态,臭氧的总累积厚度只不过3毫米左右。然而,臭氧层对地球上生命的重要性就像氧气和水一样,如果没有臭氧层这把“保护伞”的保护,到达地面的紫外线辐射就会达到使人致死的强度,地球上的生命就会像完全失去空气一样遭到毁灭。

(1) 南极臭氧洞形成的原因

南极臭氧洞的出现,引起了众多科学家的注意,对其形成原因提出了不同的假说。

美国麻省理工学院和克拉克松大学的流体力学教授 Ka-Kit-Tung 等人从大气动力学角度提出了一种“涌井流假说”。

1974 年,加利福尼亚大学化学系的罗兰(F. Sherwood Rowland)和莫利纳(Mario J. Molina)在克鲁特森(Paul Crutzen)研究的基础上提出,人工合成的某些含氯和含溴的化合物是造成南极臭氧洞的主要原因。

美国国家航空和航天局(NASA)的大气科学家 Linwood B. Callis 等人于 1986 年提出了奇氮理论。该假说认为,平流层臭氧的消耗主要是由于奇氮对臭氧的催化作用造成的。他们同时还指出了,南极臭氧洞以及全球臭氧总量减少同太阳活动周期之间的相关性,因此又称为“太阳活动说”。

(2) 大气臭氧层损耗现状

随着人类社会的不断发展,在人类文明程度不断提高的同时,越来越多的化学物质(特别是 $CFCl_3$ 和 CF_2Cl_2)从地面进入到大气,大气污染日趋严重,臭氧层不可避免地遭到了破坏。

1984 年,英国科学家首次发现南极上空出现了臭氧洞。随后美国的“雨云-7”号气象卫星测到了这个“空洞”,其面积与美国领土相当,深度相当于珠穆朗玛峰的高度。这一严竣的事实引起了广泛关注,科学家们对南极大陆臭氧监测站获得的臭氧资料和相应的卫星观测资料进行了认真分析,结果证实,南极上空臭氧量的严重损耗始于 20 世纪 70 年代中后期,并逐渐加重,以致在 1987 年出现了臭氧洞面积达 2000 万平方千米,臭氧洞内臭氧柱总量低于 150 多布森[①](DU)(个别日期低于 125DU)的历史记录,成为有史以来南极上空臭氧损耗最严重的时期。1988 年南极上空臭氧却发生了意外的变化,这年 9—10 月,虽然臭氧总量有所损耗但没有出现明显的空洞。随后的 1989—1990 年间南极上空的臭氧又呈现出严重损耗状况,总量最低值分别达到了 135DU 和 133DU。1992—1994 年连续 3 年臭氧洞的面积均达到 2400 万平方千米,臭氧总量的最低值均达到 100DU 以下,而且臭氧洞出现的时间也提前到了 8 月中旬(通常为 8 月底 9 月初),南极点站(South Pole)还

---

① DU(多布森)——为了描述大气中臭氧的密度,规定在压力为 760Torr**、温度为 273K 的条件下,千分之一厘米(10 微米)厚度的臭氧层为一个多布森单位。英文 Dobson unit(DU)。

选用这个名字是为了纪念过去的一位英国牛津大学的学者 Gordon Dobson。

此外,规定 220 个多布森单位是臭氧层空洞的标准。

** Torr 是压强单位,以前翻译为“毛”,现翻译为“托”。托的命名是为了纪念意大利物理学家托里拆利(Evangelista Torricelli)。

原本的 1 Torr 是指“将幼细直管内的水银顶高一毫米之压力”,而正常之大气压力可以将水银升高 760 毫米,故此将 1Torr 定为大气压力的 1/760 倍。

出现了臭氧总量为81DU的极端低值(1993年10月5日)。1995—1996年间臭氧洞的面积略有减小,但臭氧洞的持续时间却创造了有史以来的最长纪录,臭氧洞超过1000万平方千米和2000万平方千米的持续天数分别为77天和39天(1995年)以及80天和25天(1996天)。1998—2000年间,南极臭氧洞又呈现出再次加剧态势。1998年,臭氧洞面积短时间达到了2720万平方千米,而2000年达到了2977万平方千米(见表3-2)。

表3-2　1995—2006年南极臭氧空洞覆盖面积/10^4 km^2

年　份	1995年	1996年	1997年	1998年	1999年	2000年
臭氧空洞面积	2590	2200	2830	2720	2700	2977
年　份	2001年	2002年	2003年	2004年	2005年	2006年
臭氧空洞面积	2800	2096	2822	2096	2820	2950

资料来源:陈玉梅,2007.

美国科学家2016年发现,首次有确实证据证明南极臭氧层的空洞已经开始萎缩。

2017年11月7日的最新研究数据表明,自1988年以来,地球南极上空的臭氧层空洞正在迅速缩小,并减少至30年来的最低值,小于2500万平方千米。

从2000年到2017年9月,南极上空的臭氧层空洞面积减少了400万平方千米。

研究认为,臭氧层空洞成功修复,大部分可归功于源自氟氯烃(CFCs)的大气氯持续减少,自从发现CFCs会导致臭氧层变得稀薄后,国际社会立即于1987年签署《蒙特利尔公约》,禁止使用CFCs。

2000年起禁止使用CFCs,但大气内仍然残留很多氯,这些氯的生命周期为50～100年,因此估计臭氧层要到2050年至2060年才会完全修复。

由于氟碳化合物的危害性,现在使用这些化合物的设备都已经更新换代。所以臭氧层空洞的危机已经基本结束,这些年也就不在全世界重点通报,仅仅是当成一项环境的常规监测而已,数据也就在小范围内流通。

(3) 臭氧层损耗后的危害

大气臭氧层的损耗会使到达地球表面的紫外辐射相应增加,对于某一地区而言,这种增加主要表现在两个方面:一方面是地面能接受到的紫外辐射的最短波长会向短波方向移动,即有更短波长的紫外辐射会到达地面;另一方面,当大气中O_3浓度减小时,原来到达地球表面的太阳紫外辐射量会有不同程度的增加。总之,到达地面的太阳紫外辐射量的增加主要表现在紫外B区(UV-B,280～320纳米)和紫外A区(UV-A,320～400纳米)。臭氧层损耗主要使得哈特莱吸收带和霍根斯吸收带吸收的紫外辐射量减少而导致到达地面的紫外辐射增加。具体来说,会对大气环境、人类健康、植物、水生系统、高分子材料等带来诸多破坏性的影响。

① 对大气环境的影响

首先,影响对流层的化学过程。太阳紫外辐射增加对大气低层化学过程的影响主要是使化学反应中关键微量气体的光解速率提高,从而加速低层大气中 O_3 等氧化剂的生成和破坏进程,进而影响其他化学过程的进程。在对流层中,目前人们最关心的主要化学过程包括 CO 的氧化、SO_2 的氧化和近地面臭氧的形成等。

其次,改变平流层的化学组分。紫外 B 区(UV-B)辐射增强可以打破参与化学过程的主要微量气体分子(如 O_3,NO_2,甲醛,过氧化氢,硝酸等)中的化学链,生成化学活性的原子、自由基或分子基团(如 O,H,OH,HO_2 等),并导致其他化学过程的进程,从而改变对流层中的化学组分。平流层中的 O_3 和其他氧化剂等光化学活性气体直接参与紫外辐射下的光化学反应,其结果不仅导致大气中已有的某些组分(O_3,H_2O,NO_x,CO,碳氢化合物等)浓度的变化,而且还会生成一些新的化合物或分子基团(如 O,H,OH,HO_x,H_2O_2 以及一些氢氧、碳氢、氮氢化合物等)。

再次,导致严重的空气污染事件。臭氧层损耗导致近地面太阳紫外辐射的增加,改变了一些痕量气体(如 O_3)的光解速率常数,导致对流层大气氧化性的变化,从而影响空气质量和大气痕量物质的组成。人类排放到大气中的氮氧化物,在紫外辐射作用下会发生复杂的光化学反应,形成严重影响空气质量的光化学烟雾。光化学烟雾是多种二次污染物(如 O_3,PAN,各种醛类)以及硝酸雾、硫酸雾和悬浮颗粒物的混合物。太阳紫外辐射是大气中形成光化学烟雾的必要条件,紫外辐射的增强必然会对光化学烟雾的发生创造更有利的条件,进而使空气质量恶化,危害大气环境的安全。

② 对人类健康的影响

适量的紫外辐射,尤其是 UV-B 辐射对人体是有益的,是人体维持生命所必需的,它能增强人的交感肾上腺机能,提高免疫能力,促进磷钙代谢,增强人体对污染物的抵御能力。它还能促进维生素 D_2 的合成,对骨组织的生成和保护均有益处。

从对人体健康影响的角度来讲,毒理学研究显示,太阳紫外辐射中,对人体最有害的是紫外 C 区(UV-C,180～280 纳米),它主要是破坏人体细胞中的 DNA。值得庆幸的是由于臭氧层哈特莱吸收带的强烈吸收,使得 UV-C 辐射不能穿透大气到达地面。因而 UV-B 是能够到达地球表面的、对生理危害最大的紫外辐射,它对人体 DNA 的破坏虽然比 UV-C 小得多,但仍可对人体造成严重危害,而且随着 UV-B 辐射量的增大,这种危害也会增大。相对而言,UV-A 辐射对人体危害要小得多。过量紫外辐射对人体健康的影响主要表现在以下几个方面:

A. 免疫系统的降低。过量 UV-B 辐射可以局部地(暴晒处)和系统地改变人体的免疫系统,而且这种改变主要是通过降低细胞的免疫反应造成的。人的皮肤是一个重要的免疫器官，是有着高度免疫活性的组织，但它对环境条件（包括 UV-B 辐射）的改变是脆弱的。在人体局部和老鼠身上所进行的相关实验证明，UV-B 辐射可以抑制皮肤的接触性过敏，减少免疫活跃的细胞的数量和功能，刺激对免疫有抑制作用的某些抑制性细胞的产生，改变在血液中循环的有免疫性的白细胞的外形等等。

B. 对眼睛的损伤。过量紫外辐射对人的眼睛造成危害最典型的例子是雪盲和焊工眼，这两种眼疾都是光照性角膜或结膜炎。在一般情况下，太阳紫外辐射的绝大部分会被眼睛的角膜和晶状体过滤掉，只有少量的紫外辐射能达到眼睛的视网膜上，过量的紫外辐射会使角膜和晶状体受到损伤，使更多的紫外辐射到达视网膜上，进而导致视网膜退化，使视力受到损害。研究表明，长期对紫外辐射的过滤会使本来透明的角膜和晶状体变色而失去透明性。

流行病学资料表明，过量紫外辐射是导致白内障眼疾（即晶状体混浊）的重要原因。尽管引起白内障的原因很多，但是日光暴射与眼疾的病例分析和白内障眼疾的地理分布等资料均显示，过量紫外辐射使白内障的发病率明显增高。对兔子和老鼠的实验表明，每日用 UV-B 辐射照射，1 个月时间就会使其晶状体的前部受到破坏，而造成晶状体的混浊。美国环境保护署估计，UV-B 辐射增加 1%，会使白内障的发病率增加 4%～6%。联合国环境规划署预计，平流层臭氧损耗 10%会引起全世界每年白内障患者增加 175 万。还有研究估计，大气中臭氧每减少 1%，就会使白内障患者增加 0.5%。

C. 对皮肤的损伤。过量紫外线的照射会对人的皮肤产生短期和长期的危害效果。典型的短期伤害是人们熟知的晒斑，这是皮肤短期暴露于强太阳辐射后出现的皮肤伤害现象，皮肤遭受强紫外线的长期照射会变厚、产生皱纹、失去弹性并有可能导致皮肤癌的发生。动物实验资料和流行病学统计研究资料显示，过量 UV 辐射与人体皮肤癌的发病率有密切关系，其中与鳞状细胞癌（SCC）和黑瘤（CM）的发病率已有比较明晰的关系。

长期以来，人们试图寻求可能导致人体产生皮肤癌的紫外辐射剂量，从而进一步估计臭氧层损耗对皮肤的危害。致癌辐射剂量的增加通常用辐射放大因子（RAF）来表示，一些研究结果表明，RAF 变化于 1.2%～1.4%之间，这就是说，大气中的臭氧每减少 1%可使引起皮肤癌的紫外辐射增加 1.2%～1.4%。另有研究结果表明，大气中的臭氧每减少 1%，抵达地球表面的有害紫外线将增加 2%左右，皮肤癌的发病率将增加 4%左右。英国科学家认为，由于臭氧层受到破坏，英国的皮肤癌患者至少会增加 15%；美国医学专家预测，到 2060 年，美国的皮肤癌患者可能达到 4000 万人。

D. 其他疾病。由于过量紫外辐射可以导致人体局部或系统的免疫能力改变，因此，人们推断，其结果也会对某些传染病和其他疾病的发生率产生影响。过量的 UV-B 辐射可通过改变主体对微生物病原体的抵御机制或通过直接激活被照皮肤中已感染组织来影响传染病的发病机制。科学家们进行了大量的动物实验并建立了相应的实验模型。最终表明,过量紫外辐射可能导致病毒疾病、UV激活疾病、寄生虫传染、细菌传染、真菌传染等诸多疾病的发病率增加。通过对1950—1989年间一系列有关资料进行分析的结果表明,臭氧层变化与流行性脑脊髓膜炎(ECM)、鼠疫(HP)有着明显的负相关关系。

臭氧层的破坏对环境有着深刻的影响,甚至有人认为,臭氧层减少到1/5时,将是地球上生命存亡的临界点。

7. 酸雨的形成与危害

酸雨是当代世界面临的重大环境问题之一。酸雨之所以受到全世界的关注,主要是因为它的形成机制复杂,影响面广。人们把酸雨描写成"无声无息的危机""一次正在发生的环境大灾祸"和"空中死神",这些语句正是反映了人们面对广泛、复杂和多方面的环境影响时所表现出来的恐惧和焦虑。

酸雨的形成是一个复杂的问题,包括物理、化学和物理化学过程,而这些过程又受人为和自然等诸多因素的影响。一般认为,酸雨是由SO_2、NO_x和氯化物等大气污染物,在一定条件下通过化学反应而生成H_2SO_4、HNO_3和HCl,并随雨、雪等降落到地面。酸雨的主要成分是H_2SO_4和HNO_3。

大气中的SO_2和NO_x既来自人为污染,也来自天然释放。天然源的SO_2主要来自陆地和海洋生物残体的分解。此外,火山爆发也释放出大量的SO_2。人为源的SO_2主要是化石燃料的燃烧。个别大型冶炼厂的排硫量之大是惊人的。

酸雨对环境和人类的影响是多方面的。到目前为止还未发现酸雨对健康的直接影响。但是,酸化湖泊中的鱼虾、酸化地下水和酸化土壤上的农作物中,有毒金属含量都较高,这是一种对人体健康的潜在威胁。酸化地下水对土壤与岩石中金属元素的溶解能力增强,其中Al、Cu、Zn和Cd的浓度有时比正常地下水高10～100倍。这种酸水进入自来水系统后,还能腐蚀给水设施与管网,使其中的金属溶出,进入饮用水之中,直接威胁人体健康。

另据报道,酸雨中可能存在一些对人体有害的有机化合物。例如日本发现酸雨中存在甲醛、丙烯醛等有机物,这些物质会刺激人的眼睛和皮肤。

8. 热污染的危害

《中国大百科全书(环境科学卷)》将热污染解释为:"由于人类某些活动,使局部环境或全球环境发生增温,并可能形成对人类和生态系统产生直接或间接、即时或潜在的危害的现象。"具体地讲,就是火力发电厂、核电站、钢铁厂的循环冷却系统排出的热水以及石油、化工、铸造、造纸等工业排出的主要废水中含有大量废热,排入地表水体后,导致水温急剧升高,以致水中溶解氧减少,水体处于缺氧状态。同时又因水生生物代谢率增高而需要更多的氧,造成一些水生生物在热效力作用下发育受阻或死亡,从而影响环境和生态平衡。

热污染全面降低了人体机理的正常免疫功能,从而加剧各种新、老传染病流行。热污染使温度上升，为蚊子、苍蝇、蟑螂、跳蚤和其他传染病昆虫以及病原体微生物等提供了最佳的滋生繁衍条件和传播机制，形成一种新的“互感连锁效应”，导致以疟疾、登革热、血吸虫病、流行性脑膜炎等疾病的扩大流行和反复流行。特别是以蚊子为媒介的传染病，目前已呈急剧增长的趋势。2000 年 3 月初，美国纽约新发现一种由蚊子感染的“西尼罗河病毒”导致的怪病。

9. 大气污染对人体的危害

大气被污染后，由于污染物质的来源、性质、浓度和持续的时间不同，污染地区的气象条件、地理环境等因素的差别，甚至人的年龄、健康状况的不同，对人体均会产生不同的危害。

(1) 大气污染物侵入人体的途径

大气污染物侵入人体的途径有三：第一，通过人的呼吸直接进入人体；第二，通过食物与饮用水进入人体；第三，通过皮肤接触经毛孔进入人体。

其中，第一种途径最为直接，危害也最大。这是因为人们每时每刻都要呼吸，一般成人一天需要 13～15 千克(10～12 立方米)空气，相当于每天所需食物量的 10 倍、饮水量的 5～6 倍。人可以十几天不吃食物，几天不饮水，但如果 5 分钟没有空气，人就会死亡；另外，肺泡表面积很大，决定了它与气体交换的功能，其浓缩作用很强；再有，整个呼吸道富含水分，对有害物质黏附、溶解、吸收能力大，感受性强。

因此，有人认为大气污染对人体的危害，就是大气污染对呼吸器官的危害问题，看来这是不过分的。

(2) 大气污染对人体健康的影响

一般可分为以下几类：

① 急性中毒。多发生在某些特殊条件下，如发生特殊事故使大量有毒有害气体逸出、外界气象条件突变等，便会引起人群的急性中毒。

② 慢性危害。如果人们长期生活在低浓度污染的空气中，就会导致慢性疾病患病率升高。目前，虽然还很难直接说明大气污染与疾病之间的因果关系，但根据大量的流行病学资料表明，慢性呼吸道疾病与大气污染有密切关系。就是说，大气污染是慢性气管炎、肺气肿、支气管哮喘、肺癌等病症的主要原因，或为其诱导原因，或使这些病情恶化。

③ 重要生理机理的变化。人们受到大气污染侵袭时，首先在感觉上受到影响，随后在生理上显示出可逆性的反应，如进一步恶化，就会出现急性的病态。其中肺的换气机能、血色素输送氧气的机能等都容易受到影响。

④ 疑难症状。人们受到大气污染危害可产生多种疾病，包括一些原因不明的疾病。

⑤ 精神上的影响。严重的噪声污染能使人精神紧张、烦躁不安，甚至产生自杀和谋杀等严重后果。大气污染是否可能像噪声那样给人群带来精神健康影响，

现阶段几乎没有研究,这是今后的重大课题之一。

在考虑大气污染对人体健康影响时,应该注意以下几点:第一,污染物的浓度和性质;第二,污染物之间的协同作用和拮抗作用;第三,污染物对人体的作用和暴露时间的关系。

第四节　汽车尾气污染与人体健康

一、汽车尾气的化学成分

汽车尾气主要是指汽车燃料在发动机内燃烧后产生的废气。对汽油发动机来说,汽油是各种烃类的混合物,主要由碳、氢两种元素组成,另外还含有氮、氧、硫等元素。当发动机内空气和燃料不完全燃烧时,排出的尾气中含有碳氢化合物(HC)、氮氧化物(NO_x)、CO、CO_2、醛类、乙炔等80多种物质。其中烯烃类HC、NO_2和苯并芘等对人体危害很大。如果汽油中添加了抗爆剂四乙基铅,则尾气中还含有铅化合物。柴油发动机排出的尾气是柴油在高温、高压下燃烧时产生的各种物质的混合体。其主要成分为NO_x、HC(甲醇、甲醛、乙醛、丙醛、丙烯醛、丁醛、丙酮、酚等)、SO_2、SO_3、CO、CO_2及各种杂环、芳香烃类化合物、油烟等。其中NO_x、CO、醛类和油烟的毒性大、浓度高,是柴油发动机尾气的主要有害物质。油烟中除油雾、碳粒外,还含有一些高沸点的杂环、芳香烃类化合物以及苯并芘等致癌污染物。

二、汽车尾气的主要有害成分对人体健康的危害

1. CO

CO是燃烧不完全的产物,燃料氧化不完全时生成CO,完全氧化时则生成CO_2。CO是汽车有害排放物中浓度最高的一种成分。城市大气中的CO大部分来自汽车尾气,它是汽油燃烧不充分的产物。车速越慢,交通堵塞越严重,废气排放量越多。在北京、上海、广州等大城市,机动车排放的CO均占污染物排放总量的80%以上,深圳市则高达94.5%。它已成为我国许多城市空气污染的主要来源。CO是无色、无刺激的有毒气体。经人呼吸进入肺部,被血液吸收后,能与体内血红蛋白结合成CO-血红蛋白。CO与血红蛋白的亲和力比氧与血红蛋白的亲和力要大250倍,CO-血红蛋白一经形成,离解很慢,容易造成低氧血症,导致组织缺氧。当大气中的CO浓度达到70～80 ppm以上,人在接触几小时后体内的CO-血红蛋白含量达20%左右时,就会引起中毒;当人体内的CO-血红蛋白含量达60%时,即可因窒息而死亡。不同浓度CO对人体健康的影响见表3-3。

表 3-3　不同浓度 CO 对人体的危害

中毒程度	CO 含量/ppm	对人体的危害
慢性中毒	100	长期接触(每天数小时)使人头晕,乏力,记忆力减退,失眠
	160	数小时后感觉轻度喘息,心跳
轻度中毒	400	1 小时后出现头晕,头痛,心跳,疲倦,理解力迟钝
中度中毒	600	1 小时后发生心悸,呼吸困难,甚至昏厥
	800	0.5～1 小时后,呼吸困难,反应迟钝,昏迷,抽搐等
重度中毒	1000	出现昏迷,阵发性抽搐
	4000	很快昏迷,抽搐,不及时抢救就会死亡
	10000	短时间就失去知觉,几分钟可造成死亡

资料来源：王仪山等,2001.

2. 碳氢化合物

碳氢化合物(烃)包括未燃和未完全燃烧的燃油、润滑油及其裂解产物和部分氧化物,如苯、醛、烯和多环芳香族碳氢化合物等 200 多种复杂成分。饱和烃危害不大,不饱和烃危害性很大。甲烷气体无毒性。当甲醛、丙烯醛等醛类气体浓度超过 1 ppm 时;就会对眼、呼吸道和皮肤有强烈的刺激作用;浓度超过 25 ppm 时,就会引起头晕、恶心、红血球减少、贫血。苯是无色气体,但有特殊气味。应当引起注意的是带多环的多芳香烃,如苯并芘及硝基烯,是强烈致癌物质。芳香烃可引起食欲不振、体重减轻、头晕、黏膜出血等症状,还会出现血小板减少、白细胞减少或异常增多、红血球减少、贫血,甚至引起白血病等。烃类成分还是引起光化学烟雾的重要物质。臭氧具有极强的氧化力,能使植物发黑,橡胶发裂,在 0.1 ppm 浓度时就具有特殊的臭味。动物在 1 ppm 臭氧浓度下 4 小时就会出现轻度肺气肿。过氧酰基硝酸盐的毒性介于 NO 和 NO_2 之间。

3. NO_x

NO_x 是燃烧过程中氮的各种氧化物的总称,它包括 NO、NO_2、N_2O_4、N_2O、N_2O_3 和 N_2O_5 等。内燃机排气中的氨氮化物绝大多数为 NO,而 NO_2 次之,其余的含量很少。NO 是无色并具有轻度刺激性的气体,它在低浓度时对人体健康无明显影响,高浓度时能造成人与动物中枢神经系统障碍。尽管 NO 的直接危害性不大,但 NO 在大气中可以被臭氧氧化成具有毒性的 NO_2。NO_2 是一种红褐色的带刺激性的气体。吸入人体后与血液中的血红蛋白结合,使血液的携氧能力下降。它对心、肝、肾等也有影响。人只要在 NO_2 含量为 100～150 ppm 的环境中停留 0.5～1 h,就会因肺气肿而死亡。大气中不同浓度 NO_2 对人体的影响见表 3-4。

表 3-4　不同浓度 NO_2 对人体的影响

中毒程度	NO_2 含量/ppm	对人体的影响
轻度中毒	5～10	闻到强烈的刺激臭味
	15～25	眼、鼻、呼吸道受到刺激,人只能短时间忍受
中度中毒	50	刺激强烈,1 分钟内呼吸异常
	75	3～5 分钟引起胸痛、恶心、咳嗽反复发作,引起肺气肿
重度中毒	100～150	短时间内生命有危险,1 小时内会因肺气肿死亡
	250	很短时间即可死亡

资料来源：王仪山等,2001.

4. 颗粒物

颗粒物对人类健康的危害性与微粒大小及其组成有关。微粒愈小，停滞于肺部、支气管的比例愈大，对人体的危害就愈大，其中0.1～0.5微米的微粒对人体危害最大。例如，直径小于0.1微米的微粒在空气中做随机运动，它可以通过呼吸器官到达肺部并附在肺细胞组织中，某些还会被血液吸收。直径为0.1～1微米的微粒兼有随机运动和沉降运动的特点，它能经呼吸道深入肺叶并黏附在肺叶表面的黏液中，随后在几小时内被绒毛清除。较大的微粒(例如大于5微米)不能深入呼吸道，常到鼻、喉处便被阻住。由于柴油机排气微粒直径分布的峰值通常在0.1微米左右，故处于能在大气中长期悬浮的尺寸范围内，因而对人体健康有很大威胁。柴油机的微粒排放量比汽油机高得多，高出30～80倍。

碳烟(亦称黑烟)是燃烧系统微粒排放中最大部分的微粒物质，主要由直径为0.1～10微米的多孔性碳粒构成，并在其表面凝结或吸附含氢成分——未燃烃以及SO_2等。由于其成分的绝大多数可用有机溶剂萃取出来，故称为可溶性有机物。萃取后剩下的碳烟称干碳烟。碳烟悬浮在空气中，既影响能见度又污染空气。可溶性有机物，尤其是多环芳香烃等致癌物质，是微粒中威胁人体健康的主要因素。柴油机的碳烟排放比汽油机高得多，汽油机的排放量一般不超过柴油机的1/30。

与一般微粒物质相同，碳烟微粒的动力学特性、光学及人体健康的危害性都与微粒直径有直接的关系。从表3-5中可看出，直径小于0.1微米的碳烟微粒对健康的危害最大；直径介于0.1～1微米的碳烟微粒对能见度影响最大；直径大于1微米的碳烟微粒由于在大气中主要做沉降运动，故容易被雨雪冲洗掉，对人类的危害相对较小。

表3-5 碳烟微粒在动力学、光学、生物学方面的特性

微粒直径/微米	动力学特性	光学特性	生物学特性
＜0.1	随机运动，可相互集聚	对能见度无影响	可吸附在肺泡上，某些可被血液吸收
0.1～1	随机运动和沉降运动，可相互集聚	对能见度有显著影响	可进入肺叶
＞1	沉降运动，难集聚	对能见度影响较小	大于5微米时一般不能深入呼吸道

资料来源：王仪山等，2001.

5. 铅化物

铅化物是汽油机排气微粒中的一种主要物质。它是作为抗爆剂加到汽油中的四乙基铅经燃烧后所生成的化合物。从燃烧室排出来的铅化物一般为直径小于0.12微米的微粒。铅化物微粒除少量由排气流排放到大气中外，多数附着于排气通道和消声器内逐渐形成较大的粒子，然后散落到地面。铅不但对人体有害，对生态、城市环境等都会产生严重的污染。铅可通过肺部、消化器官、皮肤等途径进入人体蓄积起来，妨碍红血球的生长和发育。当血液中含铅量超过10～16微克/100

毫升时，将引起贫血、牙齿变黑、神经麻痹、腕臂不能屈伸、肝功能障碍等慢性中毒症状，而且提高了便秘、血管病、脑溢血和慢性肾炎的发病率。当血液中含铅量超过 80 微克/100 毫升时，随着血液中红血球状态的变化，会出现四肢肌肉麻痹、严重腹痛、脸色苍白以至死亡等典型铅中毒症状。

汽车尾气中的铅对人体尤其是儿童的危害非常大。虽然现在已经开始使用无铅汽油，但无铅汽油仍含有少量的铅，在燃烧过程中依然会释放出来。由于铅的密度比一般的气体大，排放后分布于离地面高度 1 米以下的地方，易被儿童吸入。儿童血铅浓度超标会使儿童出现多动、注意力不集中、行为冲动、智力下降、语言功能发育迟缓等，重者影响骨骼发育，导致贫血、高血压和心律失常，并破坏肾功能，使机体免疫能力下降。

目前我国已采用无铅汽油代替四乙基铅汽油。

三、汽车尾气的综合致病效应

1. 刺激性效应

伴随大量的黑烟，汽车尾气具有典型的刺激性异味。目前尚无法确定这种异味为气相或颗粒相中何种物质所引起，有人认为这种异味的产生取决于排出物中相对分子质量大于 80 的那部分混合物，但与以下碳氢化合物无关，它们是：脂烯族类(C_1—C_6，包括乙炔)，含 6 个以上碳原子的碳氢化合物及脂烯醛类。急性眼刺激是汽车尾气排放物引起急性反应最敏感的指标之一，尾气中的 NO_2 可转变为 HNO_3，从而对眼睛产生刺激作用，汽车尾气中甲醛、乙醛和丙烯醛等醛类物质，也可引起急性眼刺激症状，同时高浓度的汽车尾气还能引起头痛、喉痛、咳嗽、气喘、呼吸困难等症状，还能诱发哮喘等。

2. 对呼吸系统的影响

汽车尾气的排放由于靠近人体呼吸带，人体呼吸系统成为其对健康危害的主要靶器官。国内外的研究认为，长期接触汽车尾气可直接刺激人体呼吸道，使呼吸系统的免疫力下降，导致暴露人群慢性支气管炎、支气管炎及呼吸困难的发病率升高以及人群肺功能下降等一系列症状。实验动物长期吸入柴油机颗粒物可引起肺部清除能力下降，长期大量的炎症细胞和多种细胞因子的浸润使细胞膜受到损害。肉眼可见肺部形成明显的炭素沉着、斑点等病理改变。显微镜下，可见肺泡内大量沉着的颗粒物、肺泡Ⅱ型细胞、间质组织和胶原纤维增生，大量的中性粒细胞、浆细胞和吞噬了颗粒物的巨噬细胞，并在肺部形成片状斑点；肺部清除颗粒物的半衰期延长，巨噬细胞功能降低，免疫力下降，细菌感染机会明显增强，最终损害肺的通气功能，造成慢性损伤和病变。

3. 对免疫系统的影响

汽车尾气颗粒物对机体免疫功能的影响一方面是诱发机体出现超常的免疫反应，如变态反应；另一方面是引起机体特异性和非特异性免疫的损害。国外的一些流行病学调查发现,近年来工业化国家空气污染严重的地区过敏性疾病的患病率升高,他们发现悬浮颗粒物可以使大鼠IgE[①]抗体的产生增加,人体鼻腔灌洗液中总IgE和特异性IgE的水平升高。随着城市化的进程和交通运输的发展,由汽车尾气带来的交通污染是过敏性疾病的主要危险因素,由汽车排出的颗粒物污染可以导致过敏性炎症,增强IgE应答和提高气道超敏反应。大气颗粒物污染还可使机体免疫监视功能低下,导致机体对感染其他疾病的抵抗力降低。

4. 对生殖系统的影响

长期吸入较高浓度的汽车尾气,可以影响内分泌功能而改变性激素平衡和生殖细胞的形态及功能。目前研究机动车尾气对人体生殖及发育毒性的资料仍较少。国外的Figa-Talamanca等对罗马72名出租车司机进行精液质量的检查,与50名年龄相近、吸烟年限相同的健康人相比,在平衡了年龄、吸烟、饮酒等各种因素后,出租车司机精子畸形率显著高于对照组,随着工龄的增加,这种差异更加明显。国内的裴秋玲等对23名交通警察进行精液检查发现,精子活动率和琥珀酸脱氢酶(SDH)活性降低,精子畸形率增高,电镜检查发现精子顶腔扩大,细胞核和染色体发生变化,其原因可能和汽车尾气中的铅竞争性取代钙离子,影响细胞磷酸化,干扰精子线粒体能量代谢有关。国外有些流行病学调查还发现,大气颗粒物中所吸附的芳香族物质的含量与人体精子的畸变和新生儿缺陷等发育毒性有关,说明生殖细胞也受到损害。

5. 诱变和致癌效应

汽车、柴油车尾气中的颗粒物的有机提取物具有致突变性,柴油机排除的颗粒物可抑制细胞间隙通信功能。在细胞的恶变过程中,随着细胞恶化程度的增加,细胞间的通信功能下降的程度也增加。柴油车尾气颗粒物(DEPs)可诱导p21[②]、Bcl-2[③]、c-myc[④]等蛋白的表达,说明DEPs通过这些基因的表达来促进细胞增殖、

---

① IgE是一种分泌型免疫球蛋白,相对分子质量为196 000,由两条轻链和两条重链组成。它是由鼻咽、扁桃体、支气管、胃肠黏膜等处固有层的浆细胞产生,是引起I型变态反应的主要抗体,最明显的基本生物学特性是亲同种细胞性,人的IgE只能使人及猴的细胞致敏,而不能使其他动物过敏。IgE是免疫球蛋白中对热最不稳定者,在5种免疫球蛋白中,IgE半衰期最短,并且具有最高的分解率和最低的合成率,因此血清中含量最低。正常人血清中IgE值约为0.1～0.9 ppm,通常男性略高于女性。过敏体质或超敏患者,血清中IgE明显高于正常人,外源性哮喘患者较正常人高数倍。故IgE在血清中含量过高,常提示遗传过敏体质或I型变态反应的存在。

正常值参考值:0.1～0.9 ppm。(注:具体参考值请根据各实验室而定)

② p21基因是Clp家族中的一员,它是位于p53基因下游的细胞周期素依赖性激酶抑制因子。p21可以和p53共同构成细胞周期G1检查站,因DNA损伤后不经过修复则无法通过,减少了受损DNA的复制和积累,从而发挥抑癌作用。研究表明:p21与肿瘤的分化、浸润深度、增生和转移有关,具有判断预后的价值。

③ Bcl-2作为一种重要的凋亡调控基因,它不仅能够抑制细胞凋亡,延长细胞寿命,而且参与细胞增生的调控,它可以调控细胞由GT_0期向S期转换的时间。

④ c-myc基因是myc基因家族的重要成员之一,c-myc基因既是一种可易位基因,又是一种多种物质调节的可调节基因,也是一种促进细胞分裂的基因,myc基因参与细胞凋零,c-myc基因与多种肿瘤发生发展有关。

抑制细胞凋亡、促进细胞的转化。任长江等用健康昆明种小鼠 100 只，随机分 10 组，雌雄各半做实验。用汽车尾气分别染毒 15 天、30 天、45 天、60 天后，观察小鼠骨髓细胞微核率和姐妹染色单体交换率变化，并与正常饲养组小鼠骨髓细胞进行比较。各染毒组与对照组之间的微核率、姐妹染色单体交换率有差异，除 15 天组和对照组的差异无显著性（$P>0.05$）外，其他各组和对照组比较，差异均有显著性（$P<0.01$），且染毒时间与小鼠骨髓细胞的致突变影响呈正相关。证明汽车尾气对小鼠骨髓细胞有致突变性。

专栏 3-2

热浪侵袭　犯罪率上升竟是全球现象

2018 年英国有连续几个星期艳阳高照，出现比较罕见的热浪天气。在人人享受阳光的同时，英国警方却忙得“不亦乐乎”，警方收到的犯罪报警也创下纪录。这一现象并不局限于英国，在对全球各地不同时期的研究发现，犯罪率上升与天气较热有联系。美国德雷塞尔大学汇总 10 年的犯罪数据发现，犯罪率一般是温暖季节比寒冷月份高。

来自伦敦警察厅的数据似乎显示，天热与犯罪率之间有关联。英国比较了过去 8 年的数据，结果显示，当气温上升到 20℃以上时，暴力犯罪率比气温在 10℃以下平均上升 14%。而涉及骚扰性犯罪和非法持有武器的犯罪率更是分别攀升 16%和 17%。根据英格兰和威尔士的犯罪研究和统计发现，无论在什么季节，“有强有力证据显示气温对暴力犯罪和各种财产犯罪有一定影响”。

与此同时，对美国克利夫兰、明尼阿波利斯以及达拉斯几个城市的暴力犯罪研究结果也显示同样趋势。墨西哥汇集的长达 16 年的各城市犯罪统计发现，气温每上升 1℃，犯罪案例数也随之上升 1.3%。

为什么犯罪率增加与气温上升有关系呢？专家们认为原因可能主要有两点：

原因一，温度影响身体反应。热有刺激性，会让人不舒服，由此脾气更加暴躁。加利福尼亚大学的一名研究人员观察了天气与人们心情状况之间的关系，该研究人员通过分析人们当天网络文章与当地天气状况之间的联系发现，幸福感随着温度升高而下降。

科学家假设，热浪会诱发人们特殊的生理反应，即人们会易怒、急躁。还有研究表明，天热与心率加快、认知能力下降、睾丸素激增、甚至会觉得时间过得更慢有关联。

原因二，犯罪分子有机可乘。更加可信的原因可能是，天气变化会导致犯罪机会的改变，使得案犯更有机可乘。犯罪随温度上升增加不仅在夏天如此，即使在冬季，如果出现不合时宜的“暖冬”，也会出现犯罪率上升的情况——天气好时更多人喜欢在室外公共空间活动，增加了人们之间的互动机会，从而也更可能引发争端。

虽然天气变暖让暴力犯罪上升,但其他一些犯罪却会出现下降趋势。还有一些研究显示,虽然犯罪率随着气温上升而提高,但如果气温达到某一点,犯罪率则开始下降,也许是"太热了"。

第五节 汽车内空气污染与人体健康

一、汽车内空气污染的来源

车内空气污染指汽车内部由于不通风、车体装修等原因造成的空气质量差的情况。车内空气污染源主要来自车体本身、装饰用材等,其中甲醛、二甲苯、苯等有毒物质污染后果最为严重。

车内空气污染来源途径较多,归纳起来主要有三个方面:

1. 来自汽车本身的污染物

(1) 车内各种材料释放有害气体

这些材料有两个来源途径:

① 汽车自带的材料。安装在车内配件、地毯、车顶毡、沙发等塑质材料,皮套、地板胶、防爆膜、防盗器、中控锁等配件,都含有可释放的有害气体(主要包括苯、甲醛、丙酮等)。而没有经过释放期的新车和内部装饰豪华的汽车车内空气污染尤为严重。据国外一项测试发现,新车内有毒气体可挥发6个月以上。

② 车主自加的以及经销商赠送的装饰。据了解,近年来汽车装饰的比例已达90%以上,因此汽车装饰带来的污染物不容忽视。这些装饰材料也多含有苯、甲醛、丙酮、二甲苯等有毒气体。

这些污染物当中的头号污染源就是在地板胶、皮套、桃木等装饰项目所使用的廉价黏合剂,它是车内主要污染物之一——苯的主要来源。车内空气另一个主要的污染物是甲醛,主要来自座椅沙发垫、车顶装饰等装饰材料。

中国室内装饰协会室内空气监测中心曾对200辆汽车进行了检测,结果参照室内空气质量标准,发现有近九成的汽车都存在车内空气甲醛或苯含量超标问题,而且大部分车辆甲醛超标都在5～6倍以上。其中新车车内的空气质量最差。车内空气污染严重程度可见一斑。

(2) 汽车设备运转带来的污染物

① 汽车发动机产生的尾气。主要包括CO、HC、NO_x、SO_2、烟尘微粒(某些重金属化合物)、铅化合物、黑烟及油雾、甲醛等。混入车内的不仅仅只是本车产生的尾气,还有在行驶时其他车辆的尾气。再就是有些车放在车厢内备用的油桶盖未盖严,在行驶中颠簸摇晃使汽油在车内自然挥发,污染了车内的空气。

② 车用空调系统产生污染。若长时间不对其进行清洗护理，就会在其内部附着大量污垢，所产生的胺、烟碱等有害物质一旦弥漫在车内狭小的空间里，就会导致车内空气质量变差甚至缺氧。这些污垢本身及适宜的温湿度又为细菌、病毒滋生和繁衍提供了理想场所。医学专家们曾多次从空调系统的冷却水中分离出引起急性肺炎的细菌及其他病原体。过滤功能较差的空调系统还会加剧污染物的传播和扩散。当车内空气经反复过滤后，空气离子浓度发生了改变，负氧离子数目显著减少而正离子过多，会引起人体的不适，这也被视为污染的一种方式。

③ 车内空气净化器。车内空气净化器本来是用来净化空气的，因此它造成的污染最容易被人们忽视。由于传统空气净化器技术上的缺陷，很多净化技术极易导致二次污染。例如，物理吸附法只能暂时吸附一定的污染物，当温度、风速升高到一定程度，所吸附的污染物（甲醛、细菌等）将成为随时被释放出来的隐性炸弹。因此要经常更换其过滤材料，避免吸附饱和，但消费者往往做不到这一点。臭氧净化法利用的是臭氧浓度达到 0.1 ppm 以上起到杀菌、除异味的作用，但一旦其浓度达到 0.15 ppm 后，臭氧本身就会发出浓烈的恶臭，并且其使用环境不能超过 30℃，否则可能致癌。放电式净化利用高压放电来产生气体离子，将这些气体离子排放到空气中，它们便会附着烟尘等悬浮的颗粒，使其带上电荷后快速被车内各种材料设备所吸附。这样虽然空气得到了净化，却加重了车内物品的污染。

2. 人体自身的污染

一般情况下，人体不会引起污染。但由于车内空间狭小加上开窗时间不是很多，如果人员又特别密集，就会造成污染，尤其是一些空调车（俗称“闷罐车”）。例如，公交车乘客的交叉污染就很严重。在公交车里，人体各类分泌物弥散在空气中，使公交车辆拉手、背扶手、车窗等部位产生严重的污染。有关检测研究发现，当车辆不进行消毒处理时，各类致病菌和病毒均有检出。“非典”疫情的蔓延非常好地说明了这个问题。另外，当空气中 CO_2 浓度达到 0.5%时，人就会出现头痛、头晕等不适感，这也是污染造成的。

3. 其他污染源

（1）香水污染

香水中含有多种易挥发的有害化合物，它对人体神经系统产生毒副作用。很多人使用香水时，会出现头晕、恶心、呕吐等中毒症状，有人则产生过敏反应，引起皮肤疾患。目前普通的汽车香水大多是人工化学合成香料，其中大部分对人体器官特别是呼吸系统均有不同程度的刺激。如果使用的是劣质香水，由于其采用劣等香料加之配方不准确，对身体的危害就更大，会造成车内的二次污染。

（2）空气清新剂污染

空气清新剂通常分为固体、液体和气体三种。气态空气清新剂中的空气负离子和臭氧，本身就是空气污染物；而用香料与酒精等有机溶剂混合制成的液态空气清新剂，在喷洒时形成的大量气溶胶又会污染空气；固体空气清新剂如卫生香或熏香,点燃后所产生的烟雾微粒也会造成二次污染。从化学成分来看,目前市场上销售的空气清新剂基本上都是由乙醚、香精等成分组成,这些物质在空气中化学分解之后产生的气体本身就是空气污染物。另外,空气清新剂里含有的芳香剂对人的神经系统也会产生危害,刺激儿童的呼吸道黏膜等。

一些机构曾在一些公共场所做过对比测试。结果显示,使用空气清新剂后,室内空气中挥发性有机物的含量反而上升至使用前的4～5倍。这些物质包含了十余种化学物质,其中大部分对人体是有害的。

二、汽车内空气污染的危害

由于汽车空间窄小,车内空气量有限,如果又是新车(新车密封性在该车使用周期中是最好的),车内的有害气体超标比室内有害气体超标对人体的危害程度大得多。下面对各种污染物造成的危害进行详细阐述。

1. 装饰材料及汽车配件释放的有害气体的危害

(1) 苯类物质

这类物质是车内主要空气污染物,主要包括苯、甲苯、二甲苯等。若轻度中毒会造成嗜睡、头痛、头晕、恶心、胸部有紧束感等,并可有轻度黏膜刺激症状,重度中毒可出现视物模糊、呼吸浅而快、心律不齐、抽搐和昏迷。

其中慢性苯中毒会对神经系统和造血系统造成损害,表现为头痛、头晕、失眠、白血球持续减少、血小板减少并出现出血倾向,重者可出现再生障碍性贫血。与饮水污染、食物污染相比,苯污染有长期性和差异性的特点。潜伏期可能为三年、五年,也可能很快发病。

甲苯进入体内以后约有48%在体内被代谢,经肝脏、脑、肺和肾最后排出体外。在这个过程中会对神经系统产生危害。志愿者实验证明当血液中甲苯浓度达到1250毫克/立方分米时,接触者的短期记忆能力、注意力持久性以及感觉运动速度均显著降低。

二甲苯可经呼吸道、皮肤及消化道吸收,其蒸气经呼吸道进入人体,有部分经呼吸道排出,吸收的二甲苯在体内分布以脂肪组织和肾上腺中最多,依次为骨髓、脑、血液、肾和肝。据报道,三名工人吸入浓度为43.1克/立方米的二甲苯,18.5小时后一名死亡,尸检可见肺淤血和脑出血,另两名工人丧失知觉达19～24小时,伴有记忆丧失和肾功能改变。此外,吸入高浓度的二甲苯可使食欲丧失、恶心、呕吐和腹痛,有时可引起肝肾可逆性损伤。同时二甲苯也是一种麻醉剂,长期接触可使神经系统功能紊乱。

不同苯类物质在新车和旧车中的含量有所不同。在新车中甲苯是“祸首”,而在旧车中主要是二甲苯。这可能与其不同的来源有关。甲苯主要来源于香水、黏合剂等,在车内吸烟短时间内产生的甲苯量也是十分可观的。而二甲苯来源于胶带、黏合剂和地毯等,挥发出的时间可能更长。

(2) 其他有害气体

① 甲醛。可引起恶心、呕吐、咳嗽、胸闷、哮喘甚至肺气肿。长期接触低剂量甲醛可引起慢性呼吸道疾病、女性月经紊乱,引起新生儿体质降低、染色体异常,引起少年儿童智力下降,致癌促癌。

② 氨。具有强烈的刺激性异味,对皮肤、呼吸道、眼睛有刺激和损伤,可以导致支气管炎和皮炎。

2. 汽油中毒

汽油中毒表现为头痛、头晕、恶心、呕吐、气短、心跳过快、嗓子发干、四肢无力,如同喝醉酒似的。汽油中毒发生的原因上文已经涉及。对汽油非常敏感的人,即使吸入少量含有汽油的空气,也会感到身体不适,以致发生汽油过敏的中毒现象。

3. 汽车尾气的危害

汽车尾气也会混入车内,其危害人们比较熟悉,下面只做一些简单的介绍。

① CO。汽车尾气中 CO 的含量最高。它可削弱血液对人体组织的供氧量,导致组织缺氧,从而引起头痛等症状,重者窒息死亡。

② NO_x。含量虽然较少,但毒性很大,其毒性是含硫氧化物的 3 倍。NO_x 进入肺泡后,能形成亚硝酸和硝酸,对肺组织产生剧烈的刺激作用,增加肺毛细血管的通透性,最后造成肺气肿。亚硝酸盐则与血红蛋白结合,形成高铁血红蛋白,引起组织缺氧。

③ 多环芳烃。有研究表明,汽车尾气中含有 32 种多环芳烃,其中包括 3,4-苯并芘等致癌(肺癌)物质。

④ SO_2 和悬浮颗粒物。会增加慢性呼吸道疾病的发病率,损害肺功能。

⑤ 铅化合物。可随呼吸进入血液,并迅速地蓄积到人体的骨骼和牙齿中,它们干扰血红素的合成、侵袭红细胞,引起贫血;损害神经系统,严重时损害脑细胞,引起脑损伤。当儿童血铅浓度达 0.6~0.8 ppm 时,会影响儿童的生长和智力发育,甚至出现痴呆症状。铅还能透过母体进入胎盘,危及胎儿。

4. 空调综合征

在许多国家进行的调查表明,有些人长时间处在空调室后,普遍有呼吸道干燥、鼻塞、头痛,易患感冒;关节酸痛,易得风湿;思想不集中,容易疲劳;胸闷、憋气等症状。而一旦离开空调室,经过一两天的休息,这些症状又消失了。这就是所谓的空调综合征。同样,车内空调也有这样的情况。当开空调的时候,车窗紧闭,空气内循环开启,大约有 65%的司机驾车时会出现头晕、困倦、咳嗽的现象,致使司机感到压抑、烦躁、注意力无法集中。专家们把这种症状统称为驾车综合征。这不仅会危害驾驶者的健康,同样也会危及乘客安全。

空调还可能造成车内外环境条件(包括温度、湿度、气流和辐射等)相差悬殊,易使人感冒;室内干燥,易刺激人的鼻腔、咽喉黏膜而降低人体抗感染能力;常用循环空气造成车内外空气交换减少,以致空气污浊使疾病易于传播。

5. 其他污染物的危害

在车厢内还存在着大量的细菌以及胺、烟碱等有害物质。这些有害物质会致乘车人头晕、恶心、打喷嚏,甚至引起更严重的疾病,如容易导致男性不育等。

三、我国政策

国内对于车内空气污染的技术标准,只有2012年3月正式实施的《乘用车内空气质量评价指南(GB/T 27630-2011)》。不过,《乘用车内空气质量评价指南》只是一个行业技术标准,并非强制性法规。并且相对于欧美标准来说过低,采用了室内空气标准的上限水平。根据德国制定的车内环境标准,甲醛含量不能超过0.08毫克/立方米,我国标准是不能超过0.1毫克/立方米。

国内不少业界人士呼吁出台强制性标准,完善相关法律法规。将《乘用车内空气质量评价指南》转变到国家强制性标准,建立健全以预防为主的国家环境与健康政策法规。

2016年《乘用车内空气质量评价指南》在原环保部等相关部门的推动下,成为强制性标准。

根据最新发布的《乘用车内空气质量评价指南》强制标准,车内空气中的苯、甲苯、二甲苯和乙苯等有害物质都有了更为严苛的限量值,并给出了汽车厂家强制执行的时间表:2017年1月1日起,所有新定型销售车辆必须满足本标准要求;此前已经定型的车辆,自2018年7月1日起实施强制标准要求。

车内污染物中,苯、甲苯、二甲苯、乙苯、苯乙烯、甲醛、乙醛、丙烯醛等8种物质对人体的危害较为严重,新标准对这些有害物质都给出了明确限值(表3-6)。特别是苯由原标准的0.11毫克/立方米加严为0.06毫克/立方米,甲苯由原标准的1.10毫克/立方米加严为1.00毫克/立方米,二甲苯和乙苯由原标准1.50毫克/立方米加严为1.00毫克/立方米。

表3-6 车内空气质量污染物限值

控制物质	原限值/(mg/m^3)	修改后的限值/(mg/m^3)	参考依据
苯	0.11	0.06	原标准加严
甲醛	0.10	0.10	参考WHO,维持不变
甲苯	1.10	1.00	原标准加严
二甲苯	1.50	1.00	原标准加严
乙苯	1.50	1.00	原标准加严
苯乙烯	0.26	0.26	维持不变
乙醛	0.05	0.20	参考国际标准确定
丙烯醛	0.05	0.05	维持不变

专栏 3-3

气候变化将给中国带来五大影响

研究表明，我国气候变化的速度将进一步加快。在未来的50～80年间，全国的平均温度将升高2～3℃，对农牧业生产、水资源、海岸带社会经济与环境、森林和生态系统以及卫生、旅游、电力供应等领域都将产生重大影响。

“这些影响以负面为主，某些影响具有不可逆性。”科技部、中国气象局、中国科学院等六部门近日发布的《气候变化国家评估报告》中，对中国气候变暖的趋势给出了这样的评价。

(1) 农业生产不稳定，产量下降

“最新研究表明，气候变化将对中国的农业生产产生重大影响。如不采取任何措施，到21世纪后半期，中国主要农作物，如小麦、水稻和玉米的产量最多可下降37%。”这份报告首先指出了气候的变化将对我国农业生产产生重大影响，使农业生产的不稳定性增加，产量波动增加。如果对此没有足够的重视并采取积极的措施应对，气候变化将会严重影响中国超长期的粮食安全。

此外，由于气候变暖使农业需水量加大，供水的地区差异也会加大。为适应生产条件的变化，农业成本和投资需求将大幅度增加。

在牧业方面，气候变化导致的干旱化趋势，使半干旱地区潜在荒漠化趋势增大，草原界线可能扩大，高山草地面积减少，草原承载力和载畜量的分布格局会发生较大变化。

(2) 水资源供需矛盾增加

报告指出，气候变暖可能使我国北方江河径流量减少，南方径流量增加，各流域年均蒸发量增大，其中黄河及内陆河地区的蒸发量将可能增大15%左右。因此旱涝等灾害的出现频率会增加，并加剧水资源的不稳定性与供需矛盾。预计2010年至2030年，中国西部地区每年缺水量约为200亿立方米。

(3) 海岸区受灾机会加大

风暴潮等极端气候事件是中国沿海致灾的主要原因，其中黄河、长江、珠江三角洲是最脆弱的地区，由此气候的变化使中国沿岸海平面到2030年可能上升0.01～0.16米，导致许多海岸区遭受洪水泛滥的机会增大，遭受风暴潮影响的程度加重，由此引起海岸滩涂湿地、红树林和珊瑚礁等生态群遭到破坏，生成海岸侵蚀、海水入侵沿海地下淡水层、沿海土地盐渍化等。

(4) 森林和生态系统将发生变化

根据《气候变化国家评估报告》，气候变化后的中国森林初级生产力的地理分布格局没有显著变化，森林生产力将增加1%～10%，从东南向西北递增。东北森林的组成和结构将发生较大变化，落叶阔叶树将逐步成为优势树种。

冰川随着气候变化而改变其规模。估计到2050年,中国西部冰川面积将减少27.2%。未来50年,中国西部地区冰川融水总量将处于增加状态,高峰预计出现在2030年至2050年,年增长20%～30%。

此外,未来50年,青藏高原多年冻土空间分布格局将发生较大变化,大多数岛状冻土发生退化,季节融化深度增加。高山、高原湖泊中,少数依赖冰川融水补给的小湖可能先因冰川融水增加而扩大,后因冰川缩小、融水减少而缩小。

(5) 疾病发生程度和范围增加,电力供应遇到更大压力

气候变化可能引起热浪频率和强度的增加,并增加心血管病、疟疾、登革热和中暑等疾病发生的程度和范围。气候变化可能使雪山融化和海平面上升,从而导致山区、海岸和海岛风景地的变迁,从而对自然和人文旅游资源,以及旅游者的安全和行为产生重大影响。

此外,气候变暖将加剧未来中国空调制冷的电力消费的持续增长趋势,给电力供应带来更大压力。

新华网,2007-01-17.

参考文献

[1] 11款车致癌:汽车致癌源自车内空气质量含致癌物.新浪网,2012-09-26.

[2] Figa-Talamanca I,Cini C, Varricchio CC, et al. Effects of prolonged autovehicle driving on male reproduction function: a study among taxidrivers. Am J Ind Med,1996,30(6):750～758.

[3] Fu L, Hao J, He D, et al. Assessment of vehicular pollution in China. J Air Waste Manag Assoc, 2001,51(5):658～668.

[4] http://m.gmw.cn/2018-08/03,2018-08-03

[5] http://news.gz163.cn/news/presidial/2004-03-09/66-3-71215.html,2004-03-09

[6] http://news.ifeng.com/a/20180803/,2018-08-03

[7] http://news.sina.com.cn/o/2018-08-06/,2018-08-06

[8] https://zhidao.baidu.com/2018-08-03,2018-08-03

[9] 蔡宏道.现代环境卫生学.北京:人民卫生出版社,1995.

[10] 车内空气污染源主要来源及整改措施.中国汽车环境网,2015-12-09.

[11] 陈立民,吴力波.臭氧层损耗研究的进展评述.上海环境科学,1999.5(18):197～199.

[12] 陈玉梅.浅谈臭氧洞空洞.化学教学,2007.3:42～44.

[13] 乘用车内空气质量评价指南(GB/T 27630-2011).中国汽车环境网,2015-12-09.

[14] 程烨环,李坤,包军.汽车尾气的污染危害与防治对策.黑龙江环境通报,2005,29(2):87～88.

[15] 程义斌，金银龙，刘迎春. 汽车尾气对人体健康的危害. 卫生研究，2003，32(5)：504～507.

[16] 程义斌，金银龙，刘迎春. 汽车尾气对人体健康的危害. 卫生研究，2003，32(5)：504～507.

[17] 段昌群. 环境生物学. 北京：科学出版社，2004.

[18] 高春朵. 浅谈臭氧层和臭氧层的破坏. 菏泽师专学报，2005. 2(22)：43～45.

[19] 高温车内苯或致白血病 小心汽车变毒气室. 腾讯网，2012-09-26.

[20] 郭世昌，黄仪方. 臭氧层变化与流行性脑脊髓膜炎及鼠疫流行的关系. 中国环境科学，2001(21)：24～28.

[21] 黄琼中，黄景义. 汽车尾气的危害及其治理措施. 西藏科技，2005，146(6)：38～39.

[22] 林伟立，徐建华. 臭氧层损耗影响低层大气质量的新认识. 环境科学与技术，2004. 9(27)：102～104.

[23] 裴秋玲，张涛源，董力等. 汽车尾气对人精子结构的影响. 中国公共卫生学报，1993，12(6)：355～357.

[24] 裴秋玲，张涛源，董力等. 汽车尾气对人精子结构的影响. 中国公共卫生学报，1993，12(6)：355～357.

[25] 秦文新等. 汽车排气净化与噪声控制. 北京：人民交通出版社，2000.

[26] 邱国敏. 汽车尾气对空气污染的危害及对策. 工业安全与环保，2001，27(8)：35～36.

[27] 任长江，骆延，王宏伟. 汽车尾气对小鼠骨髓细胞的致突变性. 环境与健康杂志，2004，9(5)：321～322.

[28] 阮美勤. 臭氧层空洞形成和保护的新观念与技术. 生态经济，2001. 1：56.

[29] 宋健，叶舜华. 柴油机排除颗粒提取物对细胞间隙通讯的影响. 卫生研究，1997，26(3)：145～147.

[30] 王庚辰. 大气臭氧层和臭氧洞. 北京：气象出版社，2003.

[31] 王贵勤. 大气臭氧层研究简介. 北京：气象出版社，1990.

[32] 王秀卿. 汽车尾气与人体健康. 中国现代医药科技，2005，5(1)：53.

[33] 王仪山. 汽车尾气对人体健康的影响. 职业与健康，2001，11(6)：22～24.

[34] 王莹，陈冬青等. 汽车尾气污染对人体健康的危害. 中国卫生工程学，2002，1(4)：204～205.

[35] 我国车内污染事件频发 消费者呼吁建强制性标准. 中国城市低碳经济网，2012-09-27.

[36] 吴梅香. 浅谈臭氧层破坏的环境影响及控制对策. 丽水师范专科学校学报，2003. 5：42～44.

[37] 肖祥. 臭氧层的破坏及其危害. 湖北气象，1999(2)：24.

[38] 新车内空气污染及防治措施. 中国知网，2016-08-17.

[39] 徐平. 汽车尾气的危害及预防措施. 邢台职业技术学院学报，2003，20(1)：59～61.

[40] 徐晓辉，叶舜华，袁东. 无铅汽油尾气颗粒物组分及其毒性研究. 上海环境科学，2002，21(5)：285～287.

[41] 杨玉珍，张向东. 保护大气臭氧层. 生物学通报，2000，4(35)：23～24.

[42] 杨忠敏. 浅谈汽车尾气污染和治理对策. 中国设备工程，2004，11：47～49.

[43] 郑凯，邱飞程，李勇. 对汽车尾气排放及其控制的经济学思考. 山东环境，2000，1：15～16.

[44] 周明耀. 环境有机污染及致癌物质. 成都：四川大学出版社，1992.

[45] 朱蓓蕾. 动物毒理学. 上海：上海科学技术出版社，1989.

[46] 朱崇基等. 汽车环境保护学. 杭州：浙江大学出版社，2001.

[47] 专家提示：冬季注意防范车内空气污染. 中国城市低碳经济网，2012-09-27.

[48] 字唐秋.臭氧层的破坏及其对策.保山师专学报,1992,12(18):41～44.

思 考 题

1. 大气污染的定义与分类。
2. 全球气候变化的“变冷说”与“变暖说”。
3. 大气中主要污染物对人体健康的危害。
4. 南极臭氧洞形成的原因及现状。
5. 臭氧层破坏对人体健康的影响。
6. 汽车尾气对人体健康的影响。
7. 大气污染对人体的危害。

第四章　水体污染与人体健康

第一节　水体污染概述

一、水体污染的定义

对于什么是水体污染，不同学者提出了大同小异的概念，归结起来，水体污染可定义为：大量污染物质排入水体，其含量超过了水体的本底含量和自净能力，造成水质恶化，从而破坏了水体的正常功能，称为水体污染，简称为水污染。

1984年颁布的《中华人民共和国水污染防治法》为“水污染”下了明确的定义，即水体因某种物质的介入，而导致其化学、物理、生物或者放射性等方面特征的改变，从而影响水的有效利用，危害人体健康或者破坏生态环境，造成水质恶化的现象称为水污染。

二、污水的水质指标

水质指标涉及物理、化学、生物等各个领域。为了反映水体被污染的程度，通常用悬浮物(SS)、有机物、酸碱度(pH)、细菌和有毒物质等指标来表示。

(1) 悬浮物

悬浮物是污水中呈固体状的不溶性物质，它是水体污染的基本指标之一。悬浮物降低水的透明度，降低生活和工业用水的质量，影响水生生物的生长。

(2) 废水中有机物浓度

这也是一个重要的水质指标。由于有机物的组成比较复杂，要分别测定各种有机物的含量十分困难，通常采用生物化学需氧量、化学需氧量和总有机碳等三个指标来表示有机物的浓度。

① 生物化学需氧量，简称生化需氧量，用BOD(biochemical oxygen demand)表示，指水中的有机污染物经微生物分解所需的氧气量。BOD越高，表示水中需氧有机物质越多。

② 有机污染物的生物化学氧化作用分两个阶段进行：第一阶段，主要是有机物被转化为 CO_2 和 NH_3 等无机物；第二阶段，主要是 NH_3 被转化为 HNO_2 和 HNO_3。生化反应如下：

$$RCH(NH_2)COOH + O_2 \longrightarrow RCOOH + CO_2 + NH_3$$

$$2NH_3 + 3O_2 \longrightarrow 2HNO_2 + 2H_2O$$
$$2HNO_2 + O_2 \longrightarrow 2HNO_3$$

废水的生化需氧量,通常指第一阶段有机物生化作用所需的氧量。因为微生物活动与温度密切相关,因此测定 BOD 时一般以 20℃作为标准温度。在此温度条件下,一般生活污水中的有机物,需要 20 天左右才能基本上完成第一阶段的氧化分解过程。这不利于实际测定工作。所以目前国内外都以 5 天作为测定 BOD 的标准时间,简称 5 日生化需氧量,用 BOD_5 表示。其理论根据是一般有机物的 5 日生化需氧量,约占第一阶段生化需氧量的 70%,基本反映了水中有机污染物的实际情况。

③ 化学需氧量,用 COD(chemical oxygen demand)表示,指化学氧化剂氧化水中有机污染物时所需的氧量。COD 越高,表示有机物越多。目前常用的氧化剂主要是重铬酸钾($K_2Cr_2O_7$)或高锰酸钾($KMnO_4$)。

BOD 在一般情况下能较确切地反映水污染情况,但它受到时间(时间长)和废水性质(毒性强)的限制;COD 的测定不受废水条件的限制,并能在 2～3 小时内完成,但它不能反映出微生物所能氧化的有机物量。因此,在研究有机物污染时,可根据实际情况而确定采用 BOD 还是 COD。

(3) pH

污水的 pH 对污染物的迁移转化、水中生物的生长繁殖等均有很大的影响,因此成为重要的污水指标之一。

(4) 细菌

根据外部形态,可将细菌分为球菌、杆菌、螺旋菌等;按摄取营养的方式可分为自养细菌、异养细菌;按温度因素,可分为低温细菌、中温细菌、高温细菌;按需氧因素,可分为好氧细菌、厌氧细菌、兼性厌氧细菌。

污水中大部分细菌是无害的,另一部分细菌,如引起霍乱、伤寒、痢疾的病菌等则是对人、畜有害的。衡量水体是否被细菌污染可用两种指标表示:一是每毫升水中细菌的总数;二是每 100 毫升样品中大肠菌群的最可能数。大肠菌群是在流行病学上评价水体是否被粪便污染的重要指标。许多国家规定,饮用水中不得检出大肠菌群。

(5) 有毒物质

各个国家都根据实际情况制定出地面水中有毒物质的最高容许浓度的标准。有毒物质包括无机有毒物(主要指重金属)和有机有毒物(主要指酚类化合物、农药、PCB 等)。

除以上 5 种表示水体污染的指标外,还有温度、颜色、放射性物质浓度等,也是反映水体污染的指标。

三、水体污染源

水体污染源分为自然污染源和人为污染源两大类型。

自然污染源指自然界本身的地球化学异常释放有害物质或造成有害影响的场所。

人为污染源指由于人类活动产生的对水体造成污染的污染物。人为污染源包括工业污染源、生活污染源和农业污染源。

(1) 工业污染源

由于不同企业、不同产品、不同工艺、不同原料、不同管理方式，排放的废水水质、水量差异很大。工业废水是水体最重要的污染源。它具有量大、面广、成分复杂、毒性大、不易净化、难处理等特点(表 4-1)。

表 4-1　主要工业污染源所排放的主要污染物及废水水质特点

工业部门	主要工业污染源	主要污染物			废水水质、水量特点
		气态	液态	固态	
动　力	火力发电	粉尘、SO_2、CO、SO_2	冷却热水，冲灰水中粉煤灰	灰渣	热、悬浮物高、水量很大
动　力	核电站	放射性尘埃	冷却热水，放射性废水		热、放射性、水量大
冶　金	黑色：选矿、烧结、炼焦、炼铁、炼钢、轧钢	粉尘、SO_2、CO、CO_2、H_2S，尘中含 Fe、Mn、Ge 等	酚、氰化物、硫化物、氨水、多环芳烃、吡啶、焦油、砷、铁粉、煤粉、酸性洗涤水、冷却热水	钢铁废渣	COD 较高、较毒、水量很大
冶　金	有色：选矿、烧结、冶炼、电解、精炼	粉尘、SO_2、CO、NO_x、F，尘中含 Cu、Pb、Zn、Hg、Cd、As 等，具放射性	氰化物、氟化物、B、Mn、Cu、Zn、Pb、Cd、Ge 等，酸性废水，冷却热水，具放射性	有色金属废渣	含金属成分高，可能含放射性，废水偏酸性
化　学	肥料、纤维、橡胶、塑料、制药、树脂、油漆、农药、洗涤剂、炸药、燃料、染料	F、SO_2、H_2S、NH_3、CO、NO_x、Hg、苯等	酸、碱、盐、氰化物、酚、苯、醇、醛、酮、油、氯仿、氯苯、氯乙烯、有机氯农药、有机磷农药、洗涤剂、多氯联苯、Hg、Cd、As 等，硝基化合物，氨基化合物等	无机废渣、有机废渣	BOD 高，COD 高，pH 变化大，含盐量高，毒性强，成分复杂
石油化工	炼油、蒸馏、裂解、催化、合成	石油气、H_2S、SO_2、NO_x、烯、烃、烷、苯、醛、酮、催化剂	油、酚、硫、氰化物	油渣	COD 高，成分复杂，毒性较强，水量大

续表

工业部门	主要工业污染源	主要污染物			废水水质、水量特点
		气态	液态	固态	
纺织印染	棉、毛、丝纺、针织、印染	纤维、染料尘	染料、酸、碱、硫化物、纤维悬浮物、洗涤剂		五颜六色,毒性强,pH变化大
制　革	皮革、皮毛、人造革		硫酸、碱、盐、硫化物、甲酸、醛、有机物、As、Cr、S	纤维废渣	盐量高,BOD、COD高,恶臭,水量大
造　纸	纸浆,造纸		黑液、碱、木质素、悬浮物、硫化物、砷		黑液中木质素含量高,碱性强,恶臭,水量大
食　品	肉、油、乳、水果、水产加工		病原微生物、有机物、油脂	屠宰废物	BOD高,致病菌高,恶臭,水量大
机械制造	铸、锻、金属加工、热处理、喷漆、电镀	铬酸气体、苯	酸、氰化物、镉、铬、镍、铜、锌、油类、氯化钡、苯	金属废屑	重金属含量高,酸性强,分散
电子仪表	电子原料、电讯器材、仪器仪表	少量有害气体	酸、氰化物、汞、镉、铬、镍、铜		重金属含量高,酸性强,水量小
建筑材料	石棉、玻璃、耐火材料、窑业、建筑其他材料	粉尘、石棉、SO_2、CO	石棉、无机悬浮物	炉渣	石棉、悬浮物含量高
采　矿	煤、磷、金属、放射性		酚、硫、煤粉、酸、氟、磷、重金属、放射性		成分复杂,悬浮物含量高
	油、天然气	CO、CH	油		油含量高,事故排放形成灾害

资料来源:王华东等,1984.

(2) 生活污染源

生活污染源主要是生活中各种洗涤水,一般固体物质小于1%,并多为无毒的无机盐类、需氧有机物类、病原微生物类及洗涤剂。生活污水的最大特点是含氮、磷、硫多,细菌含量高,用水量具有季节变化规律。

(3) 农业污染源

农业污染源包括牲畜粪便、农药、化肥等。农村污水具有两个显著特点:一是有机质、植物营养素及病原微生物含量高;二是农药、化肥含量高。

四、水体中的污染物质

造成水体的水质、生物、底质质量恶化的各种物质称为“水体污染物”。随着工业发展，水体中的污染物质不断增加。其中化学性污染物是当代最重要的一大类，种类多、数量大、毒性强，有一些是致癌物质，严重地影响着人体健康。

水体中的污染物，种类虽多，但按物质的属性来划分，一般可归纳为三大类：无机污染物、有机污染物和其他物质(表 4-2)，或者分为化学性污染、物理性污染和生物性污染。

表 4-2　水体中污染物的种类

分　类	特　性	主要标志物
无机污染物	无毒	酸、碱及一般无机盐 植物营养物(N、P 等)
	有毒	重金属(Hg、Cd、Pb、As 等) 氰化物、氟化物、硫化物等
有机污染物	无毒	需氧污染物(碳水化合物、脂肪、蛋白质等)
	有毒	酚类化合物 有机氯农药(DDT、六六六、狄氏剂、艾氏剂等) 石油
其他物质	放射性	放射性元素或同位素(Sr、Cs、U、Pu 等)
	病原微生物	病菌、病毒、寄生虫
	致癌物	芳香烃、芳香胺 亚硝基化合物 有机氯化合物

资料来源：贾振邦，2004.

第二节　水体污染分类

一、化学性污染

污染物质为化学物品而造成的水体污染称为化学性污染。化学性污染根据具体污染物质可分为以下几类。

(1) 无机无毒物质

无机无毒物质主要指排入水体的酸、碱及一般无机盐类和氮、磷等植物营养物质。水体中的酸主要来源于矿山排水及多种工业废水。水体中的碱主要来自碱法造纸、化学纤维、制碱、制革以及炼油等工业废水。酸、碱废水相互中和产生各种盐类，所以酸、碱污染必然伴随着无机盐的污染。天然水体中的矿物质对酸、碱的同化作用而使酸、碱消失的过程，对保护天然水体和缓冲天然水的 pH 变化有重要意义。

酸、碱污染破坏水体的自然缓冲作用,杀死或抑制细菌和微生物的生长,妨碍水体的自净作用,腐蚀管道和船舶。酸、碱污染不仅改变了水体的pH,而且可增加水中的无机盐和硬度。

(2) 无机有毒物质

污染水体的无机有毒物质主要是重金属等有潜在长期影响的物质,主要有汞、镉、铅、砷等元素。

氰化物是剧毒物质。水体中的氰化物主要来自化学、电镀、煤气、炼焦、选矿等工业排放的含氰废水。含氰废水对鱼类和其他水生生物都有很大毒性。

水体中的酚类化合物主要来源于焦化厂、石油化工和塑料等工业排放的含酚废水。另外,粪便和含氮有机物的分解过程也产生少量酚类化合物。

天然水体中的酚类化合物主要是靠生物化学氧化来分解。酚的生物化学氧化经过复杂的阶段,生成一系列中间产物。酚的分解速度决定于酚化合物的结构、起始浓度、微生物状况、水温及曝气条件等一系列因素。

酚污染可严重影响水产品的产量和质量,表现在贝类产量下降、海带腐烂、鱼肉有酚味,浓度高时引起水产品大量死亡。高浓度的含酚废水灌溉农田对农作物有毒害作用,能抑制光合作用和酶的活性,妨碍细胞功能,破坏植物生长素的形成,影响植物对水分的吸收,从而导致植物不能正常生长、产量下降。酚可通过皮肤和胃肠道吸收,急性酚中毒者主要表现为大量出汗、肺水肿、吞咽困难、肝及造血系统损害、黑尿等。长期饮用低浓度含酚的水,能引起记忆力减退、皮疹、呕吐、腹泻、头痛、头晕、失眠、贫血等。五氯酚对实验动物还具有致畸胎作用。

(3) 有机有毒物质

污染水体的有机有毒物质主要是各种有机农药、多环芳烃、芳香烃等。它们大多是人工合成的物质,化学性质很稳定,很难被生物所分解。例如,多氯联苯(polychlorinated biphenyls,简称PCBs)是由一些氯置换苯分子中的氢原子而形成的一类化合物。PCBs主要随工业废水和城市污水进入水体,而后通过食品进入人体。由于其脂溶性强,进入机体后可贮存于各组织器官中,尤其是在脂肪组织中含量最高。一些流行病学调查资料表明,人类接触PCBs可影响机体的生长发育,使免疫功能受损。中毒的主要表现为皮疹、色素沉着、眼睑浮肿、眼分泌物增多及胃肠道症状等,严重者可发生肝损害,出现黄疸、肝昏迷甚至死亡。PCBs可通过胎盘进入胎儿体内,也可通过母乳进入婴儿体内而导致中毒。

(4) 需氧污染物质

生活污水和某些工业废水中所含的碳水化合物、蛋白质、脂肪和酚、醇等有机物质可在微生物的作用下进行分解。在分解过程中需要大量氧气,故称之为需氧污染物质。

(5) 植物营养物质

主要是生活与工业污水中的含氮、磷等植物营养物质以及农田排水中残余的氮和磷。

(6) 油类污染物质

油类污染物质主要指石油对水体的污染，尤其海洋采油和油轮事故污染最甚。

二、物理性污染

(1) 悬浮物质污染

悬浮物质是指水中含有的不溶性物质，包括固体物质和泡沫塑料等。它们是由生活污染、垃圾和采矿、采石、建筑、食品加工、造纸等工业产生的废物泄入水中或农田的水土流失所引起的。悬浮物质影响水体外观，妨碍水中藻类的光合作用，减少氧气的溶入，对水生生物不利。

(2) 热污染

来自各种工业过程的冷却水，若不采取措施，直接排入水体，可能引起水温升高、溶解氧含量降低、水中存在的某些有毒物质的毒性增加等现象，从而危及鱼类等水生生物的生长。

(3) 放射性污染

放射性物质有天然来源和人工来源两类。自然界中的许多元素和同位素都具有天然放射性，一般来讲放射性剂量都很低，对生物没有什么危害。人工放射性物质主要来源于采矿、选矿和精炼厂的废水以及核试验、核反应堆、核电站、核动力船舰的废水。这些放射性污染物主要是释放出 α、β、γ 等射线损害人体组织，并能在人体内蓄积造成长期危害，引起贫血、不育、死胎、恶性肿瘤等各种放射性病症，严重者造成死亡。

三、生物性污染

病原微生物主要来自生活污水和医院废水以及制革、屠宰业的废水。病原微生物又称“病原体”“病原生物”，是能引起疾病的微生物和寄生虫的总称。病原微生物主要有三类：病菌(如痢疾杆菌)；病毒(如流行性感冒病毒)；寄生虫(如疟原虫、蛔虫)。

病原微生物是水体污染中的主要污染物之一，对人来讲，传染病的发病率和死亡率都很高。生物性污染的危害最常见的疾病包括霍乱、伤寒、痢疾、甲肝等肠道传染病及血吸虫病、贾第虫病等寄生虫病。有些海藻能产生毒素，而贝类(蛤、蚶、蚌等)能富集此类毒素，人食用毒化了的贝类后可发生中毒甚至死亡。富营养化湖泊中的优势藻如蓝藻(又称蓝细菌)的某些种也可产生藻类毒素。藻类毒素对人体健康的影响已受到人们的重视。

附录 4-1

关于健康饮用水的标准

简单地说，健康水就是有益于人体健康的饮用水。

世界卫生组织制定的详细的标准，总结归纳以下几条：

1. 不含任何对人体有毒有害及有异味的物质。

2. 水的硬度介于30～200(以碳酸钙计)之间。

3. 人体所需的矿物质含量适中。

4. pH 7.45～8,呈弱碱性。

5. 水中溶解氧不低于每升7毫升及二氧化碳适度。

6. 水分子团的半幅宽小于100赫兹(充满活力的小分子团水)。

7. 水的媒体营养生理功能。

其实通俗地讲主要有以下三点:

第一,干净,卫生,安全,不含任何有害物质。

第二,呈弱碱性,是对人体最有益的。

第三,有活性,即为小分子簇状态,能被人体自然吸收而不给内脏造成负担,解决人体缺水状况。

健康水,是应当符合世界卫生组织制定的详细的七条标准或者至少是人体所需的矿物质含量适中和pH呈弱碱性的饮用水。

附录4-2

我国生活饮用水卫生标准

生活饮用水卫生标准是从保护人群身体健康和保证人类生活质量出发,对饮用水中与人群健康的各种因素(物理、化学和生物),以法律形式作的量值规定,以及为实现量值所作的有关行为规范的规定,经国家有关部门批准,以一定形式发布的法定卫生标准。2006年年底,卫生部会同各有关部门完成了对1985年版《生活饮用水卫生标准》的修订工作,并正式颁布了新版《生活饮用水卫生标准》(GB5749-2006),规定自2007年7月1日起全面实施。

水质常规指标及限值

指　标	限　值
1. 微生物指标[①]	
总大肠菌群(MPN/100mL或CFU/100mL)	不得检出
耐热大肠菌群(MPN/100mL或CFU/100mL)	不得检出
大肠埃希氏菌(MPN/100mL或CFU/100mL)	不得检出
菌落总数(CFU/mL)	100
2. 毒理指标	
砷(mg/L)	0.01
镉(mg/L)	0.005
铬(六价,mg/L)	0.05
铅(mg/L)	0.01
汞(mg/L)	0.001
硒(mg/L)	0.01

续表

指 标	限 值
氰化物(mg/L)	0.05
氟化物(mg/L)	1.0
硝酸盐(以 N 计,mg/L)	10 地下水源限制时为 20
三氯甲烷(mg/L)	0.06
四氯化碳(mg/L)	0.002
溴酸盐(使用臭氧时,mg/L)	0.01
甲醛(使用臭氧时,mg/L)	0.9
亚氯酸盐(使用二氧化氯消毒时,mg/L)	0.7
氯酸盐(使用复合二氧化氯消毒时,mg/L)	0.7
3. 感官性状和一般化学指标	
色度(铂钴色度单位)	15
浑浊度(NTU-散射浊度单位)	1 水源与净水技术条件限制时为 3
臭和味	无异臭、异味
肉眼可见物	无
pH(pH 单位)	不小于 6.5 且不大于 8.5
铝(mg/L)	0.2
铁(mg/L)	0.3
锰(mg/L)	0.1
铜(mg/L)	1.0
锌(mg/L)	1.0
氯化物(mg/L)	250
硫酸盐(mg/L)	250
溶解性总固体(mg/L)	1000
总硬度(以 $CaCO_3$ 计,mg/L)	450
耗氧量(COD_{Mn}法,以 O_2 计,mg/L)	3 水源限制,原水耗氧量>6mg/L 时为 5
挥发酚类(以苯酚计,mg/L)	0.002
阴离子合成洗涤剂(mg/L)	0.3
4. 放射性指标②	指导值
总 α 放射性(Bq/L)	0.5
总 β 放射性(Bq/L)	1

① MPN 表示最可能数;CFU 表示菌落形成单位。当水样检出总大肠菌群时,应进一步检验大肠埃希氏菌或耐热大肠菌群;水样未检出总大肠菌群,不必检验大肠埃希氏菌或耐热大肠菌群。

② 放射性指标超过指导值,应进行核素分析和评价,判定能否饮用。

参考文献

[1] B. G. 罗赞诺夫.环境学原理.李克煌等译.郑州：河南大学出版社,1988.
[2] B. J. 内贝尔.环境科学——世界存在与发展的途径.范淑琴等译.北京：科学出版社,1987.
[3] J. M. 莫兰等.环境科学导论.北京市环境保护局译.北京：海洋出版社,1987.
[4] 陈静生等.环境地球化学.北京：海洋出版社,1990.
[5] 陈瑞生等.河流重金属污染研究.北京：中国环境科学出版社,1987.
[6] 丹尼斯 S·米勒蒂.人为的灾害.谭徐明等译.武汉：湖北人民出版社,2004.
[7] 国家环境保护总局.中国环境状况公报(2003年).中国环境科学出版社,2004.
[8] 刘培桐,陈益秋.环境科学概论.北京：水利出版社,1981.
[9] 刘培桐等.环境学概论.北京：高等教育出版社,1985.
[10] 刘天齐等.环境保护概论.北京：人民教育出版社,1982.
[11] 钱易,唐孝炎.环境保护与可持续发展.北京：高等教育出版社,2000.
[12] 曲格平等.世界环境问题的发展.北京：中国环境科学出版社,1988.
[13] 苏多杰,李诸平.环境科学概论.西宁：青海人民出版社,2001.
[14] 王华东等.水环境污染概论.北京：北京师范大学出版社,1984.
[15] 王岩,陈宜俍.环境科学概论.北京：化学工业出版社,2003.
[16] 王翊亭等.环境学导论.北京：清华大学出版社,1985.
[17] 延军平,黄春长,陈瑛.跨世纪全球环境问题及行为对策.北京：科学出版社,1999.
[18] 叶常明等.水体有机污染的原理、研究方法及应用.北京：海洋出版社,1990.
[19] 朱鲁生.环境科学概论.北京：中国农业出版社,2005.

思考题

1. 水污染的定义和污水的水质指标。
2. 水体主要污染源与主要污染物。
3. 水体污染的分类及特点。
4. 世界卫生组织提出健康饮用水标准。

第五章　环境化学性物质与人体健康

第一节　重金属污染物对人体健康的影响

一、重金属的概念及理化性质

1. 重金属的概念

重金属原义是指比重大于5的金属(一般来讲密度大于4.5克/立方厘米的金属),包括金、银、铜、铁、铅等。对于什么是重金属,其实目前尚没有严格的统一定义,在环境污染方面所说的重金属主要是指汞(水银)、镉、铅、铬及类金属砷等生物毒性显著的重元素。重金属非常难以被生物降解,相反却能在食物链的生物放大作用下,成千百倍地富集,最后进入人体。重金属在人体内能和蛋白质及酶等发生强烈的相互作用,使它们失去活性,也可能在人体的某些器官中累积,造成慢性中毒。

2. 理化性质

密度在4.5克/立方厘米以上的金属,称作重金属。原子序数从23(V)至92(U)的天然金属元素有60种,除其中的6种外,其余54种的密度都大于4.5克/立方厘米,因此从密度的意义上讲,这54种金属都是重金属。但是,在进行元素分类时,其中有的属于稀土金属,有的划归难熔金属。最终在工业上真正划入重金属的为10种金属元素:铜、铅、锌、锡、镍、钴、锑、汞、镉和铋。这10种重金属除了具有金属共性及比重大于5(密度大于4.5克/立方厘米)以外,并无其他特别的共性,各种重金属各有各的性质。

二、汞与人体健康

1. 自然界中的汞

西方自古以来就把汞与金、银、锡、铅、铜、铁等一起列为七大金属。汞是常温下唯一呈液态的金属,炼金术师对汞特别重视,给予像金、银一样高的地位。也就是说按质的优劣可排出下列次序:金→银→汞→锡→铅→铜→铁。同时,还把这些金属与太阳及当时知道的一些行星进行了对比,认为这些行星分别对地上各个相应的金属发生影响:金与太阳、银与月亮、汞与水星、锡与木星、铅与土星、铜与金星、铁与火星搭配成对(表5-1)。

表 5-1 行星符号

符号	中文	全称	缩写	元素	符号	中文	全称	缩写	元素
☉	太阳	Sun	Sun	Au	☽	月亮	Moon	Moon	Ag
☿	水星	Mercury	Merc	Hg	♀	金星	Venus	Venu	Cu
♂	火星	Mars	Mars	Fe	♃	木星	Jupiter	Jupi	Sn
♄	土星	Saturn	Satu	Pb					

东方自古以来就把汞视为炼丹的重要原料。炼丹是我国古代方士的术语,也是道教的法术之一。“丹”即“丹砂”,用炉火烧炼而成丹药。

在西方的希腊神话中,汞被比作双足生翼的男性神墨丘利,而有趣的是在东方的日本,把汞当作各地丹生神社祭神,使用所谓“丹生都比売”的女性形象。

汞在地壳中的总储量达 1600 亿吨,但整个地壳中的汞有 99.98%呈稀疏的分散状态,只有 0.02%富积于可以开采的矿床中。所以,汞是稀有的分散元素,它以微量广泛分布在岩石、土壤、大气、水和生物之中,构成了地球化学循环。

岩石中汞平均含量为 0.08 ppm,各类岩石中以页岩含汞量最高,为 0.4 ppm,花岗岩最低为 0.01 ppm。但有的地区(俄罗斯克里米亚地区)岩石含汞量可达 20 ppm。可以看出,岩石的含汞量变化很大。

存在于岩石中的含汞矿物有 20 种左右,主要有辰砂、黑辰砂、硫汞锑矿和汞黝铜矿。矿石中汞平均含量为 0.5%左右。

土壤中汞主要来源于成土母岩,同时受土壤中胶体成分、有机质含量、土壤形成过程的物理化学条件控制。不同地区和不同类型的土壤含汞量都有一定差异。

大气中汞的本底含量为 1～10 纳克/立方米。但各国文献报道本底值不尽相同。

天然水体中的汞含量是很低的。河水、湖水中含汞量一般不超过 1 ppb。根据近年来 31 个国家所报道的数据,水中汞含量在 0.1 ppb 以下的占 65%,超过 1.0 ppb 的占 15%。

海水中汞含量大多数在 0.01～0.30 ppb 之间。

另外,所有植物都含有微量汞。大多数植物中汞的自然含量为 1～100 ppb。

环境中汞的主要来源是生产汞的厂矿、有色金属的冶炼以及使用汞的部门。

2. 人体中汞的代谢与分布

(1) 汞进入人体的途径

人体吸收汞及其化合物经过三种途径。首先是经消化道,其次是呼吸道以及皮肤吸收。一般有机汞化合物,有 95%以上易被肠道吸收。对于无机汞来说,离子型和金属汞在肠道的吸收均低,其平均率仅为 7%。金属汞主要以汞蒸气经呼吸道吸入人体。汞蒸气经肺泡吸收的量很高,肺泡吸收的汞量占吸入汞量的

75%～80%。

(2) 汞在人体的分布

汞化物侵入人体,被血液吸收后可迅速扩散到全身各器官。人体对汞具有一定的解毒和排毒能力,血液和组织中蛋白质的巯基能与汞迅速结合,并逐渐将汞富集到人体具有解毒功能的肝脏和肾脏,这些脏器在排汞的同时还将汞暂时蓄积起来,随着进入人体汞量的增加,体内蓄积的汞量也增高。在肾脏内蓄积汞量可占体内总量的70%～85%,当重复接触汞后,肾内金属硫蛋白与汞结合耗竭时,就会引起肾脏损害,排汞能力随之降低。

汞进入人体的分布,如为无机离子汞型,肾内汞浓度最高,其次为肝、脾、甲状腺,进入脑则极其困难。如为有机汞,在肝脏累积居首位,肾脏次之,脑组织和睾丸居第三位。吸入汞蒸气时,吸收后在脑组织的蓄积量较多。

人体中汞的蓄积量,主要决定于每日摄取汞量的多少和摄取时间的长短。各国摄取量不尽相同,通常一天摄取5～20微克,其中甲基汞在2微克以下。有报告称,无机汞在人体内的半排期平均为42天,甲基汞为70～74天。为此,日本有人提出最大无作用的体内甲基汞蓄积量应规定为10毫克/50千克体重,并从这点出发暂定甲基汞摄入上限为每星期0.17毫克(按Hg计)甲基汞。

(3) 汞的排泄

人体排泄汞化合物的主要途径是尿和粪便,其量可为排出总量的2/3。此外,唾液、汗腺、乳汁、月经也可少量排出,进入毛发的汞可随毛发脱落离开人体。

无机汞的排出分三期:第一,迅速期,持续数天,排出量为总进入量的35%;第二,中间期,排出总进入量的50%,半排出期为30天;第三,缓慢期,排出总进入量的15%,半排出期为100天。

日本调查了20多个国家运动员发汞含量,得到的平均值为(1.89±1.47) ppm。日本各地调查发汞的平均浓度为(6.02±2.88) ppm,为其他国家水平的3倍。我国绝大多数文献报道正常人发汞上限值在4.0 ppm之内。

3. 汞的毒性

有机汞在人体内的毒性效应与其含的有机基团有很大关系。一般来说,短链的烷基汞衍生物比芳基汞和甲氧乙基汞化合物具有更大的毒性。在人体中芳基汞和甲氧乙基汞都能降解为无机汞,而烷基汞在人体内比无机汞稳定,它在很长时间内保持不变。

自1940年Filase发现汞和蛋白质中的巯基有较强的亲和力以来,多认为汞侵入机体后与巯基结合而形成硫醇盐,使一系列含巯基酶的活性受到抑制,这些酶(如细胞色素氧化酶、琥珀酸氧化酶、琥珀酸脱氢酶、乳酸脱氢酶、葡萄糖脱氢酶、过氧化酶、磷酸甘油醛脱氢酶等)与甲基汞结合就失去了活性,从而破坏了细胞的基本功能和代谢,破坏了肝细胞的解毒作用,中断了肝脏的解毒过程,因而可产生一种毒性更高或有致畸性的中间产物,损害肝脏合成蛋白质的功能或其他功能。另外,甲基汞能使细胞膜的通透性发生改变,从而破坏细胞的离子平衡,抑制营养物质进入细胞内,并引起离子渗出细胞膜,导致细胞坏死。有人用小鼠研究证明,甲基汞比无机汞、芳基汞更易透过胎盘,导致胎儿畸形。

汞及汞化合物的毒性,可受环境因素和其他污染物的影响,使其毒性增加或降低。

此外,有人还研究了汞、铅、镉、铜、锰相互影响的关系。汞-铅、汞-锰的组合有加重毒性的作用,而汞-镉、汞-铜的组合则有降低毒性的作用,其机理尚不清楚。

关于无机汞与有机汞中毒的临床症状,在以前的研究中一向认为是有明显差别的。有机汞中毒时,没有发现无机汞中毒的症状;而无机汞中毒时,也同样没有发现有机汞中毒的症状。但近年来在日本报道了几例与这种见解相反的病例。

例如,在有机汞中毒病例中发现,被认为无机汞中毒独有的震颤和易兴奋症等增多;在无机汞中毒病例中,也发现了有机汞中毒独有的运动失调、发音困难、视野缩小或感觉性神经末梢障碍等症状。

4. 慢性甲基汞中毒

众所周知,汞及其某些化合物具有剧毒性。在古老的东方,由道教等炼丹、修行方士推行的长生不老术的背后,就有过无数受到汞的毒害的事实;而在西方的记载中,早在公元前400年左右的希腊时代,就发生过汞中毒。

最有名的例子是英王查理二世。据传说英王查理二世喜欢化学实验,曾建立过自己的实验室并进行过大量的汞蒸馏实验,他于1685年可能由于慢性汞中毒,死于肾脏障碍。为了核实这个传说,Lenihan等人于1967年对查理二世的遗发作了化验分析,检出头发中含汞量高达54.6 ppm,约为现代人平均浓度的13倍。

1953年,日本熊本县水俣湾的渔村中,发生了一种以特异性神经障碍为主的奇怪疾病。患者的四肢终端有痛麻感觉,接着出现不能握紧东西,不能系或解开纽扣,走路容易绊跤,不能跑,说话变得娇声娇气等。此外,还常见视物不清、耳朵发背、吞咽困难等。就是说,与出现四肢麻痹的同时在其前后有言语、视力、听力、咽下障碍等症状的存在。

最初发生这种奇怪疾病的病例是一名出现手足痉挛、怪声叫喊而死亡的女孩。同时,在患者家中或附近发现了疯猫。到1956年5月,因发生了许多类似上述"猫舞蹈病"和发狂死去的悲惨病人,故由水俣市医师会、保健所、氮肥公司附属医院、水俣市立医院及市政府等五方联合组成了水俣怪病对策委员会。同年8月,根据该委员会的请求,由熊本大学医学部组成了"水俣怪病研究班",正式承担了探讨这种怪病的实际状况和对策的任务。

1964年10月,日本的新潟阿贺野川又发生了第二例水俣病。

水俣病临床表现早期为神经衰弱症候群,病情进一步发展可出现运动失调、吞咽困难、发音困难、中心性视野缩小、听力下降及四肢麻木、疼痛等。

据调查统计，水俣病患者的畸胎发生率较高，除此之外，还出现性欲减退、月经障碍等问题。

1972 年，伊拉克发生的汞中毒事件，使 6530 人住进医院，其中 459 人死亡。这次中毒的主要原因是吃了用含汞农药处理过的大麦、小麦磨成面粉后制成的面包。通过对 13 份大麦、小麦的样品分析，结果有 10 份检出了甲基汞，3 份检出了苯汞。

专栏 5-1

元凶是水银——拿破仑死因新说

法国皇帝拿破仑的死因长期以来是个不解之谜，有死于胃癌之说，也有砒霜中毒之说。英国《星期日电讯报》周刊则提出了拿破仑是水银中毒而死的假设。英国报纸刊登了马什和科尔索经长期研究提出的一份报告，结论是拿破仑死于水银中毒。这份研究报告说，拿破仑死前曾呕吐不止，一个叫阿赫诺特的医生给他开了大剂量的甘汞，甘汞中水银含量很高，导致患者死亡。这两位专家的结论是，这个英国医生的"处方错误"导致了拿破仑中毒死亡。

资料来源：沈孝泉.北京晚报，1998-09-09.

三、镉与人体健康

1. 自然界中的镉

镉在化学元素周期表中与锌、汞同属第二副族（ⅡB），位于锌、汞之间，在化学性质上与锌相近而与汞的性质相差较大。镉是德国哥廷根大学化学和医药学教授斯特罗迈尔（Stromeyer）在 1817 年从略带黄色的白色颜料氧化锌中发现的。

镉在自然界的丰度并不高，是比较稀有的元素，在重金属中，除汞以外，镉是地壳丰度最小的元素之一，在地壳中的平均丰度约为 0.1～0.2 ppm，丰度的次序为第 67 位。

由于镉与锌的化学性质非常相似，所以在自然界总是共生的。闪锌矿中含镉量高达 40%，其他的如红锌矿、菱锌矿等含镉量一般为 0.2%左右。镉矿有硫镉矿（CdS）、方镉矿等。

镉的食品卫生标准为 0.05 毫克/千克（ppm）。

大气中镉的背景浓度很低，在 0.02～1.6 纳克/立方米之间。

天然水中可溶性镉的含量很低，大部分存在于悬浮物和沉积物中。天然水中镉的含量一般为 0.01～3.00 ppb，平均为 0.1 ppb。沉积物中镉含量可达 3 ppm。

海水中镉的浓度为 0.01～9.40 ppb。

土壤中镉含量多依赖于本底岩石的含量，其浓度一般低于 1 ppm，很少超过 2 ppm。

镉在地壳中的平均丰度很低,但由于其应用较广,所以环境中分布较多。镉的用途很广,在塑料、颜料、试剂等生产中,多用镉作原料或催化剂。由于镉具有优良的抗腐蚀性和抗摩擦性能,是生产不锈钢、轴承合金的重要原料。此外,镉在半导体、荧光体、原子反应堆、航空、航海等方面均有广泛的用途。

环境中的镉主要来自采矿、冶炼、燃烧煤、电镀、化工、农药。

2. 镉的毒性

在自然环境中,镉主要以正二价形式存在。最常见的镉化合物有氧化镉(CdO),硫化镉(CdS),碳酸镉($CdCO_3$),氢氧化镉[$Cd(OH)_2$],氯化镉($CdCl_2$),硫酸镉($CdSO_4$),硝酸镉[$Cd(NO_3)_2$]等。其中硝酸镉、氯化镉、硫酸镉都溶于水。

在各种镉化合物中,氧化镉的毒性最大。

人们对镉的毒性的认识经历了相当长的时间。镉不是人体必需元素,镉的毒性作用除干扰铜、锌和钴的代谢外,还直接抑制某些酶系统,特别是需要锌等元素来激活的酶系统。由于镉与巯基、羧基、羟基等结合,其亲和力比锌大,因此体内一些含锌酶中的锌被镉取代就会丧失其固有的功能。支持这一看法的事实是锌或硒可防止或抑制镉的某些毒理作用,如睾丸坏死、致癌作用、高血压作用等。

(1) 肾脏损害

慢性镉中毒会使肾近曲小管的再吸收发生障碍。镉集中在肾小管,使金属硫蛋白耗尽。镉中毒引起的肾功能障碍会出现尿蛋白,尿中含有相对分子质量为1万~3万左右的蛋白,并可伴随出现溶菌酶、β_2-微球蛋白、尿糖等,还可产生泛氨基酸尿、高磷酸尿等。镉中毒会抑制赖氨酸氧化酶的活性,干扰骨胶原的正常代谢,妨碍羟脯氨酸的氧化,因而尿中脯氨酸和羟脯氨酸排泄量增加,这两者的浓度可作为镉中毒的一项重要指标。

慢性镉中毒患者尿中排除的蛋白可达1.0~3.5克/升。此外,磷、钙、尿酸和酸性黏多糖排出增加,尿蛋白中含糖类较多,黏蛋白成分较高。由于尿中钙、磷及黏蛋白的增加,使尿的黏度增大,引起晶体-胶体关系改变,促使肾结石发生率增高。

(2) 骨骼损害

镉中毒除引起肾功能障碍外,长期摄入微量镉,在器官中蓄积后,可能损害骨骼,引起"骨痛病"或骨软化症。特别是妇女,由于妊娠、分娩、哺乳、内分泌失调、衰老、营养不良、钙不足等生理因素,会诱导或促进骨痛病的出现。如钙不足会使肠道对镉的吸收率增高;反之,高钙食物会抑制消化道对镉的吸收。此外,维生素D也会影响镉的吸收。

(3) 肺部损害

急性镉中毒可引起肺水肿、肺气肿。

(4) 心血管损害

有人比较过美国28座城市居民死亡原因与大气中镉浓度的关系,发现镉浓度与心脏退行性疾病呈明显相关，还有人发现死于高血压的患者的肾脏镉含量和镉/锌比值均较其他疾病患者高得多。

（5）睾丸损害

睾丸组织对镉的毒性非常敏感，镉含量为0.15微克/毫克干重时就可发生病变。

（6）致畸、致癌作用

镉是一种被高度怀疑的致癌物，有人认为可引起前列腺癌，还有人报告在支气管癌患者的血液和组织中镉的含量均较高。

国外有人研究从医院取得因大量摄取镉而致流产的死胎，将其肋骨和脊椎骨中的镉进行了定量分析，其结果肋骨镉为0～31.5微克/毫克，脊椎骨镉为0～24.4微克/毫克，比成年人正常值大10倍（6例成年人样品镉含量为0.03～0.95微克/毫克，以上均为湿重），说明镉含量高可能是造成死胎和儿童发育缺陷的原因。

（7）其他

有人报告慢性镉中毒的首发症状是贫血，甚至在没有蛋白尿和尿镉正常情况下也可见到。此外，镉还能抑制活性维生素 D_3 的氧传递，并使血液铜蓝蛋白活性降低及血清铁贮量减少。

3. 镉的代谢

（1）吸收

镉可经消化道、呼吸道及皮肤吸收。肠道对镉吸收情况，视镉在食物中呈何种化合物存在而异，一般肠道吸收率为1%～6%，同时也可受消化道存在的其他物质影响，例如食用高钙饮食后，镉在肠道吸收率低，从粪便的排泄率增高，维生素D亦可影响镉的吸收。

空气中微小颗粒的镉是通过呼吸道吸入的，镉在肺内的滞留率为11%。

镉经不同途径进入人体（吸收量）的比例是：食物占51.4%，饮水占1.3%，空气占1.0%，香烟占46.3%。另外，Bewen曾推算70千克体重的成人每天进食0.75千克（干重）食物时，镉正常摄入量为0.06毫克。

据报道，多数国家每人每天平均摄入镉量为30～60微克，其中从食物中获得18～50微克，从水中获得1.0～10微克，从空气中获得0.02～1.0微克。

（2）分布

镉在体内蓄积量随年龄而增加，新生儿体内镉为痕迹量，成年人体内镉含量为20～30毫克，但到50岁以后就减少了，有人认为这是由于镉的摄取量减少和肾组织老化原因所致。

正常人血液中镉浓度很低，每100毫升血中约有1微克左右。大部分在红细胞中，血清中只有1%～7%。红细胞中的镉一部分与血红蛋白结合，一部分与低相对分子质量的金属硫蛋白结合。血液中的镉在所有的脏器分布，大部分进入肾脏和肝脏。

(3) 排出

主要从粪便排出,从尿排出极微量,正常人尿镉一般低于2微克/升。镉的生物半排出期特别长,为16～33年。

4. 慢性镉中毒

慢性镉中毒即"痛痛病",是首先发生在日本富山县神通川流域的一种奇怪的不常见的慢性病,因为病人患病后全身非常疼痛,终日喊痛不止,因而取名"痛痛病",也叫骨痛病。

根据流行病学资料,该病在日本大正年代[①]即已开始出现,长期被认为是原因不明的特殊地方病。直到第二次世界大战后,发病人数增加。战后15年中,当地有200个病例,其中半数已经死亡。至于病因,当时是完全不清楚的,因此在居民中引起相当的不安。

1946年8月,长泽氏对上宫村中居民进行了普查,报告了44例。1955年,河野、狄野在报告中称之为"痛痛病",以后又以"妇中町熊野地区的奇病——痛痛病"为题公开发表于1955年8月4日的富山日报。1957年狄野等人提出矿毒学说,认为可能是与其上游的矿山废水中铅、锌、镉有关。1960年证实病因是镉中毒。通过十几年的流行病学、临床、病理以及动物实验等方面深入细致地研究,排除了各种假说,于1968年证实并指出"痛痛病"是由镉引起的慢性中毒。

该病有明显的地区性,以神通川为中心,特别是熊野川、井田川的三角地带多发。神通川上游锌矿冶炼排出的含镉废水污染了神通川,通过河水灌溉农田,使镉进入稻田土壤,而被水稻吸收,病患长期食用这种含镉米,并直接饮用含镉的水而得病。

该病以50～60岁绝经期妇女、经产妇多见,男性病例少。"痛痛病"患者的主要症状为疼痛。开始时为腰、背、双肩、膝关节疼痛,以后遍及全身各部位,痛的性质为刺痛,安静时缓解,活动后加剧,患者极易在轻微外伤情况下,发生多发性病理骨折,从而引起骨骼变形,身躯显著缩短,重症患者身长比健康时缩短20～30厘米。由于长期卧床、日夜叫喊、呼吸受限、睡眠不安、营养不良,最后发生肌肉萎缩和其他并发症死亡。

本病可分为潜伏期、疼痛期、骨骼变形期和骨折期。潜伏期一般2～8年,疼痛期疼痛逐渐明显,牙齿上出现黄色"镉环",尿中常含有蛋白并伴有肾功能障碍、骨萎缩和骨软化等。

---

① 大正是日本大正天皇在位期间使用的年号,时间为1912年7月30日—1926年12月24日。这个年号过去曾四次被选为候补,于明治改元时被采用。

专栏 5-2

只生女，不生男的奥秘

现代科学已经证明，胎儿的性别是由父亲的精子决定的。

人体正常的细胞，在细胞核里都有 23 对(46 个)染色体。其中 22 对(44 个)是常染色体，与性别无关；只有一对性染色体，是决定性别的物质。性染色体分为 X 染色体和 Y 染色体两种。男子细胞中的一对性染色体，有一个是 X 染色体，另一个是 Y 染色体，即 XY 型；女子细胞中的一对性染色体两个都是 X 染色体，即 XX 型。

精子和卵子形成时，必须经过减数分裂，分裂后每个细胞内染色体减半只有 23 个。每个卵子带一个 X 染色体；精子带一个 X 或带一个 Y 染色体，可能性各占一半。带 Y 染色体的精子和卵子结合，受精卵所带的性染色体则成为 XY，便是男胎。一次射精，精子可达几亿之多，是带 X 还是带 Y 染色体的某一个精子与卵子结合，完全是偶然的。

人体内镉含量增加，会使男性精子的成熟和活动能力大大下降。比较起来，含有 X 染色体的精子抵抗能力比 Y 染色体强一些，因此，生存率要比含 Y 染色体的精子高，这样带 X 的精子与卵子结合的机会就多，故此，只生女，不生男。

四、铅与人体健康

1. 铅的历史

铅是古代就知道的七大金属之一。公元前 500 年，波斯的神话认为金属的诞生是由于神圣的原始生命死亡，这种原始生命的头部产生铅、血生成锡、骨髓生成银、骨骼生成铜、肉生成铁、灵魂生成金。以后，到了炼金术时代，与占星术有关的七种金属中，金和银是不会变质的完美的金属，它们分别与太阳和月亮联系在一起，而其余的五种不完美的金属分别与五个行星相关联(见“汞与人体健康”)。

当时认为，地上的金属和其他许多物质一样，受天界存在的神及其发散物的影响而发生转变，其目标是黄金，按照铁→铜→铅→锡→汞→银→金这样的周期，在地下经过长年累月的时间而完成的。

从使用的角度来看，铅化合物从古代就有所应用，现在还存有罗马时代的遗物中用金属铅制作的水管和酒类贮藏容器。据说，在那个时代希波克拉底(古希腊医师，西方医学的奠基人)已有关于铅的毒害性记载。至 18 世纪初，在被称为劳动卫生鼻祖的意大利人拉马奇尼(B. Ramazzini)的著作《工人的疾病——1700 年》中，记载着陶瓷工人和画师铅中毒的很多案例。

我国很早就发现、生产和使用铅。我国最早的铅钱是五代后梁贞明二年(916)闽王王审知所铸“开元通宝”小钱。其后，南汉乾亨二年(918)铸“乾亨重宝”。清咸丰四年(1854)曾铸造大小铅钱。可见，铅在我国文化发展史上起着重要作用。根据《尚书·禹贡篇》记载,商朝以前,山东青州已生产铅。所有历史记载都证明我国古代铅的生产水平已经相当高。

铅以工业规模生产是19世纪才开始的。19世纪中叶,炼铅工业获得重大发展。当前铅在有色金属生产中占第四位。最近几年来,铅的产量平均每年增长2%左右。全世界每年使用铅约400万吨,其中40%用于制造蓄电池,20%以烷基铅的形式加入汽油中作防爆剂,12%用于建筑材料,6%用于电缆外套,5%用于制造弹药,17%作其他用途。

2. 自然界中的铅

在地壳中铅是含量最多的重金属元素,在自然界中分布很广,平均含量为16ppm。各类岩石中含铅量有一定差异,以花岗岩、片岩、页岩含铅量较高。

铅最主要的矿物是方铅矿(PbS),受变质作用后,则产生白铅矿($PbCO_3$)、硫酸铅矿($PbSO_4$)、磷氯铅矿[$Pb_5(PO_4 \cdot AsO_4)_3Cl$]、砷铅矿[$Pb_5(AsO_4 \cdot PO_4)_3Cl$]。

铅的无机化合物有PbO、PbO_2、$Pb(OH)_2$等,大多数的铅盐都难溶或不溶于水,但都溶于稀硝酸。

铅的有机化合物有四乙基铅,它不溶于水,但溶于有机溶剂、脂肪中。

环境中的铅通常以二价离子状态存在。

世界土壤含铅量大部分为2~200 ppm,平均含铅量为20 ppm。不同母岩发育的土壤含铅量有一定的差异。

根据C. Patterson的理论推算,大气中铅的天然含量为0.0005微克/立方米。但Caldwell指出,大气中的铅为0.01~1.0微克/立方米。

淡水中含铅量为0.06~120 ppb,中值为3 ppb;

海水中含铅量为0.03~13 ppb,中值为0.1 ppb。

植物中的自然含铅量变化很大,大多数植物含铅量在0.2~3.0 ppm。

大气中的污染源,主要是汽车废气。汽油中通常加入抗爆剂四乙基铅,据检测每升汽油中含铅量为200~500毫克,若以汽车每小时行驶60千米,每15千米消耗2.6升汽油计算,每秒钟可排出0.6~1.5毫克铅。

煤燃烧产生的工业废气也是大气铅污染的一个重要来源。煤炭燃烧后灰分占20%,其中约1/3灰分进入大气中形成飘尘,这些飘尘含铅量为100 ppm。

油漆涂料也是环境铅污染的来源。这些涂料在建筑物上经日晒雨淋沉降到地面,从而对靠近地面空气含铅量有一定的影响。这种来源的铅量可达0.02微克/立方米。

含铅水管的使用也造成铅污染。弱酸性的水能将含铅金属水管中的铅缓缓地溶解下来。

3. 铅的毒性

(1) 影响铅毒性的因素

① 铅化合物在体液中的溶解度。醋酸铅、硝酸铅易溶于水,易被吸收,毒性

大；硫化铅不易溶于水，故毒性较小；易溶于水又易溶于酸性溶液中的铅化合物毒性更大，无论吸入或食入均可引起中毒。

② 铅化合物颗粒的大小。颗粒越小，在空气中越易扩散，沉降的速度越慢，悬浮在空气中的时间越长，因此被呼吸道吸入的机会也就越多。铅白尘粒为 1 微米、氧化铅为 2～3 微米，硅酸铅为 20 微米，前二者较易吸收，故发生中毒的可能性也较大。

③ 铅化合物存在的状态。干燥粉尘比潮湿粉尘易污染空气，而铅蒸气比铅尘更严重。

④ 铅的存在形式。四乙基铅较无机铅的毒性更大。四乙基铅是一种强烈的神经毒物，主要侵犯脑视丘下部，因此中毒时出现交感和副交感神经系统的明显障碍，并因大脑皮质病理性功能亢进而出现精神症状。

此外，还与铅的浓度、接触时间长短等因素有关。

(2) 铅中毒机理

① 铅是作用于全身各个系统和器官的毒物，根据近年来研究证明，铅可与组成体内蛋白质和酶的氨基酸的某些官能团(如巯基)结合，干扰机体许多生化和生理活动。

② 目前认为卟啉代谢紊乱，是铅中毒主要和较早的变化。卟啉是血红蛋白合成过程的中间产物，而血红蛋白合成过程要受体内一系列酶的作用，当机体受到铅毒作用后，该合成过程中的一些酶便受到抑制。

③ 中枢神经系统机能状态，在铅中毒病程中起着主导作用。早期可使皮层兴奋和抑制过程发生紊乱或发生皮层—内脏调节障碍。晚期可发生器质性脑病和周围神经麻痹。

④ 铅中毒时，肌肉内磷酸肌酸再合成过程受累，铅麻痹的发生可能与此有关。

⑤ 铅绞痛时，肠管阶段性痉挛或麻痹，有人认为与平滑肌痉挛有关。

⑥ 铅中毒可致血管痉挛。患者面色苍白，即所谓“铅容”，是皮肤血管收缩所致。铅中毒性脑病是一种高血压脑病，也是由于脑血管痉挛、脑贫血和脑水肿所致。

⑦ 铅的代谢与钙相平行。食入高钙饮食，可使血铅沉积在骨骼内，从而减轻了症状。相反，当食物中缺钙时，血钙降低，或因过劳、感染、发热、饮酒、饥饿、外伤等原因，也可使大量的骨铅随骨钙转移到血液中，由于血铅浓度升高，引起铅绞痛等症状发作，甚至有些患过铅中毒的工人，即便在脱离铅作业若干年后，仍可引起中毒症状的再现。

四乙基铅中毒时，四乙基铅能在肝细胞的微粒体中转化为三乙基铅，三乙基铅的毒性比四乙基铅大 100 倍。四乙基铅可使小鼠发生肺癌。

4. 铅的代谢

(1) 吸收

① 消化道。在日常生活中，通过食物、饮水和吸烟可摄入少量的铅，每日约

0.1～0.6毫克。在工业生产中，由于铅污染手和食物，也可被带进消化道。进入消化道的铅只有1/10被吸收，约10～60微克，吸收后铅由肠道进入门脉循环，一部分由胆汁排到肠内随粪便排出，一部分进入体循环。

② 呼吸道。细小的铅尘和铅烟主要通过呼吸道侵入。由于呼吸道含有CO_2，遇水呈碳酸易促进铅的溶解和吸收，并借助肺泡的弥散和吞噬细胞的作用，使铅迅速被吸收入血流。假如大气中的含铅量为1～3微克/立方米，每日呼吸10立方米空气，从肺部吸入量按50%的吸收沉降率计算，约为5～15微克。因此通过消化道和呼吸道人体每日共吸收15～75微克铅，平均为45微克。

③ 皮肤。铅及其无机化合物一般不经皮肤侵入，但铅的有机化合物如四乙基铅，可经皮肤吸收。

(2) 分布

进入血液中的铅形成可溶性磷酸氢铅($PbHPO_4$)或甘油磷酸铅，96%迅速与红细胞结合，只有4%在血浆内，其中大部分与蛋白质结合，血中的铅由血浆清除。血循环中的铅迅速被组织吸收，分布于肝、肾、脾、肺、脑中，其中以肝、肾浓度最高。铅在体内分布的情况很重要，因为它是脏器发生中毒的定位因素。铅在这些部位停留的时间并不长，这时尿和粪中铅排出量最多。在几周后离开软组织转移到骨骼，形成不易溶解的磷酸铅[$Pb_3(PO_4)_2$]沉积下来。骨铅不活泼，可长期存留在骨骼内不产生有害作用。

铅在人体内，在吸收—蓄积—排出之间维持着动态平衡。在正常情况下，接触一定量的铅后，若进入量和排出量平衡时并不产生危害。若进入量大于排出量，虽铅吸收的量多了，相应尿铅排出量亦增高了，但无任何中毒症状出现，此种情况称作铅吸收。若铅吸收量过多，不但血液而且软组织中铅浓度均增高到一定程度时，就会产生毒性作用。不过吸收到体内的铅存积到骨骼内形成不溶性磷酸铅，反而减少了铅的毒性。因此，血铅和骨铅之间的移动与铅中毒症状的消涨有关(见图5-1)。

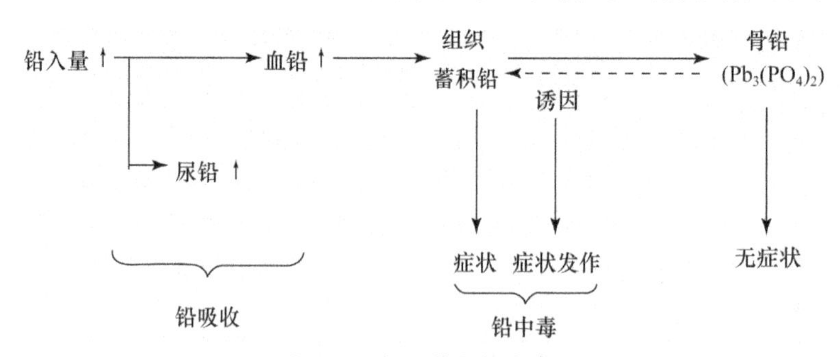

图5-1 铅吸收和铅中毒

(3) 排出

被吸收的铅主要经肾脏排出，小部分随粪便、唾液、乳汁和月经等排出，少量铅也可随毛发脱落离开人体。尿铅在一定程度上反映铅吸收的情况，在诊断上有参考价值。血液内的铅可通过胎盘进入胎儿。乳汁内的铅亦可影响乳儿。正常人每日由粪便排出的铅约为0.02～0.03克。正常人每日尿铅排出量为0.02～0.08毫克/升。

5. 慢性铅中毒

铅是自古以来就为人们所利用的金属之一，同时，它的毒性也是自古以来就为人们所熟悉的。在日本众所周知的铅中毒事例是演员铅中毒。自江户时代末期以来，演员常用铅白作为白粉。其后，制作白粉时禁止使用铅，而作为职业病的铅中毒，在矿业、颜料和蓄电池制造等行业中仍然可以见到。

(1) 症状

因大量摄入铅而引起的急性铅中毒表现为腹绞痛、贫血、神经病或脑疾病等，但是引起人们忧虑的不是职业病，而是污染问题，事例之一就是美国发生的儿童脑症。美国发生的儿童脑症，可能是由于美国盛行用含有铅的白油漆涂料粉刷室内，所以时间一长，这种涂料脱落便容易被孩子们食入体内。

(2) 危害

① 对幼儿大脑的损害。幼儿大脑受铅的损害，要比成人敏感得多。越来越多的报道表明，平时接触环境中的铅，特别是大气中的铅，对儿童的智力发育和行为产生不良影响。此外，铅还能透过母体胎盘，侵入胎儿体内，特别是侵入胎儿的脑组织内，危害胎儿健康。

② 对心血管和肾脏的损害。表现为细小动脉硬化，可能是铅作用于血管壁引起细小动脉痉挛的结果。铅中毒者往往伴有视网膜小动脉痉挛和高血压。急性中毒时出现肾小动脉硬化及痉挛，肾血流量少，发生明显中毒性肾病。

③ 对消化系统的损害。铅对肝脏的损害程度，与接触铅量的多少、时间长短以及中毒的途径有关。铅中毒导致的肝脏损害多见于铅经消化道吸收的中毒者。可引起肝肿大、黄疸，甚至肝硬化或肝坏死。铅中毒时肝脏的损害，除了铅直接损伤肝细胞外，也可能是肝内小动脉痉挛引起局部缺血所致。铅引起小动脉痉挛是由于引起卟啉代谢障碍，抑制含巯基酶，干扰植物神经。

④ 对生殖的影响。铅中毒对男女双方生殖功能都有危害，铅对卵细胞和精细胞遗传具有损伤作用。铅可引起死胎和流产。

⑤ 高浓度的铅可致癌。

专栏 5-3

贝多芬可能死于铅中毒

美国研究人员宣布，导致著名作曲家贝多芬长年饱受疾病困扰的原因是铅中毒，而且这很可能是使他早逝的原因之一。

美国芝加哥健康研究所的科学家用4年的时间研究了贝多芬的头发，发现其头发中的铅含量是健康人的100多倍。贝多芬于1827年去世，时年57岁，此前他曾因为自己患有多种疾病而拜访过多位名医，症状包括消化不良、慢性腹痛、精神沮丧、脾气暴躁、脱发等。研究人员认为,这些都是铅中毒的症状。研究人员估计,贝多芬生前饮用的矿泉水和经常洗浴的水中可能含有过量的铅。

曾有很多人认为梅毒是贝多芬早逝的主要原因。这项研究否定了这个看法。如果贝多芬真的患梅毒,那么他的头发内应该有大量的汞成分,因为在当年,汞被视作治疗梅毒最有效的物质,但研究人员的实验未发现其头发里有超出正常值的汞。

对贝多芬死因的揭秘,引起了许多人对铅中毒问题的关注。

铅是一种古老的毒物,也是地壳中存在的最为广泛的元素之一。在我们赖以生存的环境中,铅无处不在。动力汽油中常含有添加剂四乙基铅,它通过汽车废气排放到空气中。在日常生活中,用铅壶或含铅的锡壶烫酒饮酒、滥用含有铅的偏方治疗慢性病(癫痫、哮喘、牛皮癣等)、儿童啃咬涂有含铅油漆的玩具或家具等,均可引起铅中毒。

全世界每年铅的产量达890万吨,而铅的使用量远远大于这个数学,因为有1/3左右的铅被再利用。我国是生产和消费铅的大国,年产铅70多万吨,大约总产量的一半以上以不同形式污染环境,特别是乡镇企业造成的铅污染呈上升趋势。我国2~8岁儿童膳食中铅摄入量已经超过世界卫生组织规定的每日允许摄入量(ADI)。

1997—1999年对我国部分城市的调查表明,血铅超过干预水平(100 ppm)的儿童,比例已达38.8%,在工业污染区这个比例甚至超过50%。长期接触低浓度的重金属铅及其化合物极大地危害儿童的身体健康,可导致儿童神经系统发育障碍、生长发育迟缓、智商下降。

一般口服2~3克铅便可引起中毒,口服50克就会导致死亡。

当怀疑铅中毒时,可以通过检测尿铅和血铅含量来确诊。

发生急性铅中毒时,首先要清除毒物,经消化道急性中毒者,立即用1%的硫酸镁或硫酸钠溶液洗胃,防止对铅的大量吸收,并喝些牛奶、蛋清以保护胃黏膜。其次,用依地酸钙钠($CaNa_2$-EDTA)驱铅。

慢性铅中毒时,应注意适当休息,合理补充维生素。铅作业工人发生铅中毒后应脱离铅作业,必要时给予驱铅治疗。

患有贫血、神经系统器质性疾病、肝肾疾病的人及妊娠和哺乳期妇女应禁止从事铅作业。

值得注意的是,环境因素中的铅对人体健康尤其是对儿童的智力发育造成的影响不可低估,预防铅中毒,除了避免接触含铅物质之外,加强个人卫生习惯也很重要。

资料来源:环球时报,2000-10-27.

五、锌与人体健康

1. 概述

锌是比较活泼的金属元素，在自然界中，锌并不以金属形态存在，而是以它的稳定化合物形式存在。中国早在 7 世纪就已经用熔炼法制备了金属锌。更早可以追溯到公元前 1500 年，古埃及人应用炉甘石（一种碱式碳酸锌和氧化锌的矿石）制剂治疗皮炎、湿疹等局部炎症。

锌是人体必需的微量元素。与其他生命微量元素一样，人们对锌的认识经过了一个漫长的过程。研究锌在生物体系中的作用，大致经历了三个阶段：

① 主要是营养学上的研究（锌是动植物不可缺少的元素）；

② 主要是生物化学的研究（不同物种中发现含锌蛋白）；

③ 主要涉及人类和其他脊椎动物（锌失衡引起各种病症及其临床应用）。

从 20 世纪 50 年代起，我国就有人开始用锌盐治疗表皮溃病的研究，但大规模的展开工作是在 80 年代，主要集中在锌的营养学研究，包括动物、植物、食物中锌的测定，儿童发锌、血清锌与营养状态、智力发展的关系。同时，在某些地区开展了大面积人群体内锌的普查以及缺锌地区流行病学的调查研究，并开展了补锌药物的研究。

2. 自然界中的锌

生物体所需的锌是从环境中摄取的。环境中的锌来自两个方面：一是自然界中锌以岩石圈为出发点，经水圈、土壤圈、大气圈、生物圈进行循环；二是人类在对锌的开采、利用过程中，向环境排放的锌。生物体与自然界进行锌交换的重要场所是土壤、大气和水圈。

锌是自然界中分布较广的金属，主要以硫化锌和氧化锌状态存在。在地壳岩石圈中锌的平均含量为 70 ppm。各类岩石中的含锌量变化范围较大。

锌与很多元素如铅、铜、镉的矿物共生。含锌矿有硫化矿和氧化矿两种：硫化矿有闪锌矿 ZnS、磁闪锌矿 $ZnS \cdot FeS$，在氧化矿中锌多呈菱锌矿 $ZnCO_3$、红锌矿 ZnO、异极矿 $Zn_4[(OH)_2Si_2O_7] \cdot H_2O$。

此外，还有硫化锌与其他金属氧化物起反应而形成锌尖晶石 $ZnAl_2O_4$ 以及锌铁尖晶石 $(Zn \cdot Mn)Fe_2O_4$ 等。氧化物一般是次生的，它是在硫化矿床上部由于长期风化结果而产生的。在自然界中普遍存在的还是硫化矿，因而目前炼锌的主要原料也是硫化矿。

土壤中的锌主要来自岩石风化，同时也来自大气及生物体的代谢或尸体分解。普通土壤锌的含量在 10～300 ppm，平均值 50 ppm。土壤含锌量变化很大，其极限范围从痕量到 1000 ppm。

大气中含锌量较低，南极地区大气中含锌量为 0.3 纳克/立方米（0.0003 ppt），海洋表面大气含锌 16 纳克/立方米（0.016 ppt）。

水中的锌主要来自岩石风化,土壤淋溶,水土流失,大气降水及动、植物体的分解。

海水中锌浓度为10 ppb,海水中锌的分布是深层比表层高得多,表层海水为10 ppb,3000米深处约为600 ppb。在近海区,由于人类活动的结果,锌浓度通常较远海水高2~3倍。

锌在植物体内自然含量为1~160 ppm。在农作物中,以豆科作物、谷类作物含锌量较高。在蔬菜中,以块茎、块根菜类作物含锌量较高,果菜类含锌量低。

大气中锌的来源主要是焙烧硫化矿物、熔锌、冶炼等工业。其他如橡胶轮胎的磨损以及煤的燃烧,也是大气锌污染的原因。

汽车轮胎(含锌1.5%,一年一个轮胎放出45克锌,每行驶100万千米(即1吉米,$G=10^9$),放出1.2千克锌)和燃料(含锌30~1500 ppm)所放出的锌量占大气中锌的22%~23%;家庭和工业燃烧燃料油时所放出的锌量在大气中占0.3%;煤(含锌50~60 ppm)放出的占3%;其他废物焚烧放出量占18%。

3. 人体中锌的代谢与分布

锌是人体及许多动物的必需元素之一。人体内含锌的酶有200余种,已经证明,锌可参与核酸和蛋白质的代谢过程。在纤维细胞增殖及胶原合成过程中,锌也起主要作用。成年人体内约含锌2~3克,含锌最高的组织是眼球色素层和前列腺,眼球的视觉部位含锌量高达4%,人和动物的精液中含锌量为0.2%,骨骼66 ppm,肌肉48 ppm,肾脏48 ppm,肝脏27 ppm,心脏、甲状腺、膀胱、睾丸、脾脏、卵巢、肺、脑约在20 ppm以下。血液中的锌浓度:全血中为8.6~9.0 ppm,血浆为1.0~1.4 ppm,红血球为11.7~17.0 ppm。新生儿和成年人头发中的含锌量为125~250 ppm,指甲中为150 ppm。

人类主要从食物中摄取锌。由食物中摄取锌的总量,美国为5~22毫克/天,日本为11~17毫克/天。根据1973年世界卫生组织推荐的标准,锌的正常需求量是成人每天2.2毫克,孕妇2.5~3.0毫克,乳母5.45毫克。但一般膳食中锌的利用率约10%,因此,每日三餐中锌的供应量应分别为22毫克,25~30毫克,54.5毫克。少年儿童每日不少于28毫克。动物性食品含锌较高而易于吸收,如猪、牛、羊肉及海产品中含锌20~60 ppm,粮谷类含15~40 ppm,但谷类经研磨后含锌量明显减少。叶菜和水果含锌量少,大多数少于4 ppm。植物性食品中锌的利用率比动物性食品低,因为谷类和多数蔬菜中都含有植酸,它与锌结合后影响了锌的吸收。

粪便是锌的主要排泄途径。它包括由胰腺、胆汁分泌的锌及不能被吸收的锌。锌由尿中排出很少,正常成人每天从尿中排出0.5毫克,在肾炎、肝硬化时,尿锌排出量显著增加。从汗腺中排出锌为0.5毫克/天,但在暑天可从汗腺中排出3毫克/天。

4. 锌缺乏症

锌是生物所必需的。进入20世纪以来,人们又发现锌对于植物和动物也是必需的。确定人类也存在着锌缺乏症，则约在进入 20 世纪 60 年代以后。

研究已经证明，人体缺锌会引起许多疾病。如侏儒症、糖尿病、高血压、生殖器官及第二性征发育不全、男性不育及女性不孕等疾病。

过去认为缺锌症少见，但近年来的观察表明，缺锌症多在以谷类为主食的居民中流行。1961 年首先在伊朗发现缺锌病例。1963 年埃及报告了因缺锌而导致矮小病。1972 年发现美国爱荷华州中等以上收入家庭的青少年中有 8%患缺锌症。此后在意大利、非洲和东南亚国家中也相继发现缺锌症。1982 年，在我国新疆伽师等地也发现缺锌综合征。近年来，发现印度儿童低血清锌相当常见。

下列情况会引起缺锌：患慢性肝脏疾患时，由于锌从尿路排出增多导致缺锌；恶性肿瘤、糖尿病、肾脏疾病，均引起锌从尿路过多失去而缺锌；蛋白尿患者尿中锌排出增多；高热地区或高温作业人员大量出汗失去过多的锌；长期使用利尿剂促使锌从尿路中流失；慢性吸收不良、手术或烧伤之后、酒精中毒都是引起锌缺乏的条件。

锌缺乏可影响生殖生长的发育，发育中的儿童缺锌时临床表现很明显，其特征是发育停滞、食欲减退。青年男性性机能不全及味觉和嗅觉的丧失；青年女性在青春期无月经，妊娠易生畸胎，受哺婴儿生长停滞。成人患锌缺乏症时，主要临床表现是食欲减退、味觉和嗅觉丧失、睾丸萎缩、性功能减退、引起不育症，妇女则有继发闭经等。锌的缺乏可引起先天畸形。目前所发现的缺锌症患者都具有典型的侏儒症，这主要是缺锌影响脑、心、胰、甲状腺的正常发育所致。

此外，缺锌还可引起智力缺陷和神经机能异常，造成智力低下，学习能力下降，条件反射不易形成。还有人指出，妊娠时母体缺锌可发生胎儿神经系统畸形；精神分裂患者几乎全部是低血清锌；先天性梅毒、癫痫患者脑中锌都很低。

高血压是常见的慢性病之一。人体肾脏内镉与锌之间含量比与高血压的发生有关。根据从世界各地 400 多人的肾脏分析结果得出结论：在锌镉比低时，高血压发病率高。这是因为人体缺锌时，镉取代锌显著，镉干扰着某些锌参与酶系统而产生高血压病。相反，人体中的锌对镉的毒性也有抑制作用，锌与镉竞争，对抗镉的毒性，因此，锌有减轻镉对人体毒害的作用。

外科手术病人缺锌时，可见到皮肤异常，显示出伤口愈合延迟。1966 年 Strain 等发现锌有促进创伤愈合的作用，已知锌对于 DNA 聚合酶是必要的，因此，胃溃疡、烧伤、褥疮、外伤等患者服用锌盐是有益的。用适量的锌盐治疗顽固的溃疡病可获得明显的效果。血清锌低的风湿性关节炎病人，口服硫酸锌，关节的肿痛、僵硬度、握力、步行时间等均较对照组明显好转。

诊断缺锌主要靠综合性特征，如持续性血清锌、尿锌、发锌含量降低，嗅觉、味觉减退，生长发育停滞等。实际上，对很多慢性病人都应考虑有无缺锌问题。

摄入过量的锌亦有不利的影响。据资料介绍，当饮用水中锌浓度为 30.8 毫克/升(ppm)时，曾发生恶心和昏迷的病例。另据报道，饮水中锌浓度达 10～20 毫克/升时,有致癌作用。

为此,中国规定饮用水的含锌量不得超过1毫克/升(ppm),地面水中锌的最高容许浓度为1.0毫克/升(ppm)。摄入含有过量锌的食物和饮料会引起锌中毒,曾报道过大量意外服用锌引起的中毒事故,例如用镀锌铁器盛苹果汁,曾一次使200人发病,经化验发现这种苹果汁含锌达15000 ppm。还有一次集体中毒事件中,因饮用贮存于白铁皮容器的混合甜饮料,51人中有44人发病,此饮料含锌3675 ppm。

食入氧化锌腐蚀剂的毒性更为严重。可出现胃痛、胸骨后疼痛、流涎、唇肿胀、喉头水肿、呕吐、剧烈腹痛、便血、脉率增快、血压下降,可导致肠道坏死和引起溃疡,严重者由于胃穿孔引起腹膜炎、休克而死亡。

吸收大量氧化锌烟尘后,可引起锌中毒,产生金属烟雾热。这是一种类似疟疾的、可以自行缓解的发热病。关于发病的原理,最近认为是由于体内核粒细胞吞噬烟粒后,释放出内生性致热原,刺激体温调节中枢,使机体产生发热反应。其具体表现是起病时全身无力、头痛、咽喉发干、口内有金属味、胸部有压迫感;有时还伴有恶心、呕吐、腹痛、肌肉酸痛、咳嗽、气短等症状。吸收氧化锌烟尘后,还会引起严重的呼吸道刺激症状,继发严重的支气管炎、呼吸困难、缺氧和面皮青紫,可并发成肺炎。

专栏 5-4

锌在性活动中的作用

锌是微量元素的一种,在人体内的含量以及每天所需摄入量都很少,但对机体的性发育、性功能、生殖细胞的生成却能起到举足轻重的作用,故有“生命的火花”与“婚姻和谐素”之称。

人体的睾丸、前列腺、精液当中,都含有高浓度的锌。当人体内锌的含量缺乏时,性功能会因此而低下,合成睾丸素酶发生紊乱,男子将会引起阳痿和脸上生长痤疮。锌对激发精子活动有着特殊的作用,缺锌会造成精子活动力的下降。长期处于缺锌状态而未能及时补充,可出现精子数量明显减少、睾丸萎缩,最后导致不育。

研究人员发现,精子的成熟、运输及在女性生殖道内移动和获能等漫长的受精前过程中,锌对于维持这种生理状态起着重要作用。精子在射精过程中吸收精浆中的锌,与细胞核染色质的巯基结合,以免使得染色质过早解聚,从而有利于受精。锌还可以延缓精子膜的脂质氧化,起到维持细胞膜结构的稳定性和通透性的作用,使精子保持良好的活动性。

另外,睾丸的间质细胞合成睾丸酮过程需要有许多酶参加,当体内缺锌时可引起这些酶的性质和功能的改变,使得睾丸间质细胞合成和分泌睾丸酮量的减少等。

六、砷与人体健康

1. 砷的历史

自古以来，人们一直把砷和砷的化合物列为毒物，特别是砒霜(As_2O_3)，早在两千多年前就有砒霜中毒的记载。在人们的心目中，常把砒霜与毒物等同看待，东西方一提起毒药就意味着是砷。尽管如此，历史上砷及其化合物也曾被用作医疗药物。

在东方，砷化合物的特性与汞化合物同样受到重视，常用以作为所谓丹药的成分。据《神农本草经》(公元550年，梁代陶弘景著)中记载，食用雄黄(AsS)可以轻身、成仙；久服雌黄(As_2S_3)亦有轻身、增寿、延年之功效。

居住在奥地利和瑞士山区的人也曾服用砷化合物以增强体力、耐力和食欲。

20世纪初，有机砷试剂首先被合成，并证实它能治疗锥虫病。随后，砷药剂已扩展到千种以上。在不同的年代，砷药剂曾被用作治疗神经病、风湿病、气喘、疟疾、结核病、糖尿病、皮肤病等。由于砷能拮抗硒的毒性，也曾用以治疗动物的硒中毒。目前，由于砷化合物的毒性，上述药物已逐渐由一些更有效的药物所代替。而砷化合物除了少量仍作药物应用外，通常是用作杀虫剂、除莠剂和杀菌剂。

很早以前，人们曾企图证明砷是一种必需的微量元素，但没有成功。1938年有人发现，当大鼠每天服用2微克砷时，对大鼠的生长没有影响。随后，又有人发现，当大鼠和小鼠服用少量的砷时，能使它们生长发育正常，而且促进它们的皮肤和毛发更显健康。1975—1976年，有人提出砷可能是必需的微量元素，并通过实验证实了缺砷对动物的影响。因此，砷及其化合物的研究已超越其毒理学范围，扩展到生物化学、营养学和生理学等各个领域。

从1971年起，哈尔滨医科大学第一临床医学院便开始对民间用于治疗淋巴结核及恶性肿瘤的中药砒霜进行发掘，后又经上海血液学研究所对这一药物做了机理研究。科研人员发现，亚砷酸对癌细胞有诱导分化作用，能抑制癌细胞生长，促使其凋亡，也就是说让癌细胞“自杀”。实验证明，亚砷酸注射液不仅对急性白血病有效，而且对淋巴瘤、肝癌、肺癌等也有效。有专家预测，它可能是一种潜在的广谱抗癌药物。

目前，砷在工业生产方面应用甚广，多年来无机砷化合物如As_2O_3、$NaAsO_2$、$Pb_3(AsO_4)_2$、$CaHAsO_4$和巴黎绿用作杀虫剂、除莠剂、杀菌剂、杀藻剂和干燥剂。此外，砷还可以用作肥料脱硫剂、木材防腐剂、玻璃工业上脱除硫的净化剂、氧化还原剂和脱色剂，皮革工业用As_2O_3作脱毛剂，化学工业用砷及其化合物制造染料、涂料、农药等。铅砷合金用作蓄电池使用寿命一般能增加20%～30%。把亚砷酸还原成高纯度(99.9999%)砷，除可用作半导体材料外，还可用作电子仪器材料(例如GaAs)。品位高的雄黄(AsS)，配上火药，可用作信号弹和用于烟火制造工业。有机甲砷酸可用作除莠剂。砷的有机化合物还用来制造医药品。

2. 自然界中的砷

地壳中砷的平均含量为2 ppm。

含砷量最多,分布最广的矿石是硫砷铁矿(FeAsS),还有雄黄(AsS)、雌黄(As_2S_3)等。它们多伴生于铜、铅、锌等的硫化矿物中和黄铜矿、方铅矿、闪锌矿一起出产。

土壤中含砷量一般约为6 ppm。

大气中砷的自然含量为1.5~53纳克/立方米。

淡水自然含砷量0.2~230 ppb,平均1.0 ppb。

海水中含砷量在0.5~10 ppb之间,平均值为3.5 ppb。

3. 砷的毒性

关于砷氧化物的毒性,《本草纲目启蒙》(小野兰山,1803)中有如下记载:"日本称之为砒石(信石)或誉石(砒霜)者,产自长州长登石州银山,非自然生,是在炼铜矿时,自矿山析出的毒气凝固而成。开始烧制矿石时,上边覆盖着蒲草,火烧旺时,蒲草也燃烧成黑灰,观察此黑灰,灰中有块,呈红色,有臭味,冷却后变为数种颜色。据云,可杀死鼠或蝇,……若投入河中,则鱼虫尽死,其毒可知……"

提起砒霜,人们都有一种恐惧感。砒霜是砷的化合物,学名三氧化二砷(As_2O_3),有剧烈的毒性,无怪乎古代炼金术士以毒蛇作为砷的标志。

其实,砷比蛇毒更毒。1900年,在英国曼彻斯特曾发生历史上较大的砷中毒事件:一家啤酒厂在发酵中误用了含砷的葡萄糖,啤酒成了毒鸩,结果700名饮用者中毒,近100人不幸死亡。据医学文献记载,砷的中毒剂量为0.02~0.05克,致死剂量为0.06~0.20克。它还可引起中毒性肝炎,严重的砷中毒者会因呼吸和血液循环衰竭而死亡。然而,令人不可思议的是,19世纪英国女子的美容秘方竟是吃少量砒霜,它能使少女容光焕发,铤而走险的结果是早亡。

砷不是金属,但其毒性及某些性质类似重金属。单质砷因不溶于水,进入体内几乎不被吸收就排出,所以无害;有机砷除砷化氢衍生物外,一般毒性也较弱;三价砷离子对细胞毒性最强,五价砷离子毒性较弱,当吸入五价砷离子后,只有在体内被还原成三价砷离子,才能发挥其毒性作用。砷的化合物如砒霜(As_2O_3)、三氯化砷($AsCl_3$)、亚砷酸(H_3AsO_3)、砷化氢(AsH_3)都有剧毒。

砷及其化合物对体内酶蛋白的巯基具有特殊的亲和力,特别与丙酮酸氧化酶的巯基结合,成为丙酮酸氧化酶与砷的复合物,使酶失去活性,影响细胞正常代谢,导致细胞的死亡。代谢障碍首先危害神经细胞,可引起神经衰弱症候群和多发性神经炎等。砷进入血液循环后直接作用于毛细血管壁,使其通透性增强,麻痹毛细血管,造成组织营养障碍,产生急性和慢性中毒。

据文献报道,砷与氰化物呈协同作用,砷与硒呈拮抗作用。

4. 砷的分布与代谢

在正常情况下,人每天从食物、水、空气中摄取砷的总量不超过0.1毫克,而每天从粪便、尿、汗腺和乳汁中排出的总量也将近0.1毫克，因此不会引起中毒。但当机体的摄入量超过排出量时，就可能引起不同程度的危害。

砷可从消化道和呼吸道进入体内，无论是三价砷，还是五价砷，均可被胃肠道和肺脏所吸收，并散布于身体的组织和体液内。砷还可经皮肤吸收，对儿童甚至可致命。

砷进入人体后，蓄积于肝、肾、脾、皮肤、指甲及毛发等处。在指甲和毛发内蓄积的时间最长、量也最大，可超过肝脏蓄积量50倍。体内砷主要经肾脏和肠道排出，小部分经胆汁、汗腺、乳汁排出，砷排出较缓慢，故可长期蓄积在体内。

正常人毛发、尿液、指甲和血液中的含砷量随地区而不同，且受各种因素影响（个体之间、饮食、测定方法等）。

5. 慢性砷中毒

由于长期持续摄入低剂量的砷化物，经过十几年甚至几十年的体内蓄积才发病。主要表现为末梢神经炎症状，早期有蚁走感；四肢对称性向心性感觉障碍；四肢疼痛，甚至行动困难；肌肉萎缩；头发变脆易脱落；皮肤色素高度沉着，呈弥漫的灰黑色或深褐色斑点，逐渐融合成大片；手掌、脚趾皮肤高度角化、赘生物增生、皲裂、溃疡经久不愈，可以转成皮肤癌，并可能死于并发症。

砷的多发性神经炎，需与其他原因引起的多发性神经炎进行鉴别。砷中毒性多发性神经炎进展较快，并伴有明显的疼痛，有较早累及上肢及颅神经等特点；砷中毒引起的多发性神经炎以运动神经改变最为明显，最先侵犯神经，严重可发展为腕下垂和足下垂。总之，由于砷潜伏期长，排泄缓慢，在体内有明显的蓄积性。因此，慢性砷中毒是值得重视的。

慢性砷中毒也伴随着致畸、致突变作用。国外报道用大剂量的砷酸盐和亚砷酸盐对大鼠进行致畸实验已发现有致畸作用，五价砷表现出致畸性，三价砷引起胚胎死亡。但在人群中尚未见有致畸作用的报道。

还有报道用砷制剂治疗过皮肤的人，其细胞染色体有畸变，而对照组则没有。

砷的致癌性主要包括三方面：职业性接触致癌，环境砷污染致癌，医源性砷中毒致癌。

专栏5-5

砷中毒事件

2004年12月15日，世界卫生组织官员公布，全球至少有5000多万人口正面临着地方性砷中毒的威胁，其中，大多数为亚洲国家，而中国正是受砷中毒危害最为严重的国家之一。

砷中毒事件早就有了。1900年英国曼彻斯特因啤酒中添加含砷的糖，造成700人中毒和近100人死亡。

1955—1956年,日本森永奶粉公司,因使用含砷中和剂,发生奶粉中毒事件。奶粉含三氧化二砷达25～28 ppm,引起12 100多人中毒,130人因脑麻痹而死亡。典型的慢性砷中毒在日本宫崎县吕久砷矿附近,因土壤中含砷量高达300～838毫克/千克,致使该地区小学生慢性中毒。

孟加拉国的砷污染更是被世界卫生组织称为“历史上一国人口遭遇到的最大的群体中毒事件”。由于20世纪70年代一次灾难性运动的误导,出现了数百万个以低科技挖掘的“管状深井”的水井。孟加拉国有3500万至7700万的人口已经逐渐受到砷污染的水的侵害。据孟加拉国政府估计,大约有3000万人饮用含砷量超过50微克/升的水源。但是,如果按世界卫生组织推荐的10/升的临时标准计算,则这一数据将超过7000万。

在湖南省常德市石门县鹤山村,1956年国家建矿开始用土法人工烧制雄磺炼制砒霜,直到2011年企业关闭,砒灰漫天飞扬,矿渣直接流入河里,以致土壤砷超标19倍,水含砷量标准上千倍。鹤山村全村700多人中,有近一半的人都是砷中毒患者,因砷中毒致癌死亡的已有157人。

2006年12月28日,西昌市安宁镇东山村发生的急性砷中毒事件。经检测的51口水井,其中11口砷含量超标。检测尿砷292人,超标79人,31人入院治疗。此次砷中毒事件的发生是由于铜冶炼企业排放超标工业废水污染村民饮用的井水,导致村民群体发病。

2008年10月初,广西河池市金城江区东江镇加辽社区下伦屯和江叶屯村的数名村民被检查出砷超标。之后,被查出砷超标的人数一度达到450人,有的超标100多倍。且4人确诊为轻度砷中毒,另外还有55人有待排除是否为“轻度”。原因是金海冶金化工公司的污水直接排放到池塘中,而该村一直喝的是地下水,由于渗漏的原因,多年前就有人得过病。如此大规模的集体中毒还是第一次。

2013年9月21日,贵州省黔南布依族苗族自治州三都水族自治县王家寨,因持续干旱,原水源量不足。村民先后两次用抽水泵从一个废弃矿洞中取水贮存到自来水塔用于补充村民饮用水,群众误食后引发砷中毒事件。通过对村民逐户排查,发现该寨在干旱期间,共有344人饮用过该水源。据对有自述症状的76例村民尿样送检,共有8例诊断为亚急性砷中毒,无危重病例。

2013年10月,黄石经济技术开发区大王镇上街村部分村民出现身体乏力、头晕等不适症状检查。筛查共采集尿样11 906份,检出尿砷超标118人。累计住院894人,其中住院治疗458人,入院观察436人。原因是6家涉事民企长期超标排放污染物、违法处置危险废物、擅自扩大生产规模等违法生产经营行为引起的。

第二节　农药对人体健康的影响

一、农药的定义与分类

自第二次世界大战以来,化学农药在确保农业生产和保护人类健康方面起到了巨大的作用。

农药的巨大效益是无可怀疑的,但是,随着农药的大量使用,也引起了一些不良后果。20 世纪 60 年代,人们认识到了 DDT 等有机氯农药不仅对害虫有杀伤作用,同时对害虫的天敌及传粉昆虫等益鸟、益虫也有杀伤作用,因而打乱了生物界的相互制约和相互依赖的相对平衡,引起新害虫的猖獗。另外,长期使用同类型农药,使害虫产生抗药性,也增加了防治药量和防治次数,大大增加了防治经费。除上述不良后果外,还存在一个更为重要的问题,即农药污染问题,对人体健康和生物界产生直接或间接的危害。

农药在广义上指农业上使用的药剂,通常包括杀虫剂、杀菌剂和除草剂等,同时还包括农业使用的化肥等其他化学品。狭义上指防治危害植物及农林产品的昆虫、病菌、杂草、蜱螨和鼠类等的药剂,用以调节植物生长的药剂以及使这些药剂效力增强的辅助剂和增效剂等。

随着科技的进步和生产的不断发展,人工合成的农药品种日益增多。目前,全世界约有农药 1200 余种,在市售的约 500 种农药中,农业上常用的有 250 种左右,其中包括 100 种杀虫剂、50 种除草剂、50 种杀菌剂、20 种杀线虫剂和 30 种其他化合物。

防治病、虫、杂草等的化学物质大都由工厂制备,也有极少数天然存在于植物体中或从微生物中培育而得。前者如常用的 DDT、六六六、乐果、敌百虫等,通称为化学农药;后者如除虫菊酯、鱼藤酮等,通称为植物性农药。此外,如春雷霉素、井冈霉素等,通称生物性农药。

病、虫、杂草等有害生物,不论在形态、行为、生理代谢等方面均有很大差异。因此,农药的防治对象也有所不同。根据农药的主要防治对象,农药可分为:杀虫剂、杀螨剂、杀菌剂、杀线虫剂、除莠剂、灭鼠剂、灭软体动物剂、植物生长调节剂和其他药剂等。

按照农药的作用方式可分为:胃毒剂、触杀剂、熏蒸剂、内吸剂等。

按农药化学组成成分可分为:有机氯农药、有机磷农药、有机汞农药、有机砷农药和氨基甲酸酯农药,以及苯酰胺农药和苯氧羧酸类农药等。

主要使用的农药品种列于表 5-2。

表 5-2 主要使用的农药品种

农药类型	亚类	农药品种
杀虫剂	有机磷	敌百虫、敌敌畏、对硫磷、甲基对硫磷、磷胺、乐果、氧乐果、久效磷、辛硫磷、毒死蜱、杀虫畏、二嗪磷、甲基毒死蜱、甲胺磷、乙酰甲胺磷、马拉硫磷、杀螟硫磷、伏杀硫磷、稻丰散、喹硫磷、速灭磷、甲基异硫磷、苯胺磷、地虫磷、二溴磷、倍硫磷、内吸磷、嘧啶氧磷、马拉氧磷、亚胺硫磷、哒嗪硫磷等
	有机氯	六六六、DDT、毒杀芬、林丹、氯丹等
	氨基甲酸酯	涕灭威、速灭威、混灭威、异丙威、甲萘威、克百威、灭多威、残杀威、仲丁威、抗蚜威等
	拟除虫菊酯	溴氰菊酯、氰戊菊酯、氯氰菊酯、溴氟菊酯、胺菊酯、氯菊酯、戊菊酯、甲醚菊酯、氟氯氰菊酯、炔戊菊酯等
	沙蚕毒素类	杀虫双、杀虫单、杀螟丹、杀虫环等
	其他	苏云金杆菌、烟碱、鱼藤酮、除虫脲、煤油等
杀菌剂	有机磷	稻瘟净、克瘟散、异稻瘟净、乙磷铝等
	有机氮	多菌灵、三环唑、三唑酮、敌菌丹、叶枯净等
	有机硫	代森锰锌、代森胺、福美双、代森锌、福美锌等
	有机砷	退菌特、福美胂、福美甲胂、月桂胂、甲胂酸钙等
	杂环类	苯菌灵、萎锈灵、十三吗啉、稻瘟灵、异菌脲、腐霉利、敌菌丹、多菌灵、敌枯双、灭菌丹、拌种灵等
	取代苯类	百菌清、五氯硝基苯、敌克松、硫菌灵、甲基硫菌灵、邻酰胺、二硝散、敌锈钠、苯甲酸钠等
	铜类	8-羟基喹啉铜、波尔多液、氧化亚铜、氢氧化铜、碱式碳酸铜、硫酸铜、多宁、蓝盾铜、丰护安等
	其他	硫黄、石硫合剂、链霉素、土霉素、春日霉素、井冈霉素、田安等
杀螨剂	有机氯	三氯杀螨醇、三氯杀螨砜、螨卵酯、杀螨特等
	其他	克螨特、溴螨酯、单甲脒、双甲脒等
除草剂	苯氧羧酸类	2,4-D、2,4-丁酯、2甲4氯、吡氟禾草灵、2,4-滴胺盐、2,4-滴异丁酯、2,4,5-T、禾草灵、喹禾灵等
	二苯醚类	除草醚、乙氧氟草醚、草枯醚、三氟硝草醚等
	三氮苯类	莠去津、西玛津、氰草津、扑草津、环嗪酮、特丁津等
	脲类	绿麦隆、利谷隆、敌草隆、异丙隆等
	氨基甲酸酯	杀草丹、燕麦灵、甜菜宁、草达灭、野燕畏等
	酰胺类	甲草胺、乙草胺、丙草胺、丁草胺、敌稗等
	磺酰脲类	氯磺隆、甲磺隆、苯磺隆、噻磺隆、嘧磺隆、吡嘧磺隆、胺苯磺隆、苄嘧磺隆、烟嘧磺隆等
	其他	稗草稀、草甘膦、茅草枯、氟乐灵、百草枯、恶草酮等
植物生长调节剂		乙烯利、多效唑、三十烷醇、矮壮素、调节膦、萘乙酸、赤霉素、比久、增产灵、抑芽丹、复硝钠等
杀鼠剂		磷化锌、溴敌隆、杀鼠灵、安妥、敌鼠、鼠得克等
杀线虫剂		线虫磷、威百亩、杀线酯
杀软体动物剂		贝螺杀、蜗牛敌、蜗螺杀等

资料来源：林玉锁,2003.

二、农药环境污染分类与特点

1. 污染分类

农药污染，是指农药使用后残存于生物体、农副产品及环境中的微量农药原体、有毒代谢产物、降解产物及杂质超过农药的最高残留限制而形成的污染现象。残留的农药对生物的毒性称为农药残毒，而保留在土壤中则可能形成对土壤、大气及地下水的污染。

各类农药并非都有残留毒性问题，同一类型不同品种的农药对环境的危害也不一样。农药的不同加工形式对农药在作物表面上的铺展和覆盖能力，对喷出的药液(或药粉)能否稳定地黏着在作物表面上，以及对农药能否穿透植物表面角质层又不致很快散失等都会产生影响，从而使农药对作物污染的程度产生差异。此外，农药的不同剂型在土壤中流失、渗漏和吸附的物理性质并不相同，因而它们在土壤中的残留能力也有差异。

农药污染主要是有机氯农药污染、有机磷农药污染和有机氮农药污染。人从环境中摄入农药主要是通过饮食。植物性食品中含有农药的原因，一是药剂的直接沾污，二是作物从周围环境中吸收药剂。动物性食品中含有农药是动物通过食物链或直接从水体中摄入的。环境中农药的残留浓度一般是很低的，但通过食物链和生物浓缩可使生物体内的农药浓度提高至几千倍，甚至几万倍(见农药污染对健康的影响)。

(1) 土壤污染

由于农药的大量、大面积使用，不当滥用，以及农药的不可降解性，已对地球造成严重的污染，并由此威胁着人类的安全。

1962—1971 年，在越南战争中，美国向越南喷洒了 6434 升落叶剂——2,4-D(2,4-二氯苯氧基乙酸)和 2,4,5-T(2,4,5-三氯苯氧基乙酸)。在 2,4-D 和 2,4,5-T 中还含有剧毒的副产物二噁英类化合物，其结果是造成大批越南人患肝癌、孕妇流产和新生儿畸形。这证明了有机氯农药有严重的毒害作用。此后，美国和其他西方国家便陆续禁止在本国使用有机氯农药，中国也在 1983 年禁止有机氯农药的生产和使用。

据统计，中国每年农药使用面积达 1.8 亿公顷，20 世纪 50 年代以来使用的六六六达到 400 万吨、DDT50 多万吨，受污染的农田 1330 万公顷。农田耕作层中六六六、DDT 的残留量分别为 0.72 ppm 和 0.42 ppm；土壤中累积的 DDT 总量约为 8 万吨。粮食中有机氯的检出率为 100%，小麦中六六六含量超标率为 95%。

20 世纪 80 年代禁止生产和使用有机氯农药后，代之以有机磷、氨基甲酸酯类农药，但其中一些品种比有机氯的毒性大 10 倍甚至 100 倍，农药对环境的排毒系数比 1983 年还高，而且，这些农药虽然低残留，但有一部分与土壤形成结合残留物，虽然可暂时避免分解或矿化，但一旦由于微生物或土壤动物活动而释放，将产生难以估计的祸害。

(2) 环境污染

由于农药的施用通常采用喷雾的方式,农药中的有机溶剂和部分农药飘浮在空气中,污染大气;农田被雨水冲刷,农药进入江河,进而污染海洋。这样,农药就由气流和水流带到世界各地,残留土壤中的农药则可通过渗透作用到达地层深处,从而污染地下水。

据世界卫生组织报道,伦敦上空1吨空气中约含10微克DDT,雨水中含DDT~400微克/立方米(ppt),全世界生产了约1500万吨DDT,其中约100万吨仍残留在海水中。中国南方某省1994—1998年,渔业水域受污染面积达45万多公顷,污染事故800多起。水域中的农药通过浮游植物—浮游动物—小鱼—大鱼的食物链传递、浓缩,最终到达人类,在人体中累积。

(3) 生态破坏

农药的不当滥用,导致害虫、病菌的抗药性。据统计,世界上产生抗药性的害虫从1991年的15种增加到目前的800多种,中国也至少有50多种害虫产生抗药性。抗药性的产生造成用药量的增加,乐果、敌敌畏等常用农药的稀释浓度已由常规的1/1000提高到1/400~1/500,某些菊酯类农药稀释倍数也由3000~5000倍提高到1000倍左右。

20世纪80年代初,中国各地防治棉田的棉铃虫和棉蚜只需用除虫菊类杀虫剂防治2~3次,每次用药量450毫升/公顷,就可以全生长季控制虫害。到了90年代,棉蚜对这类杀虫剂的抗药性已超过1万倍,防治已无效果;棉铃虫也对其产生几百倍到上千倍的抗药性,防治8~10次,甚至超过20次、每次用750毫升/公顷,防治效果仍大大低于20世纪80年代初。

大量和高浓度使用杀虫剂、杀菌剂的同时,杀伤了许多害虫的天敌,破坏了自然界的生态平衡,使过去未构成严重危害的病虫害大量发生,如红蜘蛛、介壳虫、叶蝉及各种土传病害。此外,农药也可以直接造成害虫迅速繁殖,20世纪80年代后期,湖北使用甲胺磷、三唑磷治稻飞虱,结果刺激稻飞虱产卵量增加50%以上,用药7~10天即引起稻飞虱再猖獗。这种使用农药的恶性循环,不仅使防治成本增高、效益降低,更严重的是造成人畜中毒事故增加。

长期大量使用化学农药不仅误杀了害虫的天敌,还杀伤了对人类无害的昆虫,影响了以昆虫为食的鸟、鱼、蛙等生物;在农药生产、施用量较大的地区,鸟、兽、鱼、蚕等非靶生物伤亡事件也时有发生。世界野生动物基金会1998年发表报告说,若以1970年地球生物指数为100,则1995年已下降到68,在短短的25年中,地球上32%的生物被灭绝。在此期间,海洋生物指数下降30%。

2. 污染特点

根据农药环境污染事故发生的原因、规模以及受害程度等,我国农药环境污染事故有以下几个特点:

(1) 突发性

多数农药环境污染事故都是人们意想不到而突然发生的。如农药生产厂家在生产过程中发生爆炸或事故泄漏，农药在运输过程中的泄漏（翻车、沉船、破损等），农药生产、使用时的中毒事件，贮存不当或被误食等。

(2) 地域不确定性

农药环境污染事故可在生产、贮运以及使用等各个环节发生，其发生的地域具有随机性，人们事先无法确定事故发生的地点，即具有地域不确定性。

(3) 危害严重性

农药环境污染事故一旦发生，其后果不堪设想，有的可能是无法挽回的。如农药生产或误食事故导致人员伤亡、生态环境破坏、农药对地下水的污染，其危害难以消除甚至无法恢复等。

三、环境污染事故

环境污染事故是指由于违反环境保护法规的经济、社会活动与行为，以及意外因素的影响或不可抗拒的自然灾害等原因使环境受到污染，国家重点保护的野生动植物、自然保护区受到破坏，人体健康受到危害，社会经济与人民财产受到损失，造成不良社会影响的突发性事件。环境污染事故可致人员急性病变死亡，能引起人群慢性病变；还具有引发恶性肿瘤或染色体遗传变异致癌、致畸胎、致突变的远期危害，危害子孙后代。

突发性环境污染事故是在瞬间或短时间内大量排放污染物质，对环境造成严重污染和破坏，给人民的生命和国家财产造成重大损失的恶性事故。它不同于一般的环境污染，具有发生突然、扩散迅速、危害严重及污染物不明等特点。突发性环境污染事故包括核污染事故、剧毒农药和有毒化学品泄漏及扩散污染事故等。

四、突发性环境污染事故类型

根据污染物的性质及发生方式，突发性环境污染事故可分为以下七类。

① 有毒有害物质污染事故。指在生产、生活过程中因生产、使用、贮存、运输、排放不当导致有毒有害化学品泄漏或非正常排放所引发的污染事故。

② 毒气污染事故。实际是有毒有害物质污染事故的一种，由于毒气污染事故最常见，所以另列，主要有毒有害气体包括一氧化碳、硫化氢、氯气、氨气等。

③ 爆炸事故。指易燃、易爆物质所引起的爆炸、火灾事故。

④ 农药污染事故。指剧毒农药在生产、贮存、运输过程中，因意外、使用不当所引起的泄漏所导致的污染事故。

⑤ 放射性污染事故。指生产、使用、贮存、运输放射性物质过程中，因意外或不当而造成核辐射危害的污染事故。

⑥ 油污染事故。指原油、燃料油以及各种油制品在生产、贮存、运输和使用过程中，因意外或不当而造成泄漏的污染事故。

⑦ 废水非正常排放污染事故。指因不当或事故使大量高浓度水突然排入地表水体,致使水质突然恶化而形成的污染事故。

突发性环境污染事故包括:重点流域、敏感水域水环境污染事故;重点城市光化学烟雾污染事故;危险化学品、废弃化学品污染事故;海上石油勘探开发溢油事故;突发船舶污染事故等。辐射环境污染事故包括放射性同位素、放射源、辐射装置、放射性废物辐射污染事故。

五、特别重大突发环境事件

凡符合下列情形之一的,为特别重大突发环境事件:

① 因环境污染直接导致30人以上死亡或100人以上中毒或重伤的;

② 因环境污染疏散、转移人员5万人以上的;

③ 因环境污染造成直接经济损失1亿元以上的;

④ 因环境污染造成区域生态功能丧失或该区域国家重点保护物种灭绝的;

⑤ 因环境污染造成设区的市级以上城市集中式饮用水水源地取水中断的;

⑥ Ⅰ、Ⅱ类放射源丢失、被盗、失控并造成大范围严重辐射污染后果的;放射性同位素和射线装置失控导致3人以上急性死亡的;放射性物质泄漏,造成大范围辐射污染后果的;

⑦ 造成重大跨国境影响的境内突发环境事件。

六、重大突发环境事件

凡符合下列情形之一的,为重大突发环境事件:

① 因环境污染直接导致10人以上30人以下死亡或50人以上100人以下中毒或重伤的;

② 因环境污染疏散、转移人员1万人以上5万人以下的;

③ 因环境污染造成直接经济损失2000万元以上1亿元以下的;

④ 因环境污染造成区域生态功能部分丧失或该区域国家重点保护野生动植物种群大批死亡的;

⑤ 因环境污染造成县级城市集中式饮用水水源地取水中断的;

⑥ Ⅰ、Ⅱ类放射源丢失、被盗的;放射性同位素和射线装置失控导致3人以下急性死亡或者10人以上急性重度放射病、局部器官残疾的;放射性物质泄漏,造成较大范围辐射污染后果的;

⑦ 造成跨省级行政区域影响的突发环境事件。

七、较大突发环境事件

凡符合下列情形之一的,为较大突发环境事件:

① 因环境污染直接导致3人以上10人以下死亡或10人以上50人以下中毒

或重伤的；

② 因环境污染疏散、转移人员 5000 人以上 1 万人以下的；

③ 因环境污染造成直接经济损失 500 万元以上 2000 万元以下的；

④ 因环境污染造成国家重点保护的动植物物种受到破坏的；

⑤ 因环境污染造成乡镇集中式饮用水水源地取水中断的；

⑥ Ⅲ类放射源丢失、被盗的；放射性同位素和射线装置失控导致 10 人以下急性重度放射病、局部器官残疾的；放射性物质泄漏，造成小范围辐射污染后果的；

⑦ 造成跨设区的市级行政区域影响的突发环境事件。

八、一般突发环境事件

凡符合下列情形之一的，为一般突发环境事件：

① 因环境污染直接导致 3 人以下死亡或 10 人以下中毒或重伤的；

② 因环境污染疏散、转移人员 5000 人以下的；

③ 因环境污染造成直接经济损失 500 万元以下的；

④ 因环境污染造成跨县级行政区域纠纷，引起一般性群体影响的；

⑤ Ⅳ、Ⅴ类放射源丢失、被盗的；放射性同位素和射线装置失控导致人员受到超过年剂量限值的照射的；放射性物质泄漏，造成厂区内或设施内局部辐射污染后果的；铀矿冶、伴生矿超标排放，造成环境辐射污染后果的；

⑥ 对环境造成一定影响，尚未达到较大突发环境事件级别的。

上述分级标准有关数量的表述中，“以上”含本数，“以下”不含本数。

专栏 5-6

放射源分类

参照国际原子能机构的有关规定，按照放射源对人体健康和环境的潜在危害程度，从高到低将放射源分为Ⅰ、Ⅱ、Ⅲ、Ⅳ、Ⅴ类。

Ⅰ类放射源为极高危险源。没有防护情况下，接触这类放射源几分钟到 1 小时就可致人死亡。

Ⅱ类放射源为高危险源。没有防护情况下，接触这类放射源几小时至几天可致人死亡。

Ⅲ类放射源为危险源。没有防护情况下，接触这类放射源几小时就可对人造成永久性损伤，接触几天至几周也可致人死亡。

Ⅳ类放射源为低危险源。基本不会对人造成永久性损伤，但对长时间、近距离接触这些放射源的人可能造成可恢复的临时性损伤。

Ⅴ类放射源为极低危险源。不会对人造成永久性损伤。

主要是根据活度来分的，一种核素，活度不一样，分类也不一样，可参考《放射性同位素与射线装置安全和防护条例》国务院第 449 号令常见放射源分类简表。

九、农业环境污染事故等级划分规范

1. 范围

本标准规定了农业环境污染事故等级划分的术语、定义及要求。

本标准适用于种植、养殖环境污染事故。

2. 术语和定义

下列术语和定义适用于本标准。

农业环境污染事故：由于人为或不可抗力的原因，排放物质或能量，对农业生物、农用土壤、农用水体、农区大气造成突发性或累积性污染，导致农业生产损失或生态破坏的事故。

3. 要求

3.1 等级划分原则

根据危害程度和损失大小，农业环境污染事故分为特大、严重、较大和一般4个等级。畜禽及水产品损失以直接经济损失核定结果划分等级。

3.2 等级划分

3.2.1 特大事故。凡符合下列情形之一者，为特大农业环境污染事故：

—因污染造成直接经济损失在1000万元(含)以上的；

—造成3人(含)以上死亡或10人(含)以上中毒的；

—造成333.3 hm^2(5000亩)(含)以上农田危害的。

3.2.2 重大事故。凡符合下列情形之一者，为重大农业环境污染事故

—因污染造成直接经济损失在100万元(含)以上1000万元以下的；

—造成1人(含)以上3人以下死亡或5人(含)以上10人以下中毒的

—造成66.7 hm^2(1000亩)(含)以上333.3 hm^2(5000亩)以下农田危害的。

3.2.3 较大事故。凡符合下列情形之一者，为较大农业环境污染事故：

—因污染造成直接经济损失在10万元(含)以上100万元以下的；

—造成1人(含)以上5人以下中毒的；

—造成6.7 hm^2(100亩)(含)以上66.7 hm^2(1000亩)以下农田危害的。

3.2.4 一般事故。凡符合下列情形之一者，为一般农业环境污染事故：

—因污染造成直接经济损失在10万元以下的；

—造成6.7 hm^2(100亩)以下农田危害的。

十、农药对人体的中毒危害

1. 农药中毒分类

通常在农药的生产、加工、分装、运输、贮存、销售以及使用过程中，进入人体内

的农药量超过了正常人的最大耐受限量，从而使人的正常生理功能受到影响，出现恶心、呕吐、烦躁不安、剧烈疼痛、痉挛、昏迷、休克、呼吸障碍、心搏骤停、肺水肿、脑水肿等生理失调或病理改变的系列症状，这就是农药中毒现象。农药对人的毒害程度，除与农药本身的特性（最主要是农药的毒性）有关外，还与农药的加工剂型、接触方式、接触剂量等很多因素有关。概括起来讲，毒害程度取决于农药的毒性与农药进入生物体的强度（农药总量与持续时间）。

根据农药中毒后引起人体所受损害程度的不同，可分为轻度、中度与重度中毒三种。根据中毒出现的快慢速度划分，又可分为急性中毒、亚慢性中毒和慢性中毒。农药的急性中毒是指一次性摄食、吸入或皮肤接触较大剂量的农药量，从而使人体在 24 小时以内就出现中毒症状的现象。亚慢性中毒是指出现中毒症状的时间较急性中毒长，通常在接触农药 24 小时以后至几天内显现出来，同时症状表现也较缓慢。慢性中毒是指长期低剂量接触农药，毒性反应症状要经过很长一段时期，在人体内的农药累积到一定量后显现出来的现象。

2. 农药的毒性分级

毒性是指一种物质对其他生物造成毒害或死亡的固有能力。农药对人和畜、禽等动物可产生直接或间接的毒害作用，使其生理功能受到破坏，这种性能称之为农药毒性。毒性大小通过所产生损害的性质和程度来表示。

农药产品的毒性分级决定着农药产品的使用范围和农药生产、销售和使用者对其的注意程度，从而影响其安全性。如果农药的毒性分级标准定得过于严格，将限制了许多农药产品的使用范围，影响其生产、使用和销售，甚至影响到农药行业的发展。如果农药毒性分级标准定得过松，就会造成农药生产、销售、使用者对农药的毒性意识淡薄，甚至将一些高毒、剧毒的农药产品不合理地用于蔬菜、水果、茶叶和中草药等，引起人畜中毒。

（1）世界卫生组织的农药危害分级

世界卫生组织推荐的农药危害分级标准，于 1975 年的世界卫生立法会议通过，主要根据农药的急性经口和经皮 LD50（半数致死量）值（大鼠，下同），分固体和液体两种存在形态对农药产品的危害进行分级表(5-3)。

表 5-3 世界卫生组织的农药危害分级标准

毒性分级	级别符号语	经口半数致死量/(mg/kg)		经皮半数致死量/(mg/kg)	
		固体	液体	固体	液体
Ⅰa 级	剧毒	≤5	≤20	≤10	≤40
Ⅰb 级	高毒	＞5～50	＞20～200	＞10～100	＞40～400
Ⅱ级	中等毒	＞50～500	＞200～2000	＞100-1000	＞400～4000
Ⅲ级	低毒	＞500	＞2000	＞1000	＞4000

（2）美国农药毒性分级

世界各国的农药毒性分级通常是以世界卫生组织推荐的农药危害分级标准为模板，结合本国实际情况制定。因此，各国对农药产品的毒性分级及标识的管理不完全相同。如美国的农药毒性分级，是在世界卫生组织推荐的农药危害分级标准基础上，增加了依据农药产品对眼刺激、皮肤刺激的试验结果，将剧毒和高毒两级合并为一级，并明确提出了微毒级农药(表5-4)。

表5-4 美国农药毒性分级标准

毒性分级	级别符号语	经口半数致死量/(mg/kg)	经皮半数致死量/(mg/kg)	吸入半数致死浓度/(mg/L)	对眼睛刺激	对皮肤刺激
Ⅰ级	高毒、剧毒	≤50	≤200	≤0.2	腐蚀性、不可恢复的角膜混浊	腐蚀性
Ⅱ级	中等毒	50～500	200～2000	0.2～2.0	在7天内可恢复的角膜混浊、持续7天的刺激	72小时重度刺激
Ⅲ级	低毒	500—5000	2000—20000	>2.0—20	没有角膜混浊、7天内可恢复的刺激	72小时中等度刺激
Ⅳ级	微毒	≥5000	≥20000	≥20	无刺激	72小时轻度或中度刺激

(3) 欧盟农药毒性分级

欧洲的农药毒性分级标准也是参照世界卫生组织推荐的分级标准制定的，并考虑产品存在的形态，但仅分为3个级别(表5-5)。

表5-5 欧盟农药毒性分级标准

级别符号语	急性经口半数致死量/(mg/kg)		急性经皮半数致死量/(mg/kg)		急性吸入半数致死量浓度/(mg/L)
	固体	液体1)	固体	液体1)	气体及液化气体2)
剧毒	≤5	≤25	≤10	≤50	≤0.5
有毒	>5～50	>25～200	>10～100	>50～400	>0.5～2
有害	>50～500	>200～2000	>100～1000	>400～4000	>2～20

注：① 本表的液体栏中包括固体的饵剂或片状农药。
② 气体及液化气体栏中包括微粒直径不超过50微米的粉剂农药。

(4) 我国农药毒性分级标准

参考国际上的做法，我国的农药毒性分级也是以世界卫生组织推荐的农药危害分级标准为模板，并考虑以往毒性分级的有关规定，结合我国农药生产、使用和管理的实际情况制定的(表5-6)。

表5-6 农药毒性分级标准

毒性分级	级别符号语	经口半数致死量/(mg/kg)	经皮半数致死量/(mg/kg)	吸入半数致死浓度/(mg/m^3)
Ⅰa级	剧毒	≤5	≤20	≤20
Ⅰb级	高毒	>5～50	>20～200	>20～200
Ⅱ级	中等毒	>50～500	>200～2000	>200～2000
Ⅲ级	低毒	>500～5000	>2000～5000	>2000～5000
Ⅳ级	微毒	>5000	>5000	>5000

3. 常用农药引起人体中毒的症状

农药品种繁多，特性各异，人体发生农药中毒以后，因导致中毒的农药品种差异，毒性亦不同，会有不同的体征反应。通常情况下，杀虫剂的毒性大于杀菌剂和除草剂的毒性。表5-7列出了人体各系统出现某一临床表现时，引起该中毒症状所特有和可能的农药品种。

表 5-7　农药中毒临床表现特征

体系	临床表现	出现该中毒症状所特有的农药	可能出现该中毒症状的农药
全身性	呼吸气味		福美双
	蒜味	砷、磷化物	
	苦杏仁味	氰化物	
	烂菜味	二硫化碳	
	坏蛋味	硫	
	花生味	抗鼠灵	
	体温下降	鼠特灵	无机砷、蜗牛敌、氯苯氧基化合物
	体温升高（发烧、发热）	硝基酚、五氯酚（钠）	
全身性	寒颤	磷化氢、砷化氢	五氯酚（钠）
	过热感	硝基酚、杀虫脒	
	肌痛	百草枯、氯苯氧基化合物	
	口渴	五氯酚（钠）、硝基酚、无机砷、磷、磷化物、氟化钠	硼酸盐、内氧草索
	食欲不振	有机磷酸酯、氨基甲酸酯、烟碱、五氯酚、六氯苯、杀虫脒	卤代烃熏蒸剂、硝基酚、无机砷、抗鼠灵
	不能耐受酒精	福美双	
	口内甜味	杀虫脒	
	口内金属味	无机砷、有机汞	
	口内咸味或肥皂味	氟化钠	
皮肤	潮红	氰胺、硝基酚	福美双＋酒精
	皮肤过敏	毒草安、克螨特、环氧乙烷	敌菌灵、百菌清、敌菌丹、燕麦灵
	刺激感、皮疹、水泡或溃疡（无过敏反应）	铜、百草枯、敌草快、磷、硫、福美双、溴甲烷、内氧草索、威百亩、环氧乙烷	五氯酚、毒草安、氯苯氧基化合物、鱼藤酮、刺激性杀菌剂和除草剂、卡普丹
	手掌和脚掌呈肉红色，荨麻疹	硼酸盐	氟化物
	大泡	液体熏蒸剂	六氯苯
	感觉异常（主要是脸部，短时的）	氰戊菊酯、氟胺氰菊酯、氯氰菊酯、氟氰戊菊酯	
	苍白	有机氯、熏蒸剂、氟化钠	
	发绀	百草枯、鼠立死、烟碱	有机磷、氨基甲酸酯
	黄染	硝基酚	
	角化病，皮肤变棕	无机砷化物	
	黄疸	四氯化碳、磷与磷化物、百草枯	敌草快、无机砷、铜化物

续表

体系	临床表现	出现该中毒症状所特有的农药	可能出现该中毒症状的农药
	毛发生长过多		六氯苯
	指甲脆弱、脱落		百草枯、无机砷化物
	出汗、发汗	有机磷、氨基甲酸酯、烟碱、硝基酚、五氯酚	铜化物
眼睛	结膜炎(黏膜刺激,流泪)	铜、锡化合物,威百亩,百草枯,敌草快,溴甲烷,环氧乙烷,内氧草索	福美双、硫代氨基甲酸酯、五氯酚、氯苯氧基化合物、百菌清、毒草安
	流 泪	有机磷酸酯、氨基甲酸酯	五氯酚、除虫菊酯
	黄色巩膜	硝基酚	
	角膜炎	百草枯	
	复视	有机磷酸酯、氨基甲酸酯、烟碱	
	畏光		有机锡化合物
	视野缩小	有机汞	
	瞳孔缩小	有机磷酸酯、氨基甲酸酯	烟碱(早期)
	瞳孔放大	氰化物、氟化物	烟碱(后期)
	瞳孔无反应	氰化物	
神经系统	头痛	有机磷酸酯、氨基甲酸酯、烟碱、砷、铜、锡、氟化合物、有机汞、硼酸盐、磷化氢、敌草快、卤代炔类熏蒸剂	有机氯、硝基酚、福美双、五氯酚、百草枯
	行为、情绪紊乱(错乱、兴奋、躁狂、定向错,易激动)	有机汞、锡化合物、无机砷、烟碱、氟醋酸钠、敌草快、硝基酚、抗鼠灵、溴甲烷	有机磷酸酯、五氯酚、氟化钠、有机氯
	神经系统抑制、木僵、昏迷、呼吸衰竭、通常无惊厥	有机磷酸酯、氨基甲酸酯、氟化钠、硼酸盐、敌草快	无机砷、磷与磷化物、百草枯、氯苯氧基化合物
	惊厥(阵发性、强直性),有时昏迷	有机氯、鼠立死、氟醋酸钠、烟碱、氰化物	硝基酚、五氯酚、无机砷、敌草快、溴甲烷、氯苯氧基化合物、有机磷酸酯、氨基甲酸酯、硼酸盐
	肌肉扭曲	有机磷酸酯、氨基甲酸酯、烟碱	有机汞、氯苯氧基化合物
	肌肉强直		氯苯氧基化合物
	肌强直,手足痉挛	氟化物、磷与磷化物	
	震颤	有机汞、有机磷酸酯、氨基甲酸酯、烟碱硼酸盐	五氯酚、硝基酚、福美双
	共济损调	有机磷酸酯、氨基甲酸酯、烟碱、卤化碳熏蒸剂	有机氯、有机汞
	瘫痪、肌无力	无机砷、有机磷、氨基甲酸酯、烟碱	有机汞 拟除虫菊酯(短暂性)
	四肢感觉异常	无机砷、有机汞、抗鼠灵	
	听力丧失	有机汞	

续表

体系	临床表现	出现该中毒症状所特有的农药	可能出现该中毒症状的农药
心血管系统	低血压、休克	磷与磷化物、氟化钠、硼酸盐、铜化物、内氧草索	无机砷、烟碱（后期）、放线菌酮、鼠特灵
	高血压	烟碱（早期）	有机磷酸酯
	心律失常	氟醋酸钠、卤化碳熏蒸剂、烟碱、氟化钠、抗鼠灵	无机砷、磷与磷化物、有机氯
	心动过缓（有时心搏停止）	有机磷酸酯、氨基甲酸酯	烟碱
	心动过速	硝基酚、五氯酚	有机磷酸酯
呼吸系统	上呼吸道刺激：鼻炎、喉部搔抓感、咳嗽	百草枯、安妥	铜、锡、锌化物、硫代氨基甲酸酯和有机农药粉尘、鱼藤酮、氯苯氧基化合物
	鼻涕	除虫菊酯、无机砷、有机磷酸酯、氨基甲酸酯	
	肺水肿	磷与磷化物、溴甲烷	有机磷酸酯、氰化物、除虫菊酯
	肺实变	百草枯、溴甲烷	敌草快
	呼吸困难	有机磷酸酯、氨基甲酸酯、烟碱、百草枯、安妥、五氯酚	硝基酚、氰化物、除虫菊酯
	恶心、呕吐、常伴腹泻	有机磷酸酯、氨基甲酸酯、烟碱、砷、氟、铜化合物、有机锡化合物、硼酸盐、氯苯氧基化合物、磷与磷化物、卤代碳熏蒸剂、内氧草索、氰化物	五氯酚、苏云金杆菌、福美双、刺激性农药
	血性腹泻	氟化物、百草枯、敌草快、内氧草索、砷化物	磷与磷化物、放线菌酮
胃肠道和肝脏	腹痛	有机磷酸酯、氨基甲酸酯、百草枯、敌草快、烟碱、氟化物、硼酸盐、磷与磷化物、无机砷、铜、锡化合物	氯苯氧基化合物、内氧草索、放线菌酮
	胃炎	无机砷、百草枯、敌草快、铜化合物	
	流涎	有机磷酸酯、氨基甲酸酯、烟碱、氟化钠、氰化物	
	肠梗阻绞痛	敌草快	无机砷、六氯苯、其他有机氯
	便秘	抗鼠灵	
	肝大	铜化合物、磷化氢、氯仿、四氯化碳	
肾脏	蛋白尿、血尿，有时少尿，伴有氮血症的急性肾衰竭	无机砷、铜、氟化物、硼酸盐、硝基酚、五氯酚、百草枯、敌草快	磷与磷化物、氯代苯氧基化合物、有机锡化合物
	排尿困难，血尿，浓尿	杀虫脒	
	尿潴留	抗鼠灵	
	酒红色尿	六氯苯	
	多尿		氟化物
	血红素尿	砷化氢、氯酸钠	
	糖尿	抗鼠灵	
	酮尿	抗鼠灵	

续表

体系	临床表现	出现该中毒症状所特有的农药	可能出现该中毒症状的农药
血液	溶血	砷化氢、氯酸钠	铜化合物
	高铁血红蛋白血症	氯酸钠	
	低钾血症		磷与磷化物、四氯化碳
	低钙血症	砷化氢、氯酸钠	氟化钠
	碳氧血红蛋白血症	氟化钠	磷与磷化物
	高血糖		二氯乙烷
	酮酸中毒	抗鼠灵	有机锡化合物
	贫血	抗鼠灵	
	血细胞减少、血小板减少、	砷化氢、氯酸钠、无机砷	
	下列酶增高：LDH、GOT、GPT、ALT、AST、碱性酶	无机砷、四氯化碳、氯仿、磷化氢	磷与磷化物、无机砷、氯酸钠、硝基酚、五氯酚、有机氯、氯苯氧基化合物
	红细胞 AChE 和血浆假性 ChE 受抑制	有机磷酸酯	
生殖系统	低精子数	二溴氯丙烷	开蓬

注：LDH 为乳酸脱氢酶；GOT 为谷草转氨酶；GPT 为谷丙转氨酶；ALT 为丙氨酸转氨酶；AST 为天冬氨酸转氨酶。

资料来源：林玉锁，2003.

第三节　环境激素对人体健康的影响

一、激素与环境激素

“激素”这一名称起源于20世纪初，其定义可概括为：“由体内特定器官所产生的，通过血液输送到其他器官的，以极其微小的量来产生调节生物体代谢、平衡作用的生理化学物质的总称。”激素最早称为“荷尔蒙”，它源于希腊语“hormao”，意为“刺激”的意思。随着医学人体生物学研究的进展，现在更普遍用激素一词。

目前，科学家已发现100余种激素。这些激素对调整生物体自身健康生长都发挥着很大作用。内分泌腺分泌的激素太多或太少，都会引发疾病，因激素失调造成的病症也很多，普通的症状包括疲劳、口渴、尿多、发育迟缓或过快、体毛多、体重增加或减轻、焦虑或者皮肤产生病变、巨人症与侏儒症、低血糖和糖尿病等。

在生命体中，激素不是对生物体产生直接作用，而是一种在体内起调节作用的物质。通俗地讲，激素就是在各个细胞之间传达情报的重要中介角色。

“环境激素”一词是1996年由美国《波士顿环境》报记者安·达玛诺斯基所著的《被夺去的未来》一书中首先提出来的，它的产生却始于20世纪30年代。当时人们采用人工合成的方法生产雌性激素(DES)用作药品以及纺织工业的洗涤和印染用剂，这种人工合成的雌性激素在诞生之初就被指出有导致恶性肿瘤的危险。

环境激素，又叫环境荷尔蒙或内分泌干扰物，主要是指由于人类的生产和生活活动而释放到周围环境中，对人体和动物体内的正常激素功能施加影响，具有类似雌性激素作用，能导致各种生物生殖功能下降、生殖器肿瘤、免疫力降低，并引起各种生殖异常的、外源性的、干扰生物和扰乱人体正常内分泌的人工合成化学物质。

激素与环境激素的相互关系见图 5-2。

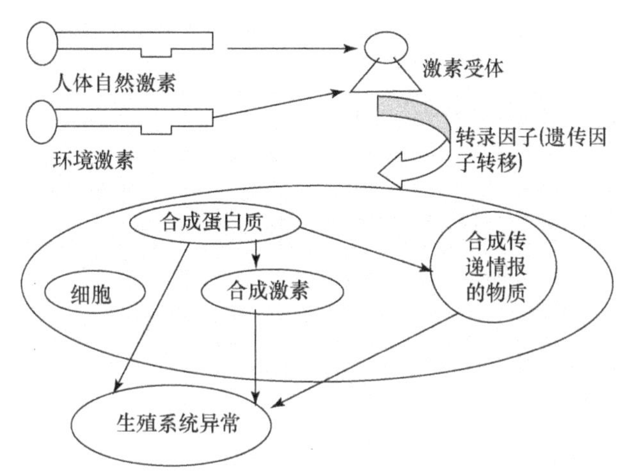

图 5-2　激素与环境激素的相互关系

（资料来源：胡经之，1999）

二、环境激素类物质的来源

环境激素类物质的种类繁多，因而其来源也五花八门：各种农药、除草剂的挥发、流失；各色染料、芳香剂、涂料、除污剂、洗涤剂、表面活性剂的使用以及各种塑料制品、食品、药物、化妆品中添加剂的释放、扩散，均存在环境激素的污染。此外，动植物性激素的分泌、挥发，垃圾焚烧产生的二噁英类物质，也是环境激素类物质的主要来源。

1. 空气中的来源

焚烧垃圾和塑料制品，释放出二噁英等多种环境激素；化学产品尤其是环境激素类物质的生产过程中排放出的废物也是侵入生物和人体内的环境激素的重要来源；建筑材料、家具、日用品中的塑料制品里含聚碳酸酯、环氧树脂、聚酚氧等原料，也是环境激素的来源，尤其是婴幼儿的用品很多是塑料品，因此，婴幼儿受环境激素的危害很大。还有塑料制品的增塑剂、塑料微波炉餐具与薄膜中均有酞酸酯类，一次性餐具、方便面等含有聚苯烯类，这些都是环境激素类物质。

2. 水体中的来源

含有环境激素的生物体死亡以后，经腐败分解，再次进入土壤和水体，通过多种渠道进入人体；人们在日常生活中大量使用洗涤剂、消毒剂以及口服避孕药，污染水体;工厂排出的污水污染地表水和地下水,这些废水中含有数量不可忽视的环境激素;垃圾填埋场渗滤液的渗出和医院医务用水的排放,垃圾填埋场地面的水分渗入地下,垃圾中所含有的环境激素类化学物质由此溶入水中,而医院的医务用水则由于含有某些带有激素性的药物而成为环境激素的又一重要来源。家庭使用的自来水在一定程度上也会给人类带来环境激素的侵扰:自来水工厂的水要沿着水管流入千家万户,而水管大多是铁管,为防止生锈,铁管往往被涂上环氧树脂作为保护膜,而环氧树脂的原料联苯酚 A 则是环境激素类化学物质。

3. 食品中的来源

人工合成的环境激素中有 43 种是农药的成分,它们残留在农产品上,被人类直接食用;含有环境激素的牧草和添加激素的配合饲料被禽畜食用,进而向人类提供含有环境激素的肉、蛋、奶;人类食用豆科植物和某些蔬菜,摄入植物雌激素,改变人体的激素平衡;人工养殖的鱼类与自然成长的鱼类相比,所含环境激素成分要高得多。为了加快人工养殖鱼类的生长速度,有人在鱼饵里掺入生长激素;其次,在小面积的水域内大量密集养殖,为防止疾病,必然投放药物;另外,大批量养殖的结果是不但供应当地,还冷冻加工运往外地,于是在人工养殖的鱼中又添加了保鲜剂。

4. 人体之间的传递

环境激素一般脂溶性好、微溶于水,在食物链中经生物浓缩,再进入人体,在脂肪中存留,浓度进一步增大;母亲可以通过胎盘或乳汁把环境激素传给子女。

三、环境激素类物质的主要种类

据研究,目前约有 70 种化学物显示出不同程度的雌激素活性,干扰生物的内分泌,并被确认为环境激素类物质。其中有 40 余种是农药成分,约占环境激素类物质的 60%。这些环境激素类物质主要有:农药 DDT,一直用于电器产品和其他塑料制品的邻苯二甲酸酐类,润滑油添加剂中的己二酸,常用塑料聚苯乙烯,海洋防污涂料三丁烯、三苯烯以及氯丹、水银、酞酸酯、壬酚等化学物质。此外,还有全球各制药厂生产的避孕药和雌性激素等。但是其中最典型的环境激素类物质就是强致癌物二噁英了。

世界野生动物基金会(WWF)提出的环境内分泌干扰物分类列于表 5-8。

表 5-8 环境内分泌干扰物分类

类别	干扰物
工业 有机化合物	苯并[a]芘 二苯酮 双酚 A(2,2-双酚基丙烷) 正丁苯 酞酸丁苄酯(邻苯二甲酸丁苄酯) 2,4-二氯苯酚

续表

类　别	干扰物
工　业 有机化合物	酞酸二环已酯(邻苯二甲酸二环已酯) 酞酸二已酯(邻苯甲酸二已酯) 已二酸二(2-乙基已基)酯 酞酸二(2-乙基已基)酯(邻苯二甲酸二(2-乙基已基)酯) 酞酸二正丁酯(邻苯二甲酸二正丁酯) 酞酸二正戊酯(邻苯二甲酸二正戊酯) 酞酸二丙酯(邻苯二甲酸二丙酯) 八氯苯乙烯 对硝基甲苯 多氯联苯类 五氯苯酚 三丁基氧化锡 2,3,7,8-四氯二噁英
杀虫剂	开蓬 林丹(六六六) 马拉硫磷(马拉松,马拉赛昂、四零四九) 灭多虫(乙肪威,甲氨叉威) 甲氧滴滴涕 灭蚁灵 对,对-滴滴滴(对,对-二氯二苯基二氯乙烷) 对,对-滴滴伊(对,对-二氯二苯基二氯乙烯) 对,对-滴滴涕(对,对-二氯二苯基三氯乙烷) 乙基对硫磷(一六零五) 苄氯菊酯 拟除虫菊酯类 毒杀酚(氯化莰) 反式九氯 乙烯菌核利 β-六氯化苯(β-六六六) 西维因(胺甲萘) 氯丹(八氯) 氯氰菊酯(灭百可,安绿宝,兴棉宝) 三氯杀螨醇(开乐散,螨净) 狄氏剂 硫丹 高氰戊菊酯 氰戊菊酯(速灭杀丁,戊酸氰醚酯,杀灭菊酯) 七氯(七氯化茚) 七氯环氧化物 开乐散
杀真菌剂	苯菌灵(苯来特) 六氯(代)苯 代森锰锌 代森锰 代森联 代森锌 福美锌(锌来特,什来特)

续表

类　别	干扰物
除草剂	甲草胺(杂草索,澳特拉索) 杀草强(氨三唑) 阿特拉津(莠去津) 2,4-D(2,4-二氯苯氧乙酸) 嗪草酮(赛克津,赛克嗪) 除草醚 2,4,5-T(2,4,5-三氯苯氧乙酸) 氟乐灵(茄科宁)
金属	镉 铅 汞
杀线虫剂	1,2-二溴-3-氯丙烷 涕灭威(丁醛肟威)

四、环境激素的特点

环境激素有如下四个特点：

(1) 持久性

环境激素的去除比较困难,主要有以下几个原因：① 环境激素在环境中不易分解;② 环境激素会通过食物链蓄积放大;③ 环境激素通常具有脂溶性,进入生物体后不易排除。

(2) 潜伏性

一般环境污染物需累积到一定数量后才会产生有害作用,而环境激素则不同,即使它的浓度极低,也可能绕过血液的自然保护与受体结合。同时,环境激素污染作用爆发可能有一个较长的潜伏过程,往往在人意想不到的情况下,威胁就突然来临。

(3) 广域性

随着工业发展,大量环境激素在制药、塑料制品添加剂生产、除草剂的使用和垃圾处理等过程中不断释放,其中许多物质不易分解,可在食物链中循环,又可随风扩散。因此,会形成区域性或全球性的威胁。

(4) 综合效应性

环境激素与内分泌系统的相互作用相当复杂,除单独作用外,还有相加、协同、拮抗等作用。

五、环境激素污染对人体的危害

科学研究初步证实,目前在社会生活中对人和动物起着类似于激素作用的有害物,已经发现至少三百余种。环境激素通过环境介质和食物链进入人体或野生动物体内，干扰其内分泌系统和生殖系统，影响后代的生存和繁衍。

其主要危害表现为：

① 由于食物、饮水中大量存在环境激素物质，正在造成男性的精子减少，雄性退化，乃至男性不育症的高发。

② 导致怀孕胎儿的畸形。科学家研究发现，育龄妇女长期受环境激素的污染，会使受孕胎儿畸形的可能性大大增加，使胎儿的五官、肢体或性器官的局部畸形。

③ 干扰和降低人体免疫机能。环境激素易导致神经系统功能障碍、智力低下，严重的还会引发某些癌症。

④ 男婴出生率下降。自20世纪70年代以来，加拿大男婴的出生率下降了0.22%，美国下降了0.1%。美国科学家说，这可能是杀虫剂等污染物干扰了人类生殖激素的结果。

六、环境激素的破坏机理

人体内分泌系统产生的生物活性物质称为激素。激素过少，会引起某些组织或器官功能失调，严重时可危及生命；激素过多，会因过度作用而产生病态，被称为内分泌机能亢进。不少研究者提出环境激素可能通过干扰内分泌系统的途径对生物和人体产生着影响，其作用方式主要包括如下三个方面：与人体激素或动物体激素竞争细胞上的受体，并直接与雌激素受体结合；与其他核心受体结合，从而作用于雌激素影响元素，并对体内分泌的雌激素产生阻碍作用；通过与其他受体结合或影响信号传导途径影响内分泌系统和其他系统的互动作用，从而产生不良影响。

形象地说，环境激素扰乱人体自然激素的进行过程是通过“冒名顶替”而与激素接收对象结合、阻碍人体激素与接收对象结合，从而破坏人体生理机能。

环境激素的作用与其他化学毒物的不同之处还在于痕量的环境激素即可产生巨大的作用，足以扰乱整个生物体的协调与平衡。至于环境激素侵入人体以后如何扰乱人体自然激素的构造，其原理是相当复杂的问题。这是因为：

① 激素的真正定义，目前还有争议。除了传统意义上的理解，还有人提出，生物体内分泌传达信号的物质从广义上来说，也算是一种激素。

② 环境激素扰乱人体自然激素构造的过程原理表现为多种形式，很难一概而论。

③ 激素的作用不是由单一主体完成的，而往往是通过许多种类的激素（包括分泌这些激素的器官和细胞）组成网络，形成整套体系来完成的。

因为激素具有错综复杂的结构以及相互作用、相互抑制的关系，加上环境激素本身种类繁多，它们对人体的作用还不很清楚，所以在环境激素进入人体之后如何产生扰乱影响这个课题，目前仍有许多待解的谜。

第四节　电子废弃物对人体健康的危害

一、电子废弃物的定义和分类

随着电子技术的广泛应用,电子产品已深入到人类生产生活的各个方面,并且还在不断延伸。因此,对电子废弃物的具体内容给出准确的界定是困难的。各国在研究和制订本国电子废弃物问题解决方案时,通常会根据自身的实际情况,选择一个比较宽泛的定义。

我国原国家环境保护总局制定的《电子废弃物污染环境防治管理办法》中将电子废弃物分为两类,即电子废弃物和电子类危险废物。其定义为:"电子废弃物,是指废弃的电子电器产品、电子电气设备及其废弃零部件、元器件。包括工业生产及维修过程中产生的报废品;旧产品或设备翻新、再使用过程产生的报废品;消费者废弃的产品、设备;法律法规禁止生产或未经许可非法生产的产品和设备;根据国家电子废弃物名录纳入电子废弃物管理的物品、物质。电子类危险废物,是指列入国家危险废物名录或者根据国家规定的危险废物鉴别标准和鉴别方法认定的具有危险特性的电子废弃物。包括含铅酸电池、镉镍电池、汞开关、阴极射线管和多氯联苯电容器等的废弃电子电器产品或电子电气设备等。"

美国国际电子废弃物回收商协会把电子废弃物定义为废弃的电子和电气设备及其元器件,该定义把电子废弃物分为废弃电子设备和机电设备两大类:根据用途,电子设备这一大类又细分为商用电子设备、工业电子设备、家电产品、自动化设备、航空电子设备、国防或军事电子设备6类;机电设备包括物料输送设备、自动加工设备、机器人系统、发电和输电设备、商用和日用机电设备。

美国环境保护署把电子废弃物分为大宗电器、小型电器、消费型电子产品3种类型:大宗电器是指冰箱、洗衣机、热水器等体积较大的白色家电;小型电器则包括电吹风、咖啡机、烤面包机等体积较小的家电;消费型电子产品又分为音频产品、视频产品、信息产品。

欧盟在废弃电子及机电产品处理指令中,对电子产品分类如下(表5-9)。

表5-9　欧盟关于废弃电子及机电产品处理指令的产品分类

产品大类	具体产品种类
大型家电	电冰箱、制冷机、洗衣机、烘干机、洗碗机 、电炉、微波炉、电热取暖器、电风扇、空调
小型家电	吸尘器、地毯清扫机、电熨斗、烤面包机、煎锅、磨咖啡机、电动刀、煮咖啡机、电动牙刷、刮胡刀、电子钟、电子秤、吹风机
IT和通信设备	大型主机、小型机、打印机、个人电脑、笔记本电脑、复印机、电动打字机、计算器、终端、传真机、电话、无绳电话、手机、自动接听设备

续表

产品大类	具体产品种类
消费电器	收音机、电视机、录像机、录像播放机、音响设备、电子乐器
照明设备	荧光灯、高压钠灯和其他金属卤化灯、低压钠灯、其他照明设备
电子电机工具	电锯、电钻、电动缝纫机
电动玩具	电动火车、电动汽车、手持电子游戏机、电子游戏机
医用设备	放射治疗设备、心电图设备、透析设备、辅助呼吸机、放射药物、试验检查设备、分析设备、冷冻设备
电子监控设备	烟雾探测器、热量调节装置、温度控制器
自动售货机	自动饮料售货机、自动商品售货机

资料来源：何亚群等，2006.

电子废弃物种类繁多，但从其化学组成上来看，主要是由几类物质组成：金属、塑料、玻璃以及各种化学成分复杂的电路板。从种类上大致可以分为两类：第一类是所含材料比较简单，如电冰箱、洗衣机、空调机等，基本上为金属、塑料及泡沫保温材料等，这类产品的拆解和处理比较简单；第二类是所含材料对环境危害比较大，如电脑、电视机、手机等，其原材料中含有多种有毒有害物质，如砷、镉、铅、汞和其他有毒物质。

二、电子废弃物的特点

1. 数量多，增长快

电子工业的高速发展及市场膨胀是电子废弃物高速增长的主要原因。美国环境保护署估计美国每年产生电子废弃物2.1亿吨，占城市垃圾的1%。欧盟每年废弃电子设备更是高达600万～800万吨，占城市垃圾的4%，且每5年以16%～28%的速度增长，是城市垃圾增长速度的3～5倍，其中仅德国每年即可达150万吨，瑞典也达11万吨，未来5～10年的年增量更被业内人士估计为25%左右。全世界每年产生7万吨电子垃圾，并以每年20%～25%的速度增长，每4～5年就翻一倍。

我国是电子电器产品、电子电气设备/电器产品的生产和消费大国。据有关部门统计，目前我国电冰箱的社会保有量已达1.2亿台，洗衣机1.7亿台，电视机4亿台，电脑1600万台。

20世纪80年代末90年代初投入使用的电冰箱、洗衣机、电视机绝大多数已经到了报废期限。特别是电子信息产品，由于升级换代快，更新报废的周期更短。专家估计，我国每年约有400多万台电视机、500多万台洗衣机、500多万台冰箱、600多万台计算机及3000万部手机进入淘汰期。同时，在电子电器产品、电子电气设备的工业生产过程中，还产生大量的不合格产品、下脚料。还有随身听、音箱、洗碗机、微波炉等小件家电。预计今后几年我国电子废弃物的产生量将大幅度上升。

电子废弃物中含有多种有害物质，如电路板含有溴化阻燃剂、显像管含铅、传感器中含汞等,如果利用或处置不当,会对人体健康和环境安全造成极大危害。

近年来,在我国一些地区使用原始落后的方式拆解、利用电子废弃物,造成了严重的环境污染。

2. 毒性强,危害大

电子废弃物不同于一般的城市垃圾,其制造材料复杂,对环境的污染也是多方面的。有些家电材料还含有有害物质,如不妥善处理而直接填埋,会对环境造成污染。

《巴塞尔公约》将用后废弃的计算机、电子设备及其废弃物规定为"危险废物"。电子废弃物中含有大量的《巴塞尔公约》禁止越境转移的有毒有害物质,如表 5-10 所示。

表 5-10 电子废弃物中的有害成分

污染物	来 源
氯氟碳化合物	冰箱
卤素	阻燃剂线路板、电缆、电子设备外壳
汞	显示器
硒	光电设备
镍、镉	电池及某些计算机显示器
钡	阴极射线管、线路板
铅	阴极射线管、焊锡、电容器及显示屏
铬	金属镀层

资料来源:段晨龙等,2003.

国外一个关注电子废弃物问题的组织在其报告指出:每个显示器的显像管内含有较多的铅,电路板中也含有大量的铅,这种物质会破坏人的神经、血液系统以及肾脏;显示器中的废弃阴极高速电子管含有钡和危险的发光物质;电脑线路板中还有含氯的阻燃剂,如果发生燃烧,将会产生二噁英等致癌、致畸物质;同时,线路板中含有许多有害金属,如铅、铬、镉、镍等金属,对土壤造成严重的污染,并且污染地下水,严重损害人类健康,造成身体病变。电子废弃物中的电池和开关含有铬化物和水银,铬化物会透过皮肤,经细胞渗透,少量便会造成严重过敏,更可能引起哮喘、破坏 DNA;水银则会破坏脑部神经。

鉴于此,在许多国家,都将电子废弃物列入危险废弃物或特殊管理的一类。

3. 价值高,前景广

电子电气废弃物虽然含有大量的有害物质,但从资源回收角度看,潜在价值很高,这些物质中很多具有极高回收利用价值的贵重材料,如金、银、钯等。丹麦技术大学的研究结果显示:1 吨电子线路板中含有大约 600 磅[①]塑料、286 磅铜、1 磅黄

① 磅,非法定计量单位,1 磅(16)=0.45359 kg。

金、90磅铁、65磅铅、44磅镍、22磅锑，如果能回收利用，仅这1磅黄金就价值6000美元。因此，对电子垃圾进行回收利用不仅符合垃圾处理的资源化目标，而且更重要的意义在于提供了一种可行的、在人均资源量少的中国实现可持续发展和解决环境问题的方式。

典型电子垃圾通常由质量百分比为40%的金属、30%的塑料和30%的难熔氧化物组成，1吨典型电子垃圾含有的可回收物及它们的价值列于表5-11。表中的价格为1999年的市场价，若进行有效的回收处理，1吨电子垃圾可获益9193.46美元。

从表5-11可以看出，电子废弃物具有比普通城市垃圾高得多的回收价值。若再考虑到电子废弃物中具有较高价值且仍可继续使用的部分元器件，如内存条、微芯片等，电子废弃物具有很高的潜在价值，蕴藏着巨大商机，回收利用的前景广阔。

表5-11　1吨电子垃圾的回收价值

材料	比例/(%)	质量/kg	单价/($ · kg^{-1})	总价值/$
铜	20.000	400	0.98	392.0
铁	8.000	160	0.045	7.2
镍	2.000	40	2.23	89.2
锡	4.000	80	2.35	188.0
铅	2.000	40	0.21	8.4
铝	2.000	40	0.71	28.4
锌	1.000	20	0.48	9.6
金	0.100	2	3885.57	7771.14
银	0.200	4	34.40	137.60
钯	0.005	0.1	5019.16	501.92
塑料	30	600	0.1	60

资料来源：陈苏等，2003.

4. 组分杂，处理难

虽然电子废弃物潜在价值非常高，但由于含有大量有毒、有害物质，要想实现电子废弃物的资源化、无害化，需要先进的技术、设备和工艺，也需要较高的投资。电子废弃物组分复杂、类型繁多，使用寿命也各不相同，或长达数十年，或仅能用一次。这给电子废弃物的回收及资源化利用带来了相当大的困难，其回收利用率较其他城市垃圾低得多。

三、电子废弃物对人体健康的危害

据绿色和平组织有毒物污染防治项目组负责人梅家永介绍，就拿个人电脑来说，由700多种化学原料组成，其中一半以上对人体有害。2002年，欧盟就采取了《关于在电子电气设备限制使用某些有害物质的指令》(简称ROHS)，规定自2006年7月1日起禁用电脑内的“六大杀手”，分别是铅、镉、汞和六价铬四种重金属和用于阻燃的溴化阻燃剂多溴联苯(PBB)及多溴联苯醚(PBDE)。据环保专家介绍,存在于显示屏、电路板和金属接头中的铅,破坏神经、血液系统,严重可影响大脑发育。存在于半导体、电路板和显示屏中的镉,损害肺部、引起肾脏疾病及慢性中毒。存在于电池、开关和电路板中的汞,破坏脑部及记忆力,对胎儿造成严重伤害。存在于电路板和电池中的六价铬,属致癌物质,大量吸入可导致肿瘤和鼻窦肿瘤,可引起溃疡、痉挛及哮喘性支气管炎。存在于电路板、连接器、塑胶外壳和电线中的多溴联苯和多溴联苯醚,都属溴化阻燃剂,影响人体内分泌系统,干扰激素,影响人体生殖功能。而用于纯平显示器的照明设备中的汞,会对人体大脑和中枢神经系统造成损害。

第五节 废旧电池对人体健康的危害

一、概述

由于现代人们生活质量的提高,科学的不断进步和创新,电子技术的不断发展,许多设备都要用到电池。手机使用电池,各种汽车使用蓄电池,随身听、笔记本电脑、摄像机等无不使用电池,这些高科技的发展成果在给人们在工作上带来方便、节省时间的同时,这些废旧电池也相应地给环境带来了污染,给人类带来了潜在危害。

我国是世界上最大的电池生产国,也是世界上最大的电池消费国。目前,我国电池年生产能力约150亿~160亿只,各类电池占世界电池生产量的1/4。随着家用电器、电动汽车、现代通信设备及便携电器等的发展和普及,各类电池需求量日益增大,电池消费量每年以10%的速度增长。据了解,仅2000年我国电池消费量就达100亿只,随之而来产生大量的废旧电池。这些电池中有汞盐和其他重金属盐类,废弃后处理不当就会污染环境,危害人的健康。并且我国电池的生产工艺落后,至今未禁止汞的使用,加之人们的环保意识落后,有关废旧电池的回收利用的法规政策尚不完善,使得我国的废旧电池污染严重,在回收再利用上也与西方发达国家存在较大差距。

二、电池的种类及化学组成

在日常生活中我们使用的电池主要包括两大类:工业电池和民用电池。

目前使用最多的工业电池为铅蓄电池(也有少量民用,如摩托车电池、家庭照明用蓄电池等),其污染物主要为铅和硫酸。这类电池原材料单一,且多为大型电池,处理比较方便。其中的铅可以重新提炼,外壳多为可再生塑料,具有很高的利用价值。

民用电池包括小型可充电电池和民用干电池。小型可充电电池指小型二次电池，目前使用较多的有铜镍、氢镍和锂离子电池，其污染物主要为镉（目前环保严格控制的重金属之一）、铜等金属元素，其使用数量相对较少、体积较小，使用分散。民用干电池的主要污染物是汞。虽然污染最严重的"汞电池"已经被强令淘汰，而被锌空气电池取代，但锌锰电池、碱性锌锰电池、锌银电池和锌空气电池等使用锌电极的电池一般都使用汞或汞的化合物作缓蚀剂。

化学电池按工作性质可分为一次电池（原电池）、二次电池（可充电电池）及铅酸蓄电池。其中，一次电池可分为糊式锌锰电池、纸板锌锰电池、碱性锌锰电池、扣式锌银电池、扣式锂锰电池、扣式锌锰电池、锌空气电池、一次锂锰电池等；二次电池可分为镉镍电池、氢镍电池、锂离子电池、二次碱性锌锰电池等；铅酸蓄电池可分为开口式铅酸蓄电池、全密闭铅酸蓄电池。具体分类和区别列于表 5-12。

表 5-12　电池的分类和化学组成

电池的种类		主要污染物
工业电池	铅蓄电池	铅、硫酸
小型可充电电池	镉镍电池	镉、铜、镍
	氢镍电池	镉、铜、镍
	锂离子电池	镉、铜
民用干电池	锌锰电池	汞或汞的化合物
	碱性锌锰电池	汞或汞的化合物
	锌银电池	汞或汞的化合物
	锌空气电池	汞或汞的化合物

资料来源：高桂荣，2003.

三、废旧电池对人体健康的危害

在各种污染物中，就体积和重量而言，废旧干电池在生活垃圾中所占的分量是微不足道的，但它们的害处却非常大。电池中含有汞、镉、镍、锰等重金属物质，这些有毒物质通过各种途径进入人体，长期积蓄难以排除，损害神经系统、造血系统和骨骼系统，甚至致癌。废旧电池中的重金属及其危害，可参见第五章第一节的相关内容。

不仅如此，废旧电池处理不当，还可能造成二次污染，对环境的污染更为严重。目前，我国已进行垃圾分类，根据分类进行不同方式的处理。但由于种种原因，有的城镇并没有严格执行，将废旧电池随城镇生活垃圾一起填埋、焚烧或堆肥。这样做的危害是：由于废旧电池中重金属的含量比较高，若在堆肥过程中混入废电池会严重影响堆肥产品的质量；若混入焚烧过程中，汞、镉、砷、锌等重金属高温时易气化挥发，部分重金属在炉中反应生成氯化物、硫化物或氧化物，比原金属元素更易气化挥发，随尾烟进入大气后，会对土壤和大气产生污染，底灰中富集了大量重金属,形成的灰渣较难处理;若填埋过程中混入废电池,其中的重金属可能通过渗滤作用污染水体或土壤。有关资料表明,一节纽扣电池产生的有害物质能污染 60 万升水,相当于一个人一生的饮水量;一节一号电池埋在土壤中,能使 1 平方米土地永久失去利用价值。

由此可见,废旧电池若随生活垃圾共同处理、处置,将会给环境带来极大的潜在危害。

第六节 持久性有机污染物对人体健康的影响

一、持久性有机污染物的定义与特征

1. 持久性有机污染物的定义

持久性有机污染物(persistent organic pollutants,简称 POPs)是指大多在环境中具有难降解性、较强亲脂性和生物毒性,可以在食物链生物体中富集并能够通过蒸发-冷凝等过程远距离传输的一类有毒有机化合物。

2. 持久性有机污染物的环境化学行为特征

(1) 环境持久性

持久性有机污染物化学性质稳定,难于降解转化,在环境中不易消失,可长时间滞留于环境中,如六六六在土壤中分解 95%最长需 20 年,DDT 在土壤中分解 95%最长需 10 年。

(2) 生物积累性

持久性有机污染物具有低水溶性,高脂溶性特性,可以被生物直接从环境或食物中摄取并蓄积,通过食物链(网)在生物体内蓄积并逐级放大,如多氯联苯在最高级的捕食者体内浓度能增大 7 万倍之多。

(3) 长途迁移性

持久性有机污染物具有半挥发性,能够从水体或土壤中以气体的形式进入大气环境,或被大气颗粒物吸附,通过大气环流在大气中作远距离迁移,在较冷或海拔高的地方会沉降到地球上,而后在温度升高时,再次挥发进入大气,进行迁移。这种过程不断发生,使得这些污染物可沉降到地球偏远的极地地区,南极企鹅体内和北极因纽特人体内检出 DDT 是这一性质的最好证明。

(4) 高急性毒性

持久性有机污染物具有高急性毒性和水生生物毒性,具有致癌、致畸、致突变性,还具有干扰内分泌作用,它们对环境造成的危害是长期而复杂的,成为严重威胁人类健康和生态环境的全球性环境问题,对人类生存繁衍和可持续发展将构成重大威胁。

二、POPs公约

联合国环境规划署(United Nations Environment Programme,简称UNEP)理事会于1997年提出并建立一个国家间谈判委员会(Intergovernmental Negotiating Committee,简称INC),委任其制定实施具有法律约束力的关于POPs的全球性条约。2002年5月21—23日,在瑞典斯德哥尔摩大会上通过了《关于持久性有机污染物的斯德哥尔摩公约》(以下简称《公约》)。2004年5月17日,《公约》正式生效。

《公约》将通过控制各国生产、进出口、使用和处置POPs从而达到最终消除有意生产POPs的目的。《公约》最初规定削减和淘汰对人类危害最大的12种物质,它们可分为3类:

① 杀虫剂类。主要是艾氏剂(aldrin)、氯丹(chlordane)、DDT、狄氏剂(dieldrin)、异狄氏剂(endrin)、七氯(heptachlor)、灭蚁灵(mirex)、毒杀酚(toxaphene)。

② 工业化学品。主要是六氯苯(HCB)和多氯联苯(PCBs)。

③ 副产物。主要是二噁英(PCDDs)、呋喃(PCDFs)。

对于以上12种POPs中的某些有机污染物中,有一部分浓度相对较低,但具有难降解性、生物毒性、生物积累和放大作用、半挥发性的特征,称为持久性有毒物质(persistent toxic substance,简称PTS),这类化合物也包括有机汞和有机锡化合物,其中大多数化合物具有对生物体的"三致"(致癌、致畸、致突变)效应及相关遗传毒理学特性。

三、持久性有机污染物对人体健康的危害

1. 对免疫系统的毒性效应

POPs对人的免疫系统有重要影响。生活在极地地区的因纽特人由于日常食用鱼、鲸、海豹等海洋生物的肉,而这些肉中的POPs通过生物放大和生物积累已达到很高的浓度,所以因纽特人的脂肪组织中含有大量的有机氯农药、PCBs和PCDDs。通过对加拿大因纽特人婴儿研究发现,母乳喂养的婴儿的健康T细胞和受有机氯感染T细胞的比率和母乳的喂养时间及母乳中有机氯的含量相关。

2. 对内分泌系统的影响

生物的许多健康问题都与各种人为或自然产生的内分泌干扰物质有关。通过体外实验已证实POPs中有几类物质是潜在的内分泌干扰物质。例如,男性精子数量的减少,生殖系统的功能紊乱和畸形,睾丸癌及女性乳腺癌的发病率都与长期暴露于低水平的类激素物质有关。研究发现,患恶性乳腺癌的女性要比患良性乳腺肿瘤的女性的乳腺组织中PCBs和DDE的水平高。

3. 对生殖和发育的影响

生物体暴露于POPs中会产生生殖障碍、畸形、器官增大、机体死亡等现象。

POPs同样会影响人的生长发育,尤其会影响到孩子的智力发育。对200个孩

子进行研究,其中有34个孩子的母亲在怀孕期间食用了受到有机氯污染的鱼,结果发现这些孩子出生时体重轻,脑袋小,在7个月时认知能力较一般孩子差,4岁时读写和记忆能力较差,在11岁时测得他们的IQ值较低,读、写、算和理解能力都较差。

4. 致癌作用

实验表明几种POPs会产生毒性,促进肿瘤的生长。对在沉积物中PCBs含量高的地区的大头鱼进行研究,发现大头鱼皮肤损害、肿瘤和多发性乳头瘤等病的发病率明显升高。

5. 其他毒性

POPs还会引起一些其他器官组织的病变。例如TCDD暴露可引起慢性阻塞性肺病的发病率升高,也可以引起肝脏纤维化以及肝功能的改变,出现黄疸、精氨酶升高、高血脂,还可引起消化功能障碍。此外POPs对皮肤还表现一定的毒性,如表皮角化、色素沉着、多汗症和弹性组织病变等。POPs中的一些物质还可能引起精神心理疾患症状,如焦虑、疲劳、易怒、忧郁等。

第七节　二噁英污染对人体健康的影响

一、概述

在城市固体废物焚烧过程或某些含氯有机污染物生产过程中就会产生二噁英。此类物质结构大体分两种:一种母核为二苯并-对-二噁英,具有经两个氧原子连接的二苯环结构,会组成75种取代位置异构体,总称PCDDs。另外还有一种理化性质及毒性与之相似的毒物二苯并呋喃(Fs),它有135种。日常所说的二噁英是二者的合称PCDDs/Fs,共计210种异构体,它们在毒性、"三致"性上可能有很大差别,其中以2,3,7,8-TCDD的毒性最强,它具备军用毒剂的某些特征,其毒性大于神经性毒剂沙林,被认为是一种潜在性化学战剂,军用植物杀伤剂2,4-D和2,4,5-T中都含有TCDDs。

二、环境中二噁英的来源

就目前研究表明,二噁英来源绝大部分为人为源,归纳如下:

① 金属冶炼、纸浆加氯漂白过程、燃煤或燃油火力发电厂等高温制造厂制造过程的燃烧行为;

② 用于木材防腐剂的五氯酚和作为除草剂的2,4,5-三氯酚等氯酚类化合物,其生产制造过程中,亦含微量的二噁英副产物;

③ 一般固体废弃物、工业废弃物焚化与燃烧过程中,若操作条件控制不当,也

会产生二噁英；

④ 露天燃烧垃圾、废电缆、废五金等其他人为的燃烧行为；

⑤ 燃烧未经污染的木材也可能产生微量的二噁英。所以森林失火被认为是多氯二联苯类二噁英可能的自然来源之一；

⑥ 烟草燃烧；

⑦ 在农药生产和氯气生产过程中以副产品或杂质形式产生的二噁英。

三、二噁英对人体健康的危害

二噁英毒性很显著，它可以引起动物肝脏坏死、淋巴髓样变、脑腺萎缩等，其中TCDD类物质非常小的剂量就会对激素调控产生极大影响，造成细胞分裂、组织再生、生长发育、免疫代谢功能异常。因此，二噁英有致畸性、免疫毒性、发育毒性、扰乱动物生殖能力等危害。而且由于它的毒性远远超过了DDT、六六六、五氯酚钠等，WHO已于1997年将其列为Ⅰ级致癌物，并于1998年规定人体暂定每日耐受量从原来的10皮克/千克（$p=10^{-12}$，1皮克为万亿分之一克）降低到1～4皮克/千克体重。

1. 对生殖的危害

二噁英对人类的危害，以造成人体生殖功能异常最为引人瞩目。许多研究表明，它们一旦进入人体，即可发挥类似雌性激素的作用干扰内分泌。这种干扰对青年男子影响最大。例如，使男子精液量和精子数量减少，精子运动能力低下，精子形态异常等；另外，还会影响男性生殖器官的发育，降低男婴的出生率。

2. 皮肤黏膜损害

二噁英可以改变皮脂分泌，使皮肤增生，过度角化，发生氯痤疮，并使皮肤、黏膜、牙龈、甲床等处色素沉着。氯痤疮可合并囊肿、脓包，累及面、颈、胸、背甚至四肢。毛囊过度角化之前常有红斑、水肿，有时有光过敏。皮损常持续多年，愈合时常留有疤痕。

3. 致癌性

二噁英是一种极强的促癌剂。越南战争期间，美国在越南喷洒下大量含有二噁英的2,4-D和2,4,5-T（又称橙色制剂）。战后一项调查显示，当年接触橙色制剂的美国士兵，恶性肿瘤的发病率为4.95%。国际癌症研究机构（IARC）在1997年将2,3,7,8-TCDD定义为人类Ⅰ级致癌物，多氯联苯二噁英、非氯代联苯二噁英、多氯联苯呋喃定为Ⅱ级污染物。

4. 对胚胎及婴幼儿发育的影响

发育中的个体尤其是胚胎对二噁英尤为敏感。流行病学调查显示，越战期间接触橙色制剂的美国士兵回国后，其妻子自发性流产与子女先天畸形发生率上升30%。新西兰在1972—1976年间喷洒2,4,5-T时所发生的先天畸形（如尿道下裂、心脏畸形）的比率高于以前没有喷洒时。

5. 对机体的其他影响

肝功能损害是二噁英常见的毒性作用,可使肝细胞变性坏死,转氨酶升高。二噁英暴露还可能与心血管疾病、呼吸系统疾病有关。

参考文献

[1] [美]雷切尔·卡逊.寂静的春天.长春:吉林人民出版社,1997.

[2] [日]佐藤淳.环境激素.魏春译.北京:科学出版社,2003.

[3]《国家突发环境事件应急预案》(国办函〔2014〕119号)NY/T ICS65.020 2 04 NY 中华人民共和国农业行业标准 NY/T 1262-2007 农业环境污染事故等级划分规范.

[4] Environmental Protection Agency(EPA), Health Assessment Document for Polychlorinated Dibenzo p-dioxin.(U.S.)EPA, Cincinnati, OH. 1985:86~122,546.

[5] Geyer H, Scheunert I, Korte F. Bioconcentration potential of organic environmental chemicals in humans, Regul Toxicol Pharmacol, 1986, 6:313~347.

[6] http://www.agrichem.cn/news/2015/8/31/201583114183250184.shtml,2015-08-31.

[7] Van den Berg M, Birnbaum L, Bosveld ATC, et al. Toxic equivalency factors (TEFs) for PCBs, PCDDs, PCDFs for humans and wildlife, environ. Environ Health Perspect, 1998, 106:775~792.

[8] Van Leeuwen FX, Feeleg M, Schrenk D. Dioxins: WHO'S tolerable daily intake(TDI) revisited[M]. Chmosphere 2000 May-Jun40(9~11):1098~1101.

[9] 蔡宏道等.环境医学.北京:中国环境出版社,1990.

[10] 陈静生等.环境地球化学.北京:海洋出版社,1990.

[11] 陈苏,付娟,陈朝猛.电子废弃物处理现状与管理研究.南华大学学报(理工版),2003,17(1).

[12] 陈中原.绿色时尚——21世纪文明起行.南京:江苏人民出版社,2000.

[13] 成建华.环境中的二噁英及其对健康的影响.中华预防医学杂志,2000,34(6),365~368.

[14] 戴天有等.持久性有机污染物(待续).干旱环境监测,2003,17(3).

[15] 段晨龙,王海锋,何亚群等.电子废弃物的特点.江苏环境科技,2003,16(3).

[16] 樊德方等.农药的污染与防治.北京:科学出版社,1982.

[17] 方如康等.中国医学地理学.上海:华东师范大学出版社,1993.

[18] 高桂荣.废旧电池的回收及利用,辽宁城乡科技,2003,(6).

[19] 耿天瑜,孟凡凯.二噁英污染对人体健康的影响.环境与健康杂志,2001,18(2),125~128.

[20] 国外废旧家电处理纵览.中国资源综合利用.国外动态,2004-03.

[21] 韩作樑,张友良,田晖,周岸清.日本家电行业循环制造的机制及对我国的启示.家电科技,2004,(10).

[22] 何亚群,段晨龙,王海峰等.电子废弃物资源化处理.北京:化学工业出版社,2006.

[23] 黑笑洒,徐顺清,马照民等.持久性有机污染物的危害及污染现状.环境科学与管理,2007,32(5).

[24] 胡经之.威胁人类存亡的定时炸弹——环境荷尔蒙.深圳:海天出版社,1999.

[25] 黄伟，侯秀萍. 废旧电池的回收处理. 能源环境保护，2004，(1).
[26] 黄栩等. 持久性有机污染物(POPs)生物修复研究进展. 环境科学学报，2006，(3).
[27] 冀晓民，冯亚斌等. 关于我国废旧电池的调查研究. 科学管理研究，2001，(12).
[28] 姜尔玺，李文兰，季宇彬. 当前环境激素的研究状况. 城市环境与城市生态，2002，15(5)：30.
[29] 孔志明等. 环境毒理学. 南京：南京大学出版社，1995.
[30] 李峰等. 持久性有机污染物(POPs)对鸟类的影响. 动物学杂志，2006.
[31] 李宏，葛英. 二噁英的毒害、来源及治理. 化学工业与工程，17(5)，294～299.
[32] 李忠等. 持久性有机污染物(POPs)对人类健康的危害及其治理技术进展. 四川环境，2003，22(4).
[33] 廖自基. 环境中微量重金属元素的污染危害与迁移转化. 北京：中国环境科学出版社，1989.
[34] 廖自基. 微量元素的环境化学及生物学效应. 北京：中国环境科学出版社，1992.
[35] 林玉锁. 农药环境污染调查与诊断技术. 北京：化学工业出版社，2003.
[36] 卢登峰. 电子废弃物环境管理与回收利用的对策研究. 科技情报开发与经济，2004，14(7).
[37] 卢苇，马一太. 电子电气废弃物回收利用初探. 中国资源综合利用，2003，(11).
[38] 马永刚."中日技术合作电子废弃物资源化和循环利用技术"研讨会在北京召开. 电源技术，2004，28(4).
[39] 毛文永. 环境污染与致癌. 北京：科学出版社，1981.
[40] 毛玉如，李兴. 电子废弃物现状与回收处理探讨. 再生资源研究，2004，(2).
[41] 齐文启，孙宗光，汪志国. 环境荷尔蒙研究的现状及其监测分析. 现代科学仪器，2000，(2)：35～38.
[42] 沈平.《斯德哥尔摩公约》与持久性有机污染物(POPs). 化学教育，2005(6).
[43] 石碧清等. 持久性有机污染物(POPs)及其危害. 中国环境管理干部学院学报，2005 年 3 月.
[44] 淑华，郭笃发. 浅议废旧电池的危害与我国回收现状. 山东师范大学学报，2004，1.
[45] 宋国勇，许涛，裴晓鸣. 电子废弃物的回收与利用. 辽宁城乡环境科技，2003，23(5).
[46] 孙胜龙. 环境污染与生物变异. 北京：化学工业出版社，2003.
[47] 索文蔚. 不能忘却的电子垃圾. 中华儿女(海外版)，2002，(17).
[48] 谭见安等. 地球环境与健康. 北京：化学工业出版社，2004.
[49] 唐森本. 环境化学与人体健康. 北京：中国环境科学出版社，1989.
[50] 唐森本. 环境化学与人体健康. 北京：中国环境科学出版社，1989.
[51] 王德义，高书霞. 废旧电池的回收利用与环境保护. 再生资源研究，2003，(6).
[52] 王景伟，施德汉，陈须连. 美国电子废弃物资源化产业现状分析. 上海环境科学，2003，22(12).
[53] 王夔等. 生命科学中的微量元素. 第 2 版. 北京：中国计量出版社，1996.
[54] 王秀，长利民，邹敏. 化学农药与环境激素. 农村生态环境，1999，15(4)：37～41.
[55] 王震，马鸿发. 上海市电子废弃物产生量及管理对策初探. 再生资源研究，2003，(3).
[56] 吴峰. 国外电子废弃物的环境管理技术初探. 中国环境管理，2001，(3).
[57] 夏苏湘，金成舟. 浅议电子废弃物的再生利用. 城市管理，2004，(2).
[58] 徐顺清等. 环境健康科学. 北京：化学工业出版社，2005.

[59] 尹龙赞,娄振宇,刘雁丽等.二噁英对人体健康的影响.中国工业医学杂志,2001,14(1),46～49.
[60] 余刚,牛军峰,黄俊等.持久性有机污染物——新的全球性环境问题.北京:科学出版社,2005.
[61] 余刚,牛军峰,黄俊等.持久性有机污染物——新的全球性环境问题.北京:科学出版社,2005.
[62] 袁星等.持久性有机污染物(POPs)及其生态毒性的研究现状与展望.重庆环境科学,2005,(2).
[63] 赵兵等.持久性有机污染物的研究进展.净水技术,2005,(2).
[64] 赵美萍,邵敏.环境化学.北京:北京大学出版社,2005.
[65] 中国工程院环境委员会.环境污染对健康影响——《环境污染与健康》国际研讨会论文集.北京:中国环境科学出版社,2004.
[66] 中华人民共和国地方病与环境图集编纂委员会.中华人民共和国地方病与环境图集.北京:科学出版社,1989.
[67] 周健民.土壤学大辞典.北京:科学出版社,2013,10.

思 考 题

1. 主要重金属(汞、镉、铅、锌、砷)对人体健康的影响。
2. 农药的定义与分类。
3. 农药环境污染的特点与事故等级划分。
4. 农药对人体的危害。
5. 环境激素类物质的来源、主要种类及特点。
6. 环境激素对人体的危害。
7. 电子废弃物的定义、分类及特点。
8. 电子废弃物对人体健康的危害。
9. 持久性有机污染物的定义与特征。
10. 持久性有机污染物对人体健康的危害。

第六章　环境物理因素与人体健康

第一节　物理性污染概述

各种物质都在以不同的运动形式进行能量的交换和转化。物质能量的交换和转化过程，就构成了物理环境。人类生活在物理环境里，也影响着物理环境。20世纪50年代以后，物理性污染日益严重，对人类造成越来越严重的危害，促进了声学、热学、光学、电磁学等学科对物理环境的研究。

物理性污染同化学性污染、生物性污染是不同的。化学性污染和生物性污染是环境中有了有毒有害的物质和生物，或者是环境中的某些物质超过正常含量。而引起物理性污染的声、光、电磁场等在环境中是永远存在的，它们本身对人无害，只是在环境中的量过高或过低时，就会造成污染或异常。例如，声音对人是必需的，环境中长久没有任何声音，人就会感到恐怖，甚至会疯狂。但是声音过强，又会妨碍或危害人的正常活动和身心健康。物理性污染同化学性污染和生物性污染相比，不同之处表现在以下两个方面：一是物理性污染是局部性的，区域性或全球性污染现象比较少见；二是物理性污染是能量的污染，在环境中不会有残余物质存在，在污染源停止运转后，污染也就立即消失。

第二节　电磁辐射污染的基本概念

一、电磁辐射污染的定义及分类

1. 电磁辐射污染的定义

电磁辐射污染，又称电子雾污染。高压线、变电站、电子仪器、医疗设备、办公自动化设备、微波炉、电脑及手机等家用电器工作时均产生各种不同波长频率的电磁波，这些电磁波充斥空间，无色、无味、无形，可以穿透包括人体在内的多种物质。如果长期暴露在超过安全剂量的辐射下，人体细胞就会被大面积杀伤或杀死，所以称为电磁辐射污染。

对于电磁辐射污染的具体物理参数，专家认为，它是指波长大于0.536厘米（即频率低于3×10^{11}赫兹）包括50赫兹的市电电场在内的电磁辐射。这类电磁辐射的粒子能量在$4\times10^{-4}\sim1.2\times10^{-9}$电子伏之间。它可以无孔不入，任意穿透多种物质,对人体健康造成危害。

在这里,有必要明确一组概念,即电磁辐射和电磁辐射污染,这两者是不同的。有些人一听到电磁辐射就过分紧张、谈之色变,这是因为他们将电磁辐射和电磁辐射污染混为一谈。其实人类本身就生活在一个大磁场中,那就是地磁场。地表的热辐射和雷电都会产生电磁辐射,太阳及其他星球也从外层空间源源不断地产生电磁辐射。但天然产生的电磁辐射一般对人体没有很大损害,对人体构成威胁、对环境造成污染的主要是人工生成的电磁辐射。一般的电磁辐射的确对人体会造成一定的影响,不同的人或同一人在不同年龄段对电磁辐射的承受能力是不同的,当电磁辐射能量(其大小用场强度表示)被控制在一定限度内时,它对人体是无害甚至是有益的,因为它可以加速生物体的微循环,防止炎症的发生,还可以促进植物的生长和发育。但是当能量超过一定限度后,就会逐渐出现负面效应,变有益为有害,即我们常说的电磁辐射污染。因此,我们在平日的生活中对电磁辐射不必"草木皆兵",只要做适当的防护即可。下面的讨论都是基于超过安全标准的电磁辐射污染的。

2. 电磁辐射污染的分类

电磁辐射污染包括两大类:一是自然产生的,包括太阳活动频繁时所发出的"电磁风暴"以及星际噪声、银河噪声等,由于这些对人类健康的影响不大,不具体论述;二是人类活动产生的,包括以下几个方面。

(1) 高压、超高压输配电线

与生活密切相关的一种电磁辐射污染就是由居民区附近的高压输电线路造成的。输配电线对人体健康的影响主要通过两种方式:一是导线的电晕放电;二是由于绝缘子断裂、绑扎松脱等偶然发生的接触不良所产生的微弧以及受污染的导线表面上的火花放电。

(2) 电气机车

电气机车在运行过程中,偶尔会发生接触不良的现象,因而不时地引发火花放电,严重时会产生弧光放电,对周围的人群健康会造成影响。尤其是在地铁站中,电气机车来往频繁,对地铁工作人员的健康有很大负面效应。

(3) 家用电器类

包括电热毯、手机、电脑、电视机、微波炉、电磁灶等,本节最后一部分将具体介绍电脑和手机的危害,这里简单列举电热毯和微波炉对健康的影响。

电热毯与电褥的强电场使部分人睡后产生不适,特别是对孕妇的影响最为突出。有报告指出,使用电褥的孕妇发生流产及异常出生现象比率高于不使用者。

微波炉是现代化烹饪工具,深受城市家庭欢迎。不过,微波炉是目前所有家用电器中磁场最强的。有美国调查实验报告指出,微波炉释放的电磁场会令人不安,容易激发家庭冲突,原因是微波炉的电磁线对人体大脑有不良的影响,能使人发怒或情绪沮丧,还会诱发白内障。如果每天都用微波炉煮食,这种影响更大。

(4) 工业、科学、医疗(ISM)设备

ISM 设备数量很多,分布广,不论工矿企业,还是医院、科研单位,甚至家庭,都有属于 ISM 范围的设备,频率分布的范围为几百千赫至几千兆赫。如短波与超短波理疗仪以及心脏起搏器的使用,均会产生不同波段的电磁辐射。而且 ISM 设备的辐射强度一般都较大,所以对直接使用此类设备的操作人员身体的危害也较大。

(5) 广播、电视、通信、雷达、导航发射设备

这几项已成为现代生活中不可缺少的部分,其特点是发射功率大,数量多,在定向工作状态下所造成的环境污染半径达几千米,对于接近发射设备的工作人员及其附近居民健康损害严重。

(6) 高频加热设备

包括高频淬火、高频焊接、高频熔炼等感应加热设备以及塑料热熔机、干燥处理机等介质加热设备。

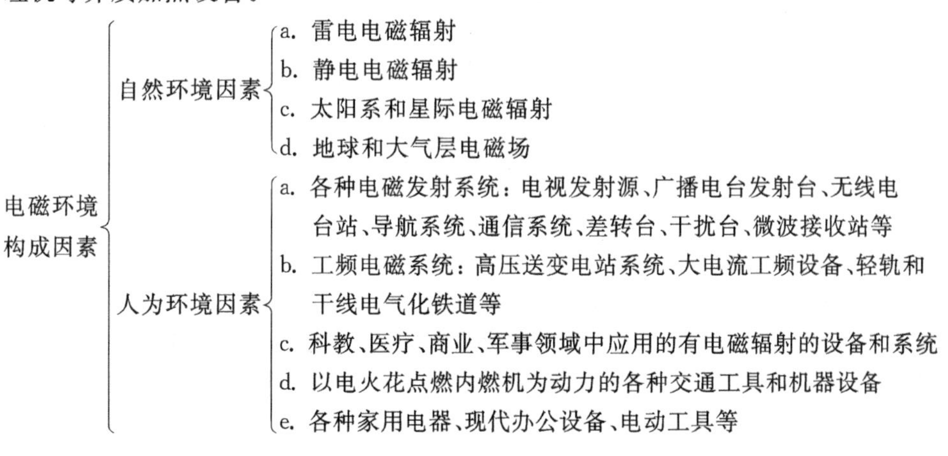

二、电磁辐射污染对人体健康的危害

1. 电磁辐射的伤害因素

由上面所提到的诸多电磁辐射污染源可以看出,许多都是我们日常生活中经常接触到的,尤其是电脑和手机。这些辐射污染会对人类健康造成严重危害,引发“无线电波病”。在医学-生物学研究基础上,对电磁场也已确定如下基本的伤害因素,即电磁场强度、场作用的延续时间、不同频率域的活度、外部条件、被作用的有机体功能状态、场作用的稳定性和生理适应程度等。

2. 电磁辐射污染对人体伤害的具体表现

综合各种理论和相关研究,电磁辐射对人体造成伤害具体表现在如下六点:

① 它极可能是造成儿童患白血病的原因之一。长期处于高电磁辐射的环境中,会使血液、淋巴液和细胞原生质发生改变。

② 能够诱发癌症并加速人体的癌细胞增殖。电磁辐射污染会影响人体的循环系统、免疫、生殖和代谢功能,严重的还会诱发癌症,并会加速人体的癌细胞增

殖。在美国夏威夷的9次人口普查中,有8次表明,在发射塔附近的居民中,男性的癌症发病率是预计的1.45倍,女性是预计的1.27倍,产生病理状况的原因主要是电磁波的生物学效应和热效应所致。其具体机理为:当电磁波的能量作用于生物体后,被生物组织吸收而转化为分子的动能,提高其温度。人体的皮肤组织温度升高后,逐步影响到深部组织,当达到一定程度时,人体就会发生代谢反应,使血流加速,久而久之就会使人体失去平衡。除了"热效应"引起的反应外,有人认为,生物组织的细胞在一定频率电磁波的作用下会产生"共振"现象,当细胞膜产生共振现象时,生命活动便会受到伤害。还有人认为,人体的许多生命活动都与人体组织的电活动有关,当生物电活动受到影响时,便对人的生命造成干扰。另据报道,在高辐射的宇宙空间里1小时就会增加患癌症的危险。美国休斯敦约翰逊宇宙中心的巴德瓦说:"当高能量离子射线照射到人体内DNA分子时,人体基因会发生变化,导致癌症的发生,空间站的宇航员必须保护自己免遭太空辐射。"所以,长时间的太空辐射会提高癌症的患病率。

③ 影响人的生殖系统。主要表现为男子精子质量降低,孕妇发生自然流产和胎儿畸形等。国外有关资料表明,对几千名婴儿无故死亡这一现象进行研究,发现死亡婴儿大多在雷达、高压线、无线电发射台附近居住。

④ 可导致儿童智力残缺。世界卫生组织认为,计算机、电视机、移动电话的电磁辐射对胎儿有不良影响。

⑤ 影响人们的心血管系统。其表现为心悸、失眠、部分女性经期紊乱、心动过缓、心搏血量减少、窦性心律不齐、白细胞减少、免疫功能下降等。电磁场作用的结果可以是急性的,也可以是慢性的。它可以造成机体和系统的破坏,使心脑血管、内分泌、神经系统、造血系统以及其他器官等产生紊乱。如果长时间处在电磁辐射的作用下,人很容易产生失眠或嗜睡等植物神经功能紊乱症状,有的还可能会伴有白血球下降、视力模糊、心电图波动等临床症状。一般来说,神经和心血管系统的变化是可逆的,或可缓解、消除的(当环境改善或电磁场被解除后)。但是如果电磁场作用是长时间、大强度的,便会造成多种器官的破坏,直至死亡。除此之外,电磁辐射对人体心血管系统及交感神经方面的危害是人们研究的重点,它可以引发心动过缓、血压下降或心动过速、高血压等症。

⑥ 对人们的视觉系统有不良影响。由于眼睛属于人体对电磁辐射的敏感器官,过高的电磁辐射污染会引起视力下降、白内障等。相关动物试验显示,用足够强度的微波(600兆瓦/平方厘米)照射兔眼,5分钟即可引起兔眼白内障,这说明动物(可以推广到人类)的眼睛最易受到微波伤害,它可导致白内障,伤害角膜、虹膜等,严重时可致失明。这也就是为什么不能在微波炉加热时长时间盯着看的原因。高剂量的电磁辐射还会影响及破坏人体原有的生物电流和生物磁场,使人体内原有的电磁场发生异常。值得注意的是,不同的人或同一个人在不同年龄阶段对电磁辐射的承受能力是不一样的,老人、儿童、孕妇属于对电磁辐射的敏感人群。同

时，长期接触微波的人群要比其他人群更容易受到伤害，北京医学院调查了227名微波作业人员，约20%的人眼睛受到伤害，其中3例为“微波白内障”。微波辐射主要影响和危害人体的眼球晶状体、内分泌系统、消化系统等，视辐射强度的大小，会出现头痛、头晕、无力疲劳、视力减退和水面障碍为主要症状的神经衰弱综合征及眼球晶状体混浊、白血球总数波动、血小板减少等症状。

三、电磁辐射污染危害人体健康的机理

电磁辐射会给人体健康带来诸如致癌、损害心血管系统、伤害眼睛等诸多危害，那么其具体的致病机理是怎样的呢？

电磁场辐射与人体的作用程度，同场强成正比，只有当场强超过一定限度时，才会危害人体的健康，在场强一定的条件下，波长越短对人体的危害越严重，即微波对人体的危害最严重。微波辐射作用于人体后，一部分被体表反射，一部分被吸收，一般认为可分为热效应和非热效应。

1. 热效应

组成人体细胞和体液的分子大都是极性分子，在微波电磁辐射作用下，使原来无规则排列的分子沿电场方向排列起来，因微波电场方向变化很快，极性分子在改变取向时与四周粒子发生摩擦而产生大量热，人体内电解质溶液中的离子也因电磁场的作用发生振荡而使介质发热，其公式为

$$\Delta T = \frac{-(P \times t) \times 10^{-3}}{4.17\, C \times V}$$

式中，ΔT 为温差（摄氏度）；P 为吸收功率（兆瓦/平方厘米）；C 为介质比热[（卡/克·摄氏度）]；V 为介质密度（克/立方厘米）。当机体吸收功率接近代谢散热时，机体就会感到热负载。若机体受到足够的功率，而热调节系统失调，则体温上升，产生高温反应，在医学临床上就表现为心率加快、血压升高、呼吸加快，严重时出现抽搐和呼吸障碍，甚至死亡。

此外，机体某些成分为导体（如体液），可产生局部感应电流而生热，因此，可使体温升高。微波辐射的功率、频率、波形、环境温度和湿度以及被照射的部位等，对伤害的深度和程度都产生一定的影响。

2. 非热效应

微波辐射对人体的作用除了热效应外，还有非热效应的存在。至于电磁波的非热效应问题，正在进一步研究之中。一般认为人体被电磁波辐射后，体温并没有明显升高，但已经干扰了人体固有的微弱电磁场，造成细胞内遗传基因发生畸形突变，进而诱发白血病和肿瘤，还会引起胚胎染色体改变，导致婴儿的畸形和孕妇的自然流产。即使人体处在强度不大的微波辐射环境中，往往也会出现一些生理反应，长时间的微波辐射可破坏脑细胞，使大脑皮质细胞活动能力减弱，已形成的条件反射受到抑制，反复经受微波辐射可能引起神经系统机能紊乱。另外，长

期的微波辐射可引起血液内白细胞数和红细胞数减少，并使血凝时间缩短。

微波辐射对人体的危害，另一特点是积累效应。一般一次低功率照射之后会受到某些不明显的伤害，经过4～7天之后可以恢复。如果在恢复之前受到第二次照射，伤害就将积累，这样多次之后就形成明显的伤害。而长期从事微波工作，长期受到低功率照射的工作人员，在停止微波工作后4～6周才能恢复。但必须指出，只有低功率照射受损的人体机能才能恢复；而功率很大，从事此项工作时间又长，损害将会是永久的。理论和实验证实，人体还存在半导体效应、霍尔效应、电脉力效应、电磁共振效应、生物电效应等，在场力作用下都可以导致非热效应，参与对人体的作用。

四、日常生活中的电磁辐射污染对人体健康的危害

1. 电脑辐射对人体健康的危害

关于视频终端显示器电磁辐射对人体健康的影响与危害，世界上许多国家，诸如美国、法国、英国、德国、加拿大、日本、瑞典、新加坡、挪威、澳大利亚等发达国家组织力量，进行了大量的研究。研究发现，电脑主要对眼睛、头部、骨骼肌、皮肤等器官和部位产生危害作用。此外，对妊娠也产生有害影响(表6-1)。

表6-1 电脑对人体健康危害一览表

1	视力衰退	近视、散光、眨眼、斜视等由电视强光及反射光所造成。荧光屏幕上的不固定眩光，不断地闪烁，放大缩小，人们的瞳孔也随着映像放大、缩小，影响视觉，造成各种眼睛疾病
2	胚胎组织	荧光屏幕所产生的低频辐射，能渗透人体，并伤害女性的染色体，触发婴儿畸形发育、低智能、自发性流产、死胎、初生儿死亡等怀孕意外，也可导致不育症
3	白内障	荧光屏幕上的强光，反射光及眩光原已造成眼睛疲劳，加上低频辐射影响眼球视网膜及晶体，形成白内障
4	皮肤老化	荧光屏幕产生之正电荷，刺激皮肤长出红色的皮革疹及色素沉积而产生色斑，加速皮肤老化
5	呼吸困难	荧光屏幕表面的静电产生的正离子，会吸附周围的负离子，并会夹带着污物、灰尘、细菌和烟灰，朝人们撞击，造成呼吸不顺畅，新陈代谢不平衡
6	腰酸背痛	正电离子影响人类中枢神经，尤其是老年人，容易造成腰酸背痛，并使记忆力减退
7	心情烦躁	正电离子影响人们的心理反应和神经系统，使人心情烦躁
8	头痛	长期面对电视和电脑荧光屏幕，容易使人疲倦并造成头痛

资料来源：赵玉峰.现代环境中的电磁污染.2001.

2. 手机辐射对人体健康的危害

(1) 手机辐射

手机辐射指手机通过电磁波进行信息传递时产生的电波。手机辐射靠SAR

(Specific Absorption Rate)值来衡量。关于手机辐射对人体有无危害,其马拉松式的争论从来没有停止过。

部分人认为手机辐射对人体健康的危害是客观存在的严重社会问题,也有人提出手机辐射对人体健康无害论。《破解手机辐射危害健康的流言》分析了手机辐射问题,《基站与健康》分析了基站辐射问题。从对人体健康潜在影响的角度来看,国际上对电磁辐射的测量标准有两种,分别是功率密度标准和比吸收率标准,前者属电磁学领域,后者虽仍与电学相关,但已扩展到生物学领域了。

(2) 测量标准

① 功率密度标准

功率密度指的是单位面积所接收到的辐射功率,它所测量的是信号强度,可以用电场强度和磁场强度来表示,但更普遍采用的是功率密度。从对人体影响的角度出发,频率越高则允许的功率密度就越大,即从 3 兆赫的 0.4 瓦/米到 30 000 兆赫的 2 瓦/米。

手机的峰值功率 2 瓦,美国电气电子工程师协会(IEEE)不考虑发射功率 7 瓦以下的安全问题,但美国国家辐射防护测量委员会(NCRP)主张更严格标准,美国联邦通信委员会(FCC)对 2G 手机所集中使用的 900 兆赫频段规定的辐射限值为 6 瓦/米。

我国现行的电磁环境控制限值(GB 8702-2014)是国际上的标准之一,其中手机频段的限值是 0.4 瓦/米。

② 吸收率标准

SAR(Specific Absorption Rate)代表每千克生物体(包括人体)容许吸收的辐射量(瓦/千克)。这个 SAR 值代表辐射对人体的影响,是最直接的测试值,SAR 有针对全身的、局部的、四肢的数据。SAR 值越低,辐射被吸收的量越少。其中针对脑部的 SAR 标准值必须低于 1.67 瓦/千克,才算安全。但是,这并不表示 SAR 等级与手机用户的健康直接有关。

(3) 机关标准

美国辐射保护与测量委员会(NCRP)和美国电气电子工程师协会所制定的美标为 SAR≤1.6 瓦/千克,国际非电离辐射防护委员会(ICNIRP)制定的欧标为 SAR≤2.0 瓦/千克,其中欧标是世界卫生组织推荐的标准,被大多数国家和地区采用。我国的《移动电话电磁辐射局部暴露限值》(GB21288-2007)明确指出:我国遵从世界卫生组织推荐的欧标 2.0 瓦/千克。

(4) 手机对人体健康的影响

手机对人体健康到底有什么损害,全球科技界对此尚无定论,任何一家跟踪研究手机辐射问题的机构(包括世界卫生组织),也都还没有证据能够证明手机和移动基站会对健康造成威胁。已有上百项科学研究结果表明,使用手机与脑瘤和癌症的发病率无关;手机辐射存在某些生物学效应,但其意义尚不清楚。

随着手机生产技术的发展,因使用手机产生的辐射会越来越小,而且在生活中,人们随时随地都接触着来自周围环境的辐射,手机辐射在其中显得微不足道。因此,专家认为人们没有必要过分担心手机辐射的危害,手机辐射对健康影响很有限。

3. 其他办公、家用电器的辐射污染对人体健康的危害

随着当代科学技术的飞速发展,各种各样的家用电器,诸如微波炉、电磁灶、彩色电视机、录像机、电冰箱、空调器、电热毯、家用电脑、组合音响等给人们的生活带来了极大的方便和乐趣。然而,家用电器和电子设备在使用过程中都会产生各种不同波长和强度的电磁辐射,对人体健康具有潜在危害,对人类生存环境构成新的威胁。

一般来说,家用电器的电磁辐射强度均较高,见表6-2。

表6-2 主要家用电器电磁场强度

名 称	不同距离时的电磁场强度/μT		
	3 cm	30 cm	300 cm
剃须刀	15～1500	0.09～9	0.01～0.3
吸尘器	200～800	2～20	0.13～2
搅拌器	60～70	0.6～10	0.02～0.25
微波炉	75～200	4～8	0.25～0.6
电视机	2.5～50	0.04～2	0.01～0.15
洗衣机	0.8～50	0.15～3	0.01～0.15
电熨斗	8～30	0.12～0.3	0.01～0.025
咖啡壶	1.8～25	0.08～0.15	>0.01
电冰箱	0.5～1.7	0.01～0.25	>0.01
烤面包机	7～18	0.06～0.7	0.01
电褥子	40～85	0.1	<0.01

资料来源:赵玉峰,2001.

(1) 微波炉的电磁辐射污染

微波炉是现代化的烹饪工具,它是利用微波具有热效应这一特征,将食品加热、烹熟(或解冻)、消毒。

通常情况下,微波炉的加热腔体采用金属材料做成,微波不能穿透出来。家用微波炉的电磁辐射在无漏能情况下,其辐射泄漏都在要求的安全水平以下,但在有漏能的情况下可以达到1000微瓦/平方厘米,超过国家标准19倍。

(2) 电视机的辐射污染

广播与电视在把各种大量的信息准确及时地传送给公众的同时,也会产生一定的电磁辐射。电视接收机的显像管在工作过程中,可以产生X线辐射、射频辐射和静电场。一般而言,工作电压越高,由显像管放射出的X线剂量越大,射频场强越强。

长时间地看电视，会造成视觉疲劳、眼睛发干、疼痛，甚至流泪。特别是青少年长时间看电视，可导致视力下降，造成近视、弱视等，严重者失明。

(3) 电冰箱的辐射污染

电冰箱通电后产生的电磁污染会危害身体健康。科学研究表明，电器产品通电工作时，会产生电磁波，人脑受电磁辐射影响，会损伤神经和内分泌系统的机能，同时，电磁辐射直接损伤人体细胞内的DNA，促使基因突变致癌。

专栏 6-1

"电子烟雾"易致呼吸疾病

"电子烟雾"其实就是电磁辐射。我们日常使用的电脑、电视以及其他常用家电都会或多或少地释放电磁辐射。英国科学家通过多项实验得出了一项令人震惊的研究结果："电子烟雾"可能会引发哮喘、流行性感冒和其他呼吸类疾病。

英国伦敦帝国理工大学环境政策中心的科学家们，在对工作中长时间使用电子设备而头疼的员工进行了调查。研究结果显示，手机、打印机、电视机、电饮具、灯，甚至是电线产生的电场，能够将微小的粒子散播到空气中，比如病毒、细菌、过敏原和有毒污染物质等等。因为它们非常小，只相当于人类头发的八十分之一，因此它们可以通过空气的传播，而且被人类不停地吸入。在电场的作用下，这些粒子将被吸附在人们的肺部和呼吸道内壁上。而电场越强，危害就越大。那些由人造材料制成的衣物和床单释放出来的静电则加剧了这一问题。

此外，研究还表明，电磁辐射还会降低空气中氧分子的浓度。氧分子对人体有益且能被人体吸收，它能够杀灭有害细菌。

资料来源：北京晚报，2007-07-31.

专栏 6-2

电视"十宗罪"

(1) 激素分泌受到干扰

电视发出的光线压制了一种重要的激素——褪黑激素的产生。

(2) 免疫功能降低

褪黑激素[①]减少可能增加细胞DNA变异的机会，容易引发癌症。

---

① 褪黑素(melatonin，又称为褪黑激素、美乐托宁、抑黑素、松果腺素)是由哺乳动物和人类的松果体产生的一种胺类激素，能够使一种产生黑色素(melanin)的细胞发亮，因而命名为褪黑素。它存在于从藻类到人类等众多生物体中，其含量随着每天的时间变化。由于褪黑激素是一种内源性物质，通过内分泌系统的调节而起作用，在体内有自己的代谢途径。

褪黑激素的主要用途是延缓衰老、抗击肿瘤、改善睡眠。

(3) 早熟

现在女孩进入青春期的时间与20世纪50年代相比有所提前,原因是她们的体重增加了,但也有可能与她们经常看电视导致的褪黑激素减少有关。

(4) 睡眠失调

感觉器官受到过度刺激容易导致失眠。

(5) 易患自闭症

这与看电视导致社交时间减少有关。

(6) 肥胖

这是因为看电视的孩子运动量减少。某些激素的分泌受到影响,导致脂肪增加,胃口大开。

(7) 提高心脏疾病的风险

因为胆固醇升高及激素变化会影响睡眠质量,使免疫能力下降。

(8) 注意力不集中

注意力集中的时间较短,也更容易患上注意力缺失多动症。

(9) 影响大脑的发育

看电视不同于看书。看书可以通过刺激大脑,促进大脑发育,提高儿童的分析思考能力,而看电视是一种被动的行为,没有这样的功能。

(10) 影响学习成绩

到26岁时,看电视多的人接受教育的水平普遍低于平时很少看电视的人。

资料来源:北京晚报,2007-04-25.

第三节 噪声污染对人体健康的影响

一、噪声的概念与特征

1. 噪声的概念

声音是空气受到发声物体振动而产生的。根据震动的性质不同,声音可分为乐声和噪声两类。噪声是不同频率和强度的声音的杂乱组合,通常是那些令人感到讨厌、烦躁、不协调的所有不需要的声音的统称。

实际生活环境中的声音成分是非常复杂的,要严格区分乐声与噪声比较困难。所以常用声音的强度值的大小来衡量,常用分贝作为计量单位。1分贝是普通人刚刚能听到的声音,适合人生活的环境声强在15～45分贝之间,过于寂静与过于嘈杂的环境都使人心理无法承受。国际标准组织提出的环境噪声标准为：寝室20～50分贝，生活区30～60分贝，工厂70～75分贝。

2. 噪声污染的特征

噪声具有可感受性、即时性、局部性的特点。其中可感受性既包括生理方面的因素，也包括心理方面的因素，也就是说它包括主观性的因素。这种特征在城市环境噪声里体现得尤为明显。

噪声污染有别于其他污染，具有其独特的特征。首先，噪声污染没有污染物，它在环境中既不累积，也不会残留；其次，噪声污染是一种主观的、精神的感觉公害，不同的人有不同的感觉；再次，噪声污染是一种有局限性的公害，一般传播距离不会很远；第四，噪声污染是瞬时的，噪声源停止发声，噪声随即消失。

二、噪声污染的来源

噪声对环境的污染与工业"三废"一样，是一种危害人类健康的公害。噪声的种类很多，如火山爆发、地震、潮汐、降雨和刮风等自然现象所引起的地声、雷声、水声和风声等，都属于自然噪声。人为活动所产生的噪声主要包括工业噪声、交通噪声、施工噪声和社会噪声等。

1. 工业噪声

随着现代工业的发展，工业噪声污染的范围越来越大，工业噪声的控制也越来越受到人们的重视。工业噪声不仅直接危害工人健康，而且对附近居民也会造成很大影响。工业噪声主要包括空气动力噪声、机械噪声和电磁噪声三种：空气动力噪声，如鼓风机、空压机、锅炉排气等产生的噪声；机械噪声是指机械振动产生的噪声，如织布机、球磨机、碎石机、电锯、车床等产生的噪声；电磁器声是指电磁力作用产生的噪声，如发电机、变压器等产生的噪声。

2. 交通噪声

随着城市化和交通事业的发展，交通噪声在整个噪声污染中所占的比重越来越大。如飞机、火车、汽车等交通工具作为活动污染源，不仅污染面广，而且噪声极高，尤其是航空噪声和汽车的喇叭声。交通噪声已成为一个重要的城市环境问题。

3. 施工噪声

建筑工地使用的打桩机、推土机、挖掘机等产生的噪声，还有吊机、灌浆机和其他建筑工具使用时产生的噪声。建筑施工噪声虽然是一种临时性的污染，但其声音强度很高，又属于露天作业，因此污染也十分严重。有检测结果表明，建筑工地的打桩声能传到数千米以外。

4. 社会噪声

社会噪声主要是指社会活动和家庭生活所引起的噪声。如电视机声、录音机声、乐器练习声、走步声、门窗关闭的撞击声以及高音喇叭、商场、自由市场、歌厅、餐饮服务场地等产生的噪声。这类噪声虽然声级不高,但却往往给居民生活造成干扰。

三、噪声污染对人体健康的危害

1. 噪声对听觉的影响

噪声影响听力,可使正常人出现听觉疲乏、耳鸣、耳痛、听力损伤,严重时可造成噪声性耳聋或噪声性听力损失。据报道,在环境噪声重污染区人群听力平均下降20分贝左右。根据工矿企业大范围、长时间监测数据得知:在声级80分贝环境中工作,短时内耳聋危险率为0,不会造成噪声性耳聋,10年以上危险率为3%;在声级90分贝环境中工作,耳聋危险率为10%;在声级95分贝环境中工作,耳聋危险率为20%～60%;在声级115分贝环境中工作,耳聋危险率为71%。在机械工厂中,冲压工、锻压工人一般多为轻、中度耳聋患者。其原因是耳神经细胞需要氧气才能把声音传给大脑,当音量很大时,细胞需要氧气增多,一旦血液中有一氧化碳存在,则携带的氧气量减少,神经细胞未能获得它们所需的全部氧气量,一些细胞因而死亡,造成失聪。

2. 噪声对消化系统的影响

在噪声的长期作用下,可引起胃肠功能紊乱、胃肠器官慢性变形,导致消化不良、十二指肠溃疡等消化系统疾病。有人就舞厅噪声对人体健康的影响进行测定,结果表明,噪声组人群食欲不振、腹胀、恶心、肠鸣音减弱出现率显著高于对照组。致病原因主要是,在强烈噪声环境里,胃肠和肠黏膜的毛细血管发生极度收缩,正常供血受到破坏,导致消化腺和肠胃蠕动受到影响,胃液分泌不足。据统计,在噪声环境中工作的工人,胃及十二指肠溃疡的发病率比在安静环境下作业的人高5～6倍。

3. 噪声对心血管系统的影响

噪声可使植物神经功能失调,心血管功能受到影响。测试结果表明,85～95分贝噪声可使人发生心电图、脑电流图的明显改变,脑血管紧张度增高,脑供血不足,并有造成血管系统持久性功能损伤的迹象。1985年有人对受飞机起落噪声影响达十余年的学生及对照组进行心血管系统比较研究,结果表明,调查组平均心率为82.5次/分,对照组为77.16次/分,二者有显著性差异。日本的陈秋蓉利用自动最高血压连续测定装置,对18～20岁的男女25名受试者用60、70、80、90、100分贝噪声刺激,得出结论,血压值与噪声强度呈正相关。

4. 噪声对神经系统的影响

对于长期在噪声环境中工作的人来说,神经系统症状是主要症状。噪声不仅可引起暴露者神经衰弱(如头痛、头晕、易疲劳、失眠等),还可以引起暴露者记忆力、思考力、学习能力、阅读能力降低等神经行为效应。1993 年，徐启明等对舞厅从业人员做的体检调查表明，以头痛、头晕、乏力和记忆力减退为主的神经衰弱症状出现率，噪声组显著高于对照组，耳鸣、心悸等症状也较对照组明显。1990 年，李才广等开展了飞机噪声对学龄儿童的神经行为效应测试，结果显示，噪声对儿童的短时听记忆力、心理运动稳定度、手工操作速度及眼、手协调性均有不良影响。

5. 噪声对人体内分泌系统的影响

噪声作用于机体，对内分泌系统表现为甲状腺机能亢进、肾上腺皮质机能增强（中等噪声 70～80 分贝）或减弱（大强度噪声 100 分贝以上）、性机能紊乱、月经失调等。据报道，噪声可导致妇女月经周期紊乱，痛经的比例增高，月经初潮平均年龄提前。

6. 噪声对免疫系统的影响

噪声可引起免疫系统紊乱、嗜酸性白细胞减少、网状细胞减少等，从而使机体易受病原微生物感染，导致严重感染性疾病发生，甚至有可能引发癌症。

7. 噪声对优生优育的影响

近年来，噪声对胎儿发育及儿童智能发育产生的不良影响，已日益引起医学界的重视。主要表现有婴儿畸形率增高、易于流产、儿童思维不集中、智力发育缓慢等。研究人员对诞生在飞机场附近的婴儿进行调查，发现小儿患先天性兔唇的较多。医学工作者统计过 1000 多名初生婴儿，发现闹市区诞生的婴儿体重普遍较轻，同早产儿体重差不多。

8. 对视力的影响

医学研究表明，当噪声作用于听觉器官时，通过传入神经的相互作用，可使视觉功能发生变化，从而影响视力。噪声达 85 分贝时，对 80 名工人做了调查，发现红、蓝、白视野短小的有 64 名，说明噪声能影响视觉、视野等。

9. 对某些神经递质在体液中含量的影响

由于人体的神经系统功能在长期噪声下会受到影响，所以噪声对某些神经递质在人体体液中的含量也会产生影响。通过对工人尿中“环-磷酸腺苷”进行测定，发现 95 分贝以上的强噪声条件下，其在尿中的含量低于休息期，可见噪声对人的体液系统也有影响。

10. 对血压的影响

德国科学家最近研究证实，长期居住在噪声较大的环境下的人容易患高血压。一项对柏林地区 1700 名居民进行的调查显示，在夜间睡眠时周围环境噪声超过 55 分贝的居民，其患上高血压的风险要比那些睡眠环境噪声在 50 分贝以下的居民高 1 倍。此外，习惯于夜间常开窗户睡觉的居民，患高血压的风险也相对更大一些。

第四节 光污染对人体健康的影响

一、光污染的概念

1. 定义

国际照明委员会(CIE)从照明的基本要求上考虑作出的光污染的定义为:“因特定环境下光照的数量、方向或者光谱分布而导致人的懊恼、不舒适、精神涣散或者减低人识别环境中重要信息的能力的光行为。”维基百科对光污染的解释为:“人造的过量的或者强迫的光,它致使城市星空模糊,造成天文观测的障碍,并且扰乱生态系统。”我国环境保护百科全书给出光污染的定义:逾量的光辐射(包括可见光、红外线和紫外线)对人类生活和生产环境造成的不良影响的现象。包括:

① 可见光污染。较多见的为大功率光源造成的强烈眩光。如夜间的汽车大灯,使路人和对面司机睁不开眼;电焊时电弧产生的强光;核武器爆炸时的强光辐射等。

② 红外线污染。红外线是一种热辐射,近年来在军事、工业、卫生、科研等方面应用广泛,使用过量,对人体皮肤、眼睛有一定程度的高温伤害。

③ 紫外线污染。紫外线缺少,儿童易得佝偻病;但过量,则会使眼睛和皮肤致病,引发畏光眼炎、视力衰退,甚至白内障、皮肤癌。

结合以上侧重点不同的定义,较为全面的光污染定义为:在人类利用电力照明时产生的环境负效应,主要包括模糊夜空、扰乱生态系统和影响人类的健康生活。

2. 成因

光污染主要来源于人类生存环境中日光、灯光以及各种反射、折射光源造成的各种逾量和不协调的光辐射(表6-3)。

表 6-3 光污染成因的光辐射系数

成 因	光辐射系数/(%)
草地、森林或毛面装饰物面	9
一般白粉墙	69~80
镜面玻璃	82~88
镜面建筑物玻璃	82~90
特别光滑的粉墙和洁白的书簿纸张	90

资料来源:郝洛西,2005.

反射系数较强的单一视觉环境也会构成光污染,特别光滑的粉墙和洁白的书簿纸张,镜面建筑物玻璃的反射光比阳光照射更强烈,光几乎全被反射,比草地、森林或毛面装饰物面高 10 倍左右，大大超过了人体所能承受的生理适应范围，构成了现代新的污染源。

3. 特点

在城市中，目前光污染危害的主要来源是一类在光学上被称为眩光的光源。根据 CIE 对眩光做的定义，眩光有以下特点：

① 眩光是对视觉有影响的主观感受的现象；

② 眩光的产生属于光度学中的亮度范畴的问题，由于亮度分布、亮度范围或亮度的极端对比，可导致出现眩光。

③ 眩光的程度受到空间、时间的影响。

4. 分类

(1) 按视觉环境中的光污染分类

① 室外视环境污染。如建筑物外墙，霓虹灯、广告灯和娱乐场所的彩色光源。

② 室内视环境污染。室内装修(磨光大理石)、室内不良的光色环境等。

③ 局部视环境污染。书报纸张、某些工业产品等生活中不同的光源，即使没有逾量，但彼此之间的光频率处于不协调状态时亦产生视环境污染。

(2) 按光污染的性质分类

① 眩光(光污染比较多见)。汽车头灯等；目前由于城市中高楼建筑大量使用玻璃幕墙而使市区内到处充斥着眩目的噪光。

② 视觉污染。指城市环境中杂乱的视觉环境。杂乱的电线、电话线、垃圾废物、乱七八糟的货摊以及五颜六色的广告招贴等。

③ 激光污染(光污染的一种特殊形式)。泛激光在医学、生物学、物理学、化学、环境监测、天文学以及工业等多方面的应用日益广泛。

(3) 按眩光产生对视觉的影响来分类

① 失能眩光。是指造成人们的视觉功效有所降低的眩光。

② 失明眩光。眼睛遇到一种非常强烈的眩光以后，在一定的时间内完全看不到物体。这种眩光成为失明眩光或盲目眩光。

③ 不舒适眩光。视野内的眩光，若使人们的眼睛感觉不舒适，则称之为不舒适眩光。它不一定妨碍视觉，可是在心理上却造成不舒适的效果，因此也被称为心理眩光。

二、光污染对人体健康的危害

光污染对人的影响主要有眩光对视觉和视力的影响、彩光对健康的影响和夜间逸散光对健康的影响，也有人把它们分别叫做眩光污染、彩光污染和人工白昼。

1. 眩光污染

眩光是指亮度较高而超过人眼睛的舒适接受范围的直射或者反射光，人眼对眩光刺激程度的感觉有以下公式：

$$对眩光的感觉=\frac{面积\times 亮度^2}{仰角^2\times 距离^2\times 周围环境亮度^{0.6}}$$

其中,面积和亮度分别代表光源的面积和亮度。所以当人工光源的亮度增大时,人眼的不舒适程度会平方级的增加。眩光的来源主要有两方面:一是光源发光强度过高,比如夜间高瓦数的保安照明灯、焊接金属的电焊产生的弧光;二是反射面反射系统过大,玻璃、白色墙壁、纸张等都是反射系数较大的反射面,镜面玻璃反射系数在82%~88%,光滑的粉墙和洁白的纸张反射系数可以达到90%以上,是草地、森林等自然光反射面的10倍。现在国内被渐渐认识到的建筑物玻璃幕墙光污染就是反射面反射过强造成的一种眩光污染。

眩光污染对人体的危害主要有:

① 降低视野内物体的对比度,降低人眼的分辨能力。夜间的高瓦数保安灯光、玻璃幕墙的反射光进入人眼后,都会掩盖其他视野内物体传递来的光,让人在一片晃目中丧失对物体的分辨能力。现在受到关注的主要是道路两旁的玻璃幕墙反射光这一类眩光干扰会干扰驾车司机的视线,从而导致交通事故。

② 灼伤视网膜或者引起眼睛损伤。过强的眩光具有极高的能量,比如电焊的弧光,可以直接灼伤视网膜,造成永久的视觉损伤。而一般的舞厅彩灯产生的光(既属于彩光污染,因其光强较强也属于眩光污染),强度也已经达到了使视网膜温度上升到70℃造成热损伤的程度。

③ 在室内局部视环境中眩光影响人们工作和学习效率。在室内因纸张、墙壁的反射而造成的照度过高的眩光污染会使人无法集中注意力,严重时发生头痛、眩晕等症状,间接地使人工作和学习的效率降低。

2. 彩光污染

彩光主要是指商业区的霓虹灯、舞厅的黑光灯等人造光源发出的颜色变换的光,彩光污染主要由歌舞厅、夜总会等娱乐场所中颜色和照亮区域都在迅速变化的黑光灯产生。迅速变换的光超出人眼的适应能力,干扰大脑中枢神经,让人产生眩晕不适甚至恶心、失眠的感觉。对人损害最大的是黑光灯产生的大量紫外辐射。研究显示,长期照射紫外辐射能诱发流鼻血、脱牙、白内障,并且紫外辐射能抑制人体免疫系统对多种抗原的识别和对抗,间接加大了人体患肿瘤的概率。

3. 人工白昼

城市中夜间大量利用人工光源而不限制光向非目标照明区的发散,造成了夜间的光散逸。这种散逸使私人居室内的睡眠环境无法保持足够的暗度,散逸出来的光被人体内分泌系统和生物钟系统的光感受器接收,改变人体多种激素的分泌相对比重,干扰人体生物钟从本能的24.3小时周期向正常的24小时周期调节,从而影响人体健康。在人体为数不多的分泌量对光敏感的内分泌激素中,褪黑激素是迄今所知对人体健康影响最大并且研究最多的,而光污染对生物钟调节的影响也是现在相关领域最为关注的课题之一。

三、光污染危害的机理

1. 光散逸和褪黑激素

(1) 褪黑激素简介

褪黑激素是人体松果体分泌的内分泌素，作为人体“生命节律的调节剂”，它对人体健康有非常重要的作用。它拥有抗氧化性，同时它在人体内的浓度高低调节着若干种其他重要激素的分泌量。分别对这两个性质说明如下：

① 抗氧化性。人体在呼吸过程中线粒体用于能量转化的氧有2%～4%转化成了自由基(damaging free radicals)，这些自由基有很强的氧化性，会杀死普通细胞并加快人体衰老过程，同时它们还有助于肿瘤的生长。而褪黑激素可以靠自己的抗氧化性清除在细胞和血液中的这些自由基。

② 调节其他激素水平。褪黑激素的浓度水平可以控制脑下腺的激素分泌水平，这些脑下腺激素的水平又进一步调节着人体其他内分泌腺体，如甲状腺、胰腺、卵巢、睾丸、肾上腺。

因为褪黑激素有以上两个重要功能，所以褪黑激素对人体健康有非常重要的作用：延缓衰老，提高免疫系统能力，降低胆固醇，保护心血管系统，帮助降低化学疗法和放射疗法的副作用，控制人在夜间的身体恢复循环等。而在褪黑激素的所有已知的对人体的作用中，研究最多的是褪黑激素抑制癌症发病的功能。大量的科研结果表明，褪黑激素的分泌和乳腺癌的发病率及恶化速度呈现负相关。

(2) 光散逸对褪黑激素的影响

褪黑激素被称为“黑夜的荷尔蒙表达”，它的分泌直接受生物体周围光环境的影响，只有在松果体的光感受器感受到外界光强强度很低时(这时松果体认为外界是夜晚)才会分泌。在自然光的波段上，松果体的光感受器对蓝光最为敏感，只要很低的蓝光水平就可以抑制松果体分泌褪黑激素。在509纳米处的蓝绿色光光强下暴露强度只要达到0.5～1.7流明/平方英尺①，显著的褪黑激素分泌量降低就会被检测到(而同样的褪黑激素降低水平需要10流明/平方英尺的自然光强才能达到)。

有人研究了全盲妇女的乳腺癌发病率，结果是她们比正常妇女的发病率低了40%。另外也有人对有视觉障碍的妇女进行了研究，发现她们的乳腺癌发病率和她们视觉障碍的程度之间有一个负相关的关系。

2. 光散逸和生物钟

(1) 生物钟调节机制简介

生物钟作为调节人体周期生理活动节律的时间感知系统，对人体各个系统正常运行有着非常重要的作用：人体消化系统每日在几乎固定的时间开始运转，内分泌系统在恰当的时间分泌激素，人体日间和夜间体温不同，人在每日确定的时间

---

① 流明/平方英尺，非法定计量单位。光照单位为勒克斯，1勒克斯=1流明/平方米。

感到困意……这些都需要生物钟的协助,同时人的体温也是由生物钟来控制的。

人体自身生物钟的周期是24.3小时,较自然的24小时周期要稍慢一些,所以生物钟需要每日“校时”,以保证人体生理活动的节律与自然节律相适应。生物钟的校时是依靠自然的光照来进行的,在不同类型的生物中,有不同的光感受器向生物钟系统传递外界的光照信息,在动物中主要靠表皮感光系统和视觉系统来完成,而对人而言,皮肤上没有感觉光照的功能,所以调节生物钟的感光器是在眼睛里的。

在开始研究生物钟的光感受器时,人们认为承担视觉感知功能的视网膜上的杆体细胞和椎体细胞及与维生素A相联系的视蛋白也附带着完成向生物钟系统传输光照信息的功能。在最近几年新的研究发现,生物钟在杆体细胞和椎体细胞之外有自己独立的光感受器,这种眼里的色素位于视网膜上不同于杆体细胞和椎体细胞的位置,名为cryptochrome,简称CRY,是和维生素B_2相联系的,它对蓝光敏感并且把光信号通过视神经传输到大脑里非视觉处理的区域。

(2)光散逸对生物钟的影响

同光散逸对褪黑激素分泌的影响一样,依靠环境光来调节节律的生物钟系统也受到光散逸的负面影响。哈佛大学的一项研究表明,室内灯光可以重置或者改变人的生物钟节律,5小时的室内光照就可以重置生物钟的24小时周期,在室内不恰当时间的散逸光会造成人额外的睡眠和身体不适。所以当夜间居室不能保持一个足够黑暗的睡眠环境时,人体生物钟的校时会受到负面的影响,依赖生物钟来控制和调节的生理活性也将受到影响。

参考文献

[1] Circadian clock`How the Brain's Clock Gets Daily Enlightenment. Science Vol. 295 8 February 2002.

[2] Harvard News. Ordinary Room Light Resets Biological Clocks, 1996.

[3] IDA. Summary of IDA Panel on the Physiological & Pathological Effects of Exposure to Light at Night on Humans IDA Annual Meeting, March 9~10, 2001.

[4] Science Daily. Scientists Find Eye Pigment Controls Circadian Rhythm, 1998.

[5] Stephen M. Pauley. Lighting for the human circadian clock: recent research indicates that lighting has become a public health issue, Medical Hypotheses,2004(63), 588~596.

[6] 陈亢利,钱先友,许浩瀚.物理性污染与防治.北京:化学工业出版社,2006.

[7] 崔元日.防治光污染保护夜天空.灯与照明,2005,29(1).

[8] 邓兴明.光污染对眼睛的危害.中国眼睛科技杂志,2005.

[9] 电磁环境控制限值(GB 8702-2014).环境保护部,2014年第63号.

[10] 丁树谦.噪声污染及其控制对策.辽宁师专学报,2002,4(2).

[11] 东晖,手机与健康.质量检验检疫,2005,8:63~64.

[12] 段玉梅.警惕室内环境新杀手——电磁辐射污染.技术物理教学,2004,12:45~46.

[13] 方玮，王家钢. 电磁辐射对人体危害的探讨. 电机电器技术，2004，4：30～32.
[14] 伏代刚. 手机微波辐射强度及对人体健康的影响. 职业卫生与病伤，2005，2：85～89.
[15] 各国移动电话比吸收率 SAR 标准介绍与 SAR 值数据分析. 石颖. 环境工程，2011 年第 29 卷增刊.
[16] 顾继明. 噪声不仅仅影响听力. 环境，1982，(2).
[17] 郝洛西. 城市夜景照明设计. 沈阳：辽宁科学技术出版社，2005.
[18] 胡焱弟. 大学生使用电脑及受其电磁辐射污染状况的调查. 安全与环境学报，2005，2：36～39.
[19] 黄云飞，黄美美，朱裕江. 移动通信基站电磁辐射对环境的影响. 广东通信技术，1999，19(3)：42～45.
[20] 纪振，韩玮，何康林. 浅论室内光污染及其控制措施. 灯与照明，2005，29(1).
[21] 柯爱玲. 机械噪声的危害及在机械设计中控制噪声的措施. 环境科学与技术，1992，(1)：47.
[22] 李才广等. 飞机噪声对学龄儿童的神经行为效应. 环境与健康杂志，1990，7(6)：258.
[23] 李孟春等. 集镇区域环境噪声污染与健康效应. 环境与健康杂志，1990，7(6)：249.
[24] 李勉钧. 电磁辐射的防护. 福州师专学报(自然科学版)，2000，6：58～60.
[25] 林若慈，关于城市住宅中的光污染问题. 智能建筑与城市信息，2005，(1).
[26] 刘惠玲. 环境噪声控制. 哈尔滨：哈尔滨工业大学出版社，2002.
[27] 刘文君. 建筑施工企业质量环境职业健康安全一体化管理体系实施范本. 北京：中国市场出版社，2004.
[28] 卢敬叁. 电磁辐射污染环境. 计量测试，1996，2：23.
[29] 吕玉恒. 国内噪声控制近况评述. 中国船舶工业第九设计研究院，2001，(6).
[30] 马建敏. 环境噪声控制. 西安：西安地图出版社，2000.
[31] 人体对手机辐射吸收剂量的仿真研究. 王曼珠. 电子科技大学学报，2008 年第 2 期.
[32] 任秀红等. 工业噪声接受者的心电图脑血流图变化. 环境保护，1993，(9)：35.
[33] 商思善. 浅谈屏波服. 中国个体防护设备，2002，2：37.
[34] 手机辐射导致大脑温度升高的研究. 赵志华. 信息技术，2008 年第 8 期.
[35] 手机及基站远场辐射安全距离计算. 姚立杰. 安全与电磁兼容，2012 年第 3 期.
[36] 孙正毅. 工业噪声家庭环境噪声的危害及控制. 上海大学学报，2000，(4).
[37] 万洪善. 我市噪声污染情况及治理对策. 连云港职业技术学院学报，2001，14(1).
[38] 王惠彦. 关于城市环境噪声污染的一点剖析与思考. 环境保护科学，2001，(4)：104.
[39] 王莉莎. 警惕隐藏在人们身边的无形杀手——电磁辐射. 水利电力劳动保护，1999，4：45～46.
[40] 王亚宁，王锡宁. 噪声污染的危害及控制利用. 潍坊教育学院学报，2000，(13).
[41] 吴慧山. 电磁辐射与健康. 世界核地质科学，2004，6：50.
[42] 吴银彪. 电磁辐射的污染与控制. 中国环保产业，1999，2：22.
[43] 武宝玕. 环境与人类. 北京：电子工业出版社，2004.
[44] 徐启明等. 舞厅噪声对人听觉影响的探讨. 环境与健康杂志，1993，10(3)：119.
[45] 徐秋华. 从物理学的角度认识环境污染. 卫生职业教育，2005，23(1).
[46] 薛梅，杨松涛. 移动电话对健康危害的研究进展. 职业卫生与病伤，2002，17(4)：289～291.

[47] 姚志麟,陈秉衡.环境卫生学.北京：人民卫生出版社,1994.
[48] 俞誉福,毛家骏.环境污染与人体保健.上海：复旦大学出版社,1985.
[49] 张均田.褪黑素的基础研究与临床应用.北京：化学工业出版社,2005.
[50] 张卫东,陶振英.电磁辐射污染的危害.锦州师范学院学报(自然科学版),2001,9：60～61.
[51] 赵海天,向东,袁磊.城市灯光环境的科学界定与异化倾向.新建筑,2005.
[52] 中华人民共和国国家标准电磁辐射防护规定GB8702-88,作业场所微波辐射卫生标准.
[53] 朱茂松.电磁辐射污染与防治对策.化工劳动保护,1996,17(2)：69～70.

思考题

1. 电磁辐射污染的定义与分类。
2. 电磁辐射污染对人体健康的危害。
3. 噪声的概念与特征。
4. 噪声污染对人体健康的危害。
5. 光污染的定义、成因、特点及分类。
6. 光污染对人体健康的危害。

第七章　生物性污染与人体健康

第一节　生物性污染的基本概念

一、生物性污染概述

由于人们的生产和生活活动，使得空气中可能存在一些微生物，包括部分病原微生物，它们以空气为媒介进行疾病的传播。居住环境中除大气中原有的一些微生物（非致病性的腐生微生物、芽孢杆菌属、无色杆菌属、细球菌属以及一些放射线菌、酵母菌和真菌等）外，还有来自人体的某些病原微生物，如结核杆菌、白喉杆菌、溶血性链球菌、金黄色葡萄球菌、脑膜炎球菌、感冒病毒、麻疹病毒等。在我们周围的环境中，还有许多微生物可以经饮水或食物传播引起人类的疾病（主要有细菌性痢疾、伤寒、霍乱、甲型病毒性肝炎等），从而对人类健康形成重要威胁。

二、生物性污染物的定义

所谓生物性污染物，是指一些存活的有机体或者曾经存活的有机体，包括细菌、霉菌、病毒、动物毛皮屑、宠物的唾液、灰尘微粒以及花粉等。

三、生物性污染物的种类

一些常见的生物性污染物包括：动物毛皮屑，即从动物的毛发、羽毛或者皮肤上脱落下来的碎屑；灰尘微粒和蟑螂的遗留物；霉菌；具有传染性的微生物（细菌和病毒）；花粉等。

四、生物性污染主要来源和传播方式

1. 主要来源

环境的生物性污染主要来源，一个是自然疫源地；另一个是医院排出的传染性污水及生物制品厂、肉类加工厂等排放的废水。前者是当人类开发自然资源、地质勘探、军队野营等进入疫源地，自然疫源性疾病通过类似于人群之间的传播方式，由动物传染给人；后者常由于污水中含有一定量的致病细菌、病毒、寄生虫卵等病原体。

2. 传播方式

在一定范围和不同程度上,生物性污染源通过空气、水和土壤、食物等扩散、传播,危害人群健康,也可通过直接接触或者喷嚏等飞沫方式在人群间传播,有时机体的排泄物污染了水和食物,这些被污染的食物又被另一食用者所吞食,也会造成传播,见表7-1。当某一环境被认定为传染病的流行区时,针对人群之间的传播途径和传染源采取防治对策,疾病是能控制的。按照疾病传播方式,分别列出各类污染源,见表7-2～表7-5。有些病原体可通过皮肤伤口、皮肤皲裂或与受损的黏膜直接接触而传播,例如破伤风、葡萄球菌感染及一些性病等。大多数疾病是通过人与人之间密切接触而传播的,如上呼吸道感染——肺炎、肺结核、感冒等,随着咳嗽、喷嚏及呼气排出的飞沫把微生物从一个人传给另一个人。使用公用物品(如公用喝水杯子等)也可增加传播机会。

表7-1 传染病的传播方式

宿　主	传播方式	侵犯途径	接受体
人和动物	直接接触	皮肤伤口,口	人
	喷嚏飞沫	鼻,口	
	废弃物	水,食物	
	节肢动物	叮咬皮肤	

资料来源:方如康等,1993.

表7-2 可传给人类的动物性疾病

疾病名称	患病动物	传播方式
炭疽	牛、羊、马、猪等	毛发、皮、粪便、组织
布鲁氏菌病	牛、猪、羊、马、狗等	组织、血、尿、奶
钩端螺旋体病	鼠类、家畜、野生哺乳动物等	水、土壤、食物、动物
淋巴细胞性脉络丛脑膜炎	家鼠等	排泄物、食物、灰尘
鹦鹉热	鹦鹉、鸽子、火鸡等	粪
狂犬病	狗、猫、蝙蝠、野生哺乳动物等	唾液
鼠咬热	老鼠等	口、鼻内分泌物
沙门氏菌病	家禽、老鼠、家畜等	被污染的食物、水
土拉菌病	兔、野生动物等	被叮咬、水

资料来源:方如康等,1993.

表7-3 人类的寄生虫病

疾病名称	致病因子	传播媒介
钩虫病	钩虫	土壤
蛔虫病	蛔虫	土壤
蛲虫病	蛲虫	人粪便

续表

疾病名称	致病因子	传播媒介
棘球蚴病(包虫病)	狗绦虫	狗粪便
类园线虫病	线虫	土壤
血吸虫病	血吸虫	水
麦地那龙线虫病	麦地那龙线虫	水
毛细线虫病	线虫	土壤
血管园线虫病	线虫	蜗牛、蛞蝓
支睾吸虫病	肝吸虫	鱼
姜片虫病	吸虫	水生植物
肺吸虫病	吸虫	溪蟹
绦虫病	绦虫	生牛、猪肉
猪囊尾蚴病	猪囊尾蚴	吞入猪肉绦虫卵
旋毛虫病	选毛虫	生猪肉
丝虫病	线虫	蚊子
罗阿丝虫病	线虫	斑虻
盘尾丝虫病	线虫	蚋

资料来源：方如康等，1993.

表 7-4　人类真菌感染

疾病名称	接触方式
曲霉病	肥料堆
芽生菌病	土壤
球孢子菌病	灰尘、土壤
皮真菌病	毛发、皮肤
组织胞浆菌病	灰尘、土壤
毛霉菌病	土壤
诺卡氏菌病	土壤

资料来源：方如康等，1993.

表 7-5　肠道传染性疾病

疾病名称	致病因子
阿米巴病	溶组织阿米巴
霍乱	霍乱弧菌
腹泻	致病性大肠埃希氏菌、弯曲杆菌、轮状病毒等
痢疾	志贺氏菌
肝炎	肠道病菌
伤寒	伤寒沙门氏菌
副伤寒	沙门氏菌

资料来源：方如康等，1993.

一般情况下,以食物为媒介的细菌需有适宜的温度、湿度和pH才能生存繁殖。病原体可污染水源,通过饮水、沐浴及食物而传播。水中的病原体通过一定厚度的土壤时可被滤掉,但是水中病原体流经岩石层的裂缝、粗石砾层等可以扩散。人类排泄物处理不彻底是使水受污染的主要原因,污染物可通过地面的排污渠道进入河流或者通过岩石缝隙渗入而污染地下水。如果污水通过土壤距离短,不能将细菌滤掉,浅水井即有可能受到污染。通过食物传播疾病的方式包括食用受感染的家畜、家禽、鱼及水生贝类或致病微生物污染了的食物,以及用污染的水清洗食物和餐具而引起传播。有许多动物性疾病传给人类是通过直接接触而将病原体注入伤口,如狂犬病、鼠咬热等。食用患病动物的奶和肉也可感染一些动物性疾病,如布鲁氏菌病、牛结核、绦虫病和沙门氏菌病等。还有一些动物性疾病由直接接触而传播,如鹦鹉热;或由损伤皮肤而感染,如炭疽病和土拉菌病。有些疾病通过节肢动物传给人。虫媒传染病一直威胁着整个世界,空运事业的高速发展可把节肢动物运输到任何地方,不少国家已采取了一些措施来控制这些疾病的传播。

受到污染的土壤也能传播疾病,如赤脚行走或躺在受钩虫卵污染的土地上有可能使钩虫蚴虫进入体内而患钩虫病;伤口、皮肤皲裂有可能感染破伤风菌,有些真菌病也可通过土壤传染。

环境中除了传染源与媒介生物外,还有其他一些生物危害,如蛇、蝎、蜘蛛和蜂等的毒液使人体中毒。有些植物的浆汁、果实、根部对人体也是有毒的。有的人对某些食物和花粉等过敏。狗、猫的皮毛及毛内灰尘、节肢动物叮咬等亦可使有些人发生过敏反应。虽然有些害虫不直接与人类疾病有关,但是在考虑环境危害时仍应把它们包括在内。

从上述可知,人类生存环境中存在着大量的致病微生物,经由口腔、鼻孔和皮肤等途径不断地进入人体。如果人类没有抵御生物侵犯保护自身的能力,那就无法繁衍到今天。人体内的这种保护机能称为免疫力。免疫现象的种类很多,粗略可分为体液性和细胞性两大类。从无脊椎动物到人类,免疫功能的发展与完善都是生物在对特定环境长期适应过程中逐渐形成的。

第二节 空气生物性污染对人体健康的危害

空气生物性污染是指生物性病原体由传染源通过咳嗽、喷嚏、谈话排出的分泌物和飞沫,使易感者受染。这一类生物性病原体主要是可以经空气传播的各种细菌和病毒,如流感、流脑、猩红热、百日咳、麻疹等。

一、流行性感冒

流行性感冒简称流感,是由流感病毒引起的急性呼吸道传染病。其临床特点为急起高热,全身酸痛、乏力,或伴有轻度呼吸道症状。该病潜伏期短,传染性强,传播迅速。流感病毒分甲、乙、丙三型，甲型流感威胁最大。由于流感病毒致病力强，易发生变异，若人群缺乏免疫力，易引起暴发流行。迄今世界已发生过五次大的流行和若干次小流行，造成数十亿人发病，数千万人死亡，严重影响了人们的社会生活和生产建设。

主要并发症有继发性细菌性上呼吸道感染、继发性细菌性气管炎、支气管炎和继发性细菌性肺炎。

二、流行性脑脊髓膜炎

流行性脑脊髓膜炎简称流脑。是由脑膜炎双球菌引起的化脓性脑膜炎。本病在冬春季节流行，多见于儿童，大流行时成人亦不少见。临床特征是突起高热、头痛、呕吐、皮肤黏膜淤点、淤斑(在病程中增多并迅速扩大)，脑膜刺激症。

并发症包括继发感染，败血症期播散至其他脏器而造成的化脓性病变与脑膜炎本身对脑及其周围组织造成的损害。继发感染以肺炎多见，化脓性迁徙病变有中耳炎、化脓性关节炎、脓胸、心内膜炎、心肌炎、睾丸炎及附件炎等。脑及其周围组织因炎症或粘连而引起的损害有神经麻痹、视神经炎、听神经及面神经损害、肢体运动障碍、失语、大脑功能不全、癫痫、脑脓肿等。

三、猩红热

猩红热为β溶血性链球菌A引起的急性呼吸道传染病。临床特征是突发高热、咽峡炎、全身弥漫性充血性点状皮疹和退疹后明显的脱屑。少数病人可引起肾、关节的损害。

化脓性并发症可由本病病原菌或其他细菌直接侵袭附近组织器官所引起。常见的如中耳炎、乳突炎、鼻旁窦炎、颈部软组织炎、蜂窝组织炎、肺炎等。

四、百日咳

百日咳是由百日咳杆菌所致的急性呼吸道传染病。婴幼儿多见。临床上以阵发性痉挛性咳嗽、鸡鸣样气吼声为特征。病程可长达2～3月，故名百日咳。

呼吸系统并发症肺炎最为常见，多为继发感染所致。患儿出现高热、气促、紫绀及肺部罗音，其他还可出现肺不张、肺气肿和支气管扩张等。原有肺结核患者再患本病可促使结核病变活动。百日咳脑病是本病最严重的并发症，严重的可引起脑缺氧、水肿、血管痉挛或出血，表现为惊厥或反复抽搐、高热、昏迷，恢复后可留有偏瘫等神经系统后遗症。其他并发症有结膜下出血、脐疝和脱肛等。

五、麻疹

麻疹是由麻疹病毒引起的急性呼吸道传染病。临床特征为发热、流涕、咳嗽、眼结膜炎、口腔黏膜斑及全身皮肤斑丘疹。

肺炎是麻疹最常见的并发症。原发性肺炎由麻疹病毒侵犯肺部引起。继发性肺炎易发生于营养不良、体弱儿童,病原菌以肺炎球菌、溶血性链球菌、金黄色葡萄球菌、流感杆菌多见。也可由流感病毒、副流感病毒及肠道病毒引起。

六、室内环境中主要的生物性污染物及其来源

1. 室内环境中主要的生物性污染物

室内环境中的生物性污染物种类繁多,且来自多种污染源。主要包括以下几种:

① 霉菌。霉菌是一种能够在温暖和潮湿环境中迅速繁殖的微生物。一些霉菌能够引起人的恶心、呕吐、腹痛等症状,甚至能导致呼吸道及肠道疾病,如哮喘、痢疾等。患者会因此而精神萎靡不振,严重时还出现昏迷、血压下降等症状。

② 尘螨。尘螨是最常见的空气生物性污染物之一,它是一种很小的节肢动物,在显微镜下可以观察到其为蜘蛛形状,肉眼不易看见。它隐藏于居住环境中,室内空气中尘螨的数量与室内的温度、湿度和清洁度相关。

近年来,家庭装修中广泛使用的地毯、壁纸、各种软垫家具和空调,为尘螨的繁殖提供了有利的条件。尘螨对人体的有害作用主要是由其产生的致敏原引起的,可诱发哮喘。同时螨虫还可以引起过敏性鼻炎、慢性荨麻疹等。

③ 动物毛皮屑。动物毛皮屑及其产生的其他生物活性物质,如唾液、尿液等能污染室内空气并带来健康危害。

④ 可吸入颗粒物。细菌可以附着于细小颗粒物上在空气中飘浮,被接触者吸入而传播疾病。

2. 室内空气生物性污染物的来源

居住环境室内生物性污染物主要来源于以下几种途径:

① 室内使用的植物或动物性物质的分解、释放。比如羽毛、棉花、羊毛、黄麻纤维和动物毛发。它们来源于衣物、地毯、垫子和家具等。

② 床垫、枕头、棉被、家具装潢材料中的可分解原料。这些家居用品长时间使用后,其中的弹性纤维的弹力下降,以致最终分解为小到足可以吸入肺内的尘粒。

③ 人的皮肤、皮屑、动物的毛皮屑、蟑螂身上掉落的昆虫残体、唾液、细菌、真菌(霉菌)和花粉。由于人们每天的活动,灰尘可以聚集在地板和家具的表面并由此而散布到空气中。

④ 除此之外,有的生物性污染物可以通过渗透、自然通风、机械通风等方式由室外进入室内。

七、空气生物性污染物对人类健康的危害

1. 生物性污染物对健康的危害

生物性污染物的危害包括感染性、过敏性疾病,中毒效应等,例如:气喘、曲菌

病、肺结核、流行性感冒、麻疹、过敏性肺炎、急性中毒疾病、癌症等。

(1) 感染性疾病

感染性疾病泛指微生物侵入人体后大量繁殖所引起的病变，一般常见的感冒病毒即为感染性疾病病原体，其他如麻疹、肺结核及军团菌肺炎等目前均已证实可由空气传播。而这些疾病多是经由患者咳嗽、打喷嚏、讲话时所产生的飞沫传染。

(2) 过敏性疾病

生物性污染物所引起的过敏性疾病包括过敏性鼻炎(allergic rhinitis)、气喘、过敏性肺炎等。过敏性肺炎与中央空调系统或加湿器的储水受污染有关。除了微生物本身会引起过敏性疾病外，微生物所产生的毒素、代谢物及生物体活动所产生的悬浮颗粒、酶、花粉或猫、狗、蟑螂等身上的皮屑、唾液、尿液等也会引发类似的病症。

(3) 中毒效应

微生物除了本身会对人体健康有影响外，所产生的毒素或代谢产物会对人体产生中毒效应。

2. 生物性污染物引起的几种常见病

(1) 肺结核

肺结核是一种通过空气传播的传染病，肺结核的发病率在20世纪80年代中期开始升高。

(2) 过敏反应

引起过敏反应的物质叫作变态反应原，又称过敏原，是一种能激发变态反应的抗原性物质。常见的过敏反应有花粉病、尘螨过敏等，主要症状包括鼻炎、鼻塞、风疹和哮喘等。

(3) 过敏性肺炎

过敏性肺炎也是一种超敏性疾病，它是由于人体暴露于经空气传播的抗原而引起的一种肺部疾患。其主要症状包括咳嗽、呼吸困难、寒颤、肌肉酸痛、疲乏无力和高热。

(4) 加湿器发烧症

加湿器发烧症是一种没有确切病原的疾病，一般被认为是由存在于加湿器、空调、鱼缸中的阿米巴细菌、真菌引起的。它的症状与过敏性肺炎的症状基本相同。

(5) 毒枝毒素引起的疾病

另外一种可引起与室内空气污染相联系的疾病是毒枝毒素，它们是真菌的代谢产物，其作用的范围从短期效应到免疫抑制甚至能诱发癌症。

八、病原微生物通过空气传播引发的疾病

1. 细菌性疾病

细菌性疾病及其病原微生物见表7-6。

表 7-6 细菌性疾病及其病原微生物

序号	疾病名称	病原微生物	序号	疾病名称	病原微生物
1	肺结核	结核分枝杆菌	7	百日咳	百日咳博德特菌
2	肺炎球菌性肺炎	肺炎链球菌	8	猩红热	溶血性链球菌
3	葡萄球菌呼吸道感染	葡萄球菌	9	肺鼠疫	鼠疫耶尔森氏菌
4	链球菌呼吸道感染	酿脓链球菌	10	肺炭疽	炭疽芽孢杆菌
5	流行性脑脊髓膜炎	脑膜炎奈瑟氏菌	11	军团病	嗜肺军团杆菌
6	白喉	白喉杆菌			

资料来源：徐东群等，2005.

2. 病毒性疾病

病毒性疾病及其病原微生物见表 7-7。

表 7-7 病毒性疾病及其病原微生物

序号	疾病名称	病原微生物	序号	疾病名称	病原微生物
1	流行性感冒	流感病毒	5	天花	天花病毒
2	普通感冒	鼻病毒	6	水痘	水痘病毒
3	流行性腮腺炎	腮腺炎病毒	7	风疹	风疹病毒
4	麻疹	麻疹病毒	8	急性咽炎、病毒性肺炎等	腺病毒

资料来源：徐东群等，2005.

3. 其他病原微生物引起的疾病

其他病原微生物及其引发的疾病见表 7-8。

表 7-8 其他病原微生物及其引发的疾病

序号	疾病名称	病原微生物	序号	疾病名称	病原微生物
1	Q热	伯氏考克斯体	4	组织胞浆菌病	荚膜组织胞浆菌
2	原发性非典型性肺炎	肺炎支原体	5	隐球菌病	新型隐球菌
3	奴卡菌病	星状马杜拉放线菌	6	农民肺	干草小孢菌

资料来源：徐东群等，2005.

第三节 饮水或食物微生物污染对人体健康的危害

一、霍乱

霍乱是由霍乱弧菌引起的急性肠道传染病。临床表现轻重不一：轻者仅有轻度腹泻；重者剧烈吐泻大量米泔水样排泄物，并引起严重脱水、酸碱失衡、周围循环衰竭及急性肾功能衰竭。

本病主要通过水、食物、生活密切接触和苍蝇媒介而传播，以经水传播最为重要。

霍乱潜伏期约为1～3天，短者数小时，长者5～6天。典型患者多急骤起病，少数病例病前1～2天有头昏、倦怠、腹胀及轻度腹泻等前驱症状。病程通常分为三期：吐泻期、脱水期和反应恢复期。根据病情可分为轻、中、重三型（见表7-9）。极少数病人尚未出现吐泻症状即发生循环衰竭而死亡，称为"暴发型"或"干性霍乱"。

表 7-9　轻、中、重型霍乱患者的临床表现

临床表现	轻　型	中　型	重　型
脱水(占体重百分比)	5%以下	5%～10%	10%以上
精神状态	尚好	呆滞或不安	极度烦躁或静卧不动
音哑	无	轻度	音哑失声
皮肤	稍干，弹性略差	干燥，缺乏弹性易抓起	弹性消失，抓起后久不恢复
发绀	无	存在	明显
口唇	稍干	干燥	极度干裂
眼窝、囟门凹陷	稍陷	明显下陷	深凹，目闭不紧，眼窝发青
指纹皱缩	不皱	皱瘪	干瘪
腓肠肌痉挛	无	痉挛	明显痉挛
脉搏	正常	细速	微弱细速或无
血压(收缩压)	正常	12.0～9.3 kPa	9.3 kPa 以下或测不清
尿量	稍减少	很少，500 mL 以下/24 h	少尿或无尿
血浆比重	1.025～1.030	1.030～1.040	1.040 以上

资料来源：徐顺清，2005.

二、细菌性痢疾

细菌性痢疾简称菌痢，是由痢疾杆菌引起的常见肠道传染病。临床上以发热、腹痛、腹泻、里急后重、黏液脓血便为特征。潜伏期一般为1～3天(数小时至7天)。病前多有不洁饮食史。临床上依据其病程及病情分为急性与慢性两期以及六种临床类型。急性菌痢可分为急性典型型、急性非典型型、急性中毒型三种临床类型，也可分为急性发作型、迁延型、隐匿型。

三、伤寒

伤寒是由伤寒杆菌引起的经消化道传播的急性传染病。临床特征为长程发热、全身中毒症状、相对缓脉、肝脾肿大、玫瑰疹及白细胞减少等，主要并发症为肠出血、肠穿孔。

本病终年可见，但以夏秋季最多。以儿童及青壮年居多。

伤寒潜伏期一般3～60天，平均1～2周。典型伤寒患者临床表现可分为4期：初期相当于病程第1周，急期相当于病程第2～3周，缓解期相当于病程第3～

4周,恢复期相当于病程第4周末开始。

除典型伤寒外,临床偶尔可见到轻型、爆发型、迁延型、逍遥型及顿挫型等其他临床类型的伤寒。

四、甲型病毒性肝炎

病毒性肝炎是由多种不同肝炎病毒引起的一组以肝脏损害为主的传染病,包括甲型肝炎等7型肝炎。临床表现主要是食欲减退、疲乏无力、肝脏肿大及肝功能损害,部分病例出现发热及黄疸,但多数为无症状感染者。

甲型肝炎的主要传染源是急性患者和隐性患者,主要经粪、口途径传播。

人类对各型肝炎普遍易感,各种年龄均可发病。各型肝炎的潜伏期长短不一,甲型肝炎为2～6周(平均一个月)。

五、炭疽

炭疽是由炭疽杆菌所致的人畜共患传染病。原系食草动物(牛、羊、马等)的传染病,人因接触这些病畜及其产品或食用病畜的肉类而被感染。临床上主要表现为局部皮肤坏死及特异黑痂,或表现为肺部、肠道及脑膜的急性感染,有时伴有炭疽杆菌性败血症。

传染源主要为患病的食草动物,如牛、羊、马、骆驼等,其次是猪和狗,它们可因吞食染菌食物而得病。人直接或间接接触其分泌物及排泄物可被感染。炭疽病人的痰、粪便等具有传染性。炭疽杆菌可以经皮肤黏膜、呼吸道、消化道吸收或摄入而被感染。本病世界各地均有发生,以夏、秋发病为主。

六、疯牛病

疯牛病全称“牛海绵状脑病”,是一种进行性中枢神经系统病变。在人类中的表现为新型克雅氏症,患者脑部出现海绵状空洞,其症状是全身瘙痒,烦躁不安,进而导致记忆丧失,身体功能失调,神经错乱,麻痹,最终痴呆直至死亡,死亡率几乎为100%。

人类感染疯牛病的主要途径是食用受感染的牛肉及其制品等。长期大量使用含有疯牛病致病因子的化妆品也可感染。

七、非典型性肺炎

2003年,非典型性肺炎(SARS)在全球爆发流行。非典型性肺炎的病原体是一种冠状病毒变种,它与流感病毒有亲缘关系,而且非常独特。科学家将其命名为非典型性肺炎病毒。人类的SARS冠状病毒可能来源于果子狸,但还不能说它是唯一的传染源。

八、禽流感

禽流感是禽类的病毒性流行性感冒，是由A型流感病毒引起禽类的一种从呼吸系统到严重全身败血症等多种症状的传染病，禽类感染后死亡率很高。其传染源主要是鸡、鸭、鸽子等。最新调查结果表明，病毒可能通过候鸟传播，致使疫情蔓延。预防医学专家们认为，禽流感一旦在人类之间全面暴发，其危害将胜于SARS，因为流感病毒可以在空气中迅速传播，而SARS病毒则只在近距离接触后才会被传染。

第四节 生物入侵对人体健康的危害

一、生物入侵的概念

生物入侵是指某种生物从它的原产地，通过非自然途径迁移到新的生态环境里，由于失去了天敌的制衡，获得了广阔的生存空间，生长迅速，占据了大量的生存环境，而使当地生物生存受到严重影响的现象。

外来物种其实是一把"双刃剑"，对入侵地的生态系统会造成危害的物种又被称为"入侵种"。

能造成入侵的外来物种具有一些类似的特点。首先，入侵种生态适应能力很强。许多外来物种的适宜生存范围非常广阔，可以跨越热带、亚热带和温带，遍布世界大部分角落；有的则可以抵御干旱、低温、盐碱等恶劣环境。其次，入侵种繁殖能力和传播能力很强。入侵种能在短期内产生大量后代，或是繁殖世代较短，并能在短期内借助各种传播媒介进入并占领新的环境。

原来天然存在的生态系统中并没有某个物种存在，而由于人类活动使得该物种越过海洋、山脉、沙漠等不能逾越的空间进入生态系统。所以，生物入侵几乎完全是人类造成的。

生物入侵其实自古就有，但当时人类的活动范围和领域都很小，生物入侵造成的影响也不大，而且长期以来，人们只重视其有利的方面。随着科学技术的迅猛发展，人类活动的范围越来越大，遍及世界每一个角落。在人类有意无意的活动之下，物种的迁移越来越频繁，情况也越来越复杂。很多时候，当人们发现某种生物入侵时，其造成的后果已经相当严重了。

二、生物入侵的途径

联合国贸易与发展会议(UNCTAD)发布了其最新的全球海运发展报告——《2019全球海运发展评述报告》(Review of Maritime Transport 2019)，报告全方位对全球航运业及海事业方面的发展现状进行了阐述，并对航运业未来的发展做出了展望。1918年海运业完成了110亿吨的贸易运输量。

文化和旅游部官网发布2018年国内旅游市场基本情况：全年，国内旅游人数55.39亿人次，入出境旅游总人数2.91亿人次。其中，中国公民出境旅游人数14972万人次。

2018年入境旅游人数14120万人次。其中，外国人3054万人次。入境旅游人数按照入境方式划分，船舶占3.3%，飞机占17.3%，火车占1.4%，汽车占22.3%，徒步占55.7%。

人流和物流的大幅度增加无疑使生物区系的物种交流进入一个新的历史时期，生态学家将面临更大的挑战。作为世界贸易组织的正式成员，我国与其他成员国之间的贸易往来将会更多，国际贸易、交通运输、旅游已经成为外来物种进入的主要途径。生物入侵的方式主要有两种：人为途径和自然途径(图7-1)。

1. 人为途径

(1) 有意引入

人类是生态系统的重要组成部分，对于生物入侵有着不可推卸的责任。专家认为盲目引种是造成生物入侵的重要原因，人类是生物入侵的载体甚至传播者，使生物到达了靠自然传播无法到达的地方，并不断干扰生态环境，加快了生物的入侵。人类出于改善农林牧渔业生产、建设生态环境和丰富生活等目的引进外来物种，有意识地将生物物种转移到其自然范围和分布区域以外的地方，弥补了当地生物物种的缺乏；或者通过杂交的方式培育了新的品种，例如有目的地引入一些粮食作物、药用作物、经济作物、观赏动植物以及用于生物防治的昆虫、真菌、细菌、杂草等，砷是生物入侵的途径。

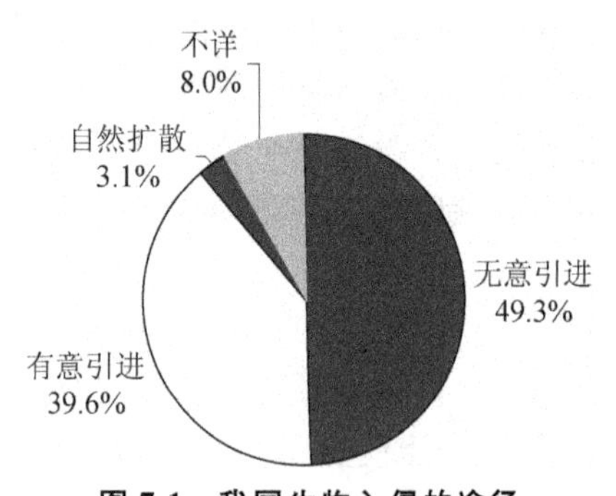

图7-1 我国生物入侵的途径

(资料来源：徐海根，2004)

引种是一把双刃剑，有的引人的外来物种的功能得到了发挥，确实解决了生产生活中的问题，但也有的由于管理不善造成逃逸现象或事前缺乏相应的风险评估，变成入侵种，造成灾害。值得注意的是，人们的一些不科学的观念往往加重了外来物种的入侵，例如在退耕还林和草坪引种的过程中，盲目引入外来物种，而不能够充分利用本地种，使外来种入侵的概率大大增加。

① 为了保护生态环境引入物种，却无法有效控制，导致外来物种成灾。例如引进大米草是为了保护河滩、改良土壤。为了巩固堤岸，我国1963年从丹麦、荷兰和英国引进大米草，在辽宁锦西向南到广西海滩种植，用于护堤和改良土壤，还可以生产饲草、作为造纸原料。大米草根系强大，生命力强，近年来，大量繁殖形成优势种群，对当地生物多样性造成威胁。

② 为了生物防治引进物种。通过引进天敌防治生物危害，却因为控制不善造成生物入侵。例如1977年，太平洋一个岛屿为了控制非洲大蜗牛引进了北美洲的一种蜗牛却造成了当地7个物种灭绝。美国为了消灭杂草公害，从南美引进了夏威夷群岛的一种蜗牛，55年后，这种蜗牛把15种当地的蜗牛消灭了。

③ 为了提高经济效益，改善人们的生活引进物种。例如我国1953年引入海狸鼠进行养殖，到20世纪90年代中期，由于经济原因海狸鼠逃生或者被放生，在野外大量繁殖，成为农田、果园的危害。20世纪50年代中期引进了皮毛有经济价值的麝鼠，半野生放养之后开始迅速繁殖，到处破坏稻田和水坝，造成的损失远大于其经济价值。近几年在餐桌上很受欢迎的牛蛙，来自北美洲，因为体大肉多被引进食用，逃逸到野外后，因为适应性强，繁殖能力强，危及当地物种的生存，被列为入侵生物。福寿螺于1981年由一位巴西籍华人带入广东，因为味道不好被释放到野外，因其食量大而且食物种类多，破坏粮食作物、蔬菜和水生作物，在广东、福建和云南西双版纳等地造成了危害。獭狸于1953年被引入我国东北，在动物园供人观赏，因为有浓密的毛皮被视为珍稀毛皮动物，1986年开始在我国各地推广养殖，但是在南方饲养后毛质变差，无人问津而被弃养，成为野生物种，危害当地生态。

④ 为了观赏，丰富人们的生活引进物种。例如日本有一种叫"克株"的植物，其花多而且美丽迷人，还能散发出甜甜的葡萄酒香气，美国在19世纪将其引入并广泛种植，结果造成灾害。我国1901年引进了原产南美的水葫芦作为花卉欣赏，之后作为猪饲料推广，却无法抑制其大量繁殖，从1975年至今，珠江水域水葫芦十年间就增长了10倍，1975年平均每天捞到50吨，现在平均每天近500吨，使得河道堵塞，航运受到影响，并严重破坏了水生生态系统。美丽的滇池曾经一度有10平方千米的水面被水葫芦覆盖，给渔业和旅游业造成了巨大损失。作为观赏动物引进我国的食人鱼原产于南美洲亚马孙河流域，是水中狼族，以其攻击人和牲畜的凶残本性而著称，并且繁殖能力强，性格残暴，牙齿锐利，可以在10分钟内将一头水牛撕咬得只剩下一堆骸骨，并且能很快适应环境大量繁殖，一旦达到一定规模会大量屠杀其他鱼类。幸好引起了中国政府的深切关注并采取果断措施，没有酿成灾难性后果。

⑤ 在战争中运用细菌、病毒等作为武器。日本731部队曾在我国使用炭疽杆菌和其他致病菌。21世纪初，美国也遭受了炭疽杆菌的攻击。第一次世界大战时德国向美国传播炭疽热及鼻疽病毒，企图消灭盟军的马和骡子。

(2) 无意引入

一些物种通过人类的活动、货物贸易或者潜伏在轮船、汽车、飞机等运输工具上,随着货物或者人流登陆,扩散到自然分布区域之外。外来物种多途径、多次传入加大了其入侵的可能性,传播的概率高。

① 物种随着国际人员来往,如旅游、商务活动等,通过其行李入境,例如旅客从境外带回的水果、食品、种子、花卉以及可能隐藏在其中的病虫、病毒等微生物。我国海关多次从入境人员携带的水果中查获地中海实蝇等。

② 物种随着商品贸易渠道入境,特别是农产品、木材、牲畜等的贸易,通过附着或夹带在货物、包装、运输工具上,随着货物往世界各地传播。因为进口石材携带土壤,植物铺垫材料中有树皮,使得生物入侵成为进口石材的重点问题。厦门检疫部门从2003年起,在海沧口岸进口石材的木质包装中已经多次检验出天牛等有害生物,这些随石材入境的染疫木质包装来自巴西、印度、乌克兰、荷兰、希腊等20多个国家。第二次世界大战后,日本的木材奇缺,购买了大量的美国原木,也同时引入了美国白蛾。原产于北美洲的松材线虫,在进口设备时,随着木材包装进入我国,1982年在南京中山陵发现,迅速蔓延到各地造成了极大的危害。松突圆蚧是隐藏在进口的杉树木材中进入我国的,从广东沿海扩散到华南、华东并向北蔓延,所到之处松树连片枯萎,20世纪90年代初蔓延达72万公顷。

③ 随着交通工具带入。例如豚草多发生在铁路和公路两侧,是随着火车从朝鲜传入的;新疆的褐家鼠和黄胸鼠也是通过铁路系统从内地传入的。科学研究发现,生物入侵的严重区域包括重要港口、口岸附近及铁路、公路两侧,外来物种往往在这些地方登陆。

④ 随着动植物引种,尤其是园林植物引种时带入。例如法国在引进美国的葡萄苗时也顺带引进了葡萄根瘤蚜,使其葡萄园25年后被毁灭了100万公顷,占葡萄总栽培面积的1/3,法国的酿酒业几乎停产。毒麦传入我国是随着小麦引种带入,因为它与小麦的形态极为相似,很容易混杂在其中。草胡椒、小叶冷水花、喜旱莲子草等一些外域杂草是通过园林植物的引种带入的。云南湖区洱海等地引进四大家鱼苗时,带进了麦穗鱼等小型鱼类,因为这里湖泊区凶猛鱼类少,这些小型鱼类能够很快发展,在有的湖泊曾成为优势种群,与当地鱼类竞争食物,并大量吞食土著鱼的鱼卵,使土著鱼类数量减少甚至灭绝。

⑤ 物种通过海洋垃圾或者随着压舱水入境。20世纪初,压舱水代替了固体压舱物,这些水大部分是取自于港口及其附近水域,水中几乎含有所有水生生物需要的生存条件,为水生生物在世界范围内的散布提供了极大的便利,每天约有3000多种动植物随着压舱水在世界范围内迁移。它们到达新地方之后立足繁衍,影响着当地的生态系统。20世纪80年代,通过压舱水,中国的蛤布满了美国加州旧金山海湾巨大口岸的底层,摄取大量的浮游生物;美国的梳水母在欧洲黑海定居消耗了大量的浮游生物,使得当地的渔业崩溃;欧洲斑马贝进入美国五大湖后,造成贝

类疯狂生长，布满了水下建筑和下水道，为了清理这些贝类花费了几十亿美元。美国加利福尼亚有好几个世界最为繁忙的港口，多年来出现了300多种外来海洋生物，包括欧洲红蟹等，在旧金山三角洲地区，众多螃蟹聚集在溪流中造成了水流堵塞，影响饮用水的提供。压舱水还带来了一些有害的赤潮生物，主要有血红裸甲藻、具尾鳍藻等，它们在海洋生态环境中适应性强，传播快，分布广，对渔业有很大危害。

随着废弃的塑料和其他人造垃圾漂浮的海洋生物每天都向南极洲和一些热带岛屿进犯，并对当地的物种造成危害，改变了当地的生态系统。

2. 自然途径

在没有人类介入的情况下，生物在生物区之间、大陆之间和岛屿之间的远距离传播也是有可能发生的，但概率比较小。主要有两种途径：

(1) 自然界中的植物慢慢侵入到其他生态系统

有的通过根、茎、叶的繁殖，有的通过种子的传播，鸟类、昆虫凭借自身的飞翔能力进行远距离的传播。紫茎泽兰原产于南美墨西哥，20世纪50年代前后从中缅、中越边境自然扩散进入我国，其种子随风扩散，繁殖力极强，所到之处农田、草场被占，其他植物萎缩枯死，如今已进入贵州西部和大小凉山，在云南滇池周边也有进入且生长旺盛。

(2) 通过自然媒介和动物媒介

自然媒介，如风、水，可以将种子和花粉吹到或者带到其他地域，真菌、细菌等通过高空的气流、风、雨、水流传到较远的地区。动物媒介，例如植物被动物食用或者携带，传播到其他地区。薇甘菊很有可能是通过气流从东南亚传入广东。马铃薯甲虫是世界上重要的有害生物，以每年1000平方千米的速度在欧洲向东推进，已传入亚洲国家。

事实上，外来生物的入侵有可能是多方面因素所致：在时间上并非只有一次传入，可能是两次或者多次传入；在途径上不只是通过一种途径，有可能通过两种或者多种途径交叉传入。

三、历史上的物种交流

物种交流，自古就有。人类这一物种是自然地侵入其他地区的很好例证，并且传播迅速。人类首先出现在非洲；10多万年前，扩展到欧洲和亚洲；4万～6万年前在澳大利亚出现；约1.5万～2万年前进入美洲；大约1000年前最远到达了太平洋地区。人类对火的使用改变了生态系统，并致使其他一些物种灭绝。人类经过之处，也总要携带一些其他物种。第一批来到美洲的亚洲人带来了狗，玻利尼亚人航海时携带着猪、芋头、白薯和其他至少30种物种(包括老鼠、蜥蜴这些“偷渡者”)。

由于航海工具的日臻完善，贸易也随之发展。到了哥伦布的航海旅行时代，贸易活动更是得到了推进，从而彻底打开了新物种资源的大门。

在几百年前,军队也是物种从一地迁往另一地的重要载体,其中一些转变为入侵性物种(比如军队本身)。军队传播新疾病的事实是众所周知的。比如,麻疹就是由早期的征服者从欧洲带入美洲的,而梅毒却是从美洲带到欧洲。有一种病毒牛瘟,它类似于麻疹、狂犬病,原存在于中亚高原,但后来很快横扫欧洲,这是因为军队在作战期间,随军带了携有这种病毒的牲畜作为军粮。1887 年以前,非洲还没有遭到感染,但随着意大利人的入侵,此病毒出现在厄立特里亚;1888 年,传入埃塞俄比亚;不到 10 年,该病毒传遍整个非洲大陆。在非洲一些地区,战争之后,部落牧民仍然想法维持牛群,导致了牛瘟的出现。另外,牛瘟还导致了一场生态大变革,对人类和牲畜产生了极大危害。

欧洲在北美、澳大利亚、新西兰以及其他地方实行的殖民统治,一直寻求创建和自己大陆相似的生活条件,正因为如此,他们把物种的引入推向了一个新时代。其所带来的物种包括小麦、谷物、黑麦、牛、猪、马、绵羊和山羊。由于早期运输不便,这些物种在当时并没有产生太大的影响。自从蒸气轮船被普遍使用后,水上的大门敞开了,而 1820—1930 年间,有 5000 多万欧洲人移民到遥远的海滨,随之带来了大量的动植物,丰富了当地的植物群和动物群。后来,中国人、印度人、印度尼西亚的华人、非洲人和其他地区的移民也把相似的物种带到他们在欧洲、澳大利亚和美洲的家园。

四、人类行为引发物种入侵的原因

1. 国际贸易的发展加快了物种交换的速度

全球化贸易使现代社会受益于全球范围内物种的空前转移和建立。农业、林业、渔业、宠物交易、园艺,以及许多工业原材料消费者,都依靠原产于遥远地区的物种。世界各地的人们享受着由全球生物多样性所带来的巨大财富。多数人对全球化贸易表示热烈欢迎,不少地区的人们收入增加,对进口商品的需求也随之增加。例如,北美苗圃目录为全球提供了近 6 万种的植物物种,常常是通过国际互联网实现的。这种全球化贸易还有一个不为多数人知道的副作用,即在引入外来物种的同时,它们中有一些物种具有侵略性。

2. 人类居住习惯的改变有助于外来生物的引进

与市场全球化相关,世界正在快速地变成一座大城市。在这个世纪交替时,地球上有一半人居住在城市里。城市成为全球经济的焦点地区和一些物种的入境处。入侵物种繁殖很快,不仅在城市中,而且在那些城市边缘地区,长期人为干扰以及广阔的裸露地表为物种的入侵提供了更多条件。许多城镇居民从各种自然资源中寻找装饰物种,这些物种可能成为入侵物种。

3. 追逐经济利益的天性使得人类不计后果地引入新物种

这种引入加大了生物入侵的概率。一些人出于经济目的,把非本土物种引入到新的栖息地,也许是为了从农业生产中获利;也许他们认为大众喜欢在地球某个遥远地方来的鲜花品种；再或者，他们认为非本土物种具有本土物种没有的功能。但在引入物种前，人们只对少数的外来引入物种进行详细的成本-利润分析，都忽略了引入物种带来的副作用。

类似的情况还包括，有些人无意中把物种引入新栖息地，但他们并不愿投入必要的资金，用来阻止此类偶然入侵事件的发生。他们也许没有意识到事情的危险性，而且在多数情况下这种危险不会威胁到这些人的自身利益。这些花费常常不公平地由无辜的人来承担，而不是那些允许此类事件发生的人。因此，人类在考虑全球贸易成本的同时，也应把引入外来入侵物种的潜在成本考虑进去。责任界限不明确，无法带来人们行为上的必要改变，结果常常是由普通民众及其后代来支付这些花费。

4. 对外来物种的影响没有做出充分的评价，导致过量的外来物种被引入

谈到引入外来入侵物种所耗费的成本问题，人类的认识是有局限的。因为入侵现象经常是看不到的，而且没有任何清晰的责任界定。外来入侵物种最初的影响也是非常有限的。在外来入侵物种引发大范围破坏前，监控、早期考察和对入侵者的控制政策不太可能被考虑到。而只有考虑到这些才能得到准确的成本-利润比率，因为主要利益（至少从可以避免未来成本的角度看）仍只存在于人们的推测之中。从另一个角度说，当完成成本-利润研究后，就能证明对物种入侵进行控制的价值，而预防物种入侵将成为最好的策略。

五、生物入侵对人体健康的危害

入侵的物种不仅会对其入侵地区的生物多样性形成威胁，破坏当地的生态平衡，造成重大的经济损失，许多入侵物种还是严重疾病的传播者，直接威胁人类的安全与健康，极大地影响着人类的生存，导致无法估量的后果。

千百年来，人类已经对周围的环境比较适应了，突然离开居住地到他处居住就可能会造成水土不服。这主要是因为对当地的环境不适应，身体的抵抗力比当地人弱。同样道理，由于当地环境中过去并没有这样的物种存在，人体对外来细菌、病毒等几乎没有抵御能力，所以，由生物入侵带来的疾病，通常比本地的疾病严重得多，造成的危害也大得多。

1. 战争导致的最残酷的生物入侵

人类活动，特别是商贸、旅行和战争等活动，会引起物种的大规模迁移与扩散，并伴随着疾病的传播。

军队是一个特殊的群体，人群密度很大，是疾病病源的载体，发病风险高。而战争为疾病的传播和瘟疫的流行创造了条件。

(1) 古代许多大规模、毁灭性的疾病都是由于战争造成的

人类的历史，也是战争的历史。战争给人们带来的不仅是当时的掠夺、杀戮，更有战后持续数十年的疾病甚至大规模死亡。

公元前14世纪,埃及军队袭击赫梯人,造成后者持续三代以上的瘟疫灾难。公元251年匈奴西侵欧洲,强劲的铁蹄将骚乱和疾病带到了罗马帝国,一年内平均每天约有5000罗马人死于瘟疫,这场灾难持续了15年。拜占庭帝国查士丁尼一世在位时(528—565)大力发展商贸、拓展丝绸之路,从印度经拜占庭至埃及和埃塞俄比亚的水陆通道上传播鼠类和鼠疫;拜占庭又同匈奴、波斯、突厥等多次发生战争,贸易与战争共同引起第一次世界性鼠疫大流行,接着鼠疫引起黑死病爆发,席卷整个欧洲,至公元600年,造成欧洲人死亡一半以上。

(2) 现代战争中使用的大量生物武器也是生物入侵

生物武器(biological weapon)是以生物战剂杀伤有生力量和毁坏植物的各种武器、器材的总称,旧称细菌武器,包括装有生物战剂的炮弹、航空炸弹、火箭弹、导弹和航空布洒器、喷雾器等。第一次世界大战期间,德国曾首先研制和使用细菌武器。第二次世界大战期间,英国在格鲁尼亚岛试验了一颗炭疽杆菌炸弹,至今该岛仍不能住人。日军在侵华战争中、美军在朝鲜战争中,也曾研制和使用细菌武器。第二次世界大战后,一些国家违反国际公约,漠视舆论谴责,仍继续研究和生产新的生物武器。生物战剂分为:① 细菌类;② 病毒类;③ 立克次体类;④ 衣原体类;⑤ 毒素类;⑥ 真菌类。其施放方式过去主要利用飞机投弹,施放带菌昆虫动物;今后将主要利用飞机、舰艇携带喷雾装置,在空中、海上施放生物战剂气溶胶,或将生物战剂装入炮弹、炸弹、导弹内施放,爆炸后形成生物战剂气溶胶。

为什么侵略者们如此热衷于对生物武器的使用?因为生物武器有如下特点:

① 生物战剂的必备条件

自然界能够引起人、畜和植物致病的微生物种类很多,但可作为生物战剂使用的致病微生物,必须具有以下条件:

A. 在生产、储存、运输和施放过程中能较稳定地保持其致病能力;

B. 能在短时间内大规模生产,生产设备简易,成本较低;

C. 具有很强的致病力,大多数能借多种媒介传播流行;

D. 预防、诊断和治疗较为困难,而使用方具有保护己方军队和居民的有效手段。

② 生物武器的杀伤特点

生物武器具有区别于核武器、化学武器和常规武器的杀伤特点:

A. 致病力强,可造成失能或死亡。少量战剂就可以引起发病甚至死亡。各种战剂的性质不同,致病的途径不同,伤害的效果也不一样,有的可造成失能,有的可造成死亡,但没有绝对的界限。

B. 污染范围广,不易被及时发现。三种武器所造成的杀伤面积分别为:核武器(100万吨级)为300平方千米;化学武器(15吨神经性毒剂)为60平方千米;生物武器(10吨级)为100 000平方千米。而且生物战剂无色无味,投放的带菌小动物,也易与当地原有品种相混淆,因此不易发现。

C. 传播途径多,可造成疾病流行。生物战剂的传播途径很多,可经空气、水、食物、污染物体及媒介昆虫等传播，通过呼吸道、消化道、皮肤创伤及黏膜等部位侵入人体。且多数生物战剂可引起人和人之间的传播，如鼠疫、天花、霍乱、斑疹、伤寒等都有很强的传染性，一旦引起人员发病，特别是人口稠密的大中城市，若不及时采取有效措施，将很快传播，造成疾病流行，迅速蔓延为疫区。同时，携带生物战剂的昆虫也可能叮咬人员和动物而形成自然疫区源地。

D. 危害时间长。生物战剂气溶胶危害时间通常为数小时(白天约 2 小时，夜间约 8 小时)，散布在水或土壤中的生物战剂危害时间比气溶胶要长。散布的带菌昆虫与鼠类，传染性可保持数天或数月，有的生物战剂能在受感染的昆虫、动物体内长期存活，甚至传代。

E. 有局限性，有潜伏期。生物战剂绝大部分为活的微生物，需要一定的生存环境。生物战剂的攻击效果受风速、风向、温度、湿度、降雨、降雪、日光以及地貌等条件的影响很大。生物战剂侵入人体后，不能立即使人致病，要经过一个潜伏期，其长短取决于战剂种类和侵入人体的剂量等，一般短者数十分钟，长者十几天。

近年来，世界范围内的恐怖主义活动频繁发生，给国际社会的稳定和各国的国家安全带来了日益严重的威胁。由于制造生物威胁具有花费少、便于操作、方式多种多样、危害范围广等特点，恐怖分子制造生物威胁危害国家安全将成为一个日益严重的趋向。

1984 年美国某海军基地中毒事件，就是恐怖分子运用生物武器威胁、危害国家安全的典型例子。

“9・11”事件之后，恐怖分子竟又使用了生物武器。在美国，一封封含有白色粉末的信件，被寄到国会、最高法院、国务院、中央情报局、各级政府机构，在不到一个月的时间内，引起 3000 多宗怀疑为炭疽杆菌的警报，造成 30 多人感染，5 人死亡。其袭击范围包括美国广播公司、国会、国务院、五角大楼以及美、澳、德、英等国的一些驻外机构。

除了炭疽杆菌外，天花病毒也是对人类最具威胁的生物武器，并且天花病毒的致命性比炭疽杆菌更强，很容易传播。联合国于 1980 年宣布天花绝迹，人类不再接种牛痘，如今全世界 25 岁以下的年轻人几乎都没有抗体，目前也没有抗天花病毒的治疗药物。储藏的天花疫苗制剂，抗原性蛋白质会因过期而分解，现可能早已无效。现有的天花病毒，虽然分别被美国、俄罗斯列为最高机密严格管制，但真正要制作战剂的人，必然发展出新一代的天花病毒株来使用。所以天花一旦现世，造成的后果将不堪设想。

2. 各种生物入侵导致人类疾病

除了战争这种由人类故意导致的行为，许多其他活动和事件也会造成生物入侵使人患病。传染性疾病通常是外来入侵种侵袭的例证。

(1) 细菌性疾病

细菌性疾病是典型的动物病源，是在人类和脊椎动物之间传播和感染的疾病，由共同的病原体引起。目前已知的由动物传给人类的疾病超过 3000 种。下面列举一些主要的病原体和疾病。

① 鼠疫。通常由鼠疫杆菌引起,由跳蚤携带传播。跳蚤寄生于入侵种中(如黑家鼠),从中亚传到中国、中东、北非和欧洲等地。鼠疫是非常可怕的疾病,是严重的全身性细菌感染,初期发热、寒颤、全身疼痛、心动过速,到了晚期心力衰竭,最后昏迷、死亡。纪元以来,共发生过三次世界性的鼠疫大流行,总共造成 1.4 亿多人死亡。

② 梭状芽孢杆菌病。俗称破伤风,可通过伤口进入人体造成感染。许多家禽、家畜都是可能的动物寄主。马及其粪便是破伤风杆菌的重要来源,草食动物和人的肠腔中也可能携带这种杆菌。用畜粪施肥的牧场、引进大量草食动物放牧可使破伤风杆菌量大增。非洲原本没有破伤风杆菌,但在大批引进欧洲牛群后,造成了破伤风杆菌严重感染的局面。

③ 结核病。许多牲畜和野生动物都可以感染和传染结核病,特别是牛。牛结核病几乎遍布世界所有国家。结核病可由动物传给人类。由于牛的结核病发病率很高,牛奶就成了传播结核菌的媒介,特别是喝生牛奶,更容易感染。20 世纪 90 年代以来,全世界的结核病都有反弹的趋势,这同经济全球化和环境全球化有密切关系。

此外,布鲁菌病、沙门氏菌病、巴斯德菌病、炭疽病、葡萄球菌病等也是常见的细菌性疾病。

(2) 重要的病毒性疾病

① 天花。天花病毒是 DNA 病毒,对低温和干燥有很强的抵抗力。早在公元前,古代埃及、中国和印度就有患天花的记录。17 世纪、18 世纪,欧洲殖民者向全世界扩张,建立众多殖民地,天花病毒从欧洲横扫西半球,土著居民成批死亡。同时,梅毒以相反方向从美洲传播到欧洲,在欧洲造成灾难。这是全球化早期大批移民引起生物物种大迁移所造成的直接恶果。

② 黄热病。是一种由蚊子进行生物学传播的疾病。黄热病毒为 RNA 病毒,原产于非洲丛林,约 500 年前由非洲传入美洲。在非洲,黄热病毒与灵长类长期共存,通过自然选择产生了若干种病毒不能致死而能继续繁衍的动物。其中,猴类-蚊子链状传播在病毒传给人的过程中起了重要作用。

③ 非典型性肺炎。是 21 世纪第一个具有"全球性健康威胁"的疫魔。2002 年秋在亚洲首次发现数个 SARS 病例,2003 年 2 月 SARS 便侵袭中国香港和东南亚地区,随后席卷中国内陆地区、加拿大、欧洲等地。后经权威科学家鉴定,证实罪魁祸首是一种新型的冠状病毒,现已命名为 SARS 病毒。

④ 拉沙热。一种病毒性的出血热,其典型症状是发热、头痛、呕吐、浑身奇痛,休克出血至最终死亡。拉沙病毒源于塞拉利昂,由于森林被彻底破坏,携带病毒的非洲鼠从野外进入人类居住地,导致拉沙热的暴发。先由塞拉利昂传入非洲南部各国,暴发后传入美国、加拿大和欧洲。

另外，艾滋病、口蹄疫、狂犬病、病毒性肝炎、流行性乙型脑炎等也是重要的病毒性疾病。

(3) 其他入侵生物对人的危害

豚草，原产于北美洲，在抗日战争期间，豚草的种子随着日本侵略军的马饲料传播到中国和亚洲大陆。它产生的花粉是引起人类花粉过敏的主要病原物，可导致"枯草热"症。每年夏秋豚草开花散粉时，体质过敏者便产生哮喘、打喷嚏、流鼻涕等症状，体质弱者可发生其他合并症甚至死亡。

许多疾病是通过昆虫为中介宿主传播的，这些昆虫既是疾病的传播者，又是外来入侵中的先锋。现知的病媒中节肢动物种类很多，主要有：蛛形纲的前、中、后气门目；昆虫纲的虱目、半翅目、双翅目等。每个目都有数百个种的节肢动物可以传播疾病，可见其对人类的威胁多么巨大。

此外，一些外来动物(如福寿螺等)是人畜共患的寄生虫病的中间寄主，麝鼠可传播"野兔热"。水葫芦大面积覆盖河道、湖泊、水库和池塘，为蚊蝇等害虫提供了良好的生存环境，对人们的健康构成了威胁。

外来入侵物种甚至可以通过对生产过程的影响间接威胁一个国家的生存。例如，爱尔兰的马铃薯饥荒发生在19世纪40年代，其主要原因是从北美引进了一种蘑菇，造成当地马铃薯大规模减产，而马铃薯是爱尔兰人的主要食物，其后果是饥饿导致150万人死亡。引进蘑菇带来了比疾病更严重的后果，这是人类史上因生物入侵造成的最大悲剧。

六、中国外来入侵物种名单

第一批	1. 紫茎泽兰，2. 薇甘菊，3. 空心莲子草，4. 豚草，5. 毒麦，6. 互花米草，7. 飞机草，8. 凤眼莲，9. 假高粱，10. 蔗扁蛾，11. 湿地松粉蚧，12. 强大小蠹，13. 美国白蛾，14. 非洲大蜗牛，15. 福寿螺，16. 牛蛙
第二批	1. 马缨丹，2. 三裂叶豚草，3. 大薸，4. 加拿大一枝黄花，5. 蒺藜草，6. 银胶菊，7. 黄顶菊，8. 土荆芥，9. 刺苋，10. 落葵薯，11. 桉树枝瘿姬小蜂，12. 稻水象甲，13. 红火蚁，14. 克氏原螯虾，15. 苹果蠹蛾，16. 三叶草斑潜蝇，17. 松材线虫，18. 松突圆蚧，19. 椰心叶甲
第三批	1. 反枝苋，2. 钻形紫菀，3. 三叶鬼针草，4. 小蓬草，5. 苏门白酒草，6. 一年蓬，7. 假臭草，8. 刺苍耳，9. 圆叶牵牛，10. 长刺蒺藜草，11. 巴西龟，12. 豹纹脂身鲇，13. 红腹锯鲑脂鲤，14. 尼罗罗非鱼，15. 红棕象甲，16. 悬铃木方翅网蝽，17. 扶桑绵粉蚧，18. 刺桐姬小蜂
第四批	1. 长芒苋，2. 垂序商陆，3. 光荚含羞草，4. 五爪金龙，5. 喀西茄，6. 黄花刺茄，7. 刺果瓜，8. 藿香蓟，9. 大狼杷草，10. 野燕麦，11. 水盾草，2. 食蚊鱼，13. 美洲大蠊，14. 德国小蠊，15. 无花果蜡蚧，16. 枣实蝇，17. 椰子木蛾，18. 松树蜂

专栏 7-1

战争对人类造成的危害

战争是一种特殊的社会历史现象,是人类社会集团之间为了一定的政治、经济目的而进行的武装斗争。战争自出现以来就给人类带来了深重的灾难,给人民的生命和财产造成重大损失。特别是进入20世纪以后,随着科学技术的进步,战争手段不断丰富,战争对人类造成的破坏愈加巨大。以下是20世纪以来重大战争所造成的损失情况。

据不完全统计,第一次世界大战持续了4年3个月,参战国家33个,卷入战争的人口达15亿以上。战争双方动员军队6540万人,军民伤亡3000多万人,直接战争费用1863亿美元,财产损失3300亿美元。

第二次世界大战历时6年之久,先后有60多个国家和地区参战,波及20亿人口。战争双方动员军队1.1亿人,军民伤亡7000多万人,财产损失高达4万亿美元,直接战争费用13520亿美元。

越南战争历时14年,是第二次世界大战以后持续时间最长、最激烈的大规模局部战争。战争中,越南有160万人死亡,1000多万人成为难民;美国有5.7万人丧生、30多万人受伤;战争耗资2000多亿美元。

两伊战争历时近8年。伊朗死伤60多万人,伊拉克死伤40多万人。两国无家可归的难民超过300万。两国石油产出和生产设施遭受破坏的损失超过5400亿美元。两国在这场战争中损失总额达9000亿美元。战争使两国的经济发展计划至少推迟20～30年。

海湾战争历时42天。美军死亡286人,伤3636人,被俘或失踪55人,其他国家军队亦有轻微损失。伊拉克方面则伤亡近10万人,被俘8.6万人。科威特直接战争损失600亿美元,伊拉克损失达2000多亿美元,美国则为战争耗资600亿美元。

科索沃战争历时78天。以美国为首的北约共出动飞机2万架次,投下了2.1万吨炸弹,发射了1300枚巡航导弹,造成南联盟境内大部分地区的军事、民用、工业设施和居民区的严重破坏。空袭还造成南联盟1000多无辜平民死亡,数十万阿尔巴尼亚族人沦为难民。战争中使用的贫铀弹和日内瓦公约禁用的集束炸弹导致新生儿白血病和各种畸形病态。持续的轰炸还严重恶化了南联盟和周边国家、地区的生态环境。

第五节　血吸虫对人体健康的危害

一、血吸虫简介

血吸虫属于扁形动物门，吸虫纲，复殖目，裂体科，因成虫寄生于哺乳动物血管而得名。目前全世界已经发现的血吸虫有 19 种之多，其中能感染人和哺乳动物的主要有 5 种，分别为曼氏血吸虫（*S. mansoni*）、埃及血吸虫（*S. haematobium*）、日本血吸虫（*S. japonicum*）、间插血吸虫（*S. intercalatum*）、湄公血吸虫（*S. mekongi*）。在我国流行的主要是日本血吸虫。

日本血吸虫（日本血吸虫是由日本学者于 1904 年首先发现的，病原虫的生活史也首先经日本学者详细研究而阐明，故得名，下文简称血吸虫），其成虫为雌雄异体。雄虫体较短粗，体乳白色或微灰白色，常向腹面弯曲而呈镰刀状；口、腹两吸盘明显，自腹吸盘以后虫体两侧向腹面弯曲，形成沟状，直延至尾端，称抱雌沟，是雄虫抱住雌虫交配的部位。雌虫比雄虫明显细长，呈线状（图 7-2）。

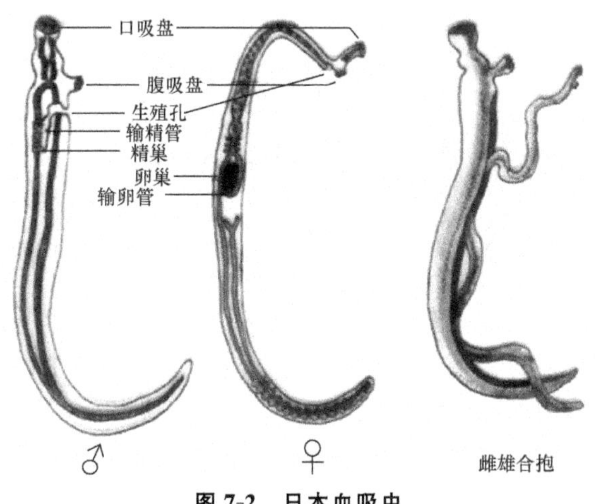

图 7-2　日本血吸虫

血吸虫的一生包括成虫、虫卵、毛蚴、胞蚴、尾蚴和童虫六个阶段。在血吸虫的一生中主要有两个宿主：一个是被成虫寄生的人和其他哺乳动物，称为终宿主，寄生的部位主要是肝、肠等处的血管，许多种哺乳动物都可成为血吸虫的终宿主；另一个是被幼虫寄生的钉螺，叫中间宿主，钉螺是日本血吸虫的唯一中间宿主。雌雄虫交配产卵后，虫卵随宿主的血液沉积于宿主的肝脏和肠壁组织中。沉积于肝脏的虫卵通常不能排出体外，经 20 天后便逐渐死亡钙化。而沉积在肠壁的虫卵经过大约 11 天，便可在卵内发育成毛蚴，然后随粪便排出体外。粪便入水后，毛蚴从卵内孵化出来，遇到钉螺后就钻入钉螺体内，发育成母胞蚴，经过两代无性繁殖后便可形成大量的尾蚴。对人类具有感染性的就是尾蚴。尾蚴从钉螺体中逸出后，在水中游动，遇到人或者其他哺乳动物等终宿主就钻入皮肤，随着血液最终到达肝、脾、肠等血管寄居(图7-3)。

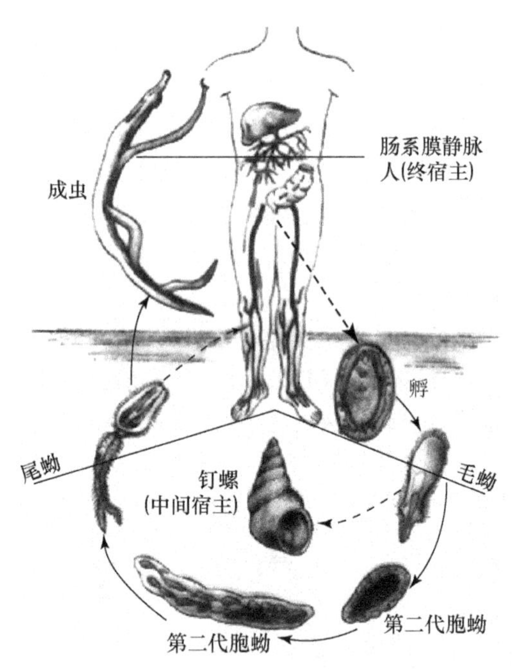

图7-3 日本血吸虫的生活史

二、血吸虫病的地理分布

血吸虫病分布于北纬34°到南纬34°之间广大的热带和亚热带地区，全球有74个国家(主要是发展中国家)流行血吸虫病，包括非洲有47个国家、拉丁美洲有9个国家、亚洲有18个国家，受威胁人口达6亿。

我国血吸虫病流行区根据不同地理环境、钉螺分布情况和流行病学特点，分为湖沼、水网与山丘三种类型：在湖沼型地区，有利于钉螺孳生，钉螺呈面状分布，常因打湖草与捕鱼而发生急性感染；在水网型地区，钉螺沿河沟呈网状分布，多因在河边生活接触河水而感染；在山丘型地区，钉螺沿水系呈点状分布，地广人稀，病人也较少而分散，野生动物如野鼠等为重要传染源。我国的血吸虫病主要分布在三峡以东的长江中下游和东南沿海的浙江、福建一带；川西平原及金沙流域也是主要分布地区之一，包括江苏、浙江、湖南、湖北、江西、安徽、四川、云南、广东、广西、福建与上海等省份。根据以上血吸虫病地域分布的特点，我国血吸虫病流行具有如下规律和特点：

① 血吸虫病的地理分布与中间宿主钉螺的分布相一致；

② 流行区钉螺的分布又与当地的水系分布相一致；

③ 不同地区、不同人群感染的情况与当地水系阳性钉螺的分布、人群接触疫水的频度有密切的关系；

④ 钉螺感染率的高低，又与人、畜粪便污染水源的程度密切相关；

⑤ 血吸虫的流行具有一定的季节性。

三、血吸虫病的传播

1. 血吸虫病的流行因素

造成一个地区血吸虫病流行的因素有三个：

① 传染源。感染了血吸虫的人、家畜和野生哺乳动物的粪便中有大量的虫卵，即是血吸虫病的传染源。

② 传播媒介。中间宿主——钉螺，是血吸虫病传播的唯一媒介。有钉螺孳生的地方，就可能造成血吸虫病的流行。

③ 接触疫水。人不分男女、老幼、职业、种族，动物不分家畜和野生哺乳动物，一旦接触疫水，都可感染血吸虫，一般无先天性免疫力。

(1) 感染的主要方式

人们在生产和生活中接触疫水的方式很多，捕鱼捞虾、游泳戏水、在水中抢收抢割、开垦有螺湖荒、种水稻、打湖草、防汛抢险、在有螺江河湖滩放牧、在有螺河沟洗衣物等。接触疫水的次数愈多、时间愈长、面积愈大，感染的机会就越大，感染的程度就愈严重。

(2) 感染的主要途径

血吸虫尾蚴主要是经皮肤侵入人体，接触疫水的皮肤面积愈大，感染就愈重。尾蚴也可经眼结膜、口腔和鼻黏膜侵入人体。

(3) 感染的季节

一年四季，人体接触疫水都可以发生感染，而 4—10 月最易被感染。这个季节雨水多，气候温和，钉螺活跃，逸出大量的尾蚴漂浮在水面上，人们因生产繁忙，接触水的机会多，极易被感染。开春后的首次涨水及下大雨后，最易感染。

2. 血吸虫病流行的地区性

钉螺的分布决定了血吸虫病的流行具有明显的地区性。钉螺的分布基本上与水系分布一致：由于居民点大多分散在水系附近，出门是水，水边有螺，居民因生产、生活接触疫水而感染。因此，血吸虫病流行区可以成片，也可以成块状孤立分布。

四、血吸虫病对人体的危害

血吸虫病是血吸虫寄生在人或其他哺乳动物的血管里，在血管里吸血、产卵、排出毒素而引起的一种疾病。

血吸虫的尾蚴、成虫、虫卵均可对人体产生危害，如尾蚴钻入皮肤引起皮疹。

幼虫随血液流经肺可引起肺炎，还可引起身体的过敏反应如发热、荨麻疹等。成虫可引起贫血、脾肿大、静脉炎等。危害最严重的是虫卵引起的“肉芽肿反应”，大量的虫卵聚集在肝脏引起肝纤维化，并使肝门静脉受阻而压力升高，进而出现脾肿大、腹水和食道静脉曲张。如果曲张的血管破裂，则可导致上消化道大出血；肝脾肿大和腹水，使病人腹大如鼓，俗称“大肚子病”。发生在直肠和结肠的“虫卵肉芽肿”可使肠壁溃烂而出现便血，进而有可能癌变；发生在脑颅内的“虫卵肉芽肿”，压迫脑组织引起癫痫样症状，即形成脑型血吸虫病。如果在儿童时期感染血吸虫病又未及时治疗，可引起严重的生长发育障碍(“侏儒病”)。妇女得了这种病，严重影响生育。因此，血吸虫病是一种严重危害人的身体健康和生产生活的疾病。

五、血吸虫病临床症状与发病机制

1. 临床症状

血吸虫病可分为三种类型：

(1) 急性血吸虫病

多见于来自非流行区无免疫力而新近接触大量尾蚴的病人，夏秋季较多见。起病较急，先有畏寒，继而发热，一般在39℃上下，以下午及晚上较明显，出汗后热退，体温曲线如锯齿状。发热可持续0.5～2月。热度高低和持续时间与感染程度成正比。此外，尚有腹痛，腹泻，大便带血和黏液，咳嗽，肝肿大压痛等。

(2) 慢性血吸虫病

常见于流行区有反复多次感染的农民，他们自幼和河水接触有一定的免疫力，因此一般不产生急性期症状，多数且无明显感觉，仅在普查时发现。慢性患者的症状以腹痛、腹泻为常见，大便日2～3次，稀、偶尔带血，时发时愈。主要体征为肝脾肿大，有时有腹水及黄疸。

(3) 晚期血吸虫病

多见于流行区反复重度感染的患者，表现为肝硬化，门静脉高压症，主要症状有巨脾(大多伴有脾功能亢进，血细胞减少)、腹水、食道下端和胃底部以及腹壁静脉曲张等。食道下端和胃底部曲张静脉破裂时可发生上消化道大量出血。在儿童期得病，如不及时治疗，可因发育障碍而形成侏儒症，俗称“童子痨”，现已少见。另外，血吸虫病还可带来异位损害：虫卵侵入门静脉系统之外的肺、脑等器官而引起的损害，主要症状分别为咳嗽(重者伴2气急)和局限性癫痫等。

2. 发病机制

血吸虫尾蚴、幼虫、成虫、虫卵对宿主可引起一系列的免疫反应。幼虫表面存在一种激活剂，可导致人体某些细胞的变化，从而引起局部炎症，此种炎症反应兼有速发与迟发两型变态反应的成分。成虫表膜有抗原性，可以激发宿主产生相应的抗体，对新入侵的幼虫起保护作用，同时成虫的肠道及器官分泌物和代谢产物作为循环抗原，可与相应的抗体形成免疫复合物出现于血液或沉积于器官，引起免疫复合物病变。虫卵是引起宿主免疫反应的主要因素，可形成虫卵肉芽肿。急性血吸虫病是体液与细胞免疫反应的混合表现，慢性及晚期血吸虫病的免疫病理变化则属于迟发性细胞变态反应。血吸虫病引起肝纤维化是在肉芽肿的基础上产生的，而肉芽肿是本病主要的病理损害。

六、我国的血吸虫病

1. 历史回顾

血吸虫病在我国有长久的历史。1972 年湖南长沙马王堆发掘的西汉古墓出土的西汉女尸（前 206）和 1975 年湖北江陵凤凰山出土的男尸，在他们内脏中都发现血吸虫卵，证明我国早在 2200 年前就已有血吸虫病存在。在隋唐时期出现的医药著作中，对于血吸虫病症已有了很详尽的描述。在《千金要方》《诸病源侯方》《外台秘要》等书中，对于血吸虫病的称呼有很多：五蛊、水毒、蛊痢、蛊胀、水胀、血蛊、鼓胀、水症、石水等，都分别代表了血吸虫病在不同的发病状态下所呈现出的不同症状。1905 年，我国在湖南省常德县一农民粪便中检出虫卵，确诊为第一例血吸虫病病例，并确认了血吸虫病在我国的流行。新中国成立前，因为人民群众缺乏卫生习惯与卫生条件，长江南北血吸虫病流行猖獗，造成了极大危害。据安徽省 23 个流行县（市）回顾性调查资料的不完全统计，1949 年前，共毁掉 363 个村，荒芜 6976 亩田地，绝户 1909 家。血吸虫病危害严重，死者无数，于是就有了“千村薜荔人遗矢，万户萧疏鬼唱歌”（毛泽东《送瘟神》）的悲惨景象。新中国成立后，血吸虫病在我国长江流域及其以南的江苏、浙江、安徽、江西、湖南、湖北、广东、广西、福建、四川、云南和上海等 12 个省、市、自治区共 373 个县（市）流行，累计查出病人 1200 多万，受威胁人口在 1 亿以上。江西省丰城县白宫乡梗头村百年前有 100 多户，到 1954 年只剩下 2 人，其中 90％死于血吸虫病。

2. 我国血吸虫病的防治

血吸虫病的传播必须具备下述三个条件：

① 带虫卵的粪便入水。

② 钉螺的存在、孳生。钉螺是血吸虫的唯一中间宿主，血吸虫的幼虫必须在孵化后的最初几个小时内找到钉螺，否则其入侵钉螺的能力就会下降，结局注定是死亡。入侵钉螺的血吸虫幼虫可以在钉螺体内大量繁殖尾蚴，而后尾蚴逸出到水体中造成危害。往往一个钉螺里可以寄生几千条血吸虫的尾蚴，一颗钉螺一天最多能逸出 5000 条尾蚴。

③ 人体接触疫水。包括因为生产（捕鱼、种田等）或生活（洗涤、戏水等）而接触疫水。另外饮用生水时，尾蚴也可以通过口腔黏膜入侵。赤足在河边也有被感染的可能。所以我国对血吸虫病的防治也主要是从这三个方面入手。

从 20 世纪 60 年代起，世界卫生组织专家委员会就提出了以灭螺为主要措施、达到控制传播的策略。我国最初也是从消灭钉螺开始的，但由于投入巨大，资金有限,在像沼泽和大山区这些经济落后的地区是不可能采取这样措施的,所以防治效果并不理想。1984年,世界卫生组织防治血吸虫病专家委员会考虑了当时的现实情况,并根据当时已经出现的新的安全有效药物(吡喹酮,敌百虫)提出了新的防治策略,以控制疾病代替了过去的阻断传播,即着眼于减少血吸虫病发病,而不是完全终止传播。通过防止水源污染和减少人接触疫水的机会,从而达到预防或减少感染的目的。自1980年,我国就开始了以治疗患病者、从而消灭传播源为主导,同时有重点地集中力量消灭钉螺的控制策略。经过几十年的摸索和实践,国家总结、制定了防治血吸虫病的三级目标:对沼泽和大山区,先控制住疾病,保障人们的生命安全;条件好些的地区,则应该尽量控制流行,减少血吸虫的威胁;少数有经济实力的地区,则应该尽可能地消灭钉螺,将传播途径彻底切断。在执行这些措施的同时,加强对民众的健康教育。当传播途径切断之后5年没有检测到新感染时,即可认为消灭了血吸虫病。这一符合实际情况的策略,使我国的血吸虫病防治(简称"血防")工作重点突出,取得了可观的成效。随着科学技术的发展,除了传统的防治手段之外,很多生物工程技术也在逐渐被引进血吸虫病的防治。

3. 中国血吸虫病防治现状

血吸虫病在我国流行已有2200多年的历史,作为一种对全球公共卫生有着重大影响的传染病,曾广泛流行于我国长江中下游及以南12个省(直辖市、自治区)。根据地形地貌、钉螺生态及流行病学特点,我国血吸虫病流行区类型主要可分为平原水网型(简称水网型)、山区丘陵型(简称山丘型)及湖沼型(表7-10)。

表7-10 中国血吸虫病地理分布

流行区类型	钉螺分布特征	血吸虫病分布
平原水网型	水道纵横,密如蛛网,土壤肥沃,河岸杂草丛生,极利于钉螺的孳生,钉螺沿河岸呈线状分布	主要分布在长江三角洲如上海、江苏、浙江等处
山区丘陵型	钉螺分布单元性很强,严格按水系分布,面积虽不很大,但分布范围广,环境极复杂	主要在我国南部,如四川、云南等地,但华东的江苏、安徽、福建、浙江,华南的广西,广东都有此型
湖沼型	钉螺一般分布在年淹水时间4个月左右的地带,成片分布,有螺面积最广	主要分布在湖北、湖南、安徽、江西、江苏等省的长江沿岸和湖泊周围

中国血吸虫病防治(简称"血防")工作至今已有70年的历程,随着我国经济社会不断发展、防控技术和水平的提高,中国的血防策略也在不断发生变化,大体上可分为三个阶段,即:20世纪50—80年代早期,以灭螺为主的综合性防治策略;20世纪80年代中期至2003年,以化疗为主的综合性防治策略;2004年以来,以传染源控制为主的综合性防治策略。

4. 中国血吸虫病发病及死亡情况

从中国血吸虫病发病情况来看,近三年来全国钉螺控制效果较为稳定,血吸虫病疫情整体显著下降，血吸虫病发病数量显著减少，发病率逐年降低。2018 年中国血吸虫病发病数为 144 例，同比 2017 年减少了 1042 例，2019 年 1—7 月份血吸虫发病数为 153 例。

随着我国血吸虫病防治进程不断推进，血吸虫病防治工作取得了显著成效，2014 年以来中国血吸虫病死亡下降为零，2015 年以来我国血吸虫病防治工作已全面向传播阻断乃至消除迈进。

5. 中国血吸虫病控制展望

经过近 70 年的防治，血吸虫病患者数量显著下降，中国血防取得了举世瞩目的成就。截至 2017 年年底，全国 12 个血吸虫病流行省（直辖市、自治区）中，浙江、上海、广东、广西、福建达到传播消除标准，四川省达到传播阻断标准，湖北、湖南、江西、安徽、江苏、云南达到传播控制标准。

此外，在血吸虫病诊断网络平台的推动下，我国血吸虫病重点防治省份均开展了本省血吸虫病诊断网络实验室建设工作，实验室硬件得到明显改善、血吸虫病检测工作日趋规范，为我国血吸虫病消除工作提供了技术保障。作为一项长期性、复杂性、艰巨性的系统工程，血吸虫病防治工作需要遵循因地制宜、综合治理、科学防治的原则，在政府主导下有关部门互相协作、社会群众参与、联防联控方能奏效。

目前，我国正在大力推进血吸虫病消除进程，但消除血吸虫病仍面临一些挑战，受钉螺孳生环境复杂且分布较广、传染源种类众多等因素的影响，加上血吸虫特有的生活史和血吸虫病传播特点，血吸虫病传播危险环境尚未彻底改变，中国要实现全面消除血吸虫病目标的任务仍然艰巨。

随着科技创新的大力发展，血吸虫病及钉螺控制也将迎来历史性机遇。在生态环境保护力度不断加强的形势下，符合环保要求的新农药及新的植保技术将出现重大进展。灭螺药物研究和应用仍将是一项重要课题。应加强对灭螺药物使用的管控，严格规范使用、加大督促检查力度，逐渐减少对药物灭螺的使用和依赖，未来灭螺药物及应用研究应主动瞄准科技发展新动态、加强筛选研究、挖掘新的高效低毒灭螺药物。

第六节 宠物与人体健康

一、概述

宠物伴随人类文明已有数千年的历史。宠物又称陪伴动物或伴侣动物，指家庭饲养作为陪伴、并与人有情感交流的动物。随着经济、文化的进步，各国饲养宠物的家庭数量都日趋增加。

饲养宠物可能给人们导致很多种生理上的疾病，似乎饲养宠物不利于人类的健康。但事实上,宠物与健康间的关系并没有那么简单。世界卫生组织认为,健康不仅指人没有疾病和虚弱,而是一种躯体、精神和社交的全面安宁状态。任何养过宠物的人都会发现,饲养宠物可以给人带来许多积极的情绪体验。近来很多研究发现,饲养宠物也促进了人类身体上的健康。

二、几种常见宠物可能导致的人类疾病

饲养宠物意味着在一个较小的空间中人与动物的共处,饲养者出于对宠物的喜爱,很可能频繁与宠物发生过分亲密的接触,与之同吃、同住、同睡、同玩。但是,宠物在人畜共患病中作为传染源和传播媒介的作用不容小觑,甚至本身无症状的宠物也有可能把携带的人类致病菌(如白喉等)传递给人类。除此之外,宠物也是饲养者居室甚至整个人类社会中的污染源之一。

1. 猫

家猫是猫科中唯一被人类驯化成为宠物的成员。各地对养狗有很多限制,但养猫则无人管理,故西方国家社区里宠物猫数量有时甚至超过宠物狗的数量,加之猫作为宠物具有喜偎人、喜被抚摸等特点,使人与猫的人兽亲密接近指数比与其他动物均高。另外,猫比狗等宠物的独立性更高,更喜爱在居室外活动,因而猫给人带来的疾病的可能性相对较大。

猫可能传染给人的疾病有狂犬病、弓形虫病、猫抓病等。

狂犬病是由于被狗、猫、蝙蝠等咬伤或抓伤引起狂犬病毒感染后,得不到及时有效的狂犬疫苗预防注射而发病。对于儿童,由猫造成的狂犬病远比狗更危险,因为猫造成的伤口多在手臂、颜面、胸部和腹部,与狗造成的伤口相比,距中枢神经系统更近,导致潜伏期短,不利于救治。

弓形虫寄生于猫的肠壁细胞中,感染的猫粪便具有传染性,可以传染给人类。若怀孕期妇女与猫接触感染上弓形虫病,可能引起流产、早产或胎儿畸形。弓形虫寄生在猫的肠道中,虫卵随粪便排出体外,人若误食这种虫卵,虫卵会在人体肠道内孵化成幼虫,穿过肠壁,进入血液流到身体各部。特别容易进入肺和肝脏内,引起发热、咳嗽、肝大、肝痛、呼吸困难、食欲减退。若幼虫进入大脑、脊髓、眼球或肾脏,则会发生更为严重的疾病,如癫痫、失明、肾功能损害等。但猫感染弓形虫病的主要来源是鼠和鸟,只要把猫圈养在家中,喂熟食,培养良好的卫生习惯,及时处理排泄物,就可以预防弓形虫病。

猫抓病主要是由于被猫抓伤或咬伤而引起的,少数人可能没有接触过猫,而是通过被猫的排泄物或唾液污染的植物、木片等刺伤而感染,致病菌是一种多形性阴性杆菌。该病菌对猫无害,却可以使人产生类似流感的症状,如头痛、发热等。

除此之外,在吸虫方面,人和猫都会由于食入感染的鱼而得病,同时猫又会排出含有虫卵的粪便,污染水源,并加重通过鱼导致的人类感染情况。猫还可能患上一种非常严重的皮肤病,病原巴西钩口线虫可以直接穿透人的皮肤,所以应禁止猫

到人类经常赤脚走动的海滩上。除此之外，猫可能感染狗螨，进而引起人的皮炎。少数过敏体质的人对猫的毛和唾液过敏，出现过敏性鼻炎，甚至哮喘。

2. 狗

狗在6万年前被人驯化后，成为人类亲密的朋友和帮手，并逐步建立起对人的依恋感情，加之其具有忠诚等美德，使人对狗有一种特殊的关爱之情。但是，据统计，狗传染给人的疾病有65种之多。

狗传染给人的疾病中真正威胁人类健康的就是狂犬病。除此之外，还有很多寄生虫病也是威胁人类健康的重要病原。狗所携带的沙蚤和狗螨都能引起人的皮炎。狗是人类黑热病病原利什曼原虫的主要保虫宿主，也是那些能引起幼虫皮下移行的线虫的主要宿主，同样应限制狗在人类赤脚走路的沙滩上出没，居室中养狗更应该小心被传染。至少有三种狗的绦虫病与人相关：狗经由口腔食入被污染的跳蚤而传染给人，患鱼绦虫病是由于吃了被狗粪污染的湖水或溪水中捕获的鱼而致，患棘球蚴病是直接吞了被狗粪中的虫卵污染的水或食物之故，这在我国牧区较为常见。吸虫虽因传染性较弱而不算重要，但狗在把寄生虫卵重新感染回鱼蟹类过程中所起的作用是很关键的，狗粪中大量的虫卵构成人类生活环境中重要传染来源。

狗的爪子上和口腔里存有多种病毒与病菌，感染后使人高热或长皮肤瘤。

狗也可以作为传播人类疾病的媒介。人的麻疹或腮腺炎病毒可能传染狗，虽然可能不会发病，但狗的流动性以及与人类的亲密关系，会促进疾病在人类间传播，将这两种病毒传其他人。除此之外，人型结核、白喉和猩红热也可以通过狗传给其他人，所以应尽量防止狗接近这类病人。

3. 鸟

鸟类由于大多被饲养在笼中，同人直接接触的机会较少，在传播人畜共患疾病方面对人威胁性相对较小，但仍有一些疾病需引起注意。

禽鸟类的病毒病中能传播给人的主要是虫媒脑炎（加州脑炎、东方脑炎、西方脑炎、圣路易脑炎和摩莱谷脑炎），其次是鹦鹉热。鹦鹉热是一种衣原体感染的疾病，鹦鹉、金丝雀、鸽子等190多种禽鸟可能传染给人。人被感染后会发热、头痛、肌肉痛、咳嗽、胸痛，严重的会引起肝炎，甚至导致生命危险，但若及时发现并治疗可以治愈。不过，鹦鹉热症状与流感相似，同时又非常罕见，故常被误诊，很可能处理不及时造成严重后果。

人若吸入鹦鹉、鸽子等禽类的干粪碎末可能引发鸟肺病。鸟肺病是一种严重的过敏症，症状较为严重，可能导致气喘、咳嗽、流泪、风疹等。预防这种病的有效方法是清扫鸟笼时佩戴口罩。据报道，家中养鸟会使空气中的污染物质增多，可能使肺部过敏，细胞变异，导致发生肺癌。另外，鸽子的呼吸道内有一种真菌，人吸入后会引起支气管炎、肺炎或肺脓肿。鸽子的唾液和爪子上有一种隐球菌，可能引起脑膜炎，使人发热、头痛、呕吐、抽搐、昏迷，甚至导致生命危险。

鸟类传染给人的细菌病中仍以炭疽为主,其次为布氏杆菌、肉毒杆菌、气肿疽杆菌、白喉杆菌等。此外,禽螨可能引起人的皮炎。

4. 鱼

鱼由于生活在水中,不会对空气造成污染,也不会直接对人造成伤害,因而不利影响最少。但在给鱼换水的过程中,一种喜欢在鱼缸中生存的结核型芽孢杆菌可能趁机进入人体,引起皮肤结核,导致皮肤红肿。

5. 龟

大多数爬行动物携带沙门氏菌,该菌能引起脑膜炎、败血症,尽管多数病例症状较轻微,但也可能致命。龟属于爬行动物,沙门氏菌感染可由宠物龟传染。

6. 其他宠物

近年以来,由于人们生活水平的提高以及追求个性心理的影响,宠物所涉及的范围大大扩大,甚至包括红毛猩猩、猎豹、鳄鱼、蟒蛇、蜥蜴、蛇等。这些原来的野生动物可能带有很多人类了解还不够深入的细菌、病毒、寄生虫等,使由宠物传染给人类疾病这个问题更为复杂,需要今后更多的研究。

三、由宠物带来的问题的分析

1. 狂犬病

狂犬病是一种由狂犬病毒引起的,能够导致人和其他温血哺乳动物急性致死性的疾病。狂犬病能够感染所有哺乳动物,宿主范围广,许多动物同时是狂犬病毒的储存宿主和传播媒介,其中狗和猫是狂犬病病毒侵入人体的主要媒介。狂犬病毒主要存在于受感染动物的唾液里,通过咬伤、抓伤、舔吮传播;同时,由于带病毒的分泌物污染空气,病毒可以穿过黏膜,故也可能通过气溶胶传播。

(1) 概况

1709年,首例狂犬病报道于墨西哥。据WHO最新公布,目前全球每年死于狂犬病的患者仍有约3万~7万人,其中99%的死亡人数发生在非洲、亚洲、南美洲等地的发展中国家。我国作为其中之一,狂犬病形势严峻,疫情一直呈上升趋势,发病数仅次于印度,居世界第二位。狂犬病又名恐水病,是由狂犬病毒属嗜神经病毒引起的多种动物共患的急性传染病。狂犬病是目前病死率最高的传染病,病死率可达100%。近年来,全世界每年约有120万~1700万人被犬等动物咬伤,其中6万余人死于狂犬病,该病始终高居我国37种法定报告传染病死亡数前列,对人民群众的身心健康和社会安定造成了严重危害。2015年12月10日,世界卫生组织(WHO)、世界动物卫生组织(OIE)、联合国粮食及农业组织(FAO)和全球狂犬病控制联盟发布了用以消除人类狂犬病并可每年挽救数万人生命的新框架。框架呼吁采取"三要"行动:要使人用疫苗和抗体能够负担得起;确保被咬人员得到及时治疗;开展大规模犬类疫苗接种,从源头上解决疾病问题。目标是2030年在全球消灭由动物传给人的狂犬病。

（2）狂犬病在我国的分布情况

新中国成立初期，我国统一组织开展灭犬活动，使狂犬病发病率大幅度下降；但疫情波及范围不断扩大，1991—2007年，除了青海、西藏外，全国共有28个省市报告了狂犬病发病病例。1996年，全国98个县报告狂犬病；到2011年，全国已有862个县区报告狂犬病疫情，占全国县区总数的30.31%。从地区分布上看，我国狂犬病疫情主要分布在人口稠密的华南、西南、华东地区。2003—2007年狂犬病死亡累计人数居全国前五位的省（自治区）分别为广西、贵州、广东、湖南和四川，合计报告数占同期全国病例报告总数的60.85%。分析其原因，可能与南方四季温暖潮湿、人口密度大、人与动物接触时间长、动物自身带毒多等有密切关系。

我国狂犬病疫情近年来持续下降，广西、贵州、广东、湖南、四川、河南等狂犬病高发省份疫情大幅下降，但疫情形势依然严峻。近十余年来，我国狂犬病报告发病的最高峰为2007年，报告3300例，波及984个县区，此后狂犬病发病数连年下降，2017年全国共报告516例病例，较高峰下降84.4%，波及362个县区，较高峰下降63.2%，实现了狂犬病消除路线图的控制阶段目标，开启了狂犬病消除阶段的征程。2018年1—6月中国狂犬病发病数为202例，死亡人数为197人。

近年来，我国狂犬病的病死数量和病死率都高居我国37种法定报告传染病首位。这些数字可谓触目惊心，因而加强对于狂犬病的关注是刻不容缓的。

结合我国特殊国情我国控制狂犬病应采取以下措施：

① 改革对狗的管理方法。应当减少收取费用，改为对所有狗强制注射狂犬疫苗并发放证明，并免费为狗进行绝育手术。

② 流浪狗圈养，进行疫苗注射和绝育，保证健康后提供给市民领养。

③ 对群众进行预防狂犬病知识的普及，告诫大家被狗咬伤后应及时清理伤口，并迅速到正规医院注射狂犬疫苗。

（3）预防

预防狂犬病，狂犬疫苗是关键。1885年，巴斯德第一次分离出狂犬病毒，并用紫外线灭活病毒的方法研制出第一支狂犬病毒疫苗，现在使用的部分疫苗仍然依照他所采用的原理进行制备。但是，自20世纪50年代以来，先后在非洲和欧洲发现了狂犬病其他相关病毒。随着狂犬病毒血清型变异，目前人用和动物用狂犬病疫苗毒株已不能提供针对所有种类狂犬病毒的有效保护。因此，加深对于狂犬病毒的生物学特性的认识，更加深入研究狂犬病的致病机理，发现狂犬病的最初带毒者，研制更加具有普适性、作用更大的疫苗，应该成为今后预防人和动物狂犬病的主要目标。

2. 寄生虫病

人畜共患病中，引起较多重视、同时也是危害比较严重的就是寄生虫病。

这方面，上海进行了相关的调查研究。为了摸清宠物犬中寄生虫感染的情况，上海市畜牧兽医站从1996—2000年，对15154条宠物犬进行了有针对性的寄生虫病调查，证实了宠物犬弓形虫感染率在23%～28%之间，线虫感染率为26%左右，体外寄生虫感染率为17%左右，乙型肝炎感染率为3.1%。

上海的调查主要针对宠物犬进行，而其他宠物寄生虫病的问题也不容忽视。比如猫，相对于狗来说，猫更喜欢自由，室外活动机会更多，加之其喜欢捕捉鼠、麻雀等野生动物的习性，患寄生虫病机会可能更大。同时，作为一座国际化大都市，上海的宠物寄生虫问题尚且如此严重，农村等地宠物寄生虫病现象相信也不容乐观。

面对这种局面，有必要向宠物饲养者宣传人畜共患病的危害性，以及饲养宠物所须注意的的卫生常识，加强相关疫苗的接种工作。

3. 流浪宠物的问题

宠物本该生活在主人家中，得到主人无微不至的照顾。但由于种种原因，社会上出现了许多流浪宠物，每当"打狗风"兴起，尤其发现违章犬会进行罚款时，很多曾经的宠物犬便被主人抛弃，流落街头。或是由于猫的繁殖力过强，主人不堪重负，而宠物市场普通猫吸引力较低，主人便可能丢弃一部分猫。这些宠物流落街头，受尽苦难。同时流浪宠物感染疾病的机会也大大增加，携带疾病的它们很可能给路人或是好心收养它们的人带来意想不到的危害。

据报道，日本也有许多无家可归的野猫。虽然每天都有人自发给它们喂食，但由于没人给它们洗澡、打防疫针，导致它们的卫生情况不尽人意。东京中野区有一个停车场，野猫把这里当作了自己的家，经常到车顶上睡觉。车上不仅沾满它们脱落的毛，有时还留有抓痕，可以说危害不浅。东京的千代田区为这个问题的解决树立了榜样，那里的市民只在固定的地方给野猫喂食，在野猫来吃食时，对它们登记以掌握数量。需要打防疫针时，就在喂食时捉住打针，同时对有生育能力的野猫进行绝育手术，使野猫的数量自然减少。实践证明，这种做法是奏效的。这也为我国解决流浪宠物的问题开辟了先河。

四、宠物带给人疾病的途径分析

了解宠物带给人类疾病的传播途径，有助于我们预防这些疾病，保护我们自身以及宠物的健康。传播途径主要有以下四种：

① 唾液传播。以狂犬病为例，患狂犬病的猫、狗唾液中含有大量的狂犬病毒，当咬伤人时，病毒就随唾液进入人体，引发狂犬病。

② 粪便传播。粪便中含有各种病菌，如结核病、布氏杆菌病、沙门氏菌病等的病原体，都可能通过粪便污染人的食品、水和用具而传播。粪便内还含有大多数的寄生虫虫卵，而尿液可以传播钩端螺旋体病的病原等。

③ 空气传播。有病的动物在流鼻涕、打喷嚏和咳嗽时，常常会使病毒、病菌在空气中形成有传染性的飞沫，散播疾病。

④ 动物全身的毛和皮肤垢屑。其中往往藏有各种病毒、病菌、疥螨、虱子等，或是某种疾病的病原体，或是疾病的传播媒介。

参考文献

[1] http：//tech. sina. com. cn/other/2003-08-05/1103217221. shtml，2003-08-05

[2] Jeffrey A. Mcneely. 保护中国的生物多样性(二). 汪松，谢彼德，解焱. 北京：中国环境科学出版社，1996.

[3] LeBlanc JJ. Implication of Virulence Factors in *Escherichia coil* O157：H7 pathogenesis. Crit Rev Microbiol，2003，29(4)：277～296.

[4] Poutanen SM，Low DE. Severe Acute Respiratory Syndrome：an Update. Curr Opin Infect Dis，2004，17(4)：287～294.

[5] Stephenson I，Nicholson KG，Wood JM，et al. Confronting the Avian Influenza Threat：Vaccine Development for a Potential Pandemic. Lancet Infect Dis. 2004，4(8)：499～509.

[6] Wu D，Stowell CP. Prion diseases：Recent Developments toward Diagnostic Tests. Am J Clin Pathol，2003，120：46～52.

[7] 包黎明，赵培智. 警惕生物入侵者——生态环境中的"非法移民". 特稿，22～23.

[8] 曹坳程，芮昌辉，雷仲仁. 外来入侵生物及其控制策略，科技导报，2004(4)：38～40.

[9] 陈兵，康乐. 生物入侵及其与全球变化的关系. 生态学杂志，2003，22(1)：31～34.

[10] 陈波，包志毅. 建设城市森林需警惕生物入侵. 城市问题，2004(5)：12～16.

[11] 陈春. 浅谈生物入侵危害与生态安全对策. 乌鲁木齐成人教育学院学报(综合版)，2003(2)：79～81.

[12] 陈赛，王汉玉，苏忠军. 关于外来物种入侵的法律防范原则. 中国海洋大学学报(社会科学版)，2003(3)：72～73.

[13] 董国. 外来入侵生物烟粉虱的发生规律及防治技术. 浙江农业科学，2005(1)：54～56.

[14] 段昌群. 环境生物学. 北京：科学出版社，2004.

[15] 方如康等. 中国医学地理学. 上海：华东师范大学出版社，1993.

[16] 付耘庆. 我国生物入侵现象透视，人类与环境，中学地理教学参考，2003(3)：59～60.

[17] 高增祥. 外来种入侵的过程、机理和预测. 生态学报，2003，23(3)：559～570.

[18] 郭传友，王中生，方炎明. 外来种入侵与生态安全. 南京林业大学学报(自然科学版)，2003，27(2)：73～78.

[19] 韩菊，李红娟. 生物入侵的危害及其防治对策. 河北工业科技，2003，20(6)：49～52.

[20] 贺印永，袁树人. 猫抓病 11 例临床分析. 浙江医学，2005，27(11)：855～856.

[21] 胡淑恒，汪家权，聂磊等. 生物入侵的危害及防治措施. 生物学杂志，2003，20(5)：12～15.

[22] 黄红娟，叶万辉. 外来种入侵与物种多样性. 生态学杂志，2004，23(2)：121～126.

[23] 金仲品. 宠物与健康. 开卷有益. 求医问药，1999，(7)：28～29.

[24] 警惕进口石材生物入侵. 硅酸盐通报，2004(3)：27.

[25] 库尔特(奥)等. 生物恐怖——21 世纪的战争. 张海明，金田译. 杭州：浙江文艺出版社，2005.

[26] 来时明，李俊姬. 2753 例动物抓伤咬伤分析. 浙江预防医学，2004，16(10)：16.

[27] 黎桂芳. 生物入侵的现状及防治对策. 萍乡高等专科学校学报，2004(4)：19～22.

[28] 黎济申.宠物传染给人的疾病.国外畜牧学——猪与禽.2006,26(4):36~41.
[29] 李洪燕,尹宏伟,赵建华. 对我国动物入侵种及其危害的现状分析.哈尔滨学院学报,2004,25(5):138~140.
[30] 李洪燕.对我国动物入侵种及其危害的现状分析.哈尔滨学院学报,2004,25(5):138~140.
[31] 李泉.2019年中国血吸虫病防治现状、发病情况及控制前景展望.载于华经产业研究院《2019—2025年中国抗寄生虫病药市场运行态势及行业发展前景预测报告》,2019-10-23.
[32] 李子田,郝瑞彬,沈方.试论生物入侵的危害及防治措施.北方环境,2004,29(4):40~42.
[33] 梁峻、孟庆云、张志斌.古今中外大疫启示录.北京:人民出版社:70~71.
[34] 林立中.加强犬、猫等宠物疾病的防治工作、防止人畜共患疾病的传播.福建畜牧兽,2004,26(增):65~66.
[35] 刘桂清.上海市宠物犬部分寄生虫病调查分析.上海畜牧兽医通讯,2000,(5):17.
[36] 马冰.生物入侵与生态安全.中学生物教学(生物学与社会),2004(3):56~57.
[37] 马瑞燕,王韧,丁建清. 利用传统生物防治控制外来杂草的入侵. 生态学报,2003,23(12):2678~2688.
[38] 梅雪芹.环境史学与环境问题.北京:人民出版社,2004.
[39] 米兰娜.宠物是良医.医药与保健,2004,(9):47.
[40] 缪绅裕,李冬梅.广东外来入侵物种的生态危害与防治对策.2003,2(5):414~418.
[41] 潘建明.国家生态安全与外来物种入侵.生物学通报,2003,38(4):14~15.
[42] 彭少麟,向言词.植物外来种入侵及其对生态系统的影响.生态学报,1999,19(4):560~568.
[43] 彭文伟.传染病学.第6版.北京:人民卫生出版社.
[44] 蒲昭和.从口蹄疫流行谈生物入侵.首都医师,2001,8(10):61.
[45] 钱保元. 我国外来生物入侵现状和立法分析. 中国媒介生物学及控制杂志,2005,16(3):224~225.
[46] 钱芳.生物入侵及其危害.生物学教学,2003,28(11):4~7.
[47] 钱茜,王玉秋.生物入侵对我国社会经济生态的影响及防治.环境管理,2003(4):42~46.
[48] 乔·威尔斯,依恩·罗宾逊.相伴终生.米切尔·贝兹雷公司,2000:6~10,20~41,44,52,60,74,92,106,114,120,130,144.
[49] 任海,张倩媚,彭少麟,等.植物入侵与其他全球变化因子间的相互作用.热带地理,2002,22(3):275~278.
[50] 师志海,李守军.狂犬病病毒致病机理的研究进展.上海畜牧兽医通讯,2006,(2):14~15.
[51] 宋宗水.外来物种进入与生态环境变化.中国农业资源与区划,2004,25(1):11~14.
[52] 孙江华.外来入侵种及其对森林生态系统的威胁:概念和对策.中国森林病虫,2002,21(6):32~35.
[53] 田家怡,潘怀剑.异地生物入侵的危害及综合防治对策.2000,16(2):92~96.
[54] 万方浩,高尚宾,杨国庆.外来入侵生物的预防、控制与管理. 大自然,2004,2:32~34.
[55] 万方浩,郭建英,王德辉.中国外来入侵生物的危害与管理对策.生物多样性与外来入侵物种管理专栏,生物多样性,2002,10(1):119~125.
[56] 王翠娣.境外有害生物传入的教训及对策.安徽农业科学,2002,30(4):635~636.

[57] 王德兴，吴晓平．生物入侵——当代生态学中的难题．陕西师范大学继续教育学报（西安），2004，21(3)：112～116．
[58] 王丰年．外来物种入侵的历史、影响及对策研究．自然辩证法研究，2005，21(1)：77～81．
[59] 王虹扬，何春光，盛连喜．吉林省生物入侵的现状及对策．安全与环境学报，2004，4(5)：60～63．
[60] 王泰祥，张军英．我国生物入侵及其防治对策．甘肃环境研究与监测，2003，16(4)：383～385．
[61] 王亚丹．血吸虫病太可怕，严防泛滥入长江．北京晚报，2004-06-07．
[62] 王勇．如何预防人畜共患疾病．消息信使，2005，22(16)：44．
[63] 魏健．改变人类社会的二十种瘟疫．北京：经济日报出版社：345．
[64] 吴海荣，强胜，林金成．南京市春季外来杂草调查及生态位研究．西北植物学报，2004，24(11)：2061～2068．
[65] 吴威中，郝希山．家庭卫生学．青岛：青岛出版社，2005．
[66] 向言词，彭少麟，周厚诚．外来种对生物多样性的影响及其控制．广西植物，22(5)：425～432．
[67] 向言词，彭少麟，周厚诚等．生物入侵及其影响．生态科学，2001，20(4)：68～72．
[68] 欣正人．瘟疫与文明．太原：山西人民出版社：172．
[69] 徐承远．生物入侵机制研究进展．生物多样性，2001，9(4)：430～438．
[70] 徐东群．居住环境空气污染与健康．北京：化学工业出版社，2005．
[71] 徐海根．中国外来入侵物种的分布与传入路径分析．生物多样性，2004，12(6)：626～638．
[72] 徐汝梅，叶万辉．生物入侵理论与实践．北京：科学出版社，2003．
[73] 徐顺清．环境健康科学．北京：化学工业出版社，2005．
[74] 徐正浩，王一平．外来入侵植物成灾的机制及防除对策．生态学杂志，2004，23(3)：124～127．
[75] 姚成芸，赵华荣，夏北成．我国外来生物入侵现状与生态安全．中山大学学报（自然科学版），2004，43(suppl.)：221～224．
[76] 姚润丰．400 余种外来生物入侵我国．草业科学，2005，22(1)：51．
[77] 姚文国，陈洪俊．防范外来生物入侵～检疫工作面临的新课题．中国检验检疫，2002(2)：13～15．
[78] 叶万辉，练琚蕍．生物入侵：人类社会的另一巨大威胁．百科知识，2004，10：8～10．
[79] 印丽萍，钱天荣，沈国辉．外来入侵植物对上海生物安全的影响及防范．上海农业学报，2004，20(4)：102～104．
[80] 曾北危．生物入侵．北京：化学工业出版社，2004(6)．
[81] 曾北危．生物入侵．北京：化学工业出版社，2004．
[82] 张爱良，李彦连．生物入侵与天敌引种．生物学教学，2003，28(1)：54～56．
[83] 张剑．生物入侵的危害．科技成果纵横．2003(2)：61．
[84] 张林艳，叶万辉．群落可侵入性及其影响因素．植物生态学报，2002，26(1)：109～114．
[85] 张明亮，丁圣彦．警惕“隐形杀手”——生物入侵．生态经济，前沿论坛，6～8．
[86] 张明亮．关注生物多样性研究的新热点——生物入侵及其危害、防治对策．商丘师范学院学报，2004，20(2)：130～133．
[87] 郑福山，杜予州，丁建清等．北美的重要入侵性杂草——菱角．杂草科学．2004(1)：49～52．
[88] 中国疾病预防控制中心．2018 年中国狂犬病发病人数、死亡人数及预防免疫措施，2018-08-10．

[89] 中华人民共和国卫生部. 2003 中国卫生统计年鉴. 北京：中国协和医科大学出版社：190.
[90] 钟永德，李迈和. 地球暖化促进植物迁移与入侵. 地理研究，2004，23(3)：347～356.
[91] 周述龙. 血吸虫学. 第2版. 北京：科学出版社，2001.
[92] 周向梅，赵德明. 狂犬病及其研究进展. 中国畜牧兽医，2005，32(1)：48～50.
[93] 周晓农. 血吸虫病死灰复燃形势严峻. 人民日报，2005-05-20.
[94] 朱琳，朱瑞. 入世后更要警惕生物入侵. 农业经济(WTO与中国农业)，2003(8)：12～13.
[95] 祖述宪. 关于家庭养狗的一些问题. 野生动物，2000：10～11.

思　考　题

1. 生物性污染物的定义、种类、来源与传播方式。
2. 空气生物性污染对人体健康的危害。
3. 饮用水或食物微生物污染对人体健康的危害。
4. 生物入侵的概念、途径及原因。
5. 生物入侵对人体健康的危害。
6. 血吸虫的地理分布和流行因素。
7. 血吸虫病对人体健康的危害。
8. 几种常见宠物可能导致的人类疾病。

第八章　服装、玩具污染与人体健康

第一节　服装材料的污染

一、服装制造与流通

服装的制造与流通包括“纤维原料选择→面料选择→工艺设计→生产加工→包装运输→销售→穿着消费→洗涤→再穿着消费→废弃回收处理”等一系列过程，在此期间服装与环境之间发生了各种相互作用，一是环境（自然环境、生产环境、使用环境）对服装的污染，二是服装对人体健康的危害。

二、天然材料

1. 植物纤维

植物材料中最容易受到污染的是棉花。

首先，棉花的生长期长，在培植过程中需要使用杀虫剂抵抗害虫，使用除草剂根除杂草及落叶，否则棉花的质量和产量就会受到影响。据分析测定，每 667 平方米（1 亩）产 100 千克皮棉需吸收氮 12 千克、五氧化二磷 4 千克，吸肥量约为禾谷类作物的 5～6 倍，比葡萄、西红柿和其他蔬菜的使用量高 2～8 倍。棉花在生长期要杀虫 20 余次，收获后部分毒物会残留在纤维上，最终通过皮肤而在人体内富集，造成潜在的健康影响。它们对人体的毒性强弱不一，且与纺织品上的残留量有关，有些极易经皮肤为人体吸收，其中高丙体六六六被视为一种会诱发癌症的杀虫剂。

此外，一些微量的重金属如铅、镉、汞等也会通过环境迁移、生物富集进入棉花纤维当中。重金属一旦被人体过量吸收便会向肝、骨骼、肾及脑等处积累，当积累达到一定程度时，便对人体健康造成极大损害；某些重金属还会严重损害人的神经系统。

棉株成熟后，由于花蕾质地松软、吸附力强，易给各种杂草和尘土造成可乘之机，而在储存和运输过程中因保管不当或包装质量不过关导致的虫害、霉变、漏包现象也比较多发。此外，有些不法厂家为了牟取暴利，在棉花中掺入了纤维性工业下脚料、医用纤维性废物、再生纤维性物质、废旧服装及其他废旧纤维制品等杂质，制成“黑心棉”，这种劣质棉花可能藏有绿脓杆菌、金黄色葡萄球菌和溶血性链球菌等对人体危害极大的污染物。

2. 动物纤维

除了植物纤维,其他的天然材料诸如兔毛、羊毛等也同样可能在动物的生长发育中受到污染,比如一些来源于水、牧草、饲料以及生物本身合成的重金属。但有研究认为,这些重金属是微量的,不足以对生态环境和人体健康构成危害。

另外,还有一些特殊的服装,如羽绒服,其中填充的羽绒若没有经过严格的高温消毒技术处理,就会留有异味,同样也会威胁到人体健康。

三、人造材料

人造材料主要是指化学合成纤维。

这些材料多以煤、石油、天然气为原料,在制造中又添加了各种化合物,如人造丝中的 $NaOH$、CS_2、H_2SO_4、Na_2SO_4 等;醋酸纤维的 CH_3COOH、H_2SO_4、CH_3COCH_3 等;尼龙中的 C_6H_6、NH_3、CH_3OH、C_6H_5OH 等。这些物质虽然会增加衣料的强度和耐高温耐腐蚀性,却也给人体带来某些不利影响。比如说,聚酰胺类(尼龙)和聚丙烯类(丙烯),可能引发皮肤变态反应性病变;人造丝服装易引起感冒,对患有鼻炎、咽喉炎、扁桃体炎、气管炎、肺炎、肺结核、肺气肿、关节炎、风湿性心脏病、肾炎等的人,有促使病症发作、加重病情、延长病程、妨碍痊愈的不良作用。

另外,由于化纤能吸附大量的尘埃,会间接诱发支气管哮喘。有些纤维会使一些人血液中的酸碱变化,使尿中钙质增加,破坏体内电解质的平衡。有些化纤衣物则与皮肤接触摩擦产生静电,干扰神经系统正常工作,招致病变。

第二节 服装生产的隐患

服装生产过程中会受到来自各种化学加工剂的污染,主要包括纺织物染色时使用的染料和助剂、织物整理时使用的各种整理剂、添加剂及洗涤剂等。它们的主要用途有润滑、润湿、渗透、促染、乳化、分散、助溶、增溶、发泡、消泡、退浆、净洗、匀染、柔软、固色、防火、防污、阻燃、抗静电等,其中的化学物质不免给人体和环境带来潜在危害。

一、染料的危害

服装中的染料都有不同程度的毒性,大致包括以下三种:可分解为芳香胺的偶氮染料、致敏染料、致癌染料。

目前,我国70%以上的合成染料以偶氮化合物为基础。研究表明,部分偶氮染料在一定条件下会还原出某些对人体有致癌作用的芳香胺。与皮肤长期接触后,染料可能被吸收并在人体内扩散。在人体的正常代谢所发生的反应条件下,这些染料可能受细菌生物催化,发生还原反应,分解出致癌芳香胺,并经过活化作用改变人体 DNA 结构，引起人体病变和诱发癌症。我国《生态纺织品技术要求》GB/T 18885-2009 将可分解致癌芳香胺分为第一类(对人体有致癌性的芳香胺)和第二类(对动物有致癌性，对人体可能有致癌性的芳香胺)在内的 24 种。

致癌染料是指未经还原等化学变化即能诱发人体癌变的染料，绝对禁止使用。

致敏染料是指某些会引起人体或动物的皮肤、黏膜或呼吸道过敏的染料，可能会诱发诸如接触变态反应光毒性皮炎等病症。

纺织品染色时除了使用染料外，还需要印染助剂。印染助剂一般分为无机盐类和有机溶剂两类，前者有食盐、盐酸、保险粉(低亚硫酸钠或连二亚硫酸钠)等，后者有草酸、酒精、甘油以及表面活性剂等。

总体来说，目前制衣业常用染料有 191 种，而禁用染料在其中占有很大的比例，对人体健康的影响不容忽视。

上文中提到的生态纺织品的定义、产品分类、各种物质的名称等，可参考 GB/T 18885-2009《生态纺织品技术要求》。

二、整理剂的种类和危害

一般的衣物在加工中都会用到各种整理剂，如为了防止缩水，多采用甲醛树脂处理；为了增白，要用荧光增白剂处理；为了挺括，必须上浆；为了衣服面料防蛀、防霉，必须使用杀虫剂和消毒剂。

1. 防腐剂

防腐剂也称为防霉剂，为便于纺织半成品如坯布、成品的贮存，生产过程中(主要是上浆一步)一般要加入适量防腐剂，成分大多为五氯苯酚(PCP)和四氯苯酚(TeCP)。PCP 具有相当大的生物毒性，对人体有致畸和致癌作用。同时 PCP 化学稳定性很高，自然降解过程漫长，且容易残留在纺织品上，会对人体造成持久性损害。限制使用 PCP 的另一个重要原因，是 PCP 在燃烧时会释放出二噁英类化合物。PCP 还被用在印花浆中做增稠剂，在一些整理液中做分散剂。TeCP 是 PCP 合成过程中的副产物，对人体和环境同样有害。

2. 甲醛整理剂

目前市售的棉制服装往往具有防皱防缩特性，实际是在最后整理过程中使用了一种含有 *N*-羟甲基酰胺类化合物的免烫剂。经这类整理剂处理的织物在放置和使用过程中会释放甲醛，尽管它的毒性不是很大，却是一种皮肤刺激剂和过敏剂，当从纤维上游离到皮肤的甲醛量超过一定限度时，对其有抗体的人就会产生变态反应皮炎，表现出皮肤变皱、汗液分泌减少等症状，这类反应多分布在人体的胸、背、肩、肘弯、大腿及脚部等，此外甲醛对眼睛、皮肤和黏膜也有刺激作用。

虽然国内外也在研制和试用一些无甲醛树脂整理剂，但鉴于成本、效率和安全性上的不足，一直没有得到大范围推广。

表 8-1 是国际上对甲醛的含量限制。

表 8-1　衣服甲醛含量国际标准

	不接触皮肤的纺织品	接触皮肤的纺织品	婴幼儿服装
甲醛含量	低于 300 mg/kg	低于 75 mg/kg	低于 20 mg/kg

* 我国 2003 年起实施的强制性国家标准规定：贴身服装的甲醛含量不能大于 75 mg/kg(ppm)。

3. 柔软整理剂

柔软整理剂可以减轻服装对皮肤的物理刺激，但所含化合物会引起体质异常的人患病。柔软剂按其分子结构可分为非离子型反应性柔软剂、季铵盐柔软剂和有机硅柔软剂三大类。前两者都不同程度地存在甲醛超标问题，仅有机硅柔软剂在毒性和生物降解性上符合环保要求。在前两类有害健康的柔软剂中，阴离子型、非离子型和两性离子型表面活性剂对皮肤刺激性较小，而阳离子柔软剂几乎对皮肤都有刺激作用，甚至会引起皮炎。

4. 阻燃整理剂

具有阻燃作用的元素包括Ⅲ族的硼和铝，Ⅳ族的钛和锆，Ⅴ族的氮、磷、锑和Ⅶ族的卤素。其中硼和铝作为无机化合物用于棉织物的非耐久性阻燃剂，钛和锆的化合物用于羊毛织物中。而纤维素纤维和化纤的耐久性阻燃剂主要是由含氮、磷、锑和卤素的有机或无机化合物制造。其中，含有氮、磷的阻燃剂因会分解产生甲醛等污染物而有致病危险；而含有卤素、三氧化二锑的阻燃剂则因产物中的溴代物而被欧盟禁用。

5. 其他整理剂的污染

除以上几种，衣物中还往往会加入抗菌剂、抗虫剂、涂层剂、金属络合染料、媒介染料、酞菁结构染料、固色剂、催化剂等添加剂，用量虽小，积累起来也会对人体造成很大伤害。

第三节　服装流通中的污染

一、销售中的污染

服装在销售中的污染是指服装在出厂后的运输、陈列、挑选中可能受到的污染。尽管人们都知道别人穿过的服装可能携带上各种细菌、尘垢乃至传染病，但选购时由于目测的不确定性，往往不得不“以身相试”。这种情况在某些非正规零售商店、服饰城中尤为常见，销售者经常打着“免费试穿”的口号来招揽顾客。同时，这些状况在许多大型的购物中心、购物广场也不少见，有的商家甚至将摆在柜台上的试穿样品鞋卖给顾客。

二、穿着中的污染

1. 人体自身的污染

人体自身的污染是指皮肤的代谢产物如汗液、皮脂及脱落的表皮碎屑等造成的污染。汗液中含有氯化物、尿素、尿酸、肌酸酐、乳酸、氨等，这种混合物的酸碱性和富营养状态非常有利于细菌的繁殖，还是尘螨等寄生虫的食物。统计资料显示，夏季腋窝处细菌总数可达57 000个/平方厘米，产生大量的有害于人体的物质和异味，而且会与服装材料中有些化学物质产生反应，形成抗原，对皮肤产生刺激，造成皮肤炎症。另外，当织物吸收皮肤上的水分后，由于水的热传导性比较大，因而也会使其保温性下降，使人感到寒冷。

2. 外部环境污染

环境中的灰尘、废气和微生物等是服装在穿着中的另一重要污染源，它们通过服装间接作用于人体。

在一般的生活环境中，污染物会堵塞纺织物的孔隙，降低衣服的透气性，影响皮肤的正常生理机能（如出汗），并会破坏衣服的物理性状，使织物的手感变得僵硬。衣服上的油污能在微生物作用下分解产生难闻的气味。过多的尘垢还为病媒昆虫提供了栖息孳生条件，如躲藏衣虱、疥虫、螨虫等，并可能成为各种病原菌如结核杆菌、麻风杆菌、淋球菌、梅毒螺旋体等的携带者。

人的各部位生理机能不一样，分泌物污染量也有主次之分，从脂肪性污染量来看，颈＞背＞肩胛＞胸＞腰腹＞大腿。季节不一样污染量也有变化，夏季大于春秋，春秋大于冬季。人体运动性质不一样，污染量也不同，劳动大于步行，步行大于静坐。

在较差的作业环境中，工人的工作服则可能沾染大量有毒气体及颗粒物，被污染程度与其材料的吸附力成正比。例如表面绒毛多的面料对尘埃的吸附量就比光洁平滑的面料大得多。据调查，连续穿着 6 天的衬衣集聚的污垢可达原重的 5%，10 天可达 11%；外衣被严重污染后，其重量可增加 15%。另据国外文献报道，石棉工人家庭的肺癌发病率比其他家庭高许多，这是因为石棉工人穿工作环境污染物附着的工作服回家，造成家庭空气的污染，危害家人健康。

3. 交叉污染

在某些公共的场所如宾馆、医院、摄影楼等，不洁净的服装还会引发交叉感染。上海卫生防疫医务人员曾抽查过 106 件婚纱，其中有 58 件的领子、袖口、脚背衬里汗渍斑斑，另有 41 件也有污渍。统计员数据显示，美国医院感染率约为 5%，英国为 7.5%，日本为 5.8%，而我国的医院感染率为 10%。

此外，随着国门的开放，某些投机商人的利欲熏心，进口了大量垃圾服装，这些衣服往往可以检出大量异国病菌与病毒，甚至包括艾滋病病毒等。

三、储存过程中的污染

1. 受潮变质

一般衣物如果洗涤后没有完全晾干就收入衣橱，或因天气而一直处在湿度较大的环境中，就可能滋生细菌、真菌等微生物。特别是某些不符合行业标准的羽绒服,使用完全封闭不透气的塑料薄膜作为内衬材料,以致其中的羽绒往往无法完全晾干而慢慢变质。

2. 虫蛀

某些天然材质的服装如皮装,由于原料多为富含蛋白质的牛皮、羊皮、猪皮,容易成为蛀虫滋生的场所。

3. 化学药剂

为了防止虫蛀,许多家庭在存放衣服时放置樟脑丸。然而,樟脑丸主要成分是萘,它是一种毒性很强的物质,长期与衣服接触,也会使人体会受到污染,导致疾病。

四、洗涤过程中的污染

洗衣粉的主要成分是烷基苯磺酸钠,是属于毒性较小的物质,但是残留的洗衣粉可进入人体而产生慢性毒性,主要是抵制人体内的多种酶的活性,降低对衣服的抵抗能力。如果洗涤剂使用不当或漂洗不净会引起人体表皮发炎,这对婴幼儿尤为明显。许多洗涤剂中还含有镍元素或化学除垢成分,它们都是过敏性物质,同样也会导致皮炎。

特别值得一提的有害物是干洗剂。国内干洗店常用的干洗剂是三氯乙烯或四氯乙烯,它们都是高氧化物溶剂,主要威胁到人体的神经系统、肾脏系统,对婴幼儿危害更大。在干洗过程中这种化学物品被衣服纤维吸附,待衣服干燥时再从衣物内释放到空气中,通过皮肤接触侵入人体。这种气体往往要经过一段时间才会挥发殆尽,因此干洗店里大多有这样的规定:干洗后的衣物必须晾置7小时后才能让顾客取走。然而检验表明,在干洗前、中、后的3个阶段里,干洗店内空气中的四氯乙烯平均含量分别为16.6、17.4、39.3毫克/立方米,可见晾在干洗店里的衣服挥发时还会加重空气中四氯乙烯的含量,而当空气中和衣服中的四氯乙烯浓度相当时,衣服中四氯乙烯的挥发速度就会减慢。

因此,从干洗店取回的衣服不能马上穿,也不能马上放入衣橱。应取下塑料外罩,放在阳台等通风处晾晒5~7天,促进化学品挥发。另据报道,香港政府从1999年起已开始限制干洗店使用这种清洗剂。

第四节 有关的行业法规和环境标准

针对服装中可能含有的各种污染物,国内外相关部门都制定出台了一系列政策法规,主要通过对服装进行质量检测来规范厂家的生产和保障消费者的安全。

通常,服装的质量检测包括法规性测试、品质性能测试、纺织品生态测试、氯苯酚检测、六价铬检测等几方面,其中后三项与服装的污染有关。

生态测试包括pH、甲醛含量、可萃取重金属、杀虫剂的检测;氯苯酚检测包括三丁基锡、可裂解出致癌芳香胺的偶氮染料、致敏染料、有机氯载体、色牢度等项目；六价铬检验则针对破坏臭氧层类化学物质、多氯联苯衍生物、总镉含量、总铅含量以及镍的释放量。

一、国际法规

国际生态纺织品法规众多，以欧洲为主。最为知名的是“国际生态纺织品研究和检验”协会的 Oeko-Tex Standard 100 与欧盟的 Eco-Label 组织中的生态纺织品法规。前者是国际性民间组织，其技术标准有商业性质；后者由欧盟委员会发布，各成员国作为本国政令，属于政府行为。

Oeko-Tex Standard 100 主要是限制纺织品最终产品的有害化学物质，由于考虑得较全面，有较高的知名度。它的技术要求和检测项目有 14 个，其中后整理剂就占了 9 项，包括甲醛、可萃取重金属、五(四)氯苯酚、邻苯二甲酸酯、致癌芳胺、氯苯和氯甲苯、抗菌整理、阻燃整理、可挥发物和气味等。

我国作为世界上第一大服装出口国，主要销售对象正是欧盟、美国、日本等一些对人体健康较为关注的发达国家，因而我们更需要对这一“绿色贸易壁垒”引起重视。表 8-2 列举了这些国家有关纺织品化学药剂使用量、残留量及禁用药品种类的主要规定。

表 8-2　国外环保服装主要检测项目及标准

检测项目	国外标准
甲　醛	日本、美国等的服装环保标准都对甲醛项目指标做出明确限制 日本规定进口幼儿服装不得含有甲醛，进口成人内衣、睡衣、袜子的甲醛含量不得超过75 ppm，成人外衣甲醛含量不得超过 300 ppm
偶氮染料	德国最先颁布禁止生产和使用以联苯胺为代表的 20 种致癌芳香胺及可分解出这些芳香胺的染料的法令。进口商不得进口用这些染料加工的与人体接触的纺织品。随后，这一法令也被欧盟其他国家所使用
有害重金属	1999 年欧盟对进口纺织品进行规定：禁止在市场上销售含镍在 0.5 mg/cm^2 以上与人体接触的附件，如扣子、拉链、装饰品等金属物
五氯苯酚	德国法律规定禁止生产和使用五氯苯酚，服装和皮革制品中该物质的限量为 5 ppm；有的国家要求该物质的检出率为 0
其　他	日、美和欧盟等进口方对羽绒制品的要求是：残脂率检测结果在 0.3%～0.5%之间，严于通行的国际标准 还有的国家要求不得检出沙门氏菌，这是以往没有的规定

资料来源：何成，2005.

二、国内法规

为了尽早和国际接轨，2002 年 11 月 22 日，国家质监检验检疫总局发布 GB/T

1885-2002《生态纺织品技术要求》,导向性标准基本上参照了 Oeko-Tex Standard 100 的 2002 年版本。2003 年 11 月 27 日又发布了 GB 18401-2003《国家纺织产品基本安全技术规范》强制性标准,于 2005 年 1 月 1 日起正式执行。2009 年,中国纺织工业协会发布了 GB/T 18885-2009《生态纺织品技术要求》的国家标准。具体的检测项目列于表 8-3。

表 8-3 我国生态纺织品主要检测项目及其方法

主要检测项目	方法
1. pH 的测定	按 GB/T 7573 执行
2. 甲醛含量的测定	按 GB/T 2912.1 执行
3. 可萃取重金属的测定	按 GB/T 17593 执行
4. 杀虫剂的测定	按 GB/T 18412 执行
5. 苯酚化合物中含氯酚和邻苯基苯酚的测定	按 GB/T 18414 和 GB/T 20386 执行
6. 氯苯和氯化甲苯的测定	按 GB/T 20384 执行
7. 邻苯二甲酸酯的测定	按 GB/T 20388 执行
8. 有机锡化合物的测定	按 GB/T 20385 执行
9. 有害染料中可分解芳香胺染料的测定	按 GB/T 17592 执行
其中4-氨基偶氮苯的测定	按 GB/T 23344 执行
致癌染料的测定	按 GB/T 20382 执行
致敏染料的测定	按 GB/T 20383 执行
其他有害染料的测定	按 GB/T 23345 执行
10. 禁用阻燃剂的测定	按 GB/T 24279 执行
11. 耐摩擦色牢度的测定	按 GB/T 3920 执行
12. 耐汗渍色牢度的测定	按 GB/T 3922 执行
13. 耐水色牢度的测定	按 GB/T 5713 执行
14. 耐唾液色牢度的测定	按 GB/T 18886 执行
15. 挥发性物质的测定	按 GB/T 24281 执行
16. 异常气味的测定	按本标准附录 G 执行

第五节 玩具与儿童健康

随着生活水平的提高,玩具已成为孩子们生活中的必需品。而科学技术水平的发展,又使玩具的功能日益增多,如今孩子们的选择不再只有布娃娃、气球等相对单调的品种,电动玩具、音乐玩具、益智玩具等产品层出不穷。有数据显示,目前我国市场上的玩具约有 3 万多种。

玩具带来的不光是快乐。研究表明,随着大量新奇玩具的出现,由此带来的健康隐患日益成为人们备加关注的问题。研究发现,隐藏在玩具中的祸患主要有以下几种:

1. 重金属危害

许多玩具都要用到喷漆,如金属玩具、涂有油漆等彩色颜料的积木、注塑玩具、带图案的气球、图书画册等，即便是毛绒玩具，其眼睛、嘴唇等零件也都是油漆喷的，漆中肯定含铅。孩子们喜欢抱着玩具睡觉、亲吻玩具和不洗手就拿东西吃，都容易造成铅中毒。有些玩具为了显得有档次而在其表面用金属材料，事实上这对儿童的危害是相当大的。金属材料中会含有砷、镉等活性金属，儿童喜欢舔、咬玩具，如果这些元素含量超标，长期玩耍就会对儿童造成伤害。

2. 病菌危害

更让人想不到的是，一些与儿童亲密接触的布绒娃娃居然是“金玉其外，败絮其中”，采用工业废料做填充料。据调查发现，现在孩子们手中的毛绒玩具 90%以上有中度或重度病菌污染。据测定，把消过毒的玩具给孩子玩 10 天后，塑料玩具上的各种致病菌可达 3163 个，木制玩具上可达 4934 个，而毛皮制作的玩具多达 21 500 个。鉴于此，专家特别强调，对于毛绒玩具应经常消毒清洗，以免成为新的感染源，儿童也尽量少玩这类玩具。目前国家没有制定对玩具表面细菌含量的限制标准，所以在检测中，采用的是国家公共场所《旅店业卫生标准》中的旅馆毛巾和床上卧具细菌总数不能超过 200 菌落个数/25 平方厘米的标准。实际上，这也是一个比较宽泛的标准，旅店是流动人口比较多的公共场所。据分析，毛绒玩具表面的细菌一方面来自生产环节，另外可能来自销售和流通环节。

3. 化学品危害

中国室内环境监测委员会在北京不同市场抽检了 8 种不同品牌的毛绒玩具，发现儿童毛绒玩具面料甲醛含量超标、表面细菌含量较高等问题。目前，我国对毛绒玩具的安全标准中不包括甲醛和细菌含量的指标，更没有强制性的标准要求。但是，2005 年 1 月 1 日起正式执行的《国家纺织品基本安全技术规范》，规定与皮肤接触的纺织品分为婴幼儿用品类、直接接触类和非直接接触类。标准规定婴幼儿纺织品(尿布、尿裤、内衣、围嘴儿、睡衣、手套、袜子、外衣、帽子、床上用品等)的甲醛含量不得超过 20 ppm(毫克/千克)；标准中规定的直接接触皮肤的纺织品(睡衣、袜子、床单、被罩等)甲醛含量不得超过 75 ppm。

因为毛绒玩具大部分是婴幼儿玩具，不但有皮肤接触，而且会有口鼻等部位的接触，故而更应该严格要求。

4. 噪声危害

随着新奇玩具的大量出现，尤其是噪声大的玩具，对婴幼儿的听力危害越来越大。儿童对声音的感应要比成年人灵敏。许多玩具都会发出各种声音，噪声高达 120 分贝以上，有的玩具电话的噪声竟然达到 123 分贝，长期下来对于儿童的听力有很大的伤害。

同时，令人不安的还有玩具产品的安全性问题。以仿真枪为例，质检部门的有关检测表明，有的玩具仿真枪发射的硬塑子弹在 1 米内可打穿 4～5 层牛皮纸。这样的玩具枪对孩子的潜在危险是不言而喻的。

此外，恐怖玩具污染了孩子心灵。在市场上，一些玩具的设计理念给孩子带来心灵上的污染也不容忽视。大肆流行的“恐怖玩具”、让人出丑的“放屁水”、会爆炸的“钢笔”、越剔越辣的“辣牙签”、能跳出蟑螂的“口香糖”，还有一些玩具的名称听起来就很吓人，如“吐血丸”“淌血面具”等。一位教育界人士说，由恐怖而造成的惊吓对孩子的身心发展有着长期的负面影响，在玩恐怖玩具的过程中，将自己的快乐建立在别人的痛苦上的现象和血腥场面，都可能对孩子造成潜移默化的影响。一些含有性色彩的“色情玩具”的出现也使家长忧心忡忡。

从2004年10月1日起，《儿童玩具强制性国家标准》实施。市场上销售的玩具必须按照儿童年龄进行等级划分，并要贴上年龄警告标志。而玩具(含试用和免费赠送的玩具)的全部材料都要检测，只要有一类材质不符合规定，就不能公开销售。

2014年，国家标准化管理委员会发布了GB6675-2014《玩具安全》系列强制性国家标准。

这个更为严格的标准对公众关注的增塑剂的限量要求、近耳玩具产生的连续声音等都有了明确规定，并要求对儿童玩具上易食的小磁铁标注警告语。新国标已于2016年1月1日起实施，同时扩大了适用范围至14岁以下儿童使用的玩具。

GB6675-2014《玩具安全》适用于所有玩具，包括：《玩具安全第1部分：基本规范》《玩具安全第2部分：机械与物理性能》《玩具安全第3部分：易燃性能》《玩具安全第4部分：特定元素的迁移》4项强制性国家标准。

儿童是玩具的主要消费群体，我国对玩具质量和安全标准非常重视。截至目前，我国共有玩具国家标准31项。2003年版《国家玩具安全技术规范》是玩具最基础和最重要的国家标准，规定了玩具产品必须遵循的机械物理性能、燃烧性能、可迁移化学元素、标识和说明等强制性技术要求。其他国家标准对童车、童床、摇篮、婴幼儿安抚奶嘴、毛绒及布制玩具等相关产品的安全、性能和检测方法进行了规范。此次对2003年版标准的修订，在诸多方面取得了新的进步。

标准修订是对强制性标准改革的有益探索。国家标准化管理委员会按照国务院加强技术标准体系建设的部署，抓紧落实组织修订一批急需的强制性标准的要求，以保障安全、健康为目的，将《玩具安全》修订为系列标准：第1部分是基本规范，要求所有供14岁以下儿童使用、具有玩耍功能的产品都应符合本标准要求，消除安全“死角”；第2部分至第4部分是通用安全要求，在第1部分的基础上，针对玩具机械与物理性能、易燃性能、特定元素迁移等危害类型，提出更为具体的安全要求和检测方法，技术指标更为“贴身”适用。

标准修订体现了与国际接轨、广泛参与的原则。新标准在立足我国国情的基础上，参考了ISO 8124《玩具安全》国际标准，并借鉴了欧盟的相关指令和标准，主要技术指标跟国际标准一致。修订过程中，广泛听取了相关方面意见，确保程序公平、公正、科学合理。

新标准对儿童的保护更为全面、严格。新版《玩具安全》系列国家标准以安全为核心目标，扩大了标准适用范围，标准既适用于设计或预定供14岁以下儿童玩耍时使用的玩具及材料，也适用于不是专门设计供玩耍、但具有玩耍功能的供14岁以下儿童使用的产品。新标准同时提高了对声响、机械部件、燃烧性能等安全指标的要求。对于公众关注的增塑剂，新标准也将邻苯二甲酸二丁酯（DBP）等6种增塑剂列为限用物质，限量要求与欧盟相同。

专栏 8-1

46组儿童用品商品抽检不合格

北京市工商局公布了2018年第一、二季度在北京市流通领域对5类儿童用品的抽查检验结果，涉及儿童服装、儿童鞋、儿童玩具、学生用品、童车等。发现不符合国家相关标准的不合格商品46组，包括儿童服装33组、儿童鞋10组、儿童玩具2组、童车1组。不合格商品名单已在北京市工商局网站上公布。其中，部分儿童鞋发现塑化剂、重金属总量、甲醛不合格，儿童玩具中也发现了塑化剂不合格。

参考文献

[1] http://bzjc.ctei.cn/zhijian_zx/zhijian_zx_baoguangtai/201805/t20180530_3719696.html, 2018-05-30.

[2] 陈荣圻. 后整理剂的生态环保问题分析. 印染助剂，2005，(10)：1～9.

[3] 国家标准化管理委员会 工业标准二部 GB6675-2014《玩具安全》，2014-8-13.

[4] 国家技术监督局. 旅店卫生标准. 北京：中国标准出版社，2005.

[5] 何成. 绿色纺织要过哪些"坎". 纺织信息周刊，2005，(6)：10.

[6] 李秋菊. 服装污染与人体健康. 晋中师范高等专科学校学报，2003，(1)：38～40.

[7] 李莎，徐生强. 勇冰. 纺织品中重金属残留生态环保问题的探讨. 中国标准化，2005，(9)：10～12.

[8] 刘国信. 隐匿在服装中的"杀手". 中国保健营养，2002，(2).

[9] 鲁生业，官志文. 衣服面料化学污染对人体健康的潜在影响. 环境与健康杂志，2002，(5)：355～357.

[10] 孙萍，徐生强. 我国生态纺织品加工技术的发展. 中国标准化，2005，(9)：7～9.

[11] 王晶. 浅析纺织品染整中的主要污染环节. 印染，2000，(2)：43～46.

[12] 王为诺. 生态纺织品主要检测项目介绍. 中国纤检，2005，(9)：14～15.

[13] 徐生强，李贤清，徐成等. 国际天然彩色棉及绿色纤维的研究动态. 中国标准化，2005，(9)：14～15.

[14] 养生大世界编辑部. 选购服装要有环保意识. 养生大世界，2005，(6)：50～51.

[15] 叶根洋，刘心宽. 服装与人体健康. 淮北职业技术学院学报，2005，(1)：82～84.

[16] 张红华，纪鹏. 服装卫生性探讨. 黄石高等专科学校学报，2001，(4)：64～66.

[17] 张田勘.衣服污染换来绿色服装.知识就是力量,2005,(9):36～37.
[18] 郑国锋,沈晓悦,李旭等.在纺织品生产中推行生命周期评价.江苏环境科技,2005,(3):46～48.
[19] 中国纤检编辑部.购好、用好服装有益身心健康.中国纤检,2005,(11):45～46.

思 考 题

1. 服装污染对人体健康的危害。
2. 玩具污染对儿童健康的危害。

第九章 居住环境污染与人体健康

第一节 居住环境概述

一、居住环境的理念

居住环境(residential environment)是指围绕居住和生活空间的生活环境的总和,从狭义来说它是指我们居住的实体环境,从广义来说它还包括社会、经济和文化等环境。

居住环境涵盖的内容十分广泛,它包含了安全性、保健性、便利性、舒适性和可持续性。这里既包括了世界卫生组织提出的传统的人类基本生活要素的4个理念,又增加了可持续性的思想。

1. 现代城市规划的发展与居住环境概念的变化

现代城市的居住环境问题最早出现在工业革命结束后的英国。具体表现在两个方面:一是由于贫民窟卫生状况的恶化引发了传染病和瘟疫,疾病向整个城市蔓延;二是火灾和治安问题时而发生,经常成为威胁城市社会最为深刻的问题。

19世纪中叶,传染病和下水道、水井污染的相关关系逐渐明朗化,于是英国政府在1848年出台了《公共卫生法》,从公共卫生的角度开始采取措施根治有害物质,加强疾病的预防。人们逐渐认识到,要解决城市的卫生问题、住宅问题,需要重新分析和探讨城市以往的运作方式。1909年英国制定了《住宅和城市规划等法》。

面对不断恶化的城市问题,出现了一种否定大城市、向郊外追求新居住地的动向。该运动发展成为所谓的田园城市运动。田园住宅区的设计意图是“卫生的家庭、漂亮的住宅、舒适的街区、庄严的城市、健康的郊外”。此后,这一理念传到美国和日本,在这些国家也出现了新型的郊外居住区。

近代以来,解决居住环境的努力始于公共卫生学,但随着对传染病和结核病等疾病的成因(如居住过密和城市卫生设施缺乏、大气和水质污染等)的掌握,人们对判断环境优劣的方法重新进行了探讨和整理。

第二次世界大战以后,随着城市规划的发展,对宜人(amenity)的居住环境的追求在城市规划中的目标地位逐渐得到确立。“宜人”的内涵包括三个层面:一是公共卫生和污染问题层面上的宜人;二是舒适美观的生活环境所带来的宜人;三是由历史建筑和优美的自然环境所带来的宜人。

由上可见,伴随着近代城市规划的发展,居住环境的概念和目标曾经发生过许多变化。

2. 经济高速增长时期的"居住环境"

(1) 世界卫生组织

进入20世纪60年代,以"健康"为核心的居住环境理论体系成为发展的重要趋势。1961年世界卫生组织(WHO)总结了满足人类基本生活要求的条件,提出了居住环境的基本理念,即"安全性""保健性""便利性"和"舒适性"。

① 安全性(safety)。远离灾害,保护生命和财产安全。

② 保健性(health)。保护人类身体和精神的健康。

③ 便利性(convenience)。在经济合理的条件下确保生活便利性。

④ 舒适性(amenity)。充分保证环境美观,身心放松(其中也包含教育福利等文化因素)。

(2) 日本科技厅

日本科学技术厅参考了美国公共卫生协会居住卫生委员会1964年提出的"健康居住基本原则",提出了以下关于健康居住环境的基本原则:

① 满足防治灾害的条件(地震、水灾、雷电等自然灾害的防治;火灾、交通事故等人为灾害的防治;住宅的崩塌、坠落、煤气中毒、电击、盗窃等日常事故的预防)。

② 满足人类生理方面的环境条件(适当的采暖、散热方式,清洁的空气,适度的光照、照明、日照、人工照明,噪声预防,成人与儿童游乐场、运动场的确保)。

③ 满足生活、生理的要求(人们的肉体、精神生活,健全的家庭生活,家务劳动中疲劳的减轻,清静的邻里环境,社区、社会生活等心理健康)。

④ 满足预防疾病发生和防止感染的条件(安全的供水设施、有效的排水设施、食品的安全储存和烹饪、废物的安全处理、害虫的防治等狭义的环境卫生安全,特别是防止住宅过于密集、居室过于拥挤)。

⑤ 精神上的满足感(造型、生活艺术的条件,清凉、明快、现代化等)。

⑥ 经济上的满足感(满足居住生活的经济性要求)。

3. 向成熟社会演化期的"居住环境"

从20世纪70年代后期到80年代,日本的公害问题日益严重,以日照权问题为代表,人们的居住环境意识不断提高,改善已经形成的市区的居住环境终于进入了实质性阶段。

小泉重信在1985年出版的《新建筑学大系·第14卷:住宅》中,重新提出了居住标准的构成要素。在世界卫生组织的4项理念之外,他增加了时间的概念,即"持久性(环境的安定性)"、街区景观等的"美观性"、居住用地费用和居住费用等的"经济性"、居住习惯和防范性等"社会性"因素(参见表9-1)。

表 9-1　居住水平构成因素(关于“宅基地与居住环境”的因素)

项目		要素
安全性	① 对自然条件和灾害的安全性	对地震的安全性,对火灾的安全性,对风、雪、水灾的安全性
	② 日常生活安全性	交通安全性、防范性
保健性	① 气象条件	气温、湿度、降雨和降雪量
	② 用地条件	地形、方位、倾斜度、相邻关系
	③ 环境条件	噪声、振动、空气污染、水污染等
	④ 设施和服务条件	上下水道、电力、煤气、垃圾处理、医疗保健
便利性	① 用地空间	用地规模、形态、非建筑空间职能
	② 区位条件	与市中心的距离、通勤、上学的便利性
	③ 周边环境条件	交通设施、教育文化设施、保育和福利设施、公共和公益设施、购物和商业设施、保安和通信设施、儿童游乐场
舒适性	① 用地条件	庭院空间的大小
	② 周边环境条件	周边建筑物密度、公园、绿地、种树和栽培、公共空地、景观和视野
	③ 私密性	
耐久性	环境安定性	地区的建成程度
美观性	① 街区景观	
	② 前院和建筑物壁面	
	③ 历史环境的保护	
经济性	① 用地费	土地费用、建造费用
	② 居住费	地租、税金
	③ 环境维护费	环境整治费、维护管理费
	④ 土地利用有效性	
社会性	① 居住习惯	地区团体和组织、管理协议
	② 防范性	社会阶层、社会安定性

资料来源:浅见泰司,2006.

20 世纪 80 年代到 90 年代,随着经济的增长,住宅规模和性能等水平得到了提高,人们对居住环境的要求也由过去安全、卫生的居住环境转向富有人性和舒适等多样化和高质量的居住环境。

同时,人们开始关心适合老年人和残疾人生活的居住环境、城市环境,关注二噁英等化学物质对人体、环境的影响以及对精神健康的影响,意识到地球环境问题的严重性,也开始从城市经营的角度来关注环境的作用。总之,人们越来越关注居住环境方面的新动向。

在面向 21 世纪的社会经济大变革中,关于居住环境的概念我们必须从新的视角来重新进行研究。在研究城市的居住环境时,我们不仅要从个人获得的利益(或损害)的角度来考察居住环境的概念,如“安全性”“保健性”“便利性”“舒适性”等,也要考虑个人对整个社会做出了何种程度的贡献,即必须建立起“可持续性”的理念。

二、健康住宅

人类居住健康问题引起了全世界居住者和舆论界的关注,人们越来越迫切地追求拥有健康的人居环境。

所谓健康住宅,是指在满足住宅建设基本要素的基础上,提升健康要素,保障居住者生理、心理、道德和社会适应等多层次的健康需求,促进住宅建设可持续发展,进一步提高住宅质量,营造出舒适、健康的居住环境。我国在2004年4月由国家住宅与居住环境工程中心正式发布的新的《健康住宅建设技术要点》,强调健康住宅不但体现在居住环境的健康性,如居住空间、空气环境、声、光、热、水、绿化环境等方面,而且拓展到居住区的社会环境健康性,包括居住区社会功能、居住区心理环境等诸多方面,力争为居住者提供有利于身心健康的居住环境。

健康住宅的主要出发点在于:一切从居住者出发,满足居住者生理和心理健康需求,生活在健康、安全、舒适、环保的室内和室外的居住环境中。因此,健康住宅可以解释为:体现在住宅内和住宅区的居住环境方面,不仅包括与居住相关联的物理值,诸如温度、湿度、通风换气、噪声、光和空气质量等,还应包括主观性心理因素值,诸如平面空间布局、隐私保护、视野景观、感官色彩、材料选择等。

1. 健康住宅的标准

从1987年到2000年,世界各国大体上经历了节能环保、生态绿化和舒适健康三个发展阶段。各国从最先面临的问题是节省能源、节省资源,逐渐认识到地球环境与人类生存息息相关,最后回归到人类生活基本条件——舒适与健康。

根据世界卫生组织的定义,所谓健康就是“在身体上、精神上、社会上完全处于良好的状态,而不是单纯地指疾病或残疾。”根据此定义,“健康住宅”就是指“能使居住者在身体上、精神上、社会上完全处于良好的状态的住宅”。具体来说,健康住宅最低具备以下15项要求:

① 能引起过敏症的化学物质的浓度很低;

② 尽可能不使用容易挥发化学物质的胶合板、墙体装饰材料等;

③ 设有性能良好的换气设备,能将室内污染物质排出室外,特别是对高气密性、高隔热性住宅来说,必须采用具有风管的中央换气系统,进行定时换气;

④ 在厨房或室内吸烟处,要设置局部排气设备;

⑤ 起居室、卧室、厨房、厕所、走廊、浴室的温度应保持在17～27℃之间;

⑥ 室内湿度保持在40%～70%之间;

⑦ 二氧化碳浓度要低于1.97克/立方米;

⑧ 悬浮颗粒物浓度要低于0.15毫克/立方米;

⑨ 噪声要小于50分贝;

⑩ 一天的日照要确保在3小时以上；

⑪ 要有足够亮度的照明设备；

⑫ 住宅应具有足够的抗自然灾害的能力；

⑬ 具有足够的人均面积；

⑭ 住宅便于儿童、老年人和残疾人的生活；

⑮ 新住宅竣工后要及时请专业机构检测治理，并隔一段时间才能入住。

2. 健康住宅的评估标准

健康住宅的核心是人、环境和建筑。健康住宅的目标是全面提高人居环境品质，满足居住环境的健康性、自然性、环保性、亲和性和行动性。保障人群健康，实现人文、社会和环境效益的统一。根据《健康住宅建设技术要点》，健康住宅评估的内容涉及室内外居住环境健康性，对自然亲和性，住区环境保护和健康环境保障四个大方面：

① 人居环境的健康性。主要是指室内、室外影响健康、安全和舒适的因素。

② 自然环境的亲和性。对大自然的亲和人皆有之，但是由于城市建筑的蔓延，自然空间的缩小，气候条件的恶化，弱化了人们对自然的亲和程度。

③ 住宅区的环境保护。是指居住区内视觉环境的保护，污水和雨水处理，垃圾收集与垃圾处理和环境卫生等方面。

④ 健康环境的保障。健康住宅的环境保障评估因素主要是指针对居住者本身健康保障，包括医疗保健体系、家政服务系统、公共健身设施、社区老人活动场所等硬件建设。

第二节　室内空气污染概述

一、室内空气污染的定义

室内空气污染可以定义为：由于室内引入能释放有害物质的污染源或室内环境通风不佳而导致室内空气中有害物质无论是从数量上还是种类上不断增加，并引起人的一系列不适症状。

室内污染通常具有以下几个方面的含义：一是室内污染是由房屋自身或者室内设施、用品释放出的有害物质造成的，即污染源为居室本身或者室内的设施、用品；二是释放的有害物质导致了室内环境质量下降；三是室内环境质量下降达到了影响人们正常生活和身体健康的程度。

室内不仅包括我们居住的空间，而且也包括日常工作、生活的所有空间，如办公室、教室、会议室、旅馆、电影馆、图书馆、体育馆、健身房、候车室等各室内公共场所以及民航、飞机、客运汽车等交通工具内。

二、室内空气污染物的分类

目前对于人类健康影响最大的室内空气污染物大致可分为三类：一是可吸入颗粒物：粉尘、烟雾、花粉等，主要影响人体呼吸系统和消化系统；二是微生物类：细菌、病毒等；三是有机和无机有害气体污染物。对于前两类污染物，人们熟知治理措施，对于第三类即室内有害气体的危害性和来源，人们知之不多。从室内建筑材料、装修材料和家具制品中不断释放出来的有毒有害气体，实际上是室内空气的主要污染源，其中四大有害气体是氡、甲醛、苯和氨。

三、室内空气污染的特点

① 累积性。室内环境是相对封闭的空间，其污染形成的特征之一就是累积性。从污染物进入室内导致浓度升高，到排出室外浓度渐趋于零，大都需要经过较长的时间。室内各种物品，包括建筑装饰材料、家具、地毯、复印机、打印机等都可能释放出一定的化学物质，对人体构成伤害。

② 长期性。调查表明，大多数人大部分时间处于室内环境，即使浓度很低的污染物，在长期作用于人体后，也会影响人体健康。

③ 多样性。室内空气污染的多样性既包括污染物种类的多样性，又包括室内污染物来源的多样性。

④ 污染物排放周期长，衰期长，危害大。

⑤ 发病时间不一、症状不一。

第三节　建筑和装饰材料污染与人体健康

一、概述

随着生活水平的提高，生活方式的改变，人们生活和工作于室内的时间越来越长。据统计，人处在各种室内环境(居室、办公室、公共场所及交通工具等)中活动的时间约占人的活动时间的70%～80%。随着电脑的普遍使用，一些人在室内度过的时间比率还会更大。现代建筑使用的建筑和装饰材料中，大量使用了多种化学品，其中大都含有有机污染物。另外，从节能方面考虑，现代办公场所也多采用密闭的结构。室内新风量不足和空气交换率低等原因导致室内污染物增加、空气负离子浓度减少。这些污染物的毒性、刺激性、致癌作用和特殊的气味，能导致人体呈现各种不适反应，主要引起眼、鼻、咽喉刺激、干燥，感到疲乏、无力、头痛、头昏、记忆力减退、恶心、皮肤瘙痒等症状，严重的可引发婴儿畸形、白血病和多种癌症。这一系列症状称为不良建筑物综合征(sick building syndrome，简称 SBS)，又称为病态建筑物综合征、空调病、空调物综合征、办公室病、密闭建筑物综合征。

近年来，一种称为多种化学物质过敏症（multiple chemical sensitivities，简称MCS）的症候群也受到了广泛的关注。其相关的病例于20世纪50年代由美国科学家报道。目前认为，MCS是一种原因不明的非变态反应性的过敏症。该症又被不同的研究者称为特发性环境不耐受症、环境病、化学物质过敏症、生态病、环境过敏、大脑过敏、与化学物质有关的免疫功能异常、多器官功能减退。MCS的主要症状表现见表9-2。

表9-2　MCS的主要症状

健康影响分类	症　状
自主神经功能紊乱	出汗异常、手足发凉、头痛、易疲劳
精神障碍	失眠、不安、忧郁
耳鼻喉症状	眩晕、耳鸣、咽喉炎、鼻炎
眼部症状	结膜炎、视力减退
呼吸道症状	支气管炎、哮喘
消化道症状	腹泻、便秘、恶心
循环系统症状	心悸、心律不齐
骨骼肌肉系统症状	肌肉痛、关节痛
免疫功能异常	皮炎、自身免疫性疾患

据世界卫生组织公布的最新消息，现在室内环境污染已经与高血压、胆固醇过高症、肥胖症等共同被列入人类健康的十大杀手行列。目前发展中国家有近200万例死亡与室内空气污染有关，全球约4%的疾病与室内环境相关。我国每年由室内空气污染引起的死亡数达11.1万人。严重的室内环境污染造成了巨大经济损失，仅1995年我国因室内环境污染危害健康所导致的经济损失就高达107亿美元，2000年高达173亿美元。

二、常用建筑装饰材料的种类、用途及其化学成分

建筑装饰材料除了最基本的钢筋水泥、砖头、沙石外，主要还有建筑涂料、油漆、胶黏剂、木板材制品、塑料制品、石材制品、陶瓷制品、贴面材料、功能装饰板、蜡纸织物及玻璃、金属制品等，这些材料在建筑物的构成和内、外装饰中几乎都要使用到，其使用功能及基本化学组成可分述如下：

（1）建筑涂料和油漆

这是建筑装饰业中使用最广泛的材料之一，涂饰面积最大，品种最多，其基本组成为：成膜物质、颜料（填充料）、溶剂及其他辅助材料。成膜物质和溶剂是涂料、油漆的核心成分，前者主要化学组成为合成树脂，常用的有聚氯乙烯树脂、环氧树脂、醇酸树脂、酚醛树脂、丙烯酸树脂等。溶剂是涂料的重要组成部分，常用的有机溶剂有苯、甲苯、二甲苯、松节油、丙酮、酒精、汽油等，水是各涂料的稀释剂。不

同使用功能的涂料其组成有所差别,如墙壁涂料主要以水性乳胶漆为主,而家具、木地板和其他木板材表面使用的油漆则以硝基漆、醇酸漆、聚氨酯等有机涂料为主,溶剂多为含苯有机溶剂。

(2) 胶黏剂

在各种贴面、各部件的接合及人造板材中大量使用胶黏剂。胶黏剂的基本组成有粘料(黏合物质)、硬化剂、催化剂、溶剂、稳定剂及其他添加剂等。随着胶黏剂使用范围的扩大、性能的完善,其化学成分也越来越复杂,主要成分为各种合成树脂。建筑装饰材料中使用最广泛的胶黏剂主要成分为酚醛树脂、脲眼醛树脂或其改性树脂等,在各种贴面材料与基材的黏接过程普遍使用。此外,常用的还有环氧树脂、聚乙烯醇树脂和合成橡胶黏接剂等。

(3) 木板材制品

传统的天然木材因其运输和存放不方便,加工制作工序烦琐,且资源有限,目前已难以适应和满足需求,因此人工板材在新式家具制作和室内装饰中被广泛使用,其中包括多层板、大芯板,利用木屑、杂木经粉碎加工而成的纤维板等。由基材板和强化型表面材料复合黏接而成的金刚板也因其耐磨、易保养等优点而日益成为地板饰材的新宠。木材制品之间的复合粘接主要采用脲醛树脂胶黏剂。

(4) 塑料制品

塑料是指以合成树脂或天然树脂为主要原料,在一定温度和压力下塑制成型,且在常温下保持产品形状不变的材料。在建筑上主要用途是制成管材、型材、饰面砖、地板隔热材料、绝缘材料等。常用的有聚乙烯、聚苯乙烯、酚醛树脂、腮醛树脂、环氧树脂和聚氨酯等。多数的塑料生产原料除合成树脂外,还有填充料、增塑剂、硬化剂、着色剂及其他添加剂等。

(5) 贴面材料

主要有木质贴面、塑料贴面和壁纸。前两者在生产过程中应浸渍三聚氰胺甲醛树脂或改性三聚氰胺甲醛树脂。壁纸是以80克/平方米的纸作基材,涂塑100克/平方米左右的聚氯乙烯糊状树脂,经印花、压花而成。贴面材料施工时用酚醛树脂、腮醛树脂,或其改性树脂的黏接剂粘贴到基材板上。

(6) 功能装饰板

有特殊功能的板材,如吸声板,通常以工业废料矿渣棉为主要原料,加入适量含甲醛的胶黏剂、防潮剂、防腐剂,经加工、烘干、饰面而成。浮雕艺术装饰板以钢板为模板,用三聚氰胺树脂及酚醛树脂分别浸渍不同原纸,经层积热压而成。

(7) 石材和陶瓷制品

石材和陶瓷制品主要用于铺设地面、外墙、洗脸台、灶台、阳台的台面,或作为卫生洁具。石材有大理石、花岗岩等天然板材,还采用碎石渣经高分子树脂(如环氧树脂)粘接加工而成的人造石材,具有产品规格齐全、色彩花纹均匀、艺术效果好等特点;陶瓷制品包括各种釉面砖(磁砖)和陶瓷卫生洁具,主要以陶土烧制而成,是卫生间、厨房墙面和地面的主要装饰材料。

三、建筑、装饰材料中的主要污染物

在建筑、装饰材料中，对人体健康危害最大的是甲醛、苯系物、氨、氡、镭等。

(1) 甲醛

甲醛主要来自室内装修和装饰材料。用作室内装饰的胶合板、细木工板、中密度纤维板和刨花板等，在加工生产中使用脲醛树脂和酚醛树脂等为黏合剂，其主要原料为甲醛、尿素、苯酚和其他辅料。板材中残留的未完全反应的甲醛逐渐向周围环境释放，成为室内空气中甲醛的主体，从而造成室内空气污染。而生产家具的一些厂家为了追求利润，使用不合格的人造板材，在粘接贴面材料时使用劣质胶水，制造工艺不规范，挥发性有机物含量极高。另外，含有甲醛成分的其他各类装饰材料，如壁纸、化纤地毯、泡沫塑料、油漆和涂料等，也可能向外界释放甲醛。有关研究表明，人造板材中甲醛的释放期为3～15年。

甲醛为高毒性物质，有辛辣刺激的气味。当人吸入甲醛后轻者有鼻、咽、喉部不适和烧灼感，流涕、咽疼、咳嗽等，重者有胸部不适、呼吸困难、头痛、心烦等。对皮肤过敏者可诱发皮疹，更甚者可发生口腔、鼻腔黏膜糜烂，喉头水肿、痉挛等。女性吸收后还可引起月经紊乱、妊娠综合症。小儿吸收后可引起体质严重降低、染色体异常。人长期过量吸入甲醛可引发鼻咽癌、喉头癌等多种严重疾病，对身体健康构成严重威胁。甲醛在我国有毒化学品优先控制名单上高居第二位，世界卫生组织已确定甲醛为致癌和致畸形物质。

(2) 苯系物

苯系物在各种建筑材料的有机溶剂中大量存在，如各种油漆和涂料的添加剂、稀释剂和一些防水材料等。劣质家具也会释放出苯系物等挥发性有机物，壁纸、地板革、胶合板等也是室内空气中芳香烃化合物污染的重要来源之一。这些建筑装饰材料在室内会不断释放苯系物等有害气体，特别是一些水包油类的涂料，释放时间可达1年以上。

苯是无色具有特殊芳香味的液体，沸点为80.1℃，甲苯、二甲苯属于苯的同系物，都是煤焦油分馏或石油的裂解产物。苯的有害性主要在于其抑制人体造血功能，使红血球、白血球、血小板减少，是白血病的一个诱因。另外苯还可以导致中枢神经系统麻痹，使人有头晕、头痛、恶心、胸闷等感觉，严重者可使人昏迷以致呼吸、循环功能衰竭而死亡。游离甲苯二异氰酸酯(TDI)对人体造成的危害也不容忽视。TDI为无色透明或淡黄色液体，主要用于制造聚氨酯油漆和树脂及泡沫塑料。游离TDI对人体的危害主要是致敏和刺激作用：人体接触TDI气体后，对眼部的刺激表现有疼痛流泪，结膜充血；呼吸道吸入后有咳嗽、胸闷、气急、哮喘症状；皮肤接触后可发生红色丘疹、斑丘疹、接触性过敏性皮炎。个别重病者可引起肺水肿及哮喘，引起自发性气胸，纵膈气肿，皮下气肿。并不是所有接触TDI的人都会发病，这与个体是否为过敏体质有关。

(3) 氨

氨主要来自建筑物本身,即建筑施工中使用的混凝土外加剂和以氨水为主要原料的混凝土防冻剂。含有氨的外加剂,在墙体中随着温度、湿度等环境因素的变化还原成氨气,从墙体中缓慢释放,使室内空气中氨的浓度大量增加。

氨是一种无色而具有强烈刺激性臭味的气体,可感觉的最低浓度为5.3微克/立方米(ppt),氨是一种碱性物质,它对所接触的组织有腐蚀和刺激作用。它可以吸收组织中的水分,使组织蛋白变性,并使组织脂肪皂化,破坏细胞膜结构,减弱人体对疾病的抵抗力。氨浓度过高时,除腐蚀作用外,还可通过三叉神经末梢的反射作用而引起心脏停搏和呼吸停止。

(4) 氡和镭

氡和镭主要来自建筑施工材料中的某些混凝土和某些天然石材。氡和镭是放射性元素,这些混凝土和天然石材中含有的氡和镭会在衰变中产生放射性物质。这些放射性物质对人体的危害,主要是通过体内辐射和体外辐射的形式,使人体神经、生殖、心血管、免疫系统及眼睛等产生危害。氡还被国际癌症研究机构(IARC)确认为人体致癌物。

近年来我国也加强了对放射性污染的监测。自1986年以来先后颁布实施了《建筑材料放射卫生防护标准》《建筑材料产品及建材用工业废渣放射性物质控制要求》《天然石材产品放射性防护分类控制标准》等国家标准,用以对建材产品的放射性进行监测。

(5) 石棉

一些旧住宅的天花板和管路的绝热、隔间材料大多是石棉制品。一些建材、家装材料也是石棉材料,例如石棉水泥、乙烯基塑胶地板等。当这些石棉材料被拆修、切割、重塑时,会有大量的细小石棉纤维飘散在空气中。石棉水泥管道用于输送水管时还会造成饮用水污染。

石棉本身并无毒害,它的最大危害来自它的纤维。这是一种非常细小,肉眼几乎看不见的纤维。这些细小的纤维被吸入人体内,就会附着并沉积在肺部,造成肺部疾病,如石棉肺、胸膜和腹膜的皮间瘤等。这些肺部疾病往往会有很长的潜伏期。因此,石棉已被国际癌症研究中心确定为致癌物。

四、建筑、装饰材料室内污染对人体的危害

1. 建材导致室内污染对人体危害的机理

建筑和装饰材料导致室内污染对人体伤害的主要污染物为甲醛、苯系物、氨、氡和镭。甲醛、苯系物、氨对人体的伤害基本上是相同的。当甲醛、苯系物、氨从建筑和装饰材料中释放到室内后,被人体组织吸收,然后通过血液循环扩散到全身各处,时间一长便会造成人的免疫功能失调,使人体组织产生病变而引起多种疾病。如果出现在通风不良的室内,人体在短时间内吸入上述污染物,则会产生急性中毒,严重者甚至出现呼吸衰竭、心室颤动及心脏停搏。氨是一种弱碱性物质,它对

所接触的组织还具有腐蚀和刺激作用,还可以吸收组织中的水分,使组织蛋白变性,破坏细胞膜结构。氡和镭对人体的伤害主要是通过电磁辐射,它包括体内辐射和体外辐射。电磁波对人体组织的作用分两种:一种是致热效应,即电磁波会使人体发热。在电磁波辐射的作用下,人体内分子发生取向作用,进行重新排列,由于分子排列过程中相互碰撞摩擦,消耗了电磁能而转化为热能(电磁振荡的频率越高,体内分子取向作用越剧烈,热作用也就越突出,产生的损伤也越严重);另一种是非致热效应,当超过一定强度的电磁波长时间用在人体时,虽然人体的温度没有明显升高,但会引起人体细胞膜的共振,使细胞的活动能力受限。这种在分子及细胞一级的水平上发生的效应既复杂又精细,会使人出现诸如心率、血压的改变及神经、免疫系统等生理反应。

2. 建筑和装饰材料室内污染对人体危害的常见症状

据国际有关组织调查统计,世界30%新建和重修的建筑物中发现有害人体健康的室内气体。室内环境专家提醒人们,现代人正进入以"室内空气污染"为标志的第三个污染时期。据美国环境保护局(EPA)估计,美国每年大约有2000名肺癌死亡者与建筑和装饰材料中含有的氡辐射有关。

在办公室的工作人员中出现了一些症状,这些症状会在人离开相关建筑物后有所减轻,而这些症状大都与人所在的室内环境受到污染有关,因此世界卫生组织将此种现象称为"建筑物综合征"。

建筑物综合征的8种表现为:

① 眼睛,尤其是角膜、鼻黏膜及喉黏膜有刺激症状;

② 嘴唇等黏膜干燥;

③ 皮肤经常生红斑、荨麻疹、湿疹等;

④ 易疲劳;

⑤ 容易引起头疼和呼吸道感染;

⑥ 经常有胸闷、窒息样的感觉;

⑦ 经常产生原因不明的过敏症;

⑧ 经常有眩晕、恶心、要呕吐等感觉。

3. 国内外研究状况

室内建筑和装饰材料及家庭用品是造成室内空气污染,对人体伤害的重要根源。加强对建筑、装饰材料等的管理,有效提高室内空气质量,最大限度降低其对人体的伤害,已成为世界共识。世界卫生组织自1974—1990年召开了8次关于"室内空气质量与健康"的会议;北大西洋公约组织在1989—1993年间进行了来自15个国家的200名专家参与有关室内空气方面的调查研究;1991年美国供热制冷空调工程师学会(ASHRAE)与国际建筑研究学会(CIB)联合召开了首次健康建筑与室内空气质量(IAQ)国际会议;1973年,日本制定了《关于限制有害物质的家庭用品的法律》;美国环境保护局(EPA)和美国测试和材料协会(ASTM)已提出明确规定,指导如何健康地使用建筑装饰材料和室内产品;德国在1978年对建筑和装饰材料发布了世界上第一个环境标志——"蓝色天使",此后世界上已有20多个国家和地区对建筑和装饰材料实行了环境标志;丹麦、挪威制定了“健康建材”标准,规定涂料、油漆等在使用说明上除标明性能外,还必须标明健康指标。

我国自20世纪90年代初,逐步开展了有关建筑和装饰材料中VOC(有机污染物)的释放及其室内污染的研究,建立了模拟测试舱,并用于测试室内装饰材料中VOC的释放及其规律。各卫生防疫站、监测站及相关科研院所也开展了大量的现场调查研究。随着我国室内污染的研究工作迅速开展,我国相继成立了室内装饰协会和室内环境监测中心。1992年12月,还成立了“中国室内装饰协会室内环境检测中心”。此外,我国组织了对国内进行室内污染的调查研究及制定标准工作。

卫生部所属中国预防医学科学院环境卫生监测所等开展了“建筑和装饰材料所致室内污染及其有害生物学作用”等研究和一系列调查工作,制定了《室内空气卫生监督管理办法》。2001年,建设部颁布了《民用建筑工程室内环境污染控制规范(GB 50325-2001)》,要求验收时必须进行室内环境污染物浓度检测;2001年年底,国家质量监督检验检疫总局和国家标准化管理委员会联合发布了《室内装饰装修有害物质限量》10项强制性国家标准;2002年12月,由中国疾病预防控制中心起草的国标《室内空气质量标准》GB/T 18883-2002)正式颁布,三者构成了我国现行的室内环境污染控制和评价体系。

专栏9-1

世界人居日

“世界人居日”,是1985年12月11日第40届联大通过的一项决议:确定每年10月的第一个星期一为“世界人居日”,亦称“世界住房日”。旨在唤起各国政府对解决住房以及与住房有关问题的重视,并为之做出努力,直至每个人都有合适的住房。1982年的第37届联大曾确定1987年为“无家可归者收容安置国际年”(国际住房年)。

历年世界人居日主题:

1986年　住房是我的权利

1987年　为无家可归者提供住房

1988年　住房和社区

1989年　住房、健康和家庭

1990年　住房和城市化

1991年　住房和居住环境

1992年　持续发展住房

1993年　妇女与住房发展

1994年　住房与家庭

1995年　住房—邻里关系

1996年　城市化、公民的权利与义务和人类团结

1997 年　未来的城市
1998 年　更安全的城市
1999 年　人人共有的城市
2000 年　妇女参与城市管理
2001 年　没有贫民窟的城市
2002 年　开展城市间的合作
2003 年　保障城市的用水与卫生
2004 年　城市—农村发展的动力
2005 年　千年发展目标与城市
2006 年　城市—希望之乡
2007 年　安全的城市，公正的城市
2008 年　和谐的城市
2009 年　我们城市的未来规划
2010 年　城市，让生活更美好
2011 年　城市与气候变化
2012 年　改变城市　创造机会
2013 年　城市交通
2014 年　来自贫民窟的声音
2015 年　人人享有公共空间
2017 年　住房政策：可负担的住房
2018 年　城市固体废物管理

第四节　吸烟对人体健康的影响

一、烟草、烟雾中的主要化学成分

通常人们所说的“吸烟有害健康”，指的是吸烟时烟草由于燃烧所产生的烟气。据研究，烟气中的成分可达 4 万多种，目前能鉴定出来的单体化学成分就达 4200 种之多。当烟支在高温条件下燃烧（燃吸）时，其内部化学成分发生了一系列复杂的变化，向外扩散便形成了烟气。烟气可看作是一种胶体，由气相、液相和颗粒相三部分组成，其中气相物质占烟气总重量的 92%。气相成分主要含有一氧化碳、烟碱、烃类、氨、挥发性亚硝胺、氢化氰类、挥发性硫化物、腈类及其他有机化合物，包括苯胺、肼类、酚类等。液相和粒相物质约占 8%，因为这两相物质往往以焦油等物质的形式混合存在，另外还有一部分液相成分溶于水蒸汽中，故而较难分离。目前已知的液相物质有：非挥发性亚硝胺类化合物，如 *N*-亚硝氨基烟碱、*N*-亚硝氨基阿拉塔并；芳香族有 β-萘胺、4-氨基联苯，多环芳烃类，如苯并芘、二苯并蒽、二苯并芘、*N*-杂环烃类,包括二苯并吖啶等。颗粒相成分一部分是悬浮于焦油中的粒子,还有一部分是存在于烟雾中的微粒,相当一部分为一些重金属,也有一些相对分子质量很大的烃类、胺类,其主要成分有:重金属,如铅、镉、镍、锑、汞、硒、钴;非重金属类的砷;另外还有放射性同位素镭、铅和钋(表9-3)。

表 9-3 香烟烟雾中的主要成分

成分	含量/(微克/支烟)		侧烟流:主烟流含量比/(%)
	主烟流[①]	侧烟流[②]	
总悬浮粒子	36 200	25 800	0.7
焦油	500～29 000	44 100	2.1
尼古丁	100～2500	2700～6750	2.7
总酚	228	603	2.6
芘	50～200	180～420	3.6
苯并[a]芘	20～40	68～136	3.4
萘	2.8	40	16
甲基萘	2.2	60	28
苯胺	0.36	10.8	30
亚硝基降烟碱	0.1～0.55	0.5～2.5	5
NNK[③]	0.08～0.22	0.8～2.2	10
镉	0.13	0.45	3.6
镍	0.08		
砷(As_2O_3)	0.012		
2-萘胺	0.002～0.028	0.08	39
氰化氢	74		
一氧化碳	1000～20 000	25 000～50 000	2.5
二氧化碳	20 000～60 000	160 000～480 000	8.1
丙醛	18～1400	40～3100	2.2
氯甲烷	650	1300	2.1
丙酮	100～600	250～1500	2.5
氨	10～150	980～150 000	98
吡啶	9～93	90～930	10
丙烯醛	25～140	55～300	2.2
一氧化氮	10～570	2300	4
二氧化氮	0.5～30	625	20
甲醛	20～90	1300	15
二甲基亚硝胺	10～65	520～3380	52
亚硝基吡咯	10～35	270～945	27

资料来源:解放日报,2004-5-27.

① 主流烟气(MS):抽吸时的燃烧,称为吸燃,吸燃时产生的烟气,进入口腔,产生生理强度。评吸卷烟时,主要是评吸主流烟气,来判断卷烟的香味、杂气、刺激性、余味等的优劣。抽吸时从卷烟的滤嘴端吸出的烟气称为主流烟气(Mainstream Smoke,简称MS)。

② 侧流烟气(SS):阴燃时产生的烟气,不进入口腔。抽吸间隙从燃烧端释放出来和透过卷烟纸扩散直接进入环境的烟气称为侧流烟气(Sidestream Smoke,简称SS)。

③ 4-甲基亚硝胺基-1-3-吡啶基-1-丁酮 (4-(methylnitrosoamino)-1-(3-pyridinyl)- 简称 NNK)。

(1) 尼古丁

尼古丁(Nicotine),又称烟碱,呈微粒状,是一种无色透明的油状挥发性液体,具有刺激的烟臭味,是一种剧毒物质。每支烟卷中大约含 1.5 毫克,如果把 20 支烟卷中的尼古丁提取出来,就可以毒死一头大牲畜。对成年人来说,尼古丁的致死剂量为 40～60 毫克。当吸入烟卷烟雾中的尼古丁只需要 7.5 秒钟,就可以到达大脑,使吸烟者达到一种愉快的感觉。

吸烟时,由于烟雾是逐渐进入人体的,而且每次都不是把全部尼古丁吸入和吸收到体内,吸进去的一部分尼古丁,又被烟雾中的甲醛中和,大部分尼古丁又被人体解毒。因此,一般吸烟不会发生危险。但是因为连续大量吸烟而中毒死亡者还是有记载的:英国有一位长期吸烟的人,有一天夜里连续吸了 14 支雪茄烟和 40 支烟卷,第二天早晨自己感到难受,后经医生极力抢救无效死亡;法国的一个俱乐部举行过一次吸烟比赛,有一个人连续吸了 60 支烟卷,算是"优胜者",可是这位优胜者还没有来得及领奖,就中毒死了,其他参加比赛的人也都因为生命垂危被送进了医院抢救。

尼古丁具有神经兴奋作用。吸 1 支烟,可使心率每分钟加快 10 次,血压升高 10 毫米汞柱①。尼古丁可使皮下毛细血管收缩,导致手指、脚趾等肢体末端的皮肤温度降低。尼古丁可使大脑兴奋,使人产生快感,这种快感同海洛因等毒品对人体的作用性质相同,使吸烟者在生理上对香烟产生依赖而成瘾,只是不如毒品的作用程度强烈。吸烟久了,这种兴奋作用也越来越小,持续的时间越来越短。由于吸烟成瘾,不吸烟就感到无精打采,这时吸烟只是起到缓解症状的作用,所谓提神就成为一种假象了。

除了尼古丁的急性作用外,其长期作用可引发冠心病,导致胃肠功能失调,而发生消化性溃疡以及引起生殖系统功能失调。美国《临床检查杂志》的一篇关于尼古丁的一项最新研究报告显示,尼古丁为癌症的发病打开"方便之门"。

(2) 烟焦油

烟焦油俗称"烟油子",成微粒状,是一种棕黄色具有黏性的树脂,每支烟卷含 20～30 毫克。它含有多种致癌物质、促癌物质和致癌引发剂。烟焦油系由酚、脂肪族烃类、多环芳烃、酸类、吲哚、咔唑、吡啶等浓缩物质所构成。

烟焦油常黏附在吸烟者的咽部、气管、支气管和肺泡表面上,而产生物理、化学性刺激,损伤人体呼吸功能。积存多年后,可诱发异常细胞生成,形成癌症。美国佛罗里达大学的科学家发现,低焦油含量烟卷并不安全,不会因改吸这类烟而减少心肌梗塞、中风、肺部疾病的发病危险,只是对吸烟者的意识中造成"安全卷烟"的假象。可能对肺癌发病率有极为有限的作用,其他健康效益都无法得到确认。

(3) 一氧化碳

每支烟卷可产生一氧化碳约 20～30 毫升。它与血红蛋白的亲和力比氧气高 250 倍。当人们吸入较多的一氧化碳时,它与血红蛋白结合形成大量的碳合血红

---

① 毫米汞柱,非法定计量单位,1 毫米汞柱=133.32 帕。

蛋白,破坏了人体的输氧功能,造成组织和器官缺氧,进而使大脑、心脏等多种器官产生损伤。除了心血管深受其害以外,吸烟者的各器官由于缺氧而产生病理变化。此外,一氧化碳还促进胆固醇贮量增多,加速动脉粥样硬化。

(4) 放射性物质

凡是在烟草种植中,使用含有丰富铀的磷肥,此铀分解出 Po^{210}、Pb^{210}、Ra^{226} 及 Rn^{222} 放射性同位素。吸烟时这些放射性同位素可被吸入肺并沉积体内,它们不断放出射线,损伤肺组织。此射线对呼吸系统、肝、肾等均有损害,可致癌。

(5) 苯并芘

苯并芘是强致癌物质,在燃烧的一包烟卷中可产生 0.24～2.4 微克的苯并芘。如果每天吸 20 支卷烟,一年就可能吸入 800 微克左右。苯并芘可刺激支气管上皮细胞发生癌变。有调查结果表明,空气中的苯并芘含量每增加 1 纳克/立方米,会使癌变发病率增加 5%～15%。

(6) 刺激型化合物

烟草烟雾中含有多种刺激型化合物,其中有氰化钾、甲醛、丙烯醛等。1 支烟卷可产生丙烯醛 45 微克、氰化氢 100～400 微克。它们破坏支气管黏膜,并减弱肺泡巨噬细胞,使肺和支气管易发生感染。

(7) 有害金属

烟草中含砷、汞、镉、镍等有害金属物质。以镉为例,每支烟卷约含镉 1～2 毫克,其中 5%被人体吸收,余下随烟雾弥散。重金属可蓄积于体内,是强烈的致癌物质,是引起肺癌和睾丸癌的主要祸首,还能引起哮喘、肺气肿。微量的镉可杀灭输精管内的精子,引起男性的不育症。大量镉进入骨组织,引起骨骼脱钙、变形、变脆,极易发生骨折。

(8) 其他有害物质

其他有害物质,如致癌物质二甲基亚硝胺、甲基乙基亚硝胺、二乙基亚硝胺、亚硝基吡咯烷、联氨、氯乙烯、尿烷等,以及促癌物质甲醛苯醇、脂肪酸等。

二、吸烟对人体健康的危害

1. 吸烟与呼吸系统疾病

吸烟对人体的危害人人皆知,而首当其冲的就是人的呼吸系统。人的呼吸系统直接受到烟卷的各种有害物质的刺激,受到的危害最深。

根据统计,这些年来由于呼吸系统疾病而致死亡的,位于死亡原因的第二位,仅次于心脏病。烟草里含有烟焦油、尼古丁、亚硝胺、氡等有害物质。长期吸烟不仅刺激和损害喉咙和器官的黏膜,引起多痰多咳和慢性支气管炎等常见病,还是肺气肿,甚至肺癌等致命疾病的重要病因。

(1) 慢性支气管炎

慢性支气管炎是人们非常熟悉的疾病,其特点是多年咳嗽、吐痰,每到寒冬季节或气候突然变化，病情就会加重。日久天长，会发生哮喘，一病就是几年、十几年、几十年，最后由慢性支气管炎发展为肺气肿，甚至肺原性心脏病。吸烟开始年龄越早、吸烟量越大，发病率越高。

根据调查，吸烟者体内的支气管、肺泡灌洗液炎性细胞总数明显增多，增多的主要是中性粒细胞和肺泡巨噬细胞。所以吸烟者所致阻塞性通气功能障碍与炎性细胞增多有重要作用。同时显示，吸烟量越大、吸烟时间越长，气道损害程度越严重。这充分说明烟雾中的有害物质——烟焦油、尼古丁、一氧化碳、氢氰酸等进入呼吸道，特别是细支气管，引起黏膜充血、水肿、痉挛和分泌物增多等症状变化，造成气道狭窄和阻塞，从而加速慢性支气管炎的发生。

(2) 肺气肿

肺的主要功能是吸入氧气与排出二氧化碳，这是人类赖以生存的主要生理活动。肺脏包括两大部分：一为输送气体的管道组织，一为进行气体交换的肺泡组织。其中肺泡大约有 5 亿个，个个与气道相连。肺气肿是指肺泡内残存的气体过多，肺就像被吹胀了一样，故而名之。有的肺气肿病人的肺脏由于过度膨胀，肺的体积比正常人的大两倍；而病人的胸廓也被肿大的肺撑大得像水桶一样，医学上把这种现象叫作桶状胸。

引起肺气肿的原因很多，吸烟是其中重要的因素之一。经流行病学研究发现，所有引起肺气肿的因素中，吸烟的影响较之其他所有因素(如环境污染、社会生活、遗传等)更为显著。肺气肿可以从慢性支气管炎发展而来，也可以直接由吸烟破坏了蛋白酶-抗蛋白酶的平衡系统而导致。烟卷烟雾可以促使血液中白细胞聚积，导致蛋白酶在体内增多；同时，烟雾还可破坏抗蛋白酶，降低它的抗蛋白酶的作用。“一多一少”长久以后，肺组织遭到破坏，形成肺气肿。而对于肺气肿患者更不利的是，烟卷燃烧产生的一氧化碳可降低吸烟者的血氧分压，而影响人体各组织对氧的利用。此外，得了肺气肿以后，肺部气体交换功能减弱，人体得不到充足的氧气供应，所以患者常表现为咳嗽、气喘、呼吸困难。

(3) 肺癌

对于吸烟的危害最为人所共知的就是肺癌。大量研究证明，吸烟可引起肺癌。自第二次世界大战以来，全世界最常见的恶性肿瘤是肺癌，而重度吸烟者的肺癌发病率是不吸烟者的 15～30 倍，肺癌 90%是由吸烟引起的。吸烟年龄越长(20 年以上)，开始吸烟年龄越小(20 岁以下)，每天吸烟的支数越多(20 支以上)，肺癌的发病率就越高。

根据流行病学调查，研究人员对美国、英国、加拿大三国 100 万以上的人群进行了一次大规模对比观察。结果表明：肺癌的发病率，吸烟者为不吸烟者的 10.8 倍；肺癌的年死亡率，在每 10 万人中，不吸烟者为 12.8 人；每日吸烟 10 支以下者为 95.2 人；每日吸烟 20 支以上者为 235.4 人，比不吸烟者高 18.4 倍。2004 年，我国上海肿瘤研究所公布，上海肺癌的发病率已达美国同期水平，在男性患者中，不吸烟者仅占 1/3。可见,上海男性患肺癌的主要危险因素并不是大气污染,而是吸烟。西方的研究表明,各种大气污染对肺癌虽有一定影响,但其效应低于吸烟。

对于吸烟发生肺癌的机理,目前世界各国正紧锣密鼓地进行研究,并且已经获得了一些重要信息。在测试基因突变形成癌细胞的基因片段问题上,目前已经基本确定吸烟引起肺癌与 K-ras 基因突变有密切关系。

肺癌的发生与人体的免疫功能异常也有关系。肺癌病人的肺部免疫系统功能损伤非常严重。对于烟龄很长的烟民来说,免疫系统遭受到持续的损伤,使其功能明显低下,无力识别和杀伤肿瘤细胞,肿瘤便可乘机作祟。而肺癌的病人如果不停止吸烟,其免疫功能会进一步受到损伤,加速病情恶化。

美国广告明星韦恩·麦克拉伦为万宝路烟卷做广告。他有 25 年烟龄,每天要吸一包半烟卷。1990 年他得了肺癌,1992 年 7 月中旬在加利福尼亚州去世。他临终时留下遗言:“香烟会害死你们,我就是活生生的证据。”

2. 吸烟与心脑血管疾病

吸烟是人体心血管健康的大敌。高血压、高胆固醇血症、动脉硬化、心脏性猝死及冠心病,均与吸烟有密切关系。

烟卷烟雾中对心血管损害的主要成分是尼古丁、烟焦油、一氧化碳,这些物质会抑制卵磷脂胆固醇脂肪酰基转移酶的形成,使得动脉壁上多余的胆固醇不能及时清除,形成动脉硬化粥样斑块,还会降低高密度脂蛋白,使血液中多余的胆固醇不能代谢、消除。此外,尼古丁和一氧化碳对全身动脉血管,尤其是冠状动脉血管壁和心肌细胞具有毒性,并能引发炎症。

(1) 冠心病

冠心病是冠状动脉粥样硬化性心脏病的简称,冠状动脉供应心脏自身血液,冠状动脉发生严重粥样硬化或痉挛,使冠状动脉狭窄或闭塞,导致心肌缺血、缺氧或梗塞的一种心脏病。

冠心病的主要临床表现是心肌缺血、缺氧而导致的心绞痛、心律失常,严重者可发生心肌梗塞,使心肌大面积坏死,危及生命。

根据世界卫生组织调查,冠心病的死亡率中 25%是由吸烟引起的,美国卫生署报告美国冠心病患者的死亡中 30%是由于吸烟引起的,因冠心病死亡的吸烟者比不吸烟者多 70%。我国的配对研究说明,大量吸烟的人,冠心病、心绞痛和心肌梗塞的发病率比不吸烟的人分别高 3.4 倍和 3.6 倍。

(2) 高血压

所谓高血压,是指患者在静息状态下,在未服用抗高血压药物情况下,多次测量所得的收缩压大于 140 mmHg 和(或)舒张压大于 90 mmHg。高血压病对人体造成的危害极为明显,它可引起心、脑、肾等重要内脏的损害,还会并发冠心病、脑动脉硬化、肾动脉硬化,是发生心肌梗塞、中风和慢性肾功能衰竭的危险因素。

吸烟使血压增高,其原因是烟卷里含有的尼古丁使血管收缩,管腔变细,血流量减少。血管收缩,周围小动脉的阻力必然增加,这就可以导致高血压病人的血压进一步升高。不仅吸烟的人其血管会有这种变化,就是处于烟草烟雾中被动吸烟的高血压病人也不能幸免于难。

(3) 猝死

猝死是病人出现了一种异常严重而紧急的情况,其特点表现为病情发作突然,从发病到死亡往往不超过 1 小时。按照世界卫生组织的规定,从症状或体征出现后 6～24 小时内死亡者称为猝死或急死。

据一组 1329 例尸检分析,在 1 小时内猝死的病例中,冠心病占 90%以上,即冠心病是世界性猝死的主要原因。目前,多数学者认为,猝死、心脏骤停、冠心病,三者有着十分密切的联系,而吸烟往往是心脏骤停的一个危险因素。

经过动物实验得到结论:由于吸烟造成动脉硬化,卷烟中的尼古丁、一氧化碳可使心室颤动的阈值降低,促使血小板的凝集功能亢进而促进血栓形成。这些作用称为心脏骤停的危险因素。

(4) 其他

烟卷烟雾中含有的尼古丁、烟焦油、一氧化碳、二氧化氮等有害物质,对于人体心血管的伤害惊人。除了上述三个众所周知的疾病伤害以外,吸烟还可以促使血液形成凝块,造成心、脑或其他部位的血管阻塞。吸烟会降低人体对心脏病先兆的感应能力,即妨碍人的正常疼痛感觉,使人无法察觉体内某些病变所传递的信号。

3. 吸烟与脑血管疾病

(1) 增加脑出血、脑梗塞的危险

吸烟可使脑血管痉挛,脑血流量减少,使血小板聚集能力亢进,使高密度脂蛋白胆固醇降低,因而增加脑梗塞的发病率。烟雾中的有害物质可导致颈动脉粥样硬化,而使颈动脉阻塞,改变动脉血流状态。

我国临床医学家研究结果表明,吸烟者发生中风的危险是不吸烟者的 2～3.5 倍;如果吸烟与高血压同时存在,那么中风的危险就会升高近 20 倍,特别是青年吸烟者处于中风的极度危险之中。

(2) 损伤脑细胞

多年来,科学家一致认为烟卷中的尼古丁刺激脑细胞,使脑细胞产生兴奋。但美国药理学家在最近一项新的研究中发现,尼古丁不是刺激某些脑细胞兴奋,而是损害脑细胞,降低了人的神经活动,使人产生镇静。《自然》杂志发表的一项研究也表明,长期受尼古丁毒害,能释放出一种化学物质,它对大脑传递信息的神经之间造成损害,因而"吸烟能提神"的说法是不成立的。

(3) 损害记忆力

美国华盛顿学院对 288 名学生进行了分组试验。结果表明,在模拟驾车试验中,吸烟者发生交通事故的可能性是不吸烟者的 3.5 倍。而且吸烟者的视力、记忆力和分析力也不如不吸烟者。这说明尼古丁等化学物质会干扰大脑活动。

尼古丁能抑制脑下垂体中后叶加压素的分泌,而这种后叶加压素是维持脑记忆细胞功能的一种激素。尼古丁对脑垂体突然刺激时,脑垂体的反射性使后叶加压素瞬间分泌过多的激素,而后立即造成长时间的抑制。因此,“吸烟能使人精力集中”实际上是一种假象。

(4) 其他

除了上述危害以外,吸烟对于脑血管还有着其他危险的影响。比如,吸烟能增加蛛网膜下腔出血的危险,使得脑中风的可能性大大增加;吸烟还影响吸烟者对问题的思考,这个与我们的传统观念恰恰相反;吸烟甚至会引起精神紊乱。

4. 吸烟引起的其他疾病

吸烟对于心血管、脑血管、呼吸系统等的伤害众所周知,但是吸烟对于人体健康的危害远不止这些。吸烟还能造成血栓闭塞性脉管炎,使得脚部发凉、怕冷、麻木,末梢动脉搏动消失,脚部肌肉萎缩。吸烟对于人的消化系统、泌尿系统、循环系统等也会造成很大的伤害,此外,吸烟还能引起口腔疾病、五官科疾病、血液病、外科疾病,加快人体衰老,缩短人的寿命。

专栏 9-2

关于烟的一些知识

我国最早的字典《说文》是这样写的:“烟,火气也。”烟的本义就是火气,是物品燃烧时产生的气体。由此产生了许多与烟有关的词语,常见的烟雾、烟霞、烟花、烟波、烟尘、烟春、烟柳、烟岛、烟径、烟浦、烟雪、烟野、烟村、烟郊、烟云、烟景等等。近现代,国人渐称之为烟。

古文献中大量的“烟草”并非我们现在说的“烟草”。像唐代黄滔《景阳井赋》有“台城破兮烟草春,旧井湛亏苔藓新”之语;宋代陆游《小园》有“小园烟草接邻家,桑枯阴阴一径斜”之语,举不胜举。但这些“烟草”,都是指烟雾笼罩的草丛,也就是蔓草的意思。明代方以智的《物理小识》使用“烟草”一词,是文献中最早表示今天我们所说的“烟草”这一名称的。

“烟”这个名字,原来在菲律宾等地是没有的。正如《金丝录》的作者汪师韩写的咏烟草的《律诗四首》之一所写:“移根吕宋始何年,芳草从新拜号烟”。据考证,印第安人所流行的烟草都是今天所谓的普通烟草(红花烟草)的一个品种。但各地区的称呼却不相同,如西印度群岛叫“约里”、巴西叫“碧冬木”、墨西哥叫“叶特尔”,而古巴则叫“科依瓦”。

哥伦布及其跟随者对所见到的这一新鲜事物,最感怪异的在于人吸入烟气这一行为,而不是所点燃的烟草本身,所以给这群人留下印象最深的称呼是印第安人所说的“Tabaco”。其实这是印第安人对他们手中吸入烟气的一种“Y”形植物空管(下面装入烟卷,上面两管对着两个鼻孔吸入烟气),也就是一种烟管或烟杆的称呼，这群冒险家跟着印第安人的发音，把这种烟管与所吸入的烟草都叫成这个名字，这就是西班牙文中“Tabaco”的来由。这样烟草被带回欧洲后，英文就写作“Tabacco”，成为全世界大部分地区对烟草的通称。

那么，为什么汉文化圈都不按世界通行的称呼行事，而将其称为烟呢？这当然是由于吸烟时出来的烟，也是由火出气，是火气的一种。日本就在称其“淡巴姑”的同时，又称为烟，这个文字又由海上传入我国。黎士宏在《仁恕堂笔记》中就很明确地写道：“烟之名始于日本，传于漳州之石马。”烟草、烟叶等名称当然也就由之而起。

今天通常所指的烟，就是卷烟，实际生活中有时也指烟草、烟草业。

据考古学家研究，早在公元前2000年时就有人类吸烟的记载。

专栏 9-3

吸烟青睐23种主要疾病

呼吸系统：慢性阻塞性肺疾病，哮喘，结核。

心血管系统：冠心病。

恶性疾病：肺癌，胃癌，食管癌，膀胱癌，结肠癌，贲门癌，胰腺癌，神经胶质瘤，喉癌，肝癌，乳腺癌，口腔癌，肾癌，宫颈癌。

其他系统疾病：糖尿病，男性不育症，早产，溃疡性结肠炎，怀孕综合征。

资料来源：京报网 www.bjd.com.cn. 2006-12-1，谢永利.

专栏 9-4

世界无烟日

1987年11月，世界卫生组织在日本东京举行的第6届吸烟与健康国际会议上建议把1988年4月7日，也就是世界卫生组织成立40周年纪念日作为“世界无烟日”，并提出“要吸烟还是要健康”的口号。1989年，世界卫生组织又把这一天改定在每年的5月31日。在这一天，广泛宣传吸烟对健康的危害，并且当日商店不卖烟，所有的人都不吸烟。

历年“世界无烟日”主题：

1988年：要吸烟还是要健康

1989年：妇女与烟草

1990年：青少年不要吸烟

1991年：在公共场所和公共交通工具上不吸烟

1993年：卫生部门和卫生工作者反对吸烟

1994年：大众传播媒介宣传反对吸烟

1995年：烟草与经济
1996年：无烟的文体活动
1997年：联合国和有关机构反对吸烟
1998年：在无烟草环境中成长
1999年：戒烟：永不言迟
2000年：不要利用文体活动促销烟草
2001年：清洁空气，拒吸二手烟
2002年：无烟体育——清洁的比赛
2003年：无烟草影视及时尚行动
2004年：控烟与贫困
2005年：卫生工作者与控烟
2006年：烟草吞噬生命
2007年：创建无烟环境
2008年：无烟青少年
2009年：烟草健康警示
2010年：性别与烟草
2011年：世界卫生组织《烟草控制框架公约》
2012年：烟草业干扰控烟
2013年：禁止烟草广告、促销和赞助
2014年：提高烟草税
2015年：制止烟草制品非法贸易
2016年：为平装做好准备
2017年：烟草——对发展的威胁
2018年：烟草和心脏病

第五节 厨房污染与人体健康

一、各种家用燃料的燃烧

在厨房里进行的各种炊事活动都离不开燃料的燃烧，即使是微波，也是一种污染源。下面根据这几种污染性燃烧的普遍性次序依次做介绍。

1. 煤气的燃烧

(1) 煤气的相关介绍

煤气又称煤制气，俗称管道煤气，是由原煤制出的气体可燃成分，通过管道送往用户。煤气的大致组成是：CO 约占 45%，H_2 约占 50%，CO_2 约占 5%，还有少量的 N_2 和 CH_4 等；为了安全起见，现在家用的煤气往往会加入一些如 H_2S 等有强烈气味的刺激性气体。

煤气的燃烧过程中，一般的主要产物是 CO_2 和 CO，此外还会产生 NO_x 和颗粒物；如果在制气过程中脱硫不充分，则燃烧产物中会有一定量的 SO_2，尤其是在冬季用量大时，甚至会腐蚀燃具附近的铁制品、下水道明管等。

(2) 煤气的燃烧产物

在煤气的燃烧产物中，与人体健康有密切关系的一系列物质包括：

① CO_2

CO_2 是一种无色无味的气体，高浓度时略带酸味，不助燃，比空气密度大，正常空气中的含量为 0.03%～0.04%。

CO_2 在低浓度时，对呼吸中枢有一定的兴奋作用。高浓度时能抑制呼吸中枢，严重时还有麻痹作用，高浓度的 CO_2 可以引起死亡。由于 CO_2 浓度升高，往往伴有缺氧，因此，认为 CO_2 致死的原因，可能是 CO_2 浓度增高和氧气缺乏共同引起的。

在密闭通风不良的环境下，很容易导致 CO_2 污染严重，引起急性死亡。

② 颗粒物污染

颗粒物是以固体或液体微小颗粒形式存在于气体介质中的分散胶体。颗粒物往往来源于室内各种燃料燃烧，交通运输和工业生产也排放颗粒物。在厨房里，颗粒物主要来源于各种燃烧过程以及从室外环境中输入的颗粒物。

在厨房环境中，人往往有足够的暴露时间，使颗粒物进入呼吸道。研究发现，这种危害人体健康的颗粒物进入呼吸道后，一般发生在以下部位：

A. 大量的可吸入颗粒物(IP)[①]可以进入肺部，对局部组织有堵塞作用，使局部支气管的通气功能下降，细支气管和肺泡的换气功能丧失；有些 IP 吸附有害气体(如 NO_2、SO_2、氯气等)，可以刺激或腐蚀肺泡壁，长期作用可使呼吸道防御机能受到损害，发生慢性支气管炎、肺气肿和支气管哮喘等。

B. 颗粒物可以引起机体免疫功能下降，因此，在颗粒物污染严重的厨房里，居民呼吸道疾病的发生率增加。

C. 厨房里一般都有一些气体污染物，如 SO_2、NO_2、甲醛等，在存在一定量 IP 的环境里，IP 就为这些污染物提供了载体，使这些污染物有通道能够进入到肺部深处，从而促成了多种急慢性疾病的发生。在厨房里，如果能让 IP 控制在一定水平下，许多污染物的危害也会有一定程度的减轻，至少，伤害范围能够控制在表层。

D. IP 的金属成分具有催化作用，能够促使污染物转化，形成一些二次污染

① 可吸入颗粒物(Inhalable Particles，IP)，通常是指粒径在 10 微米以下的颗粒物，又称 PM10。可吸入颗粒物在环境空气中持续的时间很长，对人体健康和大气能见度的影响都很大。可吸入颗粒物被人吸入后，会积累在呼吸系统中，引发许多疾病，对人类危害大。可吸入颗粒物，作为大气环境质量标准。

物,使污染物的毒性加强。

E. 在最近的一些报道中,发现这些颗粒物(IP)具有致突变性和遗传毒性,还可以引起细胞恶性转化,并可以与 DNA 结合。动物实验证实皮肤涂抹和皮下注射颗粒物可以诱发局部肿瘤,流行病学研究调查表明人肿瘤的发病率可能与颗粒物的污染有关。颗粒物可以吸附苯并芘等多种强致癌物,因此,尽管病理学分析还没有明确结论,但其危害已引起人们的重视。

③ 多环芳烃

多环芳烃(PAH)是最早发现的致癌物,具有强烈致癌性的多为 4～6 环的稠环化合物,迄今为止已达 400 余种。1976 年国际癌症研究中心(IARC)列出的可以诱发实验动物肿瘤的 94 种化合物中有 15 种为 PAH。由于苯并芘是第一个被发现的环境化学致癌物,而且致癌性很强,故常以其作为 PAH 的代表,它占全部致癌物 PAH 的 1%～20%。

天然环境中多环芳烃的含量极微,环境中的 PAH 主要来源于各种含碳有机物的热解和不完全燃烧。在人类的生产和生活活动中,各种燃料的燃烧,例如煤、木柴、烟叶以及汽油、柴油、重油等各种石油馏分的燃烧会产生 PAH。在厨房里,煤气的燃烧和油烟是多环芳烃的主要污染源。PAH 结合空气中的 IP 可进入肺的深部,导致深层危害。

对于这种污染物的危害,当前是一个热门的研究项目,动物实验证实,PAH 可以引起皮肤癌、胃癌和肺癌。皮肤癌和 PAH 的关系已确定无疑。大量的流行病学资料证实,接触沥青、煤焦油等富含 PAH 的工人,易发生职业性皮肤癌;肺癌的死亡率与空气中苯并芘水平呈显著的正相关,在对匈牙利西部一个地区的胃癌的研究中,发现胃癌与家庭自制的含苯并芘较高的熏肉有关。PAH 的污染危害中很多是直接导致癌症。

此外,煤气的燃烧过程还会产生许多污染物,如硫氧化物和氮氧化物,甚至会产生一系列的重金属污染,如砷、汞、铅。还有,煤气本身就是有毒的,煤气管道渗漏会给个人和家庭的安全带来隐患。煤气中的一个组分是 CO,CO 是一种高致死性的气体,它能够与血液中的血红蛋白结合,抑制其与 O_2 的结合能力。

2. 煤的燃烧

(1) 煤的相关介绍

虽然煤的燃烧已经从现代厨房中慢慢被淘汰,但我国整体来讲还是一个产煤大国,也是耗煤大国,煤炭利用占全部能源的 75%以上,而在全世界的能源比例中,石油约占 30%,天然气约占 12%,煤炭仍占了 20%。20 世纪 80 年代中后期,仅城乡居民生活用煤量就在 2 亿吨以上,而且相当部分是原煤燃烧,部分农村甚至是室内堆煤燃烧,或地炉等开放方式燃烧,因此造成严重的室内空气污染。

(2) 煤的燃烧带来的相关污染物

煤的燃烧是一种强氧化过程,伴有各种复杂的化学反应,如热裂解、热合成、脱氢环化及缩合等反应,在不同的反应中可以产生不同的化学物质。在各种煤及其制品中,除可燃成分外,还含有大量杂质,主要是硫(硫氧化物的污染是一种重要的厨房内污染);其次还有硅、钙、铁、砷、氟等,其含量因煤的品种而定。因此,煤及其制品燃烧后,总会产生大量的 SO_2 和颗粒物,此外还有 CO、CO_2、NO_x 及许多其他产物。颗粒中的大部分是无机成分,例如二氧化硅、氧化钙、三氧化二铁、氧化砷等;有机成分多数为燃烧不完全产物,如多环芳烃等。在其燃烧后,产物一般可分为 8 大类:

① 碳氧化合物。在富氧燃烧时,含碳化合物通常发生二次燃烧过程。

当氧气不足时,含碳化合物燃烧不充分,其产物主要是 CO;当氧气充足时,含碳化合物充分燃烧,几乎全部生成 CO_2。CO_2 在大气中发生各种化学反应,形成碳酸及碳酸盐。煤烟表面就吸附着大量的 CO_2 和各种碳酸盐。

② 含氧烃类。煤燃烧时,碳化物结构发生断链,一些不饱和烃与氧结合,形成脂肪烃、芳香烃、醛和酮等,其中以醛类对人体危害最大。

③ 多环芳烃。一些不挥发的碳化物,通过高温燃烧合成 2~4 环的多环芳烃及杂环化合物,其中苯并[a]芘和甲基[a]芘均具有较强的致癌性。我国云南宣威肺癌高发的主要危险因素是燃烧烟煤所致的室内空气 PAH 污染,主要是苯并[a]芘。

④ 硫氧化合物。这类化合物是煤中杂质硫的燃烧产物,主要有 SO_2、SO_3、亚硫酸、硫酸以及各种硫酸盐,它们很容易通过气溶胶的形式被人吸入体内。

⑤ 氟化物。室内燃煤烘烤粮食和蔬菜,烘烤后的粮食和蔬菜中氟化物可增加数倍至百余倍。世界卫生组织推荐的每日允许摄氟量的标准是 2 毫克/天,我国的标准是 3.5 毫克/天。

⑥ 金属及非金属氧化物。煤中含有砷、铅、镉、铁、锰、钙等多种金属和非金属,燃烧时可生成相应的氧化物。其中大多数氧化物不但具有极强的毒性,而且具有致癌性,例如砷、铬、镍等化合物已被国际肿瘤组织公布。

⑦ 悬浮颗粒物、碳粒及飞灰。煤在高温富氧燃烧时一部分会形成碳粒,另外有一些非金属氧化物和碱土金属氧化物等也是以飞灰形式存在于煤烟中的。在大气中,这些极细的颗粒极易成为吸附的核心——载体,吸附各种有毒、有害的物质。

⑧ 放射性污染物。煤燃烧中会产生铀、钍、Ra^{226}、Ra^{228}、Po^{210} 和 Pb^{210},其中 Po^{210} 是一种放射性极强的放射性核元素。

(3) 煤烟污染对人体健康的危害

① 煤烟污染对人体健康影响的估量

煤烟的组成成分复杂,因此对人体健康的影响是多方面的,而并非单纯地表现在一个方面。它对于健康所产生的危害效应可以看成是一个“人群健康效应谱”,而不是简单地表现为疾病或死亡。这些影响可以依次表现为:

A. 某些生理指标偏离正常值;

B. 出现某病症或疾病;

C. 由于疾病,短期不能劳动;

D. 由于疾病严重而丧失劳动能力;

E. 死亡。

这里所说的"人群健康效应谱"和我们通常评价污染物对人体健康影响评价一样含有两重含义:一是不同的暴露水平可以产生不同的健康效应;二是即便暴露水平相同,由于机体免疫能力的不同,在不同的人群中也可以产生不同的效应(如儿童、年老体弱者和青壮年)。

② 煤烟污染的致病研究

如前所述,由于煤烟成分复杂,又往往和其他污染物并存,再加上人群暴露的煤烟浓度、暴露方式、暴露时间和人群机体免疫力的不同,故煤烟对于人体健康的危害表现形式也是多种多样的。就危害方式而言,煤烟既可以直接作用于呼吸系统引起肺部疾病,也可以作用于血液系统等等。就危害程度而言,其危害效应从轻微的生理反应直到死亡的降临,可以说包含了上述"效应谱"的各个层次。下面就对煤烟参与作用的几类疾病做一简单介绍:

A. 慢性阻塞性肺疾患。慢性阻塞性肺疾患(COPD)是一类以持续性气道阻塞为特征的慢性呼吸系统疾病,包括气管哮喘(可逆性阻塞)、慢性支气管炎和肺气肿(不可逆性阻塞)。其程度范围,可从无肺气肿的单纯性慢性支气管炎起,到阻塞性肺气肿,再到上述三种病的不同程度组合,甚至到伴有严重支气管炎和肺气肿的进行性心脏功能衰竭,严重的导致死亡。

COPD 的产生原因并不单一,它与吸烟、空气污染、感染和遗传等均有关系,煤烟中的二氧化硫和可吸入颗粒物(IP)等污染物的协同或拮抗作用可使呼吸道纤毛活动能力下降,机械防御功能及非特异性免疫功能下降,管壁显示非特异性炎症反应,上皮细胞增生、纤维化,细胞蛋白水解酶被激活,以至肺泡组织破坏,气道阻力增加,会诱发或加重 COPD。

B. 肺癌。肺癌,全名是原发性支气管癌,是一种最常见的肺部原发性肿瘤,包括鳞癌、腺癌、小细胞未分化癌、大细胞未分化癌、细支气管—肺泡细胞癌及混合型癌六个类型,病死率极高。肺癌是由一系列因素和条件通过横向联合或纵向先后作用于机体而致病。这些因素和条件称致病因素,它们可以是内在的,也可以是外在的;可以同时作用,也可以相继作用;可以持续作用,也可以间歇作用,但其中必然有某一种因素是最主要或是起决定作用的。由于各致病因素的分布和相互之间的强度比例在不同的环境中差别较大,因而对于不同的对象,其主要致病因子可以是不同的。在多数情况下,吸烟是肺癌的最强致病因子,煤烟也是一个很重要的因子,只是通常会被吸烟的作用所掩盖,我们并不能因为这一点而忽略煤烟所造成的影响。

煤烟引起肺癌的原因是显而易见的。煤烟中含有大量的致癌物质,如多环芳烃，尤其是 3，4-苯并芘，已被确认为强致癌物质；此外，煤燃烧时还会释放出含有镍、镉、铬等重金属致癌物以及铀、镭、氡及其子体的放射性致癌物。这些都是导致肺癌产生的直接因素。

C. 煤烟污染型氟病。煤烟污染型氟病是一种由煤烟污染空气而引起的人体以骨化组织病变为主的慢性氟中毒。工业燃煤和家庭用煤都可以导致这种疾病，在我国以后者居多。其原因在于使用落后方式燃烧含氟量高的无烟煤或者石煤，进而污染了室内空气和食物。另外，煤烟污染饮用水源也可导致氟疾病的发生，这种类型的氟病主要表现为氟斑牙和氟骨症。

大量的氟元素通过空气、食物和饮用水进入人体后，其中绝大部分会集聚在牙齿和骨组织。氟集聚于牙齿后，会导致造釉细胞死亡，进而使受损区塌陷，主要表现为缺损性斑釉症，若釉质已经形成，就会引起釉柱间隙增大，使内外色素易于沉积而形成色型斑釉症。氟沉积于骨中，会与钙结合而形成氟化钙。这种氟化物在骨中的沉积会导致骨的化学成分发生改变，氟含量的增加会刺激成骨细胞的活动，导致骨外膜赘增生、骨小梁粗密等硬化性改变。过量氟又可妨碍骨钙的释出，使血钙降低，引起甲状旁腺功能亢进，促进破骨性吸收，导致大量不钙化的骨样组织，表现为骨质疏松和软化。

D. 其他诱导疾病。除了以上几种典型的煤烟引起的疾病以外，煤烟中的微量元素和剩余有机物也会在人体脏器中积累，达到了一定水平或与其病变因素一起作用，诱发人体产生新的疾病。如由于煤烟污染导致砷中毒而引起高色素沉着、皮肤角化和磷状上皮细胞癌等，由于汞而导致脱发和视力损害等相关疾病，由于多环芳烃等有机物而导致食管癌等病症。

3. 液化石油气的燃烧

液化石油气的成分主要是 3～5 个碳的链烃，例如丙烷、丙烯、正丁烷和异丁烯等，其成分可因产地不同而异，在常温常压下呈气态，但加压或冷却后很容易液化。在它的燃烧产物中 SO_2 极少，颗粒物浓度也极低，但 NO_x 通常较高，CO 和甲醛也较多。液化石油气的燃烧颗粒物是燃烧不完全产物，其中可吸入颗粒物占 93%以上，而且其黏稠度大，在肺内不易被清除，对肺局部组织的损伤较大。不仅如此，颗粒物中还有大量的直接和间接的致突变物质，例如硝基多环芳烃，其潜在的致癌性更强。

液化石油气燃烧时产生的颗粒物、CO 和甲醛都是燃烧不完全的产物。因此，如果厨房空气流通，氧气充足，燃烧充分，产生的燃烧不完全污染物就可以减少；反之，产生的量就大。

4. 天然气

天然气是多种气体的混合物，主要成分是 CH_4。一般天然气燃烧比较完全，相对于煤和煤气的污染较轻，产生的污染物主要是 CO 和 NO_2。如果天然气来源于煤层之中，会含有一些硫化物，此时燃烧产物中也会有一定量的 SO_2。

5. 生物燃料

在许多还没有普及到煤气、液化石油气和天然气的地方,生物燃料仍然是人们生活中使用最多的燃料,如木材、植物秸秆及粪便(主要指大牲畜,如牛、马等的干粪),特别是在我国农村,生物燃料由于来源广、使用方便,仍在普遍使用。

(1) 主要成分

生物燃料往往是没有加工处理的粗燃料,含有的物质复杂,燃烧的成分主要是有机物,产生的悬浮颗粒和有机污染物较多,归纳一下有:

① 悬浮颗粒物。如粉尘、烟尘等,容易通过呼吸道进入肺部。

② 有机污染物。如多环芳烃、烯、炔等,并可能含有许多致癌物和可疑致癌物,如苯并[a]芘。

③ CO。在农村里燃烧生物燃料,用的设备基本上还是一些土灶,土灶内燃烧空间往往很小,通气也很差,很容易发生不完全燃烧而产生了大量的CO。

④ 一些易挥发的盐类也可能在燃烧的过程中释放出来,可能产生严重的重金属污染,如镉、汞、铅等。

(2) 对健康的危害

生物燃料,有许多健康危害是尚未发现的。有一些危害具潜伏性而没有直接表现,也有一些危害没有积累效应而可以被人体免疫系统抑制住。其中有5种比较重要的危害:

① 慢性阻塞性肺部疾病。统计结果发现,使用生物燃料做饭的妇女咳嗽、咳痰和呼吸困难的发生率明显高于一般水平,X线检查发现这些妇女呼吸道异常的发生率也较高,这些就很可能是悬浮颗粒物通过呼吸道进入肺部而带来的危害。

② 心脏病。现代医学数据分析发现,烟气和CO能使肺的防御机制受损,造成反复的呼吸道感染而导致慢性支气管炎和肺气肿,并进而导致心脏病。

③ 癌症。生物燃料燃烧产物中含有许多致癌物和可疑致癌物。

④ 急性作用及呼吸道感染。这也是主要由烟气和CO造成的。

⑤ 出生婴儿低体重。可能是由于妊娠妇女暴露于生物燃料烟气中,接触了高浓度的CO所致。

二、烹调油烟

烹调油烟是食用油和食物在高温加热的条件下,经过一系列的复杂变化产生的热氧化分解产物,其中部分分解产物以烟雾的形式散发到空气中,形成油烟。一般人们会把这种厨房里特有的味道称为香味,其实,这香味背后是隐藏着危险的,烹调油烟里往往有许多对人体健康有危害的物质。

1. 烹调油烟中的污染物

烹调油烟是一种混合型污染物,成分比较复杂,且组分和毒性与食用油的品种、加工精制技术、变质程度、加热温度、加热容器以及烹调对象的种类和品质有关，不同条件下的污染物也不相同。用气相色谱和质谱分析烹调油烟检测出了220多种组分，有醛、酮、烃、脂肪酸、醇、芳香族化合物、酯、内酯和杂环化合物等，并有十多种多环芳烃以及挥发性亚硝胺、杂环胺类化合物等致突变和致癌物质。据化学分析的结果，人们把这里的污染物分为三类：

① 油脂和食物本身所含脂质的氧化、水解、聚合、裂解等热氧化分解的产物。

② 食物中碳水化合物、蛋白质和氨基酸等发生美拉德反应[①]产物。

③ 上述产物的中间产物或者中间产物之间相互作用形成的二次产物。

烹调油烟的组分是很复杂的，但高温分解作用应该是这些污染物主要的产生过程，食用油加热到170℃时就有少量的烟雾产生，随着温度的继续升高，分解速度加快，当温度达到250℃时，即产生大量的油烟。设想如果温度不那么高，许多污染物是可以不产生的；而我国的传统恰恰是高温烹调，炒菜的温度通常在250℃以上。

2. 烹调油烟对健康的危害

(1) 肺部毒性

据研究，长期吸入烹调油烟对肺泡巨噬细胞有一定的损伤作用。肺泡巨噬细胞的功能下降可以使呼吸道疾病和肺癌发生的危险性增强。烹调油烟中多种挥发性有机物刺激呼吸道副交感神经末梢和受体，引起保护反射，呼吸道收缩、呼吸阻力增加；烹调油烟还引发脂质的过氧化反应，能够使可以降低肺泡表面张力的肺表面活性物质（磷脂类物质）过氧化，而加大了肺泡的弹性阻力，使肺的顺应性降低，肺不易扩张，从而降低了肺活量。长期接触烹调油烟者，这种损伤作用会持续加强。一些研究表明，吸入烹调油烟可引起大鼠肺部炎症和组织细胞损伤，中性粒细胞增多，乳酸脱氢酶、碱性磷酸酶和酸性磷酸酶呈不同程度的增加。这些都对肺部的正常功能有所影响。

(2) 免疫毒性

多数研究发现，烹调油烟能影响机体的体液免疫、细胞免疫、巨噬细胞功能、抗肿瘤效应、免疫监视功能，从而使机体的免疫功能下降。体液免疫是机体免疫应答的一个重要过程，而接触烹调油烟对体液免疫功能有一定的抑制作用。细胞免疫也是机体免疫的重要组成部分，接触烹调油烟则是通过改变T细胞及其亚群的数量、比例、功能等来影响机体细胞免疫功能。烹调油烟对淋巴细胞增殖和转化功能以及红细胞免疫功能都有一定的影响。

(3) 致突变性与致癌性

烹调油烟中含有多烷芳羟、杂环胺类、丁二烯等多种致癌物，它们直接攻击

---

① 美拉德反应又称为“非酶棕色化反应”，是法国化学家L. C. Maillard在1912年提出的。美拉德反应是广泛存在于食品工业的一种非酶褐变，是羰基化合物（还原糖类）和氨基化合物（氨基酸和蛋白质）间的反应，经过复杂的历程最终生成棕色甚至是黑色的大分子物质类黑精或称拟黑素，所以又称羰氨反应。最后生成醛、酮等还原性中间产物和有毒物质。

DNA而使DNA单、双链断裂或形成DNA-蛋白交联。如果这些损伤不能及时正确修复,则该损伤将随细胞分裂遗传给下一代细胞而产生基因突变。突变细胞若反复受到烹调油烟或其他致癌因子、促癌因子等共同作用,则细胞通过突变积累而最终发展成为癌细胞。因此烹调油烟对人体具有潜在的致癌危险性,对DNA的损伤可能是烹调油烟导致人和动物健康恶性转化的重要机制之一。研究表明,烹调油烟致突变活性受烹调温度、方法和时间的影响,温度升高,致突变性有增强的趋势,煎炸次数多的油烟样品比次数少的样品有较强的致突性。

(4) 生殖毒性

研究表明,烹调油烟能干扰精子的发生与成熟,并可能对子代造成不良影响。有报道,雄性大鼠吸入烹调油烟一定时间后,睾丸、附睾重量减轻,精子含量和存活率显著下降,而畸形率明显增加,同时烹调油烟对雄性动性腺具有毒性作用。

(5) 皮肤衰老

当有大量油烟附着在皮肤表面,不仅可以妨碍皮肤的正常呼吸和新陈代谢,而且其中的有害物质还可以渗透进入皮肤,促进皮下脂肪氧化,刺激皮肤细胞,容易造成皮肤提前衰老。

烹调油烟的成分复杂,导致其对人体危害机理也十分复杂,尽管目前有了一定研究,但还需要进一步的研究和探索。

3. 厨房里的电磁辐射污染

在现代化的厨房里,人们为了消除一些燃料燃烧带来的重污染,并减少油烟带来的危害,往往使用非化学能来进行烹饪,其中一个比较理想的替代能源就是电能。微波炉也就应运而生,成为了这一类能源中一款比较受人们青睐的家用电器。正当人们为这种新的技术走进了厨房而感到欣慰的时候,一个新的污染也在悄然走进厨房——电磁辐射污染。

(1) 微波电磁辐射污染的原因

微波炉是利用微波具有热效应的特征,利用微波能量将食品加热、烹熟、消毒。通常情况下,微波炉的加热腔体采用金属材料作成,微波不能穿透出来。炉门玻璃采用一种特殊的材料加工制成,一般设计有金属防护网、载氧体橡胶,炉门密封系统和门锁系统等安全防护措施,防止微波泄漏。一般情况下使用微波炉是安全的,距炉门5厘米的强度小于1000微瓦/平方厘米。

但随着使用时间的增加,污垢、食物残渣使门的密封垫和铰链部分老化、破裂或损坏,而且有些微波炉炉门关闭不严,排湿孔过大,这些都能导致微波能量泄漏,这种辐射的外泄都能造成电磁辐射污染。

(2) 微波电磁辐射污染的危害

近年来,关于微波影响人体健康的报道越来越多,微波电磁辐射对机体组织器官的损害往往都是慢性的、长期的、功能性的。眼睛较长时间受到超过安全规定的微波辐射,会导致视力下降,甚至引发白内障。

还有实验表明，微波电磁辐射会对睾丸造成危害，微波的热效应可以抑制精子的产生。经常的大剂量微波电磁辐射，还可能引起人体恶性肿瘤的发生。

参 考 文 献

[1] California Environmental Protection Agency, Air Resources Board, Office of Envrionmental H ealth Hazard Assessment. Technical Support Document for the "Proposed Identification of Environmental Tobacco Smoke as a Toxic Air Contaminant", California, 2003.

[2] http: //finance. sina. com. cn/f/20011229/160320. html,2001-12-29.

[3] Molhave L. Volatile Organic Compounds, Indoor Air Quality and Health, Indoor Air 90 Proceedings of the 5th International Conference on Indoor Air Quality and Climate. Ottawa Ontario: Canada Mortgage Housing Corp, 1990, 5: 15～33.

[4] Strachan DP, Cook DG. Parental Smoking and Lower Respiratory Illness in Infancy and Early Childhood. Throax, 1997, 52: 905～914.

[5] The Office of Environmental Health Hazard Assessment. Health Effect of Exposure to Environmental Tobacco Smoke, 1997.

[6] Turkey Mentese S, Gullu G Variations and Sources of Formaldehyde Levels in Residential Indoor Air in Ankara. Indoor And Built Environment, 15 (3): 273～281, 2006.

[7] WHO Regional Office for Europe, Air Quality Guidelines. 2nd ed. , Denmark: Copenhagen, 2000.

[8] 白雪涛.生活环境与健康.北京：化学工业出版社，2004.

[9] 贲毅，陈世权，吕明明.室内空气污染对人体健康的影响及控制措施.黑龙江环境通报，2003，27(3)：49～51.

[10] 曹守仁，陈秉衡.燃煤污染与健康.北京：中国环境科学出版社，1992.

[11] 常桂兰.氡与氡的危害.铀矿地质，2002，18(2)：122～128.

[12] 陈宝胜.建筑装饰材料.北京：中国建筑工业出版社，1995.

[13] 陈纪春，吴锡桂，段秀芳.吸烟和体质指数与肺癌发病的前瞻性研究.中国慢性病预防与控制，2006，(5).

[14] 成高. 烟文化.北京：中国经济出版社，1995.

[15] 程胜高，刘卓，黄凡等.吸烟对室内空气的影响及防治措施.环境保护，2002：30～31.

[16] 程希，季学李.烹调油烟污染及其净化技术探讨.环境保护，2001，(12)，15.

[17] 戴典章.吸烟，人生第一杀手.北京：人民卫生出版社，1997.

[18] 方洁.某部队官兵吸烟心理原因调查.健康心理学杂志，2003，11(5).

[19] 方敏，郭爱玲，郑华英等.2004年武汉市公共场所室内空气微生物检测结果分析.武汉大学学报(理学版)，2005，51(2)：263～265.

[20] 冯芳，张占恩，张丽君，建筑和装饰材料导致室内污染的研究.新建筑材料，2001，249(12)：39～40.

[21] 甘德坤，焦力，朴文花，马玲，何兴舟.环境香烟烟雾对非吸烟人群健康影响研究进展、环境与健康杂志，2000，17(2)：125～128.

[22] 高晓坚,潘素慈等.广州地区孕妇被动吸烟的调查研究.中国预防医学杂志,2002,3(3).
[23] 韩京秀,马玲等.中国三城市非吸烟妇女被动吸烟状况及影响因素分析.卫生研究,2006,35(5).
[24] 韩文雁,卢次勇等.吸烟大学生尝试戒烟及其影响因素研究.中国学校卫生,2005,26(9).
[25] 何耀.被动吸烟的现状和相关研究的国内外进展.中国健康教育,1999,(6).
[26] 胡伟,吴国平,滕恩江,魏复盛.被动吸烟对儿童呼吸健康的影响.环境科学研究,13(4).
[27] 黄国俊.吸烟与肺癌.北京:北京卫生出版社,2000.
[28] 黄敬亨.健康教育学.北京:科学出版社,2000.
[29] 贾勇,杜长慧等.1996~2002年成都市吸烟人群戒烟行为学研究.中国慢性病预防与控制,2005,13(5).
[30] 江元汝.生活中的化学.北京:中国建材出版社,2002.
[31] 姜声扬,李冬,丁斐.普通植物油与精制油油烟凝聚物的致突变性比较.环境与健康杂志,1999,16(1):47.
[32] 孔令亭,李若葆,王金平.吸烟与肺癌 p53 、K-ras 基因突变关系及性别差异的研究进展.解剖科学进展,2006,(3).
[33] 李玲,许红霞.甲醛毒性的研究进展.宁夏医学院学报,2005,27(6):509~511.
[34] 李岩."被动吸烟"危害多.北京青年报,2004-11-12.
[35] 厉曙光,黄晰.家庭厨房烹调油烟污染的危害.上海预防医学杂志,2003,15(2):57.
[36] 刘大猛,刘志华,李运勇.煤中有害物质及其对环境的影响研究进展.地球科学进展,2002,17(6):840~842.
[37] 刘芳,聂晓娟.室内空气污染对人体健康的危害.中国卫生工程学,2006,5(1):58 ~59.
[38] 刘海.吸烟与健康 戒烟与法律.北京:法律出版社,1989.
[39] 刘惠荣.吸烟与健康.北京:科学出版社,1980.
[40] 刘闽生.室内环境空气污染对人体健康的影响及预防.能源与环境,2004,(2):39~40.
[41] 刘伟佳,陈维清等.广州地区医生的吸烟状况及其影响因素研究.华南预防医学,2006,32(2).
[42] 刘秀芳,王冬,何丽萍等.吸入烹调胡麻油烟致大鼠氧化损伤及其保护作用的研究.宁夏医学院学报,2003,25(2):79.
[43] 刘运利,邢德峰,孟祥顺.农村居民吸烟心理因素调查.中国误诊学杂志,2003,(7).
[44] 刘卓,王增珍.家庭影响青少年吸烟行为的心理学机制探讨.中国行为医学科学,2003,12(2).
[45] 刘尊永. 室内微小环境污染与健康.国外医学卫生学分册,1996,23(6):321~325.
[46] 鲁春林.再谈"吸烟与健康"问题.中国烟草学报,2002,(1).
[47] 罗道成,易平责,陈安国.建筑和装饰材料的室内污染对人体危害及预防措施.中国安全科学学报,13(3).
[48] 马玉山,续喜涛.被动吸烟对人群健康的影响.职业与健康,2004,20(3):13.
[49] 毛健雄,毛健全,赵树民.煤的清洁燃烧.北京:科学出版社,1998.
[50] 毛正中,杨功焕等.中国承认的卷烟需求及影响因素研究.卫生软科学,2003,17(2).
[51] 孟冬玲,邹克兴,范自众,刘绍华.谈谈减害降焦中的若干问题.广西烟草,2006,(4).
[52] 倪合一.尊重社会公德爱护公众健康——反对和避免被动吸烟.中国保健食品,2004,(5):

16～17.
[53] 潘小川.被动吸烟对女性月经功能的影响.卫生研究,1999,28(1):23～25.
[54] 潘自强.燃煤排放物中有害成分的测定与分析.北京:原子能出版社,1993.
[55] 庞彦翔,徐本华.自尊与吸烟饮酒相关研究概述.焦作工学院学报(社会科学版),2004,5(4).
[56] 浅见泰司[日].居住环境评价方法与理论.高晓路等译.北京:清华大学出版社,2006.
[57] 裘欣,程彬等.初高中学生吸烟状况及相关社会心理因素分析.中国公共卫生,2004,20(11).
[58] 申涛,时君玲.认知因素对成年人吸烟行为的影响研究.中国预防医学杂志,2002,3(4).
[59] 沈孝兵,汪国雄,项龙生.烹调烟冷凝物的DNA损伤和细胞转化作用研究.环境与健康杂志,1998,15(3):103.
[60] 石碧清,刘湘.室内空气污染对人体健康的影响与保护对策.中国环境管理干部学院学报,2004,14(2):48～51.
[61] 苏仕军,蒋文举,杨志山.餐饮业外排烹调油烟气的危害及净化方法研究进展.环境污染治理技术与设备,2000,1(3):77.
[62] 谭政.吸烟与人体健康.保健医苑,2006,(5).
[63] 陶明.专卖体制下的中国烟草业——理论、问题与制度改革.北京:学林出版社,2005.
[64] 田伟,陈刚才,陈克军等.室内空气中颗粒物对人体健康的影响.重庆环境科学,2002,24(5):58～63.
[65] 汪银生.中国烟草的历史现状与未来.合肥:安徽大学出版社,2000.
[66] 王菲凤,林国波,吴春山.建筑装饰材料中的环境污染及控制.福建师范大学学报(自然科学版),18(2).
[67] 王汉臣.大气保护与能源利用.北京:中国环境科学出版社,1992.
[68] 王连生.环境健康化学.北京:科学出版社,1994.
[69] 王龙胜.室内环境污染及其控制.安庆师范学院学报(自然科学版),2005,11(3):57～59.
[70] 王瑞新.烟草化学.北京:中国农业出版社,2003.
[71] 王献生,王健男.世界贸易组织与中国烟草.北京:经济日报出版社,2003.
[72] 王彦亭,谢建平.降低卷烟烟气中有害成分的技术研究及应用.中国烟草学报,2003,9(3).
[73] 王彦亭,谢剑平,张虹.降低卷烟烟气中有害成分的技术研究及应用.中国烟草学报,2003,(3).
[74] 王志波,陈晓秋,曲志敏等.民用型煤环境影响与公众健康危害评价.北京:原子能出版社,1999.
[75] 魏复盛,R. S. Chapman.空气污染对呼吸健康影响研究.北京:中国环境科学出版社,2001.
[76] 魏萍.室内空气污染来源分析及防治对策.中国科技信息,2005(17):26.
[77] 魏新民.燃煤污染现状及对策.黑龙江环境通报,2000,24(3):31～32.
[78] 文孝忠,陈维清等.广州市初中男生尝试戒烟和戒烟成功的影响因素.卫生研究,2006,35(3).
[79] 文孝忠.中学生吸烟与健康的知识和态度及行为的关系.中山大学研究生学刊(自然科学.医学版),2005,(3).
[80] 吴宝琨,卢璋,廉慧珍.建筑材料化学.北京:中国建筑工业出版社,1984.

[81] 吴雪峰.试论能源结构调整.华东交通大学学报,2003,20(1):56.
[82] 吴泳.环境·污染·治理.北京:科学出版社,2004.
[83] 熊慧娟,马彦茹,孟景霞,夏燕玲.332名0～3岁儿童家庭被动吸烟调查.中国误诊学杂志,2005,5(18).
[84] 徐顺清.环境健康科学.北京:化学工业出版社,2005.
[85] 许真.室内空气主要污染物及其健康效应.卫生研究,2003,32(3):279～283.
[86] 薛宗锡,刘健雄,何桥.Cox-2和Survivin基因在非小细胞肺癌中的表达及相关性的研究.临床肿瘤学杂志,2006,(10).
[87] 闫克玉,王建民等.卷烟烟气气相中的有害物质及其减少措施,郑州轻工业学院学报(自然科学版)2005,20(4).
[88] 严薇荣,饶可勤,王增珍.中国居民吸烟与社会经济状况关系研究.中国公共卫生,2004,20(8).
[89] 杨杰,袁振丽,姜丽娜.吸烟导致肺癌的机制和维生素E干预研究的现状.军事医学科学院院刊,2005,(4).
[90] 杨龙鹤,马文飞,马云祥.《吸烟与健康》.江苏科学技术出版社,1996.
[91] 杨铭,胡金秋,李建文.非吸烟者与肺癌关系的研究.长春医学,2006,(1).
[92] 杨卫芳,邢冰梅,杨玉军等.室内空气中苯的污染.职业与健康,2006,22(8):569～570.
[93] 杨艳杰,彭涛,陈万海.高校教师吸烟行为调查.中国心理卫生杂志,1999,13(6).
[94] 叶琳,隋春生,任淑萍等.β-胡萝卜素对大鼠肺细胞巨噬细胞膜的保护作用.中国公共卫生,2003,19(10):1218.
[95] 一支烟中含有的有害成分.解放日报,2004-05-27.
[96] 伊恩·盖特莱[英].尼古丁女郎——烟草文化史.沙淘金,李丹译,上海:上海人民出版社,2004.
[97] 于淑清.青少年吸烟可增加代谢综合征的发病风险.国外医学情报,2006,(4).
[98] 袁晶,夏世钧.室内空气污染与健康.医学与社会,1998,11(2):23～26.
[99] 云妙英,孙江平,高文静等.1379名青年职工吸烟原因调查分析.中国工业医学杂志,2002,15(2).
[100] 詹雪艳,宋丹丹等.减少香烟毒性的研究进展.环境污染与防治,2003,25(3).
[101] 张寒冰,马效东.室内甲醛污染对人体健康的影响.山西职工医学院学报,2006,16(1):62～63.
[102] 张金良,郭新彪.居住环境与健康.北京:化学工业出版社,2004.
[103] 张平,杜文海等.医科大学生吸烟依赖性的流行病学研究.中国学校卫生,2001,22(6).
[104] 张文友,马晓河.卷烟烟气中的有害化学物质及与健康的关系.西昌学院学报(自然科学版),2005,19(3).
[105] 赵冰,李春松等.卷烟烟气粒相中有害物质的形成、危害及其减少措施.郑州轻工业学院学报(自然科学版),2006,21(2).
[106] 赵建国.潍坊医学院1983名学生吸烟情况调查.中国临床康复,2006,10(6).
[107] 赵明月."吸烟与健康"的争论与发展.经济研究参考,2004,(89).
[108] 赵清志.国外医学地理学地理分册.燃煤引起的健康问题,2003,24(3):141～145.
[109] 郑新章,张仕华等.卷烟降焦减害技术研究进展.烟草科技,2003,(11).

[110] 郑也夫. 被动吸烟者说. 北京：中国青年出版社，2004.
[111] 中国吸烟与健康网. 中国吸烟与健康协会，2004.
[112] 钟格梅，陈烈贤. 室内空气微生物污染及抗菌技术研究进展. 环境与健康杂志，2005，22(1)：69～71.
[113] 钟格梅. 室内空气污染对人体健康影响的研究进展. 中国卫生工程学，2004，3(1)：49～51.
[114] 周国俊，刘建福等. 卷烟延期自由基检测与清楚方法研究总述. 烟草科技，2004，(6).
[115] 周汉龙. 被动吸烟危害健康的研究进展. 右江医学，1995，23(1)：26～28.
[116] 周脉耕. 被动吸烟的危害及降低其暴露的途径. 中国预防医学科学院，2004.
[117] 周晓瑜，施玮. 室内生物源性污染物对健康影响的研究进展. 卫生研究，2005，34(3)：367～381.
[118] 周扬胜译. 病态建筑综合症的原因与解决方法. 环境保护，1998：46～47.
[119] 周易生. 室内空气污染对人体健康的影响. 华夏医学，1999，12(5)：646～647.
[120] 朱大恒，李彩霞等. 烟气有害成分与烟叶化学成分的关系. 烟草科技/烟草化学，1999，(4).

思　考　题

1. 健康住宅的标准。
2. 室内空气污染的定义、特点及污染物的分类。
3. 建筑物综合征的主要表现。
4. 烟草、烟雾中的主要化学成分。
5. 吸烟对人体健康的危害。
6. 被动吸烟的定义及对人体健康的影响。
7. 厨房污染对人体健康的危害。

第十章　食品污染与人体健康

第一节　食源性疾病的基本概念

一、食源性疾病的定义

食源性疾病(foodborne disease)是由存在于自然界中可引起感染或中毒的因子(包括病毒、细菌、寄生虫和农业、环境、危险化学品以及生物毒素),通过进食而进入人体引起的疾病。世界卫生组织对食源性疾病定义为:食源性疾病是指通过摄食进入人体内的各种致病因子引起的、通常具有感染性质或中毒性质的一类疾病。

二、食源性疾病的流行因素与特点

由食物引起的流行性疾病称为食源性流行(foodborne epidemic)。疾病经食物传播流行是指某种食源性疾病在一特定时间、空间、人群发生的疾病的性状、规模明显超过以往正常预计水平,且与食用某种或某些食物有关。某种食源性疾病流行所引起的病例数取决于致病因子的毒力、污染食品的数量与供应的范围、疾病发生的地点和时间以及食用含有致病因子食物的人群。

1. 食源性疾病流行的危险因素

① 食品中存在或将会传入可引起食物传播流行的某种病原因子;

② 存在对某种食源性疾病易感的人群;

③ 该地区存在可能引起大规模流行的条件。

2. 食源性疾病流行的基本特点

① 发病者均有食用过同一致病因子的食物史;

② 流行波及的范围与含有致病因子食物的供应范围相一致;

③ 停止含有致病因子食物的供应,食源性疾病的流行即告终止。

三、导致食源性疾病的食物

2017年3月23日,国家质量监督检验检疫总局,国家标准化管理委员会公布了强制性国家标准的公告2017年第6号,废止了《食物中毒诊断标准及技术处理总则》(GB14938—94)等396项强制性国家标准。但我们只采用其中的定义和分类。

(1) 定义及分类

中毒食品是指含有有毒、有害物质并引起食物中毒的食品。共分为五类：① 细菌性中毒食品；② 真菌性中毒食品；③ 动物性中毒食品；④ 植物性中毒食品；⑤ 化学性中毒食品。

(2) 按食品种类划分

按照食品种类又可以将导致食源性疾病的食物分为以下几类：① 动物源性食品；② 植物性食品；③ 加工食品；④ 不清洁的饮用水源。

四、食源性疾病的分类

1. 食源性疾病分4类

① 食物中毒。指食用了被有毒有害物质污染或含有有毒有害物质的食品后出现的急性、亚急性疾病；

② 与食物有关的变态反应性疾病；

③ 经食品感染的肠道传染病(如痢疾)、人畜共患病(口蹄疫)、寄生虫病(旋毛虫病)等；

④ 因二次大量或长期少量摄入某些有毒有害物质而引起的以慢性毒害为主要特征的疾病.

2. 按致病因子分类

① 细菌性食源性疾病

② 食源性病毒感染

③ 食源性寄生虫感染

④ 食源性化学性中毒

⑤ 食源性真菌毒素中毒

⑥ 动物性毒素中毒

⑦ 植物性毒素中毒

3. 按发病机制分类

① 食源性感染

② 食源性中毒

五、对人体健康的危害

1. 生物性食源性疾病对健康的危害

食源性疾病的致病原可分为生物性的、化学性的和放射性的，其中以生物性致病原种类最多，放射性的极少发生。据世界卫生组织统计，全球每年仅5岁以下儿童的腹泻病例就达15亿例次，造成300万儿童死亡，其中约70%是由于各种致病微生物污染的食品和饮水所致，主要发生在发展中国家。

2. 化学性食源性疾病对健康的危害

化学性食源性疾病在全球呈现周期性暴发。1981年的西班牙有毒食用油事件,1998年在印度发生的有毒芥子油事件,1999年在比利时的禽类中发现了二噁英事件等,导致许多人死亡。但是,食品中化学物质造成的更为严重的健康危害是慢性的,一些重金属引起的食源性疾病对健康的危害是极大的。此外,自然产生的毒素,造成患者的死亡率极高。

3. 动物源性食源性疾病对健康的危害

海产品食物链中积聚的藻类毒素可对某些食鱼人群造成相当大的危害,鱼肉中毒是一种少见的食源性疾病,由于食用了被污染的亚热带及热带有鳍类海鱼(梭鱼、鲈鱼、加吉鱼、鲭鱼)引起,可产生神经系统症状甚至致命。

4. 植物源性食源性疾病对健康的危害

有毒植物不仅可以引起急性、慢性中毒症状,还可以致畸、致癌、致突变等。由于有毒植物的毒性成分十分复杂,其中毒症状与临床表现各不相同,具体可表现在以下几个方面:① 对消化系统的影响;② 对中枢神经系统的影响;③ 对呼吸系统的影响;④ 对心血管系统的影响;⑤ 免疫毒性;⑥ 生殖与发育毒性。

此外,有些植物中的可溶性草酸盐可损害肾功能。有的有毒植物对皮肤、眼睛及口腔黏膜等有强烈刺激作用,表现为皮肤红肿、眼睛刺痛、口腔溃疡等。还有几种常见的致癌植物毒素:苏铁含有致癌物质苏铁素,可引起肝癌、肾癌、肺癌;蕨类植物主要引起膀胱癌和肠癌。

第二节 食品的质量与安全

一、食品的概念与分类

1. 食品的概念

食品(food)也称食物,是人类生存和发展必需的最基本的物质。《中华人民共和国食品卫生法》第五十四条规定:食品是指“各种供人食用或者饮用的成品和原料以及按照传统是食品又是药品的物品,但是不包括以治疗为目的的物品”。

2. 食品的分类

现代食品不仅生产规模大,种类也很多,概括起来可分为以下20大类。

① 粮食及制品。指各种原粮、成品粮以及各种粮食加工制品,包括方便面等。

② 食用油。指植物和动物性食用油料,如花生油、大豆油、动物油等。

③ 肉及其制品。指动物性生、熟食品及其制品,如生、熟畜肉和禽肉等。

④ 消毒鲜乳。指乳品厂(站)生产的经杀菌消毒的瓶装或软包装消毒奶以及零售的牛奶、羊奶和马奶等。

⑤ 乳制品。指乳粉、酸奶及其他以奶为主要原料生产的属于乳制品类的食品。

⑥ 水产类。指供食用的鱼类、甲壳类、贝类等鲜品及其加工制品。

⑦ 罐头。将加工处理后的食品装入金属罐、玻璃瓶及软质材料的容器内，经排气、密封、加热杀菌、冷却等工序达到商业无菌的食品。

⑧ 食糖。指各种原糖和成品糖，不包括糖果等制品。

⑨ 冷食。指固体冷冻的即食性食品，如冰棍、雪糕、冰激凌等。

⑩ 饮料。指液体和固体饮料，如碳酸饮料、汽水、果味水、酸梅汤、散装低糖饮料、矿泉饮料、麦乳精等。

⑪ 蒸馏酒、配制酒。指以含糖或淀粉类原料，经糖化发酵蒸馏而制成的白酒(包括瓶装和散装白酒)和以发酵酒或蒸馏酒作酒基，经添加可食用的辅料配制而成的酒，如果酒、白兰地、香槟、汽酒等。

⑫ 发酵酒。指以食糖或淀粉类原料经糖化发酵后未经蒸馏而制得的酒类，如葡萄酒、啤酒。

⑬ 调味品。指酱油、酱、食醋、味精、食盐及其他复合调味料等。

⑭ 豆制品。指以各种豆类为原料，经发酵或未发酵制成的食品，如豆腐、豆粉、素鸡、腐竹等。

⑮ 糕点。指以粮食、糖、食油、蛋、奶油及各种辅料为原料，经烘烤、油炸或冷加工等方式制成的食品，包括饼干、面包、蛋糕等。

⑯ 糖果蜜饯。以果蔬或糖类的原料经加工制成的糖果、蜜饯、果脯、凉果和果糕等食品。

⑰ 酱腌菜。指用盐、酱、糖等腌制的发酵或非发酵类蔬菜，如酱黄瓜等。

⑱ 保健食品。指依据《保健食品管理办法》，称之为保健食品的产品类别。

⑲ 新资源食品。指依据《新资源食品卫生管理办法》，称之为新资源食品的产品类别。

⑳ 其他食品。未列入上述范围的食品或新制订评价标准的食品类别。

二、食品质量的概念与特性

(1) 概念与定义

食品是人类赖以生存和发展的物质基础，食品是具有一定营养价值、可供人食用且对人体无毒无害、安全卫生，或经一定加工、包装制成的食物，食品具有相应的色、香、味、形等感官性状。

食品质量可定义为：食品在食用方面能满足用户需要的优劣程度。

(2) 食品质量特性

① 食用特性。为食品所特有，是指食品可供消费者食用的性能，食品的食用性只能体现一次。

② 内在特性。由食品所用原、辅材料的种类和形状决定。

③ 营养特性。食品中所具有的营养成分的种类和性质决定了食品的营养价

值,它是指食品对人体所必需的各种营养物质的保障性能。

④ 感官特性。包括色、香、味、形,即食品的色泽、气味、滋味、质地和组织状态。

⑤ 卫生安全性。是指食品在储运、销售及消费者食用等过程中,可保障人体健康和安全的性能。食品应无毒、无害、无污染,对食品中含有的重金属、微生物等有害物质有严格的限制,以确保人类身体健康、增强人民体质。

⑥ 时间性。具有严格的保质期,超过保质期则不能食用。

三、食品安全现状

食品质量与安全是全球关注的焦点。根据世界卫生组织的估计,全球每年发生食源性疾病数十亿人。目前全球食品安全问题主要集中在以下几个方面:微生物性危害、化学性危害、生物毒素、食品掺假以及基因工程食品的安全性问题。

(1) 致病性微生物引起的食源性疾病是主要的食品安全问题

食源性疾病是指通过摄食而进入人体的有毒有害物质(包括生物性病原体)所造成的食物中毒、肠道传染病、人畜共患传染病、寄生虫病等疾病。

据世界卫生组织估计,全球 5 岁以下儿童每年约发生 15 亿次腹泻性疾病,导致 180 万儿童死亡,其中 7 成以上腹泻是由食源性致病菌造成的。

(2) 化学性危害是食源性疾病的重要病因

食品中除了本身存在的有毒物质(如土豆中的糖苷类生物碱)之外,主要的化学污染物包括天然毒素(霉菌毒素和海产毒素)、食品环境污染物(如铅、镉、汞、放射性核素和二噁英等)、食品加工中形成的有毒有害物质(如多环芳烃、杂环胺、*N*-亚硝基化合物和氯丙醇等)以及农药残留、兽药残留和过量食品添加剂加入引起的污染,它们都会对人类健康构成危害。

四、我国食品质量安全问题

我国食物中毒高危食品为:肉类、粮食、海产品、水果蔬菜、鸡蛋、豆类、奶。这一排序是基于国家食源性疾病监测网分析的动态情况。当前,我国发生的食品质量安全问题可以纳为以下几个方面。

① 化肥、农药等对人体有害物质残留于农产品中。

② 饲料中添加的抗生素、激素和其他有害物质残留于禽、兽、水产品体内。

③ 超量使用食品添加剂。

④ 滥用非食品加工用化学添加物。

⑤ 食品加工使用质劣的原料。

⑥ 食品加工制造过程和包装储运过程中病原微生物控制不当。

⑦ 超过保质期的食品仍上市销售。

第三节　食品污染概述

一、食品污染的定义

食品污染是指一些有毒、有害物质进入正常食品的过程，食品从原料的种植、培育到收获、饲养、捕捞、屠宰、加工、运输、销售到使用的整个过程中的每一个环节，都有可能被有害有毒物质污染，从而使食品的营养价值和卫生质量降低，或对人体造成不同程度的危害，进入食品中对人体有害的物质就称为食品污染物。

二、食品污染的分类

按食品污染的性质来分，有微生物污染、化学性污染、放射性污染、寄生虫污染；按食品污染的来源划分，有原料污染、加工过程污染、包装污染、运输和贮存污染、销售污染；按食品污染发生的情况来划分，有一般性污染和意外性污染。1993年，英国C. E. Fisher研究并列出了现代食品安全问题的六大类别：环境污染物、自然毒素、微生物致病、人为加入食物链的有害物质、营养失控、其他不确定的饮食风险。其中前四类问题都是直接或间接与环境相关，而且环境污染还被单列一类，可见环境污染因素已经成为威胁食品安全的主要原因之一。

1. 放射性污染

主要来自放射性物质的开采、冶炼以及生产和生活中的排放。

2. 生物性污染

微生物、寄生虫及虫卵、昆虫都可造成生物性污染。其中微生物主要是细菌、霉菌及其毒素。这是造成食品污染最广泛、最常见的因素。在发展中国家，仅1980年就有10亿多5岁以下儿童患急性腹泻病，其中有500万患儿死亡。这表明，当年平均每分钟就有10个腹泻儿死亡。大部分急性腹泻病例是由微生物污染食物引起。由此造成的吸收不良使得营养状况变差，而这类食物污染所致的疾病，对营养不良者来说，其后果就更为严重。

3. 化学性污染

包括各种有害金属、非金属、有机化合物和无机化合物。化学性污染涉及范围较广，情况也复杂，主要归纳为以下几种来源：

① 农用化学物质的广泛使用和使用不当。

② 使用不合卫生要求的食品添加剂，如色素、改良剂等。

③ 使用质量不合卫生要求的包装容器、包装材料和运输工具，造成容器等物品上的可溶性有害物进入食品。如陶瓷中的铅、聚乙烯塑料中的聚乙烯单体、包装蜡纸上的石蜡可能含有苯并芘，彩色油墨和印刷纸张中可能含有多氯联苯，这些都

特别容易向富含油脂的食物中移溶。

④ 食品的储存、加工与烹调不当，产生的有害物质对食品的污染。

⑤ 工业废弃物和生活垃圾的不合理排放，造成环境污染物通过食物的逐渐浓缩传递，危害人类。

三、食品污染的途径和特点

1. 食品污染的途径

(1) 生产加工过程污染

在食品加工过程中使用的容器、工具、管道清洗不净或使用不当，造成其中的有害物质析出，形成食品污染；生产原料、生产工艺不符合卫生要求造成食品污染；个人卫生和环境卫生不良造成食品的微生物污染。

(2) 运输污染

由于车船等运输工具不洁造成食品污染，如用装过农药或其他有毒有害物质的车船不经彻底清洗就装运食物，同车混装食品与化学物品，生熟食品混装等。

(3) 人为污染

一些非法的食品生产经营者，为牟取暴利，不顾人民健康，以次充好，以假代真，人为地加入有毒、有害物质，如以含甲醇的工业酒精兑制饮料酒，在牛奶中加水、掺米汤，小火锅底料中添加罂粟壳等。这些人为有意造成的食品污染，是一种严重的违法行为。

(4) 意外污染

发生地震、火灾、水灾、核泄漏事故等意外情况时也可以造成食品污染。

2. 食品污染的特点

① 食品污染日趋严重、普遍，其中以化学性物质的污染占主要地位，尤其是污染物可以由一种生物到达另一种生物而最后进入人体。

② 污染物含量少，浓度低，其危害以慢性毒性为多。

③ 污染物从一种生物转到另一种生物时，浓度可以不断积累增高，即出现所谓生物富集作用，以致即使轻微的污染过程经生物富集作用后，也可对人体造成危害。

四、食品污染对人体健康的危害

食品污染对人体健康的影响，取决于污染物的毒性大小、污染量及人体的摄入量。一般对人体的危害可分为三类：

(1) 急性毒性

污染物随食物进入人体在短时间内造成机体损害，出现临床症状(如急性肠胃炎)，称为急性中毒。引起急性中毒的污染物有细菌及其毒素、霉菌及其毒素和化学毒物。

(2) 慢性毒性

食物被某些有害物质污染，其含量虽少，但由于长期持续不断地摄入体内并且在体内蓄积几年、十几年甚至几十年后引起机体损害,表现出各种各样慢性中毒症状,如慢性铅中毒,慢性汞中毒,慢性镉中毒等。

(3) 致畸、致癌、致突变

某些食品污染物通过孕妇作用于胚胎,使其发育不能正常进行,出现畸胎,甚至死胎。引起致畸的物质有 DDT、五氯酚钠等农药。在人体内可引起癌肿生长的物质有数百种,其中 90%以上是化学物质,如亚硝胺、黄曲霉毒素、多环芳烃以及砷、镉、镍、铅等。突变是生物细胞的遗传物质出现了可被察觉并可以遗传的变化,这种发生变化的遗传物质在细胞分裂繁殖过程中可被传递到后代细胞,使后代细胞以及生物具有新的特性,肿瘤的形成也可能是体细胞突变的结果。

第四节　环境污染对食品安全性的影响

一、大气污染对食品安全的影响

大气污染(air pollution)是指人类活动向大气排放的污染物或由它转化成的二次污染物在大气中的浓度达到有害程度的现象。大气污染物的种类很多,其理化性质非常复杂,毒性也各不相同,主要来源为矿物燃料(如煤和石油等)燃烧和工业生产。大气污染物对农作物的危害种类也很多,如 SO_2、NO_x、Cl_2、HCl、酸雨、氧化剂、氟化物、汽车尾气、粉尘等。长期暴露在污染空气中的动植物,由于其体内外污染物增多,可造成其生长发育不良或受阻,甚至发病或死亡。人类食物都直接或间接来自动植物,大气污染也会影响食品的安全性。

二、水体污染对食品安全性的影响

1. 水体主要污染物及来源

水体中的污染物种类很多,一般分为无机污染物、致病微生物、植物营养素、耗氧污染物和重金属离子等五类。

对食品安全性有影响的污染物有三类:

① 无机有毒物。包括各类重金属盐(如汞、镉、铅、砷等)和氰化物、氟化物等。

② 有机有毒物。主要为苯酚、多环芳烃和各种人工合成的具有蓄积性、稳定的有机化合物,如多氯联苯和有机农药等。

③ 病原体。主要是生活污水、禽畜饲养场、医院等排放废水中的病毒、病原菌和寄生虫等。

2. 污水灌溉对食品安全性的影响

污水灌溉(sewage irrigation)是指利用经过一定处理或未处理的污水、工业废水、生活与工业混合污水灌溉农田、牧场等。水体污染引起的食品安全性问题,主要是通过污水中的有毒物质在动植物中累积而造成的。汗水灌溉中重金属污染是引起食品安全问题的原因之一。

3. 水污染对水产品质量安全性的影响

水体污染引起的食品安全性问题,主要是通过污水中的有害物质在动植物中累积而造成的。污染物质随污水进入水体以后,能够通过植物的根系吸收向地上部分以及果实中转移,使有害物质在作物中累积,同时也能进入生活在水中的水生动物体内蓄积。

4. 食品加工用水对食品安全性的影响

目前在国内市场上,发现用双氧水,即3%过氧化氢(H_2O_2)的水溶液来漂白、泡发、保存诸如牛百叶、鸭掌、虾仁、鱿鱼等。双氧水有漂白、杀菌作用,但残留的过氧化氢能与食品中的蛋白质、淀粉发生反应生成过氧化物,进入人体的胃后会破坏消化酶、刺激消化道,并有诱发癌症的危险。

在从农田到餐桌的整个过程中,存在着环境中的生物、化学因素的污染。生产过程中化肥、农药、兽药、添加剂的使用不当,加工技术和工艺不合理、陈旧落后等会导致食品中有害物质残留超标,威胁人类的健康,可见食品不安全因素贯穿于食品生产经营的全过程。

三、土壤污染对食品安全性的影响

土壤污染是指人类活动所产生的污染物进入土壤,当其含量超过土壤本身的自净能力,使土壤的成分、性质发生变化,降低农作物的产量和质量,并危害人体健康的现象。其污染物是指各种对人体和生物有害的物质,包括化学农药、重金属、放射性物质和病原菌、寄生虫等(表10-1)。

表10-1 土壤环境主要污染物及其来源

污染物种类			主要来源
无机污染物	重金属	汞	制烧碱、汞化物生产等工业废水和污泥,含汞农药,汞蒸气
		镉	冶炼、电镀、染料等工业废水,污泥和废气,肥料杂质
		铜	冶炼、铜制品生产等废水,废渣和污泥,含铜农药
		锌	冶炼、镀锌、纺织等工业废水和污泥,废渣,含锌农药,磷肥
		铅	颜料、冶炼等工业废水,汽车尾气,农药
		铬	冶炼、电镀、制革、印染等工业废水和污泥
		镍	冶炼、电镀、制革、印染等工业废水和污泥
		砷	硫酸、化肥、农药、医药、玻璃等工业废水,废气,农药
		硒	电子、电器、油漆、墨水等工业的排放物
	放射元素	铯	原子能、核动力、同位素生产等工业废水、废渣,核爆炸
		锶	原子能、核动力、同位素生产等工业废水、废渣,核爆炸
	其他	氟	冶炼、氟硅酸钠、磷酸和磷肥等工业废水,废气,肥料
		盐、碱	纸浆、纤维、化学等工业废水
		酸	硫酸、石油化工、酸洗、电镀等工业废水,大气酸沉降

续表

污染物种类		主要来源
有机污染物	有机农药	农药生产和使用
	酚	炼焦、炼油、合成苯酚、橡胶、化肥、农药等工业废水
	氰化物	电镀、冶金、印染等工业废水、肥料
	苯并[a]芘	石油、炼焦等工业废水、废气
	石油	石油开采、炼油、输油管道漏油
	有机洗涤剂	城市污水、机械工业污水
	有害微生物	厩肥、城市污水、污泥、垃圾

资料来源：夏立江，王宏康等，2001.

1. 土壤污染物的种类

① 水体污染型；

② 大气污染型；

③ 农业污染型；

④ 固体废弃物污染型；

⑤ 生物污染型。

2. 土壤污染物对食品安全性的影响

土壤重金属污染通过三条主要途径影响食品安全：

① 土壤中的重金属溶解于地表及地下水中，污染水源；

② 粮食和蔬菜吸收土壤中的重金属并在可食部分累积；

③ 富集在植物体内的重金属进入食草动物。

四、放射性污染与辐照食品的安全

放射性元素(radioelement)的原子核在衰变过程中产生 α、β 和 γ 射线的现象，俗称放射性。由放射性物质造成的污染，称为放射性污染。

随着核能的发展，关于放射性物质对环境的污染，已越来越引起人们的注意。放射性污染，主要来源首先是现代核动力工业较大程度的发展，加之人工裂变核素的广泛应用，使人类环境中放射性物质的污染增加；其次，一些国家的核试验也成为放射性污染的另一来源。环境中放射性物质的存在，最终将通过食物链进入人体。因此，放射性污染对食品安全性的影响已成为一个重要的研究课题。

一般说来，放射性物质主要经消化道进入人体(其中食物占 94%～95%，饮用水占4%～5%)，而通过呼吸道和皮肤进入的较少。

污染的放射性物质可以通过作物、水产品、饲料、牧草等进入食品，最终进入人体。

第五节　食品农药残留对人体健康的危害

一、食品农药残留

农药要能够控制昆虫或病菌的生长和繁殖必须具有一定毒性,因而多数对人特别是婴幼儿也有毒性,有的还影响生态环境,所以我国政府和不少国际组织越来越重视农药对食品的直接和间接污染。农药污染食品并由此引起急慢性中毒的问题受到全社会的关注。

从食品安全性角度,农药按其对大鼠经口和经皮急性毒性(以 LD_{50} 表示)分为四级:剧毒、高毒、中等毒、低毒。广义的安全性包括了对后代的影响(如生殖毒性),是一个复杂的问题,随着医学、毒理学以及分子毒理学的发展,对农药在食品中残留的毒性的认识不断加深。食品农药残留量的标准也越来越严格。美国和欧盟为了保护国民健康,近年颁布了一系列新的标准,采用一些先进的人群膳食暴露风险评价方法。

食品安全性面临着世界性挑战。蔬菜农药残留超标,禽畜肉类、水产品含兽药残留或添加剂残留的情况不明,由此引起的急性中毒和长远健康影响受到全社会关注。

食品农药残留是化学性的,不像食品上的病原微生物,可以通过加热烹调杀灭。对于农药残留,消费者处于无能为力的地位,幼儿、孕妇、病人和老人首先受害。我国食品卫生标准中农药残留问题要从根本上来改革,要从观念上跟上国际上的进展。美国和欧盟都实行"从农场到餐桌"(from farm to table)的政策多年了,中国纳税人有权利从市场上买到符合《中华人民共和国食品卫生法》中规定的安全的食品。

二、有机磷污染食品对人体健康的危害

有机磷农药是一种神经性毒剂,结构与乙酰胆碱很近似,因而进入人体后也能与胆碱酯酶结合形成磷酰化胆碱酯酶,从而抑制了胆碱酯酶的活性。此时胆碱酯酶不能再水解乙酰胆碱,结果造成体内乙酰胆碱的积聚,引起神经传导功能的紊乱,出现瞳孔缩小、呼吸困难等症状,严重时出现昏迷、抽搐,甚至呼吸衰竭死亡。

三、多氯联苯污染食品对人体健康的危害

多氯联苯随食物链进入人体或因包装不当而进入人体,主要积累在脂肪组织及各种脏器中,久而久之会损坏脏器。1968 年,日本发生的米糠油中毒事件,就是由于多氯联苯混进米糠油中引起的。

第六节　有毒金属污染食品对人体健康的危害

一、食品中有毒金属的来源

(1) 自然环境

食用动物和植物都是在自然环境中生长和发育的，有的地区因地理条件特殊，其空气、水、土壤中某些金属的含量往往较高，在这种环境中生长的动、植物体内金属元素的含量一般也较高。

(2) 食品生产加工

食品加工时所使用的金属器械、管道、容器以及因加工需要加入的添加剂质地不纯，其中存在的有毒金属在一定条件下可污染食品。

(3) 农用化学物质及工业“三废”的污染

随着工、农业生产的发展，含有各种金属毒物的工业废物的不合理排放可造成环境污染。有些农药中含有的有毒金属可造成土壤的污染，这些污染最终都会以不同的途径污染了食品。

二、有毒金属的毒作用特点

(1) 强蓄积性

有毒金属进入人体后排出缓慢，生物半衰期一般较长。

(2) 生物富集作用

有毒金属可通过食物链的生物富集作用在生物体及人体内达到很高的浓度，如水产品中汞和镉等有毒金属的含量可能高达其生存环境浓度的数百倍至数千倍。

(3) 这种污染食品对人体造成的危害常以慢性中毒和远期效应为主

食品中有毒金属的污染量通常较少，加之食品食用的经常性和食用人群的广泛性，常导致不易及时发现的大范围人群慢性中毒和对健康的远期或潜在危害，也可能有致畸、致突变、致癌的潜在危害，也可由于意外事故等大剂量污染产生急性中毒。

三、影响有毒金属作用强度的因素

(1) 有毒金属毒性大小与其存在形式有关

如无机汞和有机汞在体内的吸收率不同，呈现的毒性也不一样。有机汞特别是甲基汞吸收率较高，因而毒性较大。同样，镉盐的水溶性直接影响到其在体内的吸收和对生物体的毒性，如易溶于水的硝酸镉、氯化镉比难溶于水的氢氧化镉、硫化镉毒性更强。

(2) 金属间的相互作用

一般认为锌是镉的代谢拮抗物,镉的毒性与锌镉比值密切相关,镉与锌争夺金属硫蛋白上的巯基,当食物中锌镉比值较大时,镉的毒性较低;硒和汞可形成络合物,从而降低汞的毒性等。

(3) 生物体的营养状况

食物中的营养成分可影响有毒金属的毒性,如维生素 C 能使六价铬还原成三价铬,从而使其毒性降低;锌、镉的毒性受膳食中植酸、蛋白质、维生素 C 等的影响;食物蛋白质与有毒金属结合,延缓有毒金属在肠道内的吸收。

第七节 转基因食品及其安全性评价

一、转基因食品的定义和分类

1. 何谓转基因食品

转基因食品(genetically modified food,简称 GMF)又称基因改良食品,是指利用生物技术,将某些生物的基因转移到其他物种中去,改造生物的遗传物质,使其在性状、营养品质、消费品质等方面向人类所需要的目标转变,以转基因生物为直接食品或原料加工生产的食品就是转基因食品。

2. 基因工程技术分类

按生物种类的不同,在食品领域中具有实用价值的基因工程技术可以分为以下三方面:

(1) 植物性食物

主要培育延缓成熟、耐极端环境、抗虫害、抗病毒、抗枯萎等性能的作物,提高生存能力;培育不同脂肪酸组成的油料作物、多蛋白的粮食作物等以提高作物的营养成分。主要品种有小麦、玉米、大豆、水稻、蔬菜、土豆、番茄等。

(2) 动物性食物

转基因在动物的生产中主要以提高动物的生长速度、瘦肉率、饲料转化率,增强动物的产奶量和改善奶的组成成分为主要目标。主要应用于鱼类、猪、牛等。

(3) 微生物

改造有益微生物,生产食用酶,提高酶产量和活性。主要有转基因酵母、食品发酵用酶。

按照功能又可将转基因食品分为增产型、控熟型、高营养型、保健型、新品种型和加工型。从理论上讲,转基因食品的主要营养构成与非转基因食品并没有区别,都是由蛋白质、碳水化合物和脂肪等物质组成。但如果从营养成分的基因改良角度考虑,则会使食品的氨基酸、碳水化合物、脂肪酸以及其他微量成分的种类及构成高分子物质的排列顺序有所变化。

二、转基因食品的研究进展和现状

1. 研究的目的和意义

研究转基因食品的目的是改变生物体的某些特定性状，提高动物、植物某些特定部分的经济产量，改良动物、植物某些特定品质等。例如：将携带抗虫性状的外源基因转移到玉米上，使其表现出天然的抗害虫危害的特性；将基因技术应用于控制番茄成熟的半乳糖醛酸酶，可延缓番茄的衰老，有利于其运输和贮存；转基因羊可以提高毛产量；转基因牛可以增加牛奶中乳铁蛋白的含量等。

以增加产量为目的的转基因技术（包括抗病、抗虫、抗逆境等的基因改良），能够培育出高新优质的农作物新品种，提高作物对除草剂或其他农药的耐受性，提高了农作物产量，使人类食品的产量大幅度增加，对缓解人口增长带来的粮食压力和食物缺乏有重要意义。

以改良动物、植物品质为目标的转基因技术，可以带来食品风味的改善、营养成分的增加以及防腐能力的增强，从而解决人类膳食营养缺乏等问题，提高人体免疫功能和健康水平。

以增加动物、植物抗病虫害和采后防腐性能为目标的转基因技术以及能够清除土壤中重金属污染的抗金属作物的研究可以减少动植物在生长期间所需要的化学农药，提高了食品的安全性，避免环境污染。

2. 研究的进展和现状

1983 年世界首例转基因作物培育成功（土壤根癌农杆菌转化烟草），1986 年进入田间实验。自 1994 年第一种转基因作物商业化（美国 Calgene 公司推出的延熟保鲜番茄 Flavr-Savr，Calgene 公司在 1996 年被孟山都收购）以来，转基因作物在全球的种植面积从 170 万公顷增长到 1.8 亿公顷，20 年的时间增长了近 100 倍。

1996—1999 年，转基因作物由实验室走向商业化，在以美国为代表的农业发达国家迅速拓展；2000—2005 年，转基因大豆开始在美国和巴西占据主导地位，大大推动了转基因作物的增长，特别是在美国，转基因大豆和棉花的种植面积开始超过普通作物，这一阶段全球转基因作物种植面积平均增速在 15%左右；2006—2011 年，转基因玉米的种植在燃料乙醇需求的刺激下大幅度增长，成为推动转基因作物和草甘膦需求的新动力，这一阶段全球转基因作物种植面积平均增速在 10%左右。2012—2016 年，随着美国、巴西、阿根廷大豆、玉米等作物的转基因渗透率达到 90%，全球转基因种植面积增速逐渐下降，平均增速在 3%左右。

从全球范围看，大豆一直占据着转基因作物约 50%的市场份额，玉米种植面积占比在逐年上升。2016 年，大豆、玉米、棉花 3 种主要转基因作物种植面积超过全部转基因作物的 90%，它们的转基因渗透率分别达到了 78%、33%和 64%，未来玉米以及其他品种作物发展空间巨大。

在转基因作物进入商业化之后的 10 年内，美国是主要的转基因种植地区，占比超过50%,期间全球转基因作物种植面积增量的53%来自美国。目前,美国转基因作物的种植面积仍然占全世界的近40%,大豆、玉米、棉花转基因渗透率分别高达94%、92%、93%。自2002年巴西允许商业化种植转基因作物至今,全球大约39%的转基因作物种植增量均来自巴西,可以说,巴西正在成为继美国之后转基因作物在全球增长的动力源泉。目前,巴西96.5%的大豆、88.4%的玉米和78.3%的棉花均为转基因作物。

目前,中国转基因作物种植面积约280万公顷,占全球转基因种植面积的1.5%及国内全部耕地面积的2.6%,全球26个种子转基因作物的国家这一比例加权平均值为23.7%。19个主要种植国家(种植面积超过10万公顷)中,仅澳大利亚(1.9%)、西班牙(0.8%)和墨西哥(0.4%)三国低于中国的转基因面积占比。

三、转基因食品的安全性及其评价原则

随着转基因作物商业化生产的不断发展,大量的转基因农产品已经直接或间接地被制作成为人类消费的食品,转基因食品的份额在传统食品市场中正不断加大,人们已经开始意识到转基因产品在给人类生活和社会进步带来巨大利益的同时,也可能对人类健康和生态环境安全造成一定的风险。有关转基因产品安全性的争论,已逐步成为世界各国及联合国等国际组织关心的焦点问题。

1. 转基因植物的潜在生态风险

转基因植物在生态方面的潜在风险是广泛而深远的。表观上主要的问题是"杂草化",其表现有两个方面:一是转基因植物本身可能带来的"杂草化"潜在风险,包括转基因作物易生成杂草和自生苗对下茬作物的危害;二是转基因植物可能通过基因流或"基因漂移"对其他物种带来影响,导致杂草丛生,增大除草难度,从而给生物多样性和生态系统造成危害。例如1998年,加拿大Alberta转基因油菜田间发现了能够抗三种除草剂(草甘膦、固杀草和保幼酮)的油菜自播植物,其中抗草甘膦和抗固杀草的特性来自转基因油菜,而保幼酮抗性来自传统育种培养的抗性油菜。人们怀疑这些抗性基因逐渐在野生种群中定居后,就使得作物的野生亲缘种具有了获得选择优势的可能性,如果野生近源种本身就是杂草,那么这种杂草就有可能成为对栽培作物构成严重威胁的"超级杂草"。

2. 转基因食品对人体健康的潜在影响

(1) 毒性

许多食品原料生物本身就能产生大量的毒性物质和抗营养因子,如蛋白酶抑制剂、溶血剂、神经毒素等。在作物的生长过程中这些物质可以抵御病原菌和害虫的侵害。例如,谷物中大多含有蛋白酶抑制因子,现已发现有毒蛋白就有1000多种。生食木薯或某些豆类时,有中毒甚至死亡的风险,这是因为其中的生氰糖苷慢性神经中毒。现有食品中毒素含量并不一定会引起毒效应,在转基因食品中有些基因的沉默途径可能被激活而产生毒素,低水平的毒素可能在新变种中大量表达,

传统食品没有的毒素也可能因此产生。在转基因食品加工过程中可能会由于基因的导入使得毒素蛋白发生过量表达，产生各种毒性。

(2) 过敏反应

食品过敏是一个世界性的公共卫生问题。过敏反应是免疫球蛋白与过敏原相互作用引起的。过敏原是一类能与某些个体免疫球蛋白反应的蛋白质，食物中有多种蛋白质，但只有几种蛋白质是过敏原，并且只有某些人对其过敏，据估计有近2%的成年人和4.6%的儿童患有食物过敏。转基因作物通常插入特定的基因片断以表达特定的蛋白，而所表达的蛋白如果是已知过敏原，则有可能引起人类的不良反应，即使表达蛋白为非已知过敏原，但只要是在转基因作物的食用部分表达，则也需对其进行评估。已知一部分人群对巴西坚果的2S清蛋白有过敏性反应，科学家曾将巴西坚果的2S清蛋白基因转入大豆，进一步研究发现一部分人群对该转基因大豆仍有过敏反应，因此这项研究便在早期阶段终止，没有进入市场。这是迄今所发现的转基因作物有过敏性的唯一实例。

(3) 抗药性

转基因食品对人类健康的另一个安全问题是抗生素标记基因。抗生素标记基因是与插入的目的基因一起转入目标作物中，用于帮助在植物遗传转化筛选和鉴定转化的细胞、组织和再生植株。标记基因本身并无安全性问题，有争议的一个问题是其中是否存在基因水平转移的可能性。如抗生素标记基因是否会水平转移到肠道被肠道微生物所利用，产生抗生素抗性，从而降低抗生素在临床治疗中的有效性。英国药物协会的一份报告称，人会因食用插入抗生素抗性标记基因的某种转基因食品而导致病原微生物存留于体内，引起公众健康问题。

(4) 营养价值

谷物蛋白质中的氨基酸比例可用基因工程方法加以改良，增加完全蛋白质的来源，提高其营养价值。但人为改变了蛋白质组成的食物是否能被人体有效地吸收利用？由于外源基因的来源、切入位点的不同以及具有随机性，极有可能产生缺失、错码等基因突变，使蛋白质产物的表达性状发生改变，进而降低某些营养成分的水平，并改变了食品的营养价值。例如转基因油菜中类胡萝卜素、维生素E、叶绿素等均发生变化；转基因玉米中胰岛素抑制剂和肌醇六磷酸（均为破坏营养成分）也有变化。这是传统食品与相应的转基因食品之间的差别所在。

(5) 免疫力问题

转基因生物及其产品有可能降低动物乃至人类的免疫能力，从而对动物及人类的健康安全甚至生存能力产生影响。1998年8月英国科学家披露，实验白鼠在食用转基因大豆后，器官生长异常，体重减轻，免疫系统遭受破坏。

3. 转基因食品的安全性评价原则

安全性评价主要包括环境安全性和食品、饲料安全性两方面，环境安全性指转基因后引发植物致病的可能性，生存竞争性的改变，基因漂流至相关物种的可能性，演变成杂草的可能性以及对非靶生物和生态环境的影响等；食品、饲料的安全性主要包括营养成分、抗营养因子、毒性和过敏性等。通过安全性评价，可以为农业转基因生物的研究、试验、生产、加工、经营、进出口提供依据，同时向公众证明安全性评价是建立在科学的基础上的。

1993年经济合作与发展组织（OECD）首次提出了实质等同性（substantial equivalence）原则。OECD认为，以实质等同性为基础的安全性评价，是说明现代生物技术生物生产的食品和食品成分安全性最实际的方法。实质等同性原则的含义是："在评价生物技术产生的新食品和食品成分的安全性时，现有的食品或食品来源生物可以作为比较的基础。"1996年世界卫生组织和联合国粮农组织（FAO）建议以实质等同性原则为依据的安全性评价，可以用于评价转基因生物衍生的食品和食品成分的安全性。

（1）按照实质等同性原则，转基因食品可以分为三类

根据其与现有食品的差异程度，采取不同的方法进行安全性评价：

① 转基因食品或食品成分实质等同于现有的食物。认为转基因食品和现有食品是相同的，此时无须更多的考虑转基因食品在毒理、过敏和营养等方面的安全性。

② 除了某些特定差异外，与现有食品具有实质等同性。应主要分析转基因食品与现有食品之间的差异。分析内容主要包括植入的基因与集中蛋白质有关、是否会产生新物质，基因操作是否改变内源成分或是否产生新的化合物。

③ 某一食品没有比较的基础，即它是一种全新的食品，与现有食品相比较，没有等同性。这并不是说这种食品就一定不安全，必须对其安全性和营养性进行分析。若转入的是功能不很清楚的基因组片断，则应同时考虑供体生物的背景资料。

（2）实质等同性比较

对这三类不同的转基因食品，其安全性评价的差异非常大，因此判定转基因食品的实质等同性就显得非常重要。一般来说进行实质等同性比较时应包括以下几个方面：

① 成分比较。包括主要营养素、抗营养因子、毒素和过敏原。

② 对植物来说，包括其形态、生长情况、产量、抗病性和其他有关农艺性状。

③ 对微生物来说，包括分类学特征、定殖能力或侵染性、寄主范围、有无质粒、抗生素抗性和毒性。

④ 对动物来说，包括形态、生长生理特征、繁殖、健康特征和产量。

但是实质等同性原则也有其局限性。其本身是一个比较模糊的概念，目前尚没有明确的标准来判别转基因作物是否与原作物符合实质等同性原则，而在一定程度上依赖于人的主观认知。另外，这一原则重视的是化学方法，而疏于生物、毒性和免疫学方面的分析，因而具有一定的局限性。实质等同性原则不能完全解决安全性评价的所有问题。

四、公众对转基因食品的认识

世界不同地区和国家对转基因食品的认知程度和态度是不同的。

1. 美国

美国是使用转基因技术最广泛的国家,转基因农产品成本低,它对已经批准投入生产的转基因产品态度比较宽松,转基因食品由生产厂家自愿标识。不过,一种基因作物在美国要投入生产,需要同时接受3项审核。由于转基因作物的经济效益,美国是大力倡导转基因作物的,政府鼓励生产和食用转基因作物,主张将转基因产品和传统农产品同等对待,对转基因产品的管理措施要以科学依据为基础,并将推动转基因产品贸易作为其国家出口战略和国家安全战略中的重要措施之一。几乎所有的美国人都食用转基因作物,有调查表明,会刻意寻找标明没有转基因成分的人不到全体消费者的5%。

2. 欧盟

欧盟要求对转基因食品进行强制标识。欧盟关于转基因食品的法规是目前世界上最严格的转基因食品立法,2004年的最新标准规定食品中的转基因原料含量超过0.9%则必须标识。欧盟强调转基因食品食用安全和环境安全的不确定性,因此采取预防为主的严格标准,并以此维护消费者的知情权,保障消费者自由选择的权利。欧盟各国政府和消费者对转基因产品一直存在着怀疑和抵制的态度,以比利时、意大利、法国、希腊、丹麦、卢森堡和奥地利为主,这也是欧盟在1998年决定暂停进口和出售转基因产品的主要原因。在欧洲国家的超市里基本上见不到带有转基因标签的食品。

3. 中国

中国对转基因食品的认知相对滞后。而且中国不同地区,由于信息等社会经济条件不同,对转基因食品的认知也有所不同。一些地方的人们对它已经有所认知,而还存在相当多的人们对它没有任何的认知。近几年,人们对转基因食品安全性的争论逐渐显得激烈,人们对转基因食品的态度也逐渐谨慎起来。绿色和平组织2005年对北京、上海和广州三座城市的转基因食品认知调查的结果表明,消费者对转基因食品的态度趋向更加谨慎。62%的受访者知道转基因食品,57%的受访者表示会选择不含转基因成分的食品。三座城市中,北京的消费者对转基因食品的认知度最高(72%),有64%的北京受访者表示只选择非转基因食品,而上海和广州的比例分别是58%和50%。其中,转基因大米比其他转基因食品更受抵制。北京受访者中79%表示只选择非转基因大米。这一结果与2004年的调查结果相比较,显示出中国消费者对转基因食品的认知程度有所增加,同时对其谨慎程度也有所增加。

中国近年来出台了一系列关于转基因作物、食品的法规条例,也将逐步对市场上的转基因食品进行标识。相比之下,民众中还普遍存在着对转基因食品的无知或误解,也需要进一步将有关转基因食品的知识在大众中普及,让人们真正了解转基因,从而自主地去选择。

第八节　食品中放射性对人体健康的危害

一、食品中的放射性

1. 环境天然放射性本底

环境天然放射性本底是指自然界本身固有的、未受人类活动影响的电离辐射水平。它主要来源于宇宙线和环境中的放射性核素。

环境放射性本底的另一来源是建材、煤灰、肥料和日用消费品等。

人体内主要有^{14}C、^{40}K、^{228}Ra等放射性核素。^{14}C对人的全身吸收剂量约13微戈瑞/年，^{40}K对骨髓的吸收剂量约270微戈瑞/年。

2. 食品中的天然放射性核素

由于生物体与其所存的外环境之间固有的物质交换过程，在绝大多数动植物性食品中都不同程度地含有天然放射性物质，亦即食品的天然放射性本底。但由于不同地区环境的放射性本底值不同以及由于不同动植物生物体内不同组织对某些放射性物质的亲和力有较大差异等原因，不同食品中的天然放射性本底可能有很大差异。

食品中的天然放射性核素主要是^{40}K和少量的^{226}Ra、^{228}Ra、^{210}Po(钋)以及天然钍和天然铀等。

3. 环境中人为的放射性核素污染

环境中人为的放射性核素污染主要来源于以下三方面：

(1) 核爆炸

原子弹和氢弹爆炸时可产生大量的放射性物质，尤其是空中核爆炸对环境可造成严重的放射性核素污染。

(2) 核废物的排放

核工业生产中的采矿、冶炼、燃料精制、浓缩、反应堆组件生产和核燃料再处理等过程均可通过三废排放等途径污染环境，进而污染食品。

(3) 意外事故

意外事故造成的放射性核素泄漏主要引起局部性污染，可导致食品中含有很高的放射性。

4. 人为污染食品的放射性核素

人为污染食品的放射性核素主要有^{131}I和^{129}I、^{90}Sr、^{89}Sr、^{137}Cs、^{239}Pu。

二、放射性物质进入人体的途径

放射性物质可通过皮肤暴露吸收、呼吸道吸入以及食物、饮水摄入等途径进入人体。但对于普通人群而言，放射性物质主要是通过食物和饮水途径经消化道吸收而进入人体。

三、食品放射性污染对人体的主要危害

人体摄入被放射性物质污染的食品，如果超过一定的程度，轻者可发生放射反应（如头晕、头痛、食欲下降、睡眠障碍、白细胞数增加或减少等），重者可导致各种放射病（白血病、肿瘤、代谢病和遗传障碍等）。

食品放射性污染对人体的危害主要表现为对免疫系统、生殖系统的损伤和致癌、致畸、致突变作用。

1. 对免疫系统的影响

低剂量辐射可引起免疫系统功能抑制增强（兴奋）反应。

2. 对生殖系统的损伤作用

辐射对生殖功能有明显损害。睾丸是对放射性损害十分敏感的器官之一，辐射可使精子畸形数增加、精子生成障碍、精子数减少以及睾丸重量下降。

人类卵巢对放射性损伤的抵抗性较高，2 戈[瑞][①]以上剂量可致暂时性不育，而在低剂量辐射时对其卵子的生成反有一定的刺激作用。

3. 致突变和致癌作用

致癌、致畸、致突变作用亦是低剂量长期辐射产生的主要生物效应。辐射可引起白血病、甲状腺癌、乳腺癌、肺癌、肝癌、骨肉瘤等肿瘤。

4. 胚胎毒性和致畸作用

低剂量长期辐射对胚胎发育有严重的不良影响。不同剂量的辐射可致胎仔减少、流产、死胎和死产、胎儿畸形和智力发育障碍、新生儿死亡率增加等。

另外还必须指出，电离辐射对人体的损伤有很大的个体差异，不同的年龄、性别、生理状态、遗传特性、新陈代谢和营养水平等因素与食品放射性污染所致损伤的程度密切相关。

第九节 食品容器、包装材料对食品的污染

一、概述

食品容器、包装材料和食品用工具、设备对食品卫生有着重要的卫生学意义。它们虽不直接添加到食品中，但是通过生产加工、输送、包装和盛放过程与食品接触，某些有害物质会向食品迁移，造成食品污染。国内外都曾有因此造成的食物中

---

① 戈[瑞](Gy，1Gy=1J/kg=$1m^2/s$)。与拉德[rad(rd)]间的换算关系为 1 rad=10^{-2}Gy。

毒和食源性疾患的报道,因此国际上把食品容器称之为间接食品添加剂,列入食品卫生监督的范围。良好的食品容器不仅起到美化食品、促进食欲的作用,而且还可以保护食品、保证食品的卫生、延长食品货架期,有利于食品的运输、储存、销售。食品用工具、设备为食品生产加工实现机械化、自动化创造了必要的条件。食品容器的应用已经深入寻常百姓家。但是一般来讲食品容器会对人体健康带来一定影响,尤其是如果不正确使用这些食品容器将会带来更大的危害,因此我们必须对食品容器的健康效应有一些初步了解,以降低其不正确使用对人体的危害。

"病从口入",尤其是在中国这样传统的美食国度,作为直接致病途径,食品污染问题正受到越来越大的关注。食品污染的原因有很多,其中一个重要来源就是食品容器对食品造成的污染。顾名思义,食品容器就是用来盛装食品的容器。食品容器与食品包装不同,食品容器只是简单的用来盛装食品,而包装则重在外表美观。按存在时间来讲,食品包装还只是一个新兴事物,而食品容器的使用已有好几千年历史。正因为如此,食品包装造成的污染很多都是鲜艳的色彩和涂料造成的污染,并且为了方便储存和运输一般会加入保鲜剂和防腐剂等,而食品容器与之相比就比较容易一些。

在食品包装风靡整个食品工业的时候,食品容器更多的是走进了亿万普通百姓家。我们日常接触的食品容器种类非常繁杂,将它们按照材质做分类如下:首先是金属制品,常用的有铁、铝、铜以及不锈钢,日常使用的饭盒比如精钢饭盒就是铝制品;其次就是陶瓷制品,比如各种形状规模的瓷碗以及家常生活中常用到的制酸菜的泡坛等;再次就是纸质食品容器,比如一次性纸饭盒以及装方便面的纸桶等;还有塑料制品,塑料品更多是用于食品包装,但是也有一些是用于食品容器,比如说各种塑料桶、以前常用的塑料饭盒等;另外,玻璃食品容器也很常见。

食品容器的污染有的是由于使用不洁造成的,而有的是材料本身会对食物造成污染,也有的是食品容器的表面涂有其他有毒涂料造成的,也有的是在食品存放过程中滋生细菌病毒而引起的污染。铝制品本身不透气,食品不易腐烂,还有铝制品本身有一层氧化膜,能够增加使用寿命,同时铝制品本身闪闪发光,外表漂亮,因此很受厂家和用户青睐。但是铝对人体的健康影响很大,尤其对于智力、记忆力等脑功能损害较大。陶瓷容器使用寿命比较长,制作也非常精美,中国的瓷器一千多年前就已经蜚声海内外,着实是日常居家必备之品。但是陶瓷制品除了本身所含有的铅、镉、铬、锰等金属污染外,外表鲜艳的釉彩实际上是很严重的污染源。很多餐具内壁都有涂料,这些涂料对人体健康影响也很大。除了本身材质会对健康产生影响之外,食品容器由于清洗消毒不合标准,也会对人体健康带来很大危害。《中华人民共和国食品法》第十三条明确规定:"食品容器、包装材料和食品用工具、设备的生产必须采用符合卫生规定的原材料,产品应该便于清洗和消毒。"也就是说食品容器卫生情况也应该受到大力重视。食品容器除了会造成食品污染之外,另外一个重大的问题就是对环境造成的污染。尤其是塑料容器,因其产生大量的白色垃圾而逐渐被替代。很遗憾的是，在我国，针对食品容器造成的污染问题立法管制还不是特别完善，很多法规都是在20世纪80—90年代制定的，并且并不是十分具体有效。同时由于食品容器涉及的对象往往是一般的普通居民，对食品容器的污染问题不够关注，对怎样减轻甚至避免食品容器造成的污染也缺乏专门的知识，因此在这方面我们还需要付出长期努力。

按照食品容器、包装材料和食品用工具、设备的材质，可以分为高分子材料、金属、纸、陶瓷器、玻璃、纤维以及复合材料。其中高分子材料包括塑料、橡胶和涂料。塑料分为热塑性和热固性两大类。橡胶按基料来源分为天然橡胶和合成橡胶。涂料按其成膜条件分为高温成膜涂料和常温成膜涂料；按材质分为环氧树脂涂料、有机氟涂料、有机硅涂料、过氯乙烯涂料、漆酚涂料、石蜡涂料。金属有铁、铝、铜、不锈钢、铝合金等。

二、金属食品容器的卫生影响

金属食品容器在日常生活中用得比较多，并且使用历史也比较长久。由于良好的导热功能以及耐热性，金属食品容器多用于各种烹饪器具以及饭盒、餐盘（这一点主要是考虑金属不易摔碎）。金属食品容器种类也很多，常见的有铝制食具，比如铝盘（包括铝制饭盒，食堂用铝制托盘式饭盘，以及炒菜用铝锅），还有铁制品和不锈钢制品等等。金属食品容器一般外观比较美观，并且耐用，能耐受高温，方便消毒清洗。但是作为金属本身会对人体健康产生影响。铝制食具容易受盐碱腐蚀；铜制食具很容易生铜绿（其成分为碱式碳酸铜），铜绿是一种有毒物质，所以在使用铜制食具前要磨光擦亮；锌制食具比如说镀锌白铁食具，一般来说比较安全，但它遇酸或高温易分解，用白铁桶制作清凉饮料、酸梅汤或用盛在白铁桶内的醋来拌凉菜，也时常发生锌中毒现象；铁本身虽然毒害作用不是很大，但是纯铁的寿命是很短的，用的更多的不锈钢食品容器，由于掺入了其他重金属，因此也会对人体健康带来影响。此外，在食品生产过程中常常用到锡导管或容器。

当食品容器用来盛装湿食品，并且存放时间比较长，或者是存放在高温、高酸碱条件下时，容器中的有毒重金属更容易渗出，对人体健康造成的影响也更大。

三、陶瓷类食品容器的卫生影响

陶瓷以黏土为主要原料，加入长石、石英等经配料、粉碎、炼泥、干燥以及上釉等工序，再经高温烧结而成。陶器的烧结温度为1000～1200℃；瓷器的烧结温度为1200～1500℃。陶瓷器的种类可以分为精陶、精瓷、粗瓷、粗陶。搪瓷是以铁皮作坯料，搪釉后以800～900℃烧结制成。中国是传统的陶瓷器制作大国，陶瓷器的生产历史悠久。我国是世界陶瓷生产大国，陶瓷产量已连续多年位居世界第一。

陶器和瓷器本身无毒，是极安全的食具炊具。但是为了使这些用具美观，一般都要上彩釉,而这些彩釉的原料多含有硫化镉、氧化铬、硝酸锰及铅盐。因此选用此类容器时要用专门的食品用器具,而且接触食品的部分不应有花饰或色彩。

陶瓷食具是在烧成的素地胎上再覆陶釉和瓷釉的釉药,经烧结而成。陶瓷器的卫生问题主要是由釉彩引起。有些厂往往在釉彩中加入铅盐,使釉的熔点降低,也可降低烧彩釉的温度,但是铅盐易溶于食品中。用含铅较多的陶瓷器盛放或烧煮食品,尤其是长时间盛放醋、果汁等酸性食品,就会使人中毒。陶瓷制品色彩越鲜艳,有害成分就越多。釉的色彩要耐烧结高温,所以大多数为无机金属颜料,如硫化镉、氧化铅、氧化铬、硝酸锰等(表10-2)。

表10-2 陶瓷器用的彩色颜料

色彩	成分	色彩	成分
白	锡、铋、锌、锆、亚砷酸、氧化铝、锑	黄	铁、锑、铀、乙酸铬
红	铁、铬、铜、金、镉	紫	锰、镍
绿	铜、铬、重铬酸钾	褐	铁、锰、镍、铬
蓝	钴、铜	黑	铀、铁、钴、铱、锰、铬

资料来源:陈炳卿等,2002.

陶瓷器按其上彩之后烧结工艺分为釉上彩、釉下彩和粉彩,釉上彩和粉彩的有害金属可能会转移至食品中。

搪瓷食具是在铁的表面涂上一层珐琅而制成,珐琅中也有铅、镉之类的有害物质。搪瓷的釉瓷配方复杂。为降低釉料的熔融温度,往往添加硼砂、氧化铅等物质。搪瓷采用的颜料多为金属盐类,如氧化钛、氧化砷、氧化锡、氧化锌及硫化镉等。与食品接触后,可能会向食品中迁移,造成污染。

四、塑料质食品容器的健康影响

随着化学合成工业的高速发展,以塑料制成的食具和食品容器已逐步取代我国传统使用的以竹、木、铁、玻璃和纸张等材料制成的食具和容器。塑料食具是目前应用最为广泛的材料之一,最为常见的是塑料袋和塑料桶、一次性塑料饭盒(有被纸饭盒取代的趋势)。塑料制品也是目前存在问题最多、反对声最强的材料,有逐渐被取代的趋势,但难度很大。

1. 概况

塑料制品包括塑料容器和塑料包装,尤其是塑料包装应用更为广泛。有资料显示,塑料用于食品包装的量占塑料总产量的25%。在超市和商场中,很多食品包装均是塑料制品。膨化食品的塑料充气包装可以防潮、防氧化、保香味、阻隔阳光照射、防止受挤压。还有方便面的包装,塑料包装远远多于纸质碗的包装,市场上碗装或桶装方便面的销售价一般高于同质量袋装方便面的销售价的1/3。塑料食具的原料一般为无毒或低毒:无毒材料,如聚乙烯和聚丙烯,常用于薄膜食品袋和塑料桶;低毒材料,如聚苯乙烯,其中的发泡聚苯乙烯,在国外可用于食品工业中的管道或食品用具。塑料制品中往往加有添加剂,没有加添加剂就称为树脂。塑料按加热以后是否提高可塑性分为热塑性和热固性两类。目前我国允许使用的食品容器和包装材料以及用于制造食品用工具、设备的热塑性塑料有聚乙烯、聚丙烯、聚氯乙烯、偏氯乙烯、聚碳酸酯、聚对苯二甲酸乙二醇酯、尼龙、不饱和聚酯树脂、丙烯氰-苯乙烯共聚树脂、丙烯氰-丁二烯-苯乙烯共聚树脂等。热固性塑料有三聚氯胺甲醛树脂。目前人们对塑料制品的认识有一个误区,对塑料制品有着这样那样的担忧,甚至有人认为塑料"有毒",把所有的塑料制品都等同于聚氯乙烯。实际上聚氯乙烯因为含有易挥发的增塑剂,不易用于食品包装,目前已被淘汰。现在用于包装食品的聚乙烯、聚丙烯、聚酯、聚苯乙烯卫生性能都是合格的。

2. 聚乙烯和聚丙烯,聚酯和聚苯乙烯

聚乙烯塑料又分为高压聚乙烯和低压聚乙烯。高压聚乙烯主要用于制造食品塑料袋、保鲜膜等。低压聚乙烯主要用于制造食品塑料容器、管、砧板等。聚丙烯主要用于制造食品塑料袋,尤其是复合塑料袋;聚丙烯还可以加工成既耐高温又耐低温的食品容器,如保鲜盒和供微波炉使用的容器等。

聚碳酸酯树脂由于具有无味、耐油、不易污染的特点,因此,主要用于制造加工食品的模具、婴儿奶瓶及用于具有抗冲击和一定透明度要求的食品容器和食品加工设备等。

聚对苯二甲酸乙二醇酯主要用于制作薄膜、饮料瓶、油瓶及其他调味品用的瓶。

不饱和聚酯树脂加入过氧甲乙酮为引发剂,环烷酸钴为催化剂,玻璃纤维为增强材料制成玻璃缸。主要用于盛装肉类、水产、蔬菜、饮料以及酒类等食品的储槽,也大量用作饮用水的水箱。

聚偏氯乙烯具有极好的防潮性和气密性,化学性质稳定,耐化学性好,并有热收缩性等特点。聚偏氯乙烯薄膜主要用于制造火腿肠、鱼肉肠等灌肠类食品的肠衣。

聚乙烯和聚丙烯本身的毒性很低。由于具有超长饱和直链烷烃,所以化学性质稳定性高,生物活性低,经口的亚急性和慢性实验、致畸、致癌试验均未见明显毒性作用。聚乙烯和聚丙烯树脂中乙烯和丙烯的单体含量极微,而且乙烯和丙烯本身的毒性也较低。在生产聚乙烯和聚丙烯时一般很少使用助剂。因此聚乙烯和聚丙烯塑料是较为安全的塑料。可广泛用于食品容器、包装材料,但低分子量聚乙烯易溶于油脂,所以以具有乙烯制的食具不宜长期盛装食用油,以免油脂变味。

聚氯乙烯含有多种塑料添加剂和热解产物,未参与聚合的游离氯乙烯单体。氯乙烯在体内可与DNA结合而引起毒作用,主要作用于神经、骨髓系统和肝脏,也被证实为一种致癌物质,因此许多国家都制定了聚氯乙烯及其制品中聚氯乙烯含量控制水平。

聚苯乙烯本身无毒,其卫生问题主要是单体苯乙烯及甲苯、乙苯和异丙苯等。在一定剂量时,则具毒性。动物每天摄入含400毫克/千克(ppm)可致动物肝、肾重量减轻、抑制动物繁殖能力。以聚苯乙烯容器储存牛奶、肉汁、糖液及酱油等可产生异味;储放发酵奶饮料后,可有极少量苯乙烯移入饮料,其移入量与储存温度、时间呈正相关。

三聚氯胺甲醛树脂本身无毒。由于聚合时,可能有未充分参与聚合反应的游离甲醛,后者也是此类塑料制品的卫生问题。甲醛含量则往往与模压时间有关,时间越短则含量越高。

聚碳酸酯树脂本身无毒,但双酚A与碳酸二苯酯进行酯交换时有中间体——苯酚产生。苯酚不仅具有一定的毒性,而且还会产生异臭,影响食品的感官性状。

聚对苯二甲酸乙二醇酯树脂无毒,但在聚合中使用含锑、锗、钴和锰的催化剂,因此应防止这些催化剂的残留。

不饱和聚酯树脂及其玻璃钢本身无毒,主要是引发剂和催化剂的毒性及固化的交联剂中苯乙烯的毒性。

聚偏氯乙烯中可能有氯乙烯和偏氯乙烯残留,偏氯乙烯属中等毒性物质。

3. 塑料食品袋

塑料食品袋是日常生活中应用非常广的一类塑料制品。现在市面上使用的大都是聚氯乙烯塑料袋。黑、红、蓝等深色塑料袋大都是用回收的废旧塑料制品重新加工而成,对人体有巨大的危害,不能装食品。超薄塑料袋(厚度在0.025毫米以下)也是禁止装食品的。如果用聚氯乙烯塑料袋盛装含油、含酒精类食品及温度超过50℃的食品,袋中的铅就会溶入食品中。塑料袋还会释放有毒气体,侵入到食品当中。

下面提供几种鉴别食品塑料袋有无毒性的简单方法:

① 感官检测法。无毒的塑料袋呈乳白色、半透明或无色透明,有柔韧性,手摸时有润滑感,表面似有蜡;有毒的塑料袋颜色混浊或呈淡黄色,手感发黏。

② 用水检测法。把塑料袋置于水中,并按入水底,无毒塑料袋比重小,可浮出水面,有毒塑料袋比重大,下沉。

③ 抖动检测法。用手抓住塑料袋一端用力抖,发出清脆声者无毒,声音闷涩者有毒。

④ 火烧检测法。无毒的聚乙烯塑料袋易燃,火焰呈蓝色,上端黄,燃烧时像蜡烛泪一样滴落,有石蜡味,冒的烟少;有毒的聚氯乙烯塑料袋不易燃,离火即熄,火焰呈黄色,底部呈绿色,软化能拉丝,发出盐酸的刺激性味道。

五、纸质食品容器的卫生影响

近几年,我国食品用容器与包装材料大多采用各种塑料,由于塑料制食品容器与包装材料用后不易处理,易造成环境污染。为保护生态环境,许多国家已禁止使用塑料食品容器与包装材料。在我国许多城市已禁止使用塑料发泡餐盒。纸质食品容器与包装材料有许多优点，尤其是使用后易处理，对保护生态环境起到积极作用。

与塑料包装相比，纸质食品包装具有明显的优势：纸制品易于回收利用，废弃物可作造纸工业再生二次纤维使用，能减少环境污染；纸制品安全卫生，美观适用，易于印刷各种图案和宣传广告；纸包装价格低廉、防护性能好、生产灵活性高、贮运方便、易于造型和装潢、不污染内容物等。纸、纸板及其制品占整个包装材料的40%以上，有的国家达50%。

但是纸质品原料的一个重要来源就是森林资源。大量的树木被砍伐用来造纸，这对目前本已十分匮乏的森林资源是个很大的负担。因此对这些纸制品尤其是一次性纸制品，比如一次性饭盒和一次性纸杯等，应该尽量节约使用，减轻环境的压力。

过去，人们用旧报纸包裹食品，物尽其用，习以为常，结果发生了几次恶性中毒事件。这是因为旧报纸上的油墨中含有多氯联苯，它会污染食品而使人中毒。人们认识到旧报纸包裹食品有害，现在一些食品店、饮食店改用白纸包裹食品。其实这样做仍不卫生，因为制作白纸必须加荧光增白剂，荧光增白剂中含有氨基化合物，这种物质也会诱发癌症。

有人对纸制食品容器与包装材料生产加工、销售与使用情况进行卫生学调查，了解其加工工艺过程中所使用的助剂的种类、化学成分以及对食品可能造成的污染。

造纸原料有木浆、草浆、棉浆等。由于作物在种植过程中使用农药等，在稻草、麦秆、甘蔗渣等制纸原料中往往含有有毒有害物质，有的还掺入一定比例的社会回收纸。回收的废旧纸经脱色可将油墨颜料脱去，但铅、镉、多氯联苯等仍在纸浆中。同时造纸所用的添加物中还含有硫酸铝、氢氧化钠、亚硫酸钠、次氯酸钠、松香等。多数造纸厂为了防止循环水中的微生物作用而添加杀菌剂和防腐剂。为了增加白度，往往在纸中添加荧光增白剂，该物质是一种致癌物质。目前我国还没有食品包装印刷专用油墨，一般工业印刷用油墨所用颜料及调和试剂都不具卫生方面的要求。油墨中含有铅、镉等有害金属及甲苯、二甲苯、多氯联苯等溶剂。包装食品用的蜡纸在石蜡中含有多环芳烃。这些对健康都有很大影响。

六、玻璃质食品容器的卫生影响

玻璃的种类很多，主要有氧化铝硅酸盐玻璃、钙钠玻璃、硼硅酸玻璃及铅晶体玻璃等。玻璃的组成成分主要是硅酸盐、碱性成分（碳酸钠、碳酸钾、碳酸钙、碳酸镁、硼砂等），添加金属氧化物在1000～1500℃高温下熔融而成。

1. 玻璃食品容器的应用现状

玻璃在食品工业上的应用很广。玻璃的适应性强，透明度高，保护性能好，能利用多种造型、着色和装饰方法制成精美的容器,具有收藏价值,适于某些高档商品的包装并可使商品升值,深得顾客的青睐。

玻璃制品广泛应用于:醋、酱油与酸性食品容器;食品发酵罐、晒缸;酒类、含醇类和脂肪类食品容器等。其产品特点为:① 表面光滑,易清洗;② 抗微生物腐蚀;③ 无毒无味;④ 导热率低,有效保持恒温储存;⑤ 使用寿命长,无须维护;⑥ 根据用户要求制作各种规格。

目前玻璃制品中使用最多的就是饮料瓶,特别是啤酒瓶以及玻璃罐头瓶。

2. 玻璃食品容器对健康的影响

玻璃制品通常是以二氧化硅为主要原料经高温熔融成型,它被广泛地用作食品容器。二氧化硅经消化道摄入人体后几乎不被吸收。但在玻璃的辅料中有时会使用毒性较大的化合物,如氧化铅,氧化砷等,在贴花材料中也会直接使有一些无机金属盐类。因此在使用玻璃器皿时要注意,不要用碱液长时间浸泡。碱液能使二氧化硅溶解;同时也使分布于二氧化硅中的其他辅料溶解,向食品中迁移,造成污染。只要使用方法正确,玻璃制品是卫生安全的食品容器。

对玻璃制品原辅料的卫生要求如下:

① 二氧化硅。毒性小、但应注意二氧化硅原料的纯度。

② 玻璃着色剂。氧化铜、氧化钴、红丹粉、三氧化铝二砷。

③ 从玻璃制品中溶出的金属。

④ 铅玻璃。在高档玻璃器皿中,如高脚酒杯往往添加铅化合物,加入量一般高达玻璃的30%,这是玻璃器皿中较为突出的问题。

第十节 烧烤食品对人体健康的危害

一、概述

烧烤是一种传统特色食物。其制作过程简单快捷,成品鲜香嫩滑,一度成为老少皆宜的流行食品。但事实表明,烧烤食物作为一种潜在的健康隐患,时时刻刻危害着我们的健康,破坏着我们的环境。

二、烧烤食品对人体的危害

1. 直接危害

(1) 细菌、微生物、寄生虫

尽管有人认为烧烤温度高,可消灭绝大多数细菌、微生物,但实际的研究结果并非如此。表10-3为深圳熟食中6种致病菌的抽查结果。

表 10-3　深圳熟食中 6 种致病菌

样品种类	致病菌								
	份数	沙门氏菌	志贺氏菌	金黄色葡萄球菌	单增李斯特菌	致泻大肠杆菌	副溶血弧菌	合计	检出率/(%)
烧烤类	80	1	0	3	0	0	0	4	5.0
酱卤类	80	0	0	1	0	0	0	1	2.5
白切类	80	1	1	4	1	0	1	8	10.0
凉拌类	100	1	0	1	0	3	2	7	7.0
合　计	340	3	1	9	1	3	3	20	5.9

资料来源：贺连华等，2005.

由表 10-3 可知，烧烤食物并非如我们所想的那样无菌，其中金黄色葡萄球菌检出率还相当高。金黄色葡萄球菌是一种引起人类和动物化脓感染的重要致病菌，在自然界分布广泛，污染途径很多，尤其是通过工作人员的手和上呼吸道而污染食品。

由于经营烧烤的成本很低，尤其是路边烤肉，只要有烤炉、木炭、羊肉、调料简单的四样即可开张。经营者往往未经充分准备便急于开业，缺乏相关培训、未经过严格体检，使得操作流程中出现多处隐患；路边烧烤小摊没有冷冻保鲜设备，在高温夏季，肉品质量很难得到保证；为吸引更多食客，小摊紧邻路口，没有任何遮挡设施，使食物直接暴露于尾气飞尘之中；从业人员，边烧烤边吆喝，更加速了病菌传播速度。没有营业执照、没有卫生许可证，这种非法的经营方式，为消费者的健康带来了极大隐患。

当然，这仅仅是最表面的文章，实际上，很多利欲熏心的经营者不顾消费者安全，购进低质煤炭，反复使用未经消毒的铁（竹）签，甚至加工病死、变质的禽畜，而加热火力不均又为细菌、微生物、寄生虫提供了进入人体的绿色的庇护通道。

(2) 多环芳香烃

多环芳香烃(PAH)，俗称焦油，主要来源于煤、石油、煤焦油、烟草和一些有机物的热解或不完全燃烧。

在烧烤过程中，PAH 最广泛的来源是融化的脂肪滴至加热器上，再被热裂解。而其含量与其烹调条件显著相关。

我国曾对 68 份熏烤肉食品中 PAH 轮廓进行研究，表 10-4 显示，通常生肉不含任何 PAH，这些肉在加入调料加工后，即检测出䓛，其次为苯并[e]芘。炙烤过的成品中，䓛与苯并[e]芘均较肉坯中含量高 2～3 倍或更多，同时还检测出了其他 PAH。这些高 PAH 含量的肉品皆以木柴、木炭明火炙烤，肉坯在铁箅架上直接接触火焰，含 PAH 的烟尘和肉中脂肪高温裂解是造成 PAH 污染的主要原因。

除烹调方法外，一项研究中还发现 PAH 浓度与脂肪含量呈正比，并在烹调过的肥牛肉中检测高浓度苯并[a]芘(130微克/千克)。

表 10-4 中国传统烤肉品种 PAH 含量

品 名	PAH 含量/(微克/千克)							
	䓛	苯并[j]荧蒽	苯并[e]芘	苯并[k]荧蒽	苯并[a]芘	7,12-二甲基苯并[a]蒽	二苯并[ah]蒽	茚酚(1,2,3-cd)芘
涂料生鸭肉	0.94	—	—	—	—	—	—	—
涂料生鸭皮	2.95	—	0.23	—	—	—	—	—
烤鸭肉 1	3.92	—	0.34	—	—	—	—	—
烤鸭皮 1	12.53	—	1.51	—	—	—	—	—
烤鸭肉 2	3.81	—	0.3	—	—	—	—	—
烤鸭皮 2	10.39	—	0.82	—	0.75	—	—	—
烤鸭肉 3	1.53	—	0.43	—	—	—	—	—
烤鸭皮 3	9.15	—	1.84	—	—	—	—	—
烤鸭肉 4	4.32	—	3.7	—	0.98	0.32	—	0.67
烤鸭皮 4	25.47	6.7	3.05	5.04	2.39	—	0.43	2.89
拌料生羊肉串	3.79	—	0.5	—	—	—	—	—
烤羊肉串 1	15.41	—	2.25	—	1.47	—	—	—
烤羊肉串 2	7.38	—	0.67	—	—	—	—	—
烤羊肉串 3	5.41	—	3.03	—	—	—	—	—
烤羊肉串 4	15.5	2.76	1.5	2.15	1	—	0.2	2.39
烤羊肉串 5	13.17	6.07	3.62	3.92	2.84	0.22	1.38	6.66
拌料生牛肉	2.21	—	0.21	0.49	—	—	—	—
烤牛肉 1	9.05	—	1.26	—	—	—	—	—
烤牛肉 2	13.11	—	1.66	—	1.58	—	—	—
烤牛肉 3	11.7	—	0.98	—	0.41	—	—	—
烤鹅	1.41	—	0.23	—	0.06	—	0.14	—
烤乳猪	6.67	—	0.68	0.78	0.44	0.08	0.7	2.05

资料来源:陈炳卿等,2002.

PAH属于脂溶性化合物,可以通过肺、胃肠道和皮肤吸收。因此,人类摄入PAH的主要途径为:① 通过肺和呼吸道吸入含PAH的气溶胶和微粒;② 摄入受污染的食物和饮水进入胃肠道;③ 通过皮肤与携带PAH的物质接触。无论经过何种途径污染,PAH都可以在整个机体广泛分布,几乎在所有脏器、组织中均可发现,而在脂肪组织中最为丰富。PAH甚至能够通过胎盘屏障,在胎儿组织中被检出。

PAH的毒性主要表现在强致癌作用,导致皮肤癌、肺癌、上消化道肿瘤等。对于炼焦工人、沥青作业工人和铝冶炼工人进行流行病学研究,发现他们由于接触

PAH而造成肺肿瘤发生率增加，且有剂量效应关系。

(3) 杂环胺类

杂环胺是在食品加工、烹调过程中由于蛋白质、氨基酸热解产生的一类化合物。早在1939年，Widmark就发现用烤马肉的提取物涂布于小鼠的背部可以诱发乳腺肿瘤。通过化学检测，发现烹调的鱼和肉类食品是膳食杂环胺的主要来源。

影响杂环胺的形成关键因素有反应时间和温度。试验显示，平底锅温度从200℃升高到300℃，杂环胺的致突变性增加5倍。在烧烤中温度较高，产生的杂环胺也相应地增多。

所有杂环胺都是前致突变物，必须经过代谢活动才能产生致癌性、致突变性。食入杂环胺会很快经胃肠道吸收，并通过血液分布于身体的大部分组织。

杂环胺可在动物体内与DNA形成加合物，这是致癌性、致突变性的基础。动物实验表明，形成的DNA加合物以肝脏含量最高，其次是肠、肾、肺。此外，通过对啮齿动物实验测试发现，杂环胺具有致癌性，其致癌靶器官主要是肝脏，但还可诱发其他部位的肿瘤。

(4) *N*-亚硝基化合物

在日常膳食中，绝大部分亚硝酸盐在人体内像“过客”一般随尿排出体外，而在过量摄入亚硝酸盐，体内又缺乏维生素C的情况下，亚硝酸盐便会表现毒性。

在烧烤之前，为了使肉质品尝起来鲜美可口，常常添加嫩肉粉等调料进行腌制，但如果腌制时间过短、温度过高或食盐用量不足10%，都易引起细菌大量繁殖。食物内的硝酸盐在还原菌的作用下转化为亚硝酸盐，使亚硝酸盐含量增加。此外，一些加工粗糙的低质盐本身也会携带亚硝酸盐。

更糟的是，当某些肉类在腌制中腐败变质时，其蛋白质分解产生大量胺，再加上腌制过程中产生的亚硝酸盐，使得半成品中合成大量亚硝胺。

亚硝基化合物大都具有致癌、致畸、致突变作用。虽然目前对亚硝基化合物的致癌作用尚缺乏直接证据，但对动物的致癌性是毫无疑义的。此外，日本人爱吃咸鱼和咸菜，其胃癌也高发，这种明显的正相关性，进一步表明亚硝基化合物的致癌性。

(5) 重金属

由于一些合金制成的餐具等常或多或少含有一些铅，在一定条件下(如盛放酸性食品时)容器中的铅可溶出而污染食品。在烧烤中，多次加热金属扦子，甚至加工变质腐败肉类，都可能造成重金属中毒。

2. 成分变化

如上文所述，在烧烤过程中，发生了大量的化学反应。现将这些物质的转化过程分别总结如下：

(1) 脂肪

油脂在高温200～500℃下热解可产生PAHs。烧烤食品时温度远远高于200℃，脂肪受热分解，经环化、聚合而形成苯并芘这种五环芳香烃；此外，油滴溅在火上也可形成苯并芘，附着于食品表面。

(2) 蛋白质、麦芽糖

当烧烤达到肉类表面焦黄时，糖类和蛋白质在热的激活作用下发生化学反应——美拉德反应，散发出诱人的芳香。此时，维生素、蛋白质、脂肪均发生了变性，降低了蛋白质和氨基酸的利用率。

此外，摄入过多烧烤、熏烧的蛋白质类食物会造成体内缺钙，进而导致眼球虹膜强度降低、韧性下降，不能对抗长时间的刺激，造成初期近视。

(3) 食盐

在食品烧烤时，高温油炸等处理有利于亚硝胺的形成，亚硝胺对人体具有剧毒性、致癌性，亚硝酸盐也能引起慢性和急性中毒。

(4) 味精

味精是一种谷氨酸盐，在70℃以上才能充分溶解，但超过130℃时，部分将变成焦谷氨酸钠，不但失去鲜味，还有毒性。

3. 间接危害

除了烧烤中形成的化学物质会对人体造成直接损伤外，烧烤过程中产生的污染物进入大气，也会间接地对人们日常生活造成不便。除了煤炭充分燃烧产生大量 CO_2 外，还有大量的不完全燃烧产物CO，煤炭不纯所形成的 SO_x、NO_x 和可吸入颗粒物(IP)，这些污染物含量的变化在室内烧烤中表现得更为明显。

CO是一种血液和神经毒物。相关调查表明，CO在营业高峰期含量显著高于营业前，浓度增幅将近4倍。

IP主要与用木炭作为燃料有关，烧烤过程中，木炭燃烧产生烟尘，同时烧烤肉类食品和食用油在高温条件下，产生大量的热氧化分解产物，以烟雾形式散发到空气中，造成烧烤时的IP污染严重。

CO_2 在烧烤中主要受木炭燃烧影响，若属于室内烧烤，其与人的呼吸亦密不可分。甲醛是挥发性有机物，烧烤过程中，烹调油及烤肉加热会产生少量甲醛，造成烧烤前后甲醛含量明显上升。

经环保NGO组织的PM2.5监测设备对露天烧烤和餐馆分布密集地区进行专门的空气质量监测，发现这些地方空气中的PM2.5浓度远超过其他地区。

在烧烤集中区域按照距离烤炉1米、10米、100米监测取值，结果发现距离烧烤街100米处PM2.5的平均浓度在190微克/立方米，10米处的平均浓度为334微克/立方米，而1米处的浓度甚至超过3000微克/立方米。

由于肉直接在高温下进行烧烤，被分解的脂肪滴在炭火上，再与肉里蛋白质结合，就会产生一种叫苯并芘的致癌物质。人们如果经常食用被苯并芘污染的烧烤食品，致癌物质会在体内蓄积，有诱发胃癌、肠癌的危险。

同时，烧烤食物中还存在另一种致癌物质——亚硝胺。亚硝胺的产生源于肉串烤制前的腌制环节，如果腌制时间过长，就容易产生亚硝胺。

此外，据近年美国一项权威研究结果显示，过多食用烧煮熏烤太过的肉食将受到寄生虫等疾病的威胁，甚至严重影响青少年的视力，造成近视。

第十一节　茶叶与人体健康

一、概况

作为世界三大饮料之一，茶在我国有悠久的饮用历史，它对人体健康的积极作用获得世界范围内的一致认可。20世纪以来，世界茶叶的生产和消费持续稳定增长。我国是世界上最大的茶叶生产与出口国之一，茶叶是我国出口创汇的一种重要农产品。

随着人们生活水平的提高，对食品安全的要求也不断提高。但是经济发展也带来了环境破坏、生态失衡等一系列问题，使得各种有害物质在食品中的残留量增加，这其中当然也包括茶叶。很多国家和国际组织都制定了相应的茶叶安全标准和法规。为了保证国际贸易的顺利进行、保证消费者的健康不受到影响，了解茶叶中铅的来源、铅的污染特性、茶树对铅的吸收累积特性以及相关标准和测定方法等问题是十分必要的。

二、茶的历史

"茶"字的原始意义是"苦菜"，最早出现在《百声大师碑》和《怀晖碑》中，时间大约在唐朝中期，公元806年到公元820年间。在此之前，"茶"是用多义字"荼"表示的。《神农本草经》有这样的记载："神农尝百草，日遇七十二毒，得荼而解之。"据考证，此处的荼即指古代的茶。我国是茶树的原产地，茶树最早出现于我国西南部的云贵高原、西双版纳地区。在公元前200年左右的《尔雅》中就提到过野生大茶树。

从唐代开始，饮茶之风已在贵族社会和民间颇为流行，各大都市到处可见茶肆，更有不胜枚举的咏茶诗篇。唐人陆羽对茶造诣颇深，时人称之为"茶圣"，他编著的《茶经》一书对茶有全面的介绍，是中国茶道的先声。唐时茶作为一种饮料，还流传到了周边国家和地区。

至宋代，饮茶基本仍沿用唐法，但又将高雅的享受发扬光大，"茶礼"和"奠茶"两种习俗盛行。士大夫们争相讲求茶品、火候、煮法及饮效等，宋徽宗更是以皇帝之尊，亲自撰写了《大观茶论》一书。

元代对"茶文化"的最大贡献，在于这一时期茶被推广到四大汗国的领域，北达俄国，西抵波斯及地中海以东之地。民间品茶之风，可从元曲"坐烧丹忘记春秋……淡饭一杯茶去"中看到茶、饭并列的情况。

明代是我国饮茶习惯的转折点，茶的形状渐由团茶变为散茶，对唐宋的饮茶准则也相应做了增减。原来的煮茶改为泡茶，并发明了"炒青法"，于是有了绿茶和红茶的制造。饮茶器具的风尚变为尚陶而轻瓷。"茶供"的礼节已没有唐宋的贡茶严肃了，代之的是更加"生活化"的方式。此时的茶肆已经非常普遍，民间的饮茶活动由室内转向户外。

至清代，饮茶之风已不如前朝盛行，很多礼节也被忽略。时至今日，饮茶被蒙上了浓厚的商业气息，各地茶馆各有特色，如福州茶馆兼营浴池生意、广东茶馆的工夫泡法、四川茶馆的花样繁多等等。茶是中国献给世界的珍贵礼物，作为我国传统文化的重要组成部分，茶文化在文化多元的现代社会中应该被继续发扬光大。

三、茶的分类

按照不同标准，对茶的分类也有较大差别。欧洲将茶分为绿茶、红茶和乌龙茶。日本以发酵程度为标准，分为不发酵茶、半发酵茶、全发酵茶、后发酵茶。我国使用较多的分类是以茶多酚氧化程度为标准，分为绿茶、黄茶、黑茶、青茶、白茶、红茶(表10-5)。

表10-5　中国茶叶分类

<table>
<tr><td rowspan="23">基本茶类</td><td rowspan="7">绿茶</td><td>蒸青绿茶</td><td></td><td>煎茶、玉露</td></tr>
<tr><td>晒青绿茶</td><td></td><td>滇青、川青、陕青</td></tr>
<tr><td rowspan="3">炒青绿茶</td><td>眉茶</td><td>炒青、特珍、珍眉、凤眉、秀眉</td></tr>
<tr><td>珠茶</td><td>珠茶、雨珍、秀眉</td></tr>
<tr><td>细嫩绿茶</td><td>龙井、大方、碧螺春、雨花茶、松针</td></tr>
<tr><td rowspan="2">烘青绿茶</td><td>普通烘青</td><td>闽烘青、浙烘青、徽烘青、苏烘青</td></tr>
<tr><td>细嫩烘青</td><td>黄山毛峰、太平猴魁、华顶云雾、高桥银峰</td></tr>
<tr><td rowspan="2">白茶</td><td>白芽茶</td><td></td><td>白豪银针</td></tr>
<tr><td>白叶芽</td><td></td><td>白牡丹、贡眉</td></tr>
<tr><td rowspan="3">黄茶</td><td>黄芽茶</td><td></td><td>君山银针、蒙顶黄芽</td></tr>
<tr><td>黄小芽</td><td></td><td>北港毛尖、沩山毛尖、温州黄汤</td></tr>
<tr><td>黄大芽</td><td></td><td>霍山黄大茶、广东大叶青</td></tr>
<tr><td rowspan="4">乌龙茶
(青茶)</td><td>闽北乌龙</td><td></td><td>武夷岩茶、水仙、大红袍、肉桂</td></tr>
<tr><td>闽南乌龙</td><td></td><td>铁观音、奇兰、黄金桂</td></tr>
<tr><td>广东乌龙</td><td></td><td>凤凰单枞、凤凰水仙、岭头单枞</td></tr>
<tr><td>台湾乌龙</td><td></td><td>冻顶乌龙、包种、乌龙</td></tr>
<tr><td rowspan="3">红茶</td><td>小种红茶</td><td></td><td>正山小种、烟小种</td></tr>
<tr><td>工夫红茶</td><td></td><td>滇红、祁红、川红、闽红</td></tr>
<tr><td>红碎茶</td><td></td><td>叶茶、碎茶、片茶、末茶</td></tr>
<tr><td rowspan="4">黑茶</td><td>湖南黑茶</td><td></td><td>安化黑茶</td></tr>
<tr><td>湖北老青茶</td><td></td><td></td></tr>
<tr><td>四川边茶</td><td></td><td>南路边茶、西路边茶</td></tr>
<tr><td>滇桂黑茶</td><td></td><td>普洱茶、六堡茶</td></tr>
<tr><td rowspan="6">再加工茶类</td><td>花茶</td><td></td><td></td><td>玫瑰花茶、珠兰花茶、茉莉花茶、桂花茶</td></tr>
<tr><td>紧压茶</td><td></td><td></td><td>黑砖、方茶、茯砖、饼茶</td></tr>
<tr><td>萃取茶</td><td></td><td></td><td>速溶茶、浓缩茶、罐装茶</td></tr>
<tr><td>果味茶</td><td></td><td></td><td>荔枝红茶、柠檬红茶、猕猴桃茶</td></tr>
<tr><td>药用保健茶</td><td></td><td></td><td>减肥茶、杜仲茶、降脂茶</td></tr>
<tr><td>含茶饮料</td><td></td><td></td><td>茶可乐、茶汽水</td></tr>
</table>

资料来源：陈利燕等，2004.

四、茶的化学成分与功效

茶叶的化学成分包括3.5%～7%的无机物和93%～96.5%的有机物。茶叶中的无机矿物质元素约有27种，包括磷、钾、硫、镁、锰、氟、铝、钙、钠、铁、铜、锌、硒等多种。茶叶中的有机化合物主要有蛋白质、脂质、碳水化合物、氨基酸、生物碱、茶多酚、有机酸、色素、香气成分、维生素、皂苷、甾醇等。茶叶中含有20%～30%的叶蛋白，但能溶于茶汤的只有3.5%左右。茶叶中含有4%～15%的游离氨基酸，种类达20多种，大多是人体必需的氨基酸。茶叶中含有25%～30%的碳水化合物，但能溶于茶汤的只有3%～4%。茶叶中含有4%～5%的脂质，也是人体必需的。除此之外，茶叶中富含若干功能性成分，对人体保健起着相当大的作用。

茶作为我国历史悠久的大众饮品，总体来说具有八方面的功效：

① 兴奋作用。茶叶的咖啡碱能兴奋中枢神经系统，有助于消除疲劳、提高工作效率。

② 利尿作用。可用于治疗水肿、水滞留，利用红茶糖水的解毒、利尿作用能治疗急性黄疸型肝炎。

③ 强心解痉。咖啡碱具有强心、解痉、松弛平滑肌的功效，能解除支气管痉挛，促进血液循环，是治疗支气管哮喘、止咳化痰、心肌梗塞的良好辅助药物。

④ 抑制动脉硬化。茶叶中富含的茶多酚和维生素C都有活血化瘀、防止动脉硬化的作用。

⑤ 抗菌、抑菌作用。茶中的茶多酚和鞣酸作用于细菌，能凝固细菌的蛋白质，将细菌杀死，可用于治疗肠道疾病，如霍乱、伤寒、痢疾、肠炎等，皮肤生疮、口腔发炎、溃烂、咽喉肿痛等也都可以用茶叶来治疗。

⑥ 减肥作用。茶中的咖啡碱、肌醇、叶酸、泛酸和芳香类物质等多种化合物，能调节脂肪代谢，特别是乌龙茶对蛋白质和脂肪有很好的分解作用，茶多酚和维生素C能降低胆固醇和血脂。

⑦ 防龋齿。茶中含有氟，氟离子与牙齿的钙质有很大的亲和力，能变成一种较难溶于酸的氟磷灰石，可以给牙齿加上一个保护层。

⑧ 抑制癌细胞作用。茶叶中的黄酮类物质有不同程度的体外抗癌作用，作用较强的有牡荆碱、桑色素和儿茶素。

饮茶有诸多益处，但也有其不利的方面，如茶叶中的咖啡碱、茶碱等具有兴奋作用的成分，大量使用可能会导致失眠，茶叶中的鞣质或多酚类成分会刺激肠胃，导致胃部不适。某些健康不佳的人，如缺铁性贫血者、神经衰弱者、胃溃疡患者、肝功能不全者、哺乳期妇女、孕妇、醉酒者、心脏病者等都不适宜大量饮茶。

五、茶叶中的有害物质

随着人们生活水平的提高,消费者对食品质量和安全性的要求也日渐提高,但是农药的大量使用和工业的发展却使得茶叶中有害物质含量呈增加的趋势。总体上茶叶中的有害物质可分为两类,即农药残留物和重金属,其中的很多物质已经被诸多国家和国际组织制定限量标准。农药残留物包括六六六、DDT、三氯杀螨醇、氰戊菊酯、氯氰菊酯、优乐得、敌敌畏、甲胺磷、氟等,重金属主要包括铅、铜、镉等。

1. 茶叶中的铅污染

(1) 铅的危害

铅是一种有毒的重金属,它的化合物也具有一定的毒性,是当今众多危害人体健康和儿童智力的因素之一。据相关研究透露,现代人体内的平均含铅量已超过1000年前古人的500倍,其中儿童体内平均含铅量普遍高于年轻人,交通警察又比其他行业的人受铅毒害更深。铅进入机体后会对神经、造血、消化、肾脏、心血管和内分泌等多个系统产生危害,除部分通过粪便、汗液排泄外,其余在数小时后溶入血液中,阻碍血液的合成,导致人体贫血,出现头痛、眩晕、乏力、困倦、便秘和肢体酸痛等反应,动脉硬化、消化道溃疡和眼底出血等症状也与铅污染有关。儿童铅中毒则会出现发育迟缓、食欲不振、行走不便和便秘、失眠,还会伴有多动、听觉障碍、注意力不集中、智力低下等现象。这是因为铅进入人体后通过血液侵入大脑神经组织,使营养物质和氧气供应不足,造成脑组织损伤所致,严重者可能导致终身残疾。特别是处于生长发育阶段的儿童,他们对铅比成年人更敏感,进入体内的铅对神经系统有很强的亲和力,故对铅的吸收量比成年人高好几倍,他们受害尤其严重。铅进入孕妇体内则影响胎儿发育,造成畸形等。

(2) 茶叶中铅污染来源

① 土壤母质中的铅

土壤中的铅是茶叶中铅的主要来源之一,茶树在生长过程中吸收土壤中的铅,进而在茶叶中积累。但是近期研究也发现,土壤中铅的总含量并不能最终决定茶叶中铅含量的高低。如陈利燕等人对杭州、安徽和江苏三地的三块茶园分别采样,发现土壤中铅含量高低与茶叶中的铅含量并没有直接的关系。Jin等人研究发现,用$CaCl_2$提取的土壤中的铅含量与茶叶中的铅含量有很强的相关性。这是因为土壤中的有机胶体和无机胶体对铅有强烈的固定作用,同时受铅本身的理化性质影响,使得土壤中大部分铅不能被植物吸收利用;而$CaCl_2$提取的铅是土壤中水溶性的铅和部分可交换性的铅,这两部分铅较容易被植物吸收,故被称为生物有效性铅。根据Jin等人的研究结果,土壤中的pH和有机质含量会影响土壤中生物有效性铅的含量,进而间接地影响茶叶中铅的含量。Jin等人对杭州地区的茶园进行调查发现该地区茶园土壤酸化非常严重,这在很大程度上活化了土壤中的铅,使其更易被茶树吸收，从而间接地增加了土壤中铅在茶叶中的积累。同时，Jin 等人通过研究也发现茶园土壤中有机质含量与生物活性铅的含量呈显著正相关，其原因可能是有机质中的羧基（—COOH）、羟基（—OH）、羰基（—C ═O）和氨基（$—NH_2$）等能与重金属发生络合，从而在一定程度上改变了土壤中铅的形态，提高其生物有效性。

② 大气沉降物的铅

大气沉降物中的铅，主要来自工业生产和汽车的运行。工业生产活动很容易产生含铅量较高的粉尘，如加工制造时固态燃料的燃烧、钢铁以及水泥的生产等。JIN 等人以整个浙江茶叶产区为研究对象，发现工业越发达的县市附近所采集茶叶样品中含有大气沉降的铅量就越大，个别工业发达地区的采样点，采集的茶叶样品中的铅，甚至能被水洗去 50%左右，证实了工业生产活动对茶叶的铅污染主要是通过大气沉降来实现的。

汽油中因添加有四甲基铅和四乙基铅，使得汽车排放的尾气中含有如 $Pb(OH)_2$、$PbBr_2$、Pb(OH)Br、PbClBr 等铅化合物。这些铅化合物可溶性较高，可吸附在空气颗粒物上，然后随气流沉降在公路两侧的土壤和植物上。汽车尾气中的铅在土壤和植物中的分布主要受地形、气候、公路的形状、交通密度、与公路之间的距离等因素影响，不过大部分的铅还是沉积在靠近公路的范围内，有一小部分由于气流的带动作用，沉积在更远的地方。石元值等人通过对距公路远近不同的茶园中的铅含量进行调查，发现汽车尾气对茶叶新梢、老叶中的铅元素含量的影响较大，公路边的茶园土壤中生物有效性铅的含量比远离公路的茶园土壤要高 65%左右，同时基于对比分析提出在公路和茶园间种植树木可以减少其中铅元素的含量。

③ 加工过程的铅

茶叶的加工工艺环节较多，而且不同类型的茶叶有不同的加工工艺。在加工过程中茶叶会与金属设备有不同程度的接触，从而可能会造成茶叶的铅污染。韩文炎等人研究发现，茶叶加工过程中铅污染的程度因工序、作业方式和机具的金属组分不同而异，铅污染主要来自尘土和揉捻机中的铅，同时堆放在不洁的地上会导致茶叶中铅含量的倍增。初制加工中的堆放工序使得铅的增幅最大。由于揉捻的时间和压力不同，使得不同茶类有明显区别，烘青和炒青的污染程度较重，红碎茶和工夫红茶次之，而龙井茶几乎没有污染。JIN 等人的研究发现，各种茶叶，其加工工序对茶叶铅含量有不同的影响，其中揉捻工序的污染最大、烘干工序影响不大。

2. 茶叶中的氟污染

(1) 茶叶中氟的来源

茶树是植物界中氟含量最高的几种植物之一，茶叶中氟含量是蔬菜的 5～20 倍，水果的 12～30 倍。氟主要累积于茶树的叶片内，随着茶树新梢的生长而不断增加,茶树老叶中氟含量比嫩叶要高数十倍。茶叶中氟含量一般为30~40毫克/千克(ppm),少数茶叶可高达1000多毫克。茶叶中的氟是由茶树的生理特性决定的。茶叶中氟的来源主要有:

① 茶园土壤。茶树能从土壤中吸收氟,土壤中水溶性氟含量高,茶叶中氟含量也高。

② 茶园大气。茶树可通过叶片吸收空气中的氟,茶树周围大气中氟的浓度直接影响到茶叶中氟含量。

③ 施肥。施用磷肥(主要原料为含氟磷灰石,含氟量4%)能提高茶叶中氟含量。

④ 茶树品种。不同茶树品种的鲜叶内氟含量差异显著,有研究认为大叶种茶树氟含量较小叶种高。

⑤ 老叶富积。制茶原料越老,氟含量越高。茶叶中氟的水溶性很好,茶叶冲泡5分钟,70%以上的氟能溶解于茶汤,30分钟后茶叶中90%以上的氟能溶解于茶汤。茶叶中的氟能通过饮茶而进入人体。

(2) 氟与人体健康

氟是人类生命活动所必需的微量元素之一。人每日约需要1.0~1.5毫克。氟具有促进人体骨骼和牙齿的钙化,增强骨骼的强度;有利于牙釉质的形成,坚固牙齿,抑制牙细菌,减少由于牙细菌产生的酸对牙齿的腐蚀,具有防龋齿作用。氟摄入量不足,易使人生佝偻、骨质疏松和龋齿等病。在缺氟地区,人们可以通过饮茶来补充氟,美国和加拿大的部分城市则在自来水中加入氟,我国有含氟牙膏。但是,如果长期摄入过量氟化物时就会引起慢性氟中毒。氟中毒的临床表现主要为氟斑牙、氟骨症和尿氟增高等。

六、国内外茶叶相关标准简介

1. 国际标准

ISO/TC34/SC8组织在20世纪60年代末至70年代,制定了红茶标准。其中对红茶品质的要求集中反映在ISO 3720中,该标准获得了诸多国家的赞同,标准中肯定茶叶品质一般由茶师通过感官审评来评价,而标准的技术要求则是根据化学成分来确定品质规格的。20世纪70年代末TC34/SC8着手制定速溶茶的规格。1982年首先推出ISO 6770-1982速溶茶自由流动堆积密度和紧密堆积密度的测定;1984年推出ISO 7516-1984速溶茶取样方法;1989年又通过ISO 7514-1989速溶茶总灰分测定、ISO 7513-1989速溶茶水分测定、ISO 6709.2速溶茶规格,并配套完成了速溶茶产品规格标准和检验方法标准。

茶叶在CAC的分类表中属于天然饮料类,因此在农药残留限量、食品污染物、添加剂评估和限量上,是参照执行天然饮料标准的。CAC标准中涉及茶叶的标准共有5项,其中有4项是方法标准,1项是安全质量标准。

FAO、WHO先后制定了茶叶中18种农药的残留限量标准，但相继又撤销了其中的2种，因此目前有效的茶叶中农药残留限量标准有16种。FAO、WHO所制定的残留限量标准明显较欧盟的标准宽松，世界上许多国家，如美国、印度、日本、韩国等国的残留限量标准，都参照该标准制定。

2. 国外标准

美国进口茶叶的最低标准是通过不同方式和评茶师的感官审评建立起来的。根据美国《食品、药品和化妆品管理规定》，各类进口茶叶必须经FDA抽样检验，对品质低于法定标准的产品和污染、变质或纯度不符消费要求的，茶叶检验官有权禁止进口；对茶叶的农药残留量除非经出口国环境保护部门许可，或按规定证明残留量在允许范围内，否则属不合格产品。

澳大利亚海关"进口管理法"1975年和1977年先后规定，泡过的茶叶、掺有假茶或不适合人类饮用的茶叶、有损于健康和不合卫生的茶叶绝对禁止进口。对一般进口的茶叶，必须符合下列标准：水浸出物不少于30%（以干态计），总灰分不超过8%，水溶性灰分不超过3%（以干态计）。

英国将ISO 3720红茶规格标准等转换为英国的国家茶叶标准，规定从1981年4月1日起，凡在伦敦拍卖市场出售的茶叶，必须符合这个标准，否则就不能出售。

德国赞同ISO 3720，除有严格的茶叶卫生标准外，还定有一系列检验方法标准。该国实施茶叶中农药残留限量标准时执行双重标准，除了欧盟的标准外，还制定有自己的标准。德国的标准是世界上茶叶中农药残留限量标准中最严的标准。2001年新颁布的茶叶中农药残留限量标准有39项，另有240项泛指所有植物性材料的标准。除了农药外，还包括一些农药中助剂的残留限量标准，如包括八氯二丙醚（S421）增效剂的残留限量标准。

除此之外，埃及、巴基斯坦、法国、智利、罗马尼亚、保加利亚等很多国家都相应制定了自己本国的标准。

3. 国内标准

到目前为止，我国制定的涉及茶叶的国家标准、行业标准和省级地方标准超过470余项（其中国家标准85项，行业标准58项，涉及产品质量的标准39项，技术规程8项，方法标准81项，物流标准2项，基础标准13项）。2005年，《食品中农药最大残留限量》（GB 2763-2005）、《食品中污染物限量》（GB 2762-2005）的正式文本被公布，其中对重金属和9种农药在茶叶中的残留进行了新的规定。2005年10月1日，新的《茶叶卫生标准》正式实行，其中主要农药残留标准与CAC的要求基本相同，但不少指标远低于无公害食品的要求。其中颇受争议的两个指标是：铅含量≤5毫克/千克（ppm），氟含量≤300毫克/千克（ppm），茶叶界普遍反映过于苛刻，没有体现出在保证安全健康的前提下尽量有利于产业发展的精神。

4. 茶叶中的铅含量标准

迄今世界只有少数国家制定了茶叶中的铅含量标准，大多数国家未将茶叶中铅的残留量作为必检项目。从已有标准来看,我国对茶叶中铅含量的标准制定得较为严格(表10-6)。

表10-6 国内外茶叶中铅的最大残留量标准

茶叶铅的最大残留标准	实施国家
2 mg/kg(紧压茶3 mg/kg)	中国(1988年制定)、马来西亚、新加坡、克罗地亚、毛里求斯
5 mg/kg	欧盟、中国(2001年制定)
10 mg/kg	澳大利亚(1995年制定)、加拿大(1985年制定)、印度、斯洛伐克、保加利亚、爱沙尼亚、爱尔兰、肯尼亚、突尼斯、赞比亚、牙买加
25 mg/kg	日本(1960年制定)

资料来源:罗淑华等,2004.

从表10-9可以看到,2001年我国茶叶卫生标准中将1998年制定的2毫克/千克修改为5毫克/千克。这一方面是与国际标准接轨,另一方面则是因为相关研究证明茶叶中的铅,只有微量被浸出于茶汤中,泡茶后茶汤中的铅含量仅为微克级。

5. 茶叶铅限量标准制定的特殊性

茶叶中尽管会含有一定量的铅,但是茶叶中的铅含量与饮用的茶汤中的铅含量是不能等同的,由于茶在冲泡时铅的浸出率低,而且茶中的多酚类物质具有清除水中重金属离子的功能,所以一定的铅含量到底对人体会造成的危害有多大并不是个容易确定的问题,这不但为标准的制定和国际化推广造成了一定难度,也使得有些国家并未将茶叶的铅残留量作为必检项目。

人们饮茶大都是饮用茶汤,而非全食茶叶,所以茶汤中的铅含量才是最关键的。台湾1994年用ICP法对茶叶中19中矿物质元素的含量及泡茶时的浸出率进行了研究,发现铅在茶汤中浓度极低。李志南对茶多酚与Pb^{2+}络合反应的机理和应用进行了研究,得出茶多酚与Pb^{2+}发生络合反应形成沉淀:络合反应分两级进行,两级反应Pb^{2+}与茶多酚配比分别为2∶1和1∶1;沉淀在pH为3~12之间时稳定性良好,当pH<3或pH>12时沉淀发生转溶。这一性质可以应用到提取茶多酚工艺和净化生活用水及重金属回收工程上。络合物分子结构大,一般不能被人体吸收,融入茶汤中的铅被人体吸收的比例仅为5%~15%。浙江省食品检测所对3个铅超标的龙井和1个铅超标的铁观音共4个样,采用冲泡法(三次合计)测出铅的平均浸出率为20.5%。国家茶叶质量监督检测中心及浙江食品质检所,选择铅含量超标的绿茶和乌龙茶共10个茶样,检测其茶叶铅含量和茶汤中铅浓度:10个样本平均铅含量为2.86毫克/千克,而茶汤中的平均铅浓度仅为7.2微克/升。这一浓度仅是我国饮用水标准(50微克/升)的1/7,是世界卫生组织和日本规定饮用水标准(100微克/升)的1/13。

茶叶中铅的浸出率受很多因素影响。陈利燕等人的研究指出,茶叶在茶汤中铅浸出率与浸泡温度呈正相关;冲泡时间对浸出率影响不大;铅浸出率与茶水比、冲泡次数呈负相关;冲泡水的pH也会影响铅的浸出率,用pH为7.0的水冲泡茶叶时浸出率最小，用酸性水和碱性水冲泡的铅浸出率都会稍大。制定一个广泛被认可、具有实效的标准具有相当大的困难。

专栏 10-1

污染物、农药在茶叶中的含量限量规定

我国公布的《食品中农药最大残留限量》(GB2763-2005)和《食品中污染物限量》(GB2762-2005)规定中，与茶叶有关的标准包括：

1.《食品中污染物限量》(GB2762-2005)

GB2762-2005 对 2 种污染物在茶叶中的含量做出限量规定，分别为铅(≤5 mg/kg)和稀土(≤2.0 mg/kg)

2.《食品中农药最大残留限量标准》(GB2763-2005)

GB2763-2005 对 9 种农药在茶叶中的含量作出限量规定，分别为六六六(≤0.2 mg/kg)、DDT(≤0.2 mg/kg)、氯菊酯(红茶、绿茶)(≤20 mg/kg)、氯氰菊酯(≤20 mg/kg)、氟氰戊菊酯(红茶 绿茶)(≤20 mg/kg)、溴氰菊酯(≤10 mg/kg)、顺式氰戊菊酯(≤2 mg/kg)、乙酰甲胺磷(≤0.1 mg/kg)、杀螟硫磷(≤0.5 mg/kg)。

参考文献

[1] http://finance.sina.com.cn/roll/20040416/1618722739.shtml 新浪财经网，2004-04-16.
[2] http://news.xinhuanet.com/fortune/2005-03/15/content_2700050.htm 新华网，2005-03-15.
[3] http://www.tj.xinhua.org/shkj/2005-06/26/content_4510155.htm 新华网，2005-06-26.
[4] JIN C W, HE Y F, ZHOU G D, et al. Lead contamination in tea leaves and nonedaphic factors affecting it. Chemosphere, 2005, 61: 726～732.
[5] JIN CW, ZHENG SJ, HE YF, et al. Lead Contamination in Tea Garden Soils and Factors Affecting its Bioavailability. Chemosphere, 2005, 59: 1151～1159.
[6] 北达，申悟. 跨入基因时代——生命的起源、革命与人类前景. 合肥：安徽教育出版社，2003.
[7] 长弓，国艳. 中国酒文化大观. 北京：北京人民出版社，2001.
[8] 陈炳卿，孙长颢. 食物污染与健康. 北京：化学工业出版社，2002.
[9] 陈君石，闻芝梅. 转基因食品——基础知识及安全性. 北京：人民卫生出版社，国际生命科学学会，2003.
[10] 陈君石等译. 转基因食品——基础知识及安全性. 北京：人民卫生出版社，2004.
[11] 陈利燕，鲁成银，刘汀. 茶叶中铅的污染途径初探. 中国茶叶学会 2004 年学术年会论文集.
[12] 陈利燕，鲁成银，刘汀. 茶叶中铅在茶汤中的溶解动态研究. 中国茶叶，2004，(3)：16～17.
[13] 陈声明，陆国权. 有机农业与食品安全. 北京：化学工业出版社，2006.
[14] 陈颖等. 转基因作物及其食品的安全性. 生物技术，2004，13(5)：40～42.

[15] 陈中官,金崇伟.茶叶铅污染来源的研究进展.广东微量元素科学,2006,13(6):7～10.
[16] 窦争霞,胡蓉梅.土壤中的铅对三种蔬菜的影响.环境科学学报,1987,7(3):367～371.
[17] 傅明,胡宇东,陈新焕.关于茶叶中铅含量测定方法的初步探讨.茶叶,2001,27(1):56～57.
[18] 龚建华.中国茶典.北京:中央民族大学出版社,2004.
[19] 辜青青,谢凤俊,邵素英.转基因食品的安全性.江西园艺,2004(6):33～35.
[20] 顾淑华,旭军,朱忠精,顾宗濂,汪祖强,罗宗艳.红壤性水稻土铅环境容量研究.环境科学学报,1989,9(1):27～36.
[21] 顾祖维.转基因食品的安全性及其毒理学评价.毒理学杂志,2005,19 (1):9～11.
[22] 郭振东.注意正确使用不锈钢器皿.商业现代化专辑,1994,(4).
[23] 韩文炎,梁月荣,杨亚军,石元值,马立峰,阮建云.加工过程对茶叶铅和铜污染的影响.茶叶科学,2006,26(2):95～101.
[24] 何健.塑料袋装食品是健康杀手.沿海环境,2002.
[25] 贺连华,吴平芳,刘涛等.深圳市熟食中食源性致病菌污染状况的调查研究.中国热带医学,2005,5(2).
[26] 黄秀玲,杨汝男,王晓敏.纸质食品包装的新进展.中国造纸,2003,22(12).
[27] 姜红艳,龚淑英.茶叶中铅含量现状及研究动态.茶叶,2004,30(4):210～212.
[28] 姜培珍.食源性疾病与健康.北京:化学工业出版社,2006.
[29] 康孟利,骆耀平,石元值,马立峰,韩文炎.茶树对铅的吸收与累积特性.茶叶,2004, 30(2):88～90.
[30] 李锦龙.浅谈烧烤肉食品中的有害物对人体的危害.Chinese Journal of Animal Quarantine,2003,20(9).
[31] 李宁.转基因食品的食用安全性评价.毒理学杂志,2005,19(2):163～165.
[32] 李顺鹏.环境生物学.北京:中国农业出版社,2002.
[33] 李小兵.茶树铅累积分布规律初步研究.茶叶科学技术,2006,4:20～22.
[34] 李志南,姚红,肖纯.茶多酚与 Pb^{2+} 络合反应机理及应用研究.西南农业学报,1997,10(2):85～89.
[35] 刘静波.食品安全与选购.北京:化学工业出版社,2006.
[36] 刘军,李先恩,王涛,沈忠耀.药用植物中铅的形成和分布研究.农业环境保护,2002,21(2):143～145.
[37] 刘谦,朱鑫泉.生物安全.北京:科学出版社,2001.
[38] 吕殿录.环境保护简明教程.北京:中国环境科学出版社,2000.
[39] 罗鹏,计宏伟.玻璃容器与食品包装的结合——当今美国玻璃包装工业的特点.食品工业科技,2003,24(7).
[40] 罗淑华,曾跃辉.国内外茶叶标准综述(下).茶叶通讯,2004,(2):21～24.
[41] 罗云波.关于转基因食品安全性.食品工业科技,2001,21(5):5～7.
[42] 帕克(美)著.食品科学导论.江波等译.北京:中国轻工业出版社,2007.
[43] 石文艳,潘晓亮,万鹏程.铁元素的生理功能及其研究进展.畜牧兽医科技信息,2005,(3).
[44] 石元值,马立峰,韩文炎,阮建云.汽车尾气对茶园土壤和茶叶中铅、铜、镉元素含量的影响.茶叶,2001,27(4):21～24.

[45] 石元值,马立峰,韩文炎,阮建云.铅在茶树中的吸收累积特性.中国农业科学,2003,36(11):1272～1278.
[46] 时振东.塑料食品容器、包装材料卫生管理存在的问题与对策.预防医学文献信息,2002,8(2).
[47] 世界卫生组织.食品安全规划.关于转基因食品的20个问题,2002.
[48] 舒友琴,袁道强.毛细管离子分析法测定茶叶中的锌、锰、铜、铅和镉.茶叶科学,2005,25(2):121～125.
[49] 宋杰辰,朱强,于晓英等.纸质食品容器与包装材料卫生标准的探讨.中国公共卫生,1999,15(8).
[50] 唐德强,王玲.转基因食品的发展概况及其安全性.食品研究与开发,2004,25(1):93～95.
[51] 陶红,崔跃进,田德茂等.重视食品容器、包装及工具、设备的监督管理.贵州省公共卫生监督所,中国农村卫生事业管理2002,2(10).
[52] 汪晖,金凤明,杨扬,王文昌,陈智栋.差分脉冲溶出伏安法测定茶叶中的痕量铅.江苏工业学院学报,2006,18(1):28～30.
[53] 王林山等.转基因食品的安全性评价与管理.粮油加工与食品机械,2004,(5):37～41.
[54] 王孝堂.土壤酸度对重金属形态分配的影响.土壤学报,1991,28(1):103～107.
[55] 吴泳.环境·污染·治理.北京:科学出版社,2004.
[56] 谢幼丽,黄葵,高舸.ICP-AES法测定茶叶中铅、砷、铜.四川省卫生管理干部学院学报,1998,17(4):121～125.
[57] 徐奕鼎,王宏树.茶叶铅残留限量标准的分析与思考.福建茶叶,2004,(3):37～38.
[58] 阳承胜,蓝崇钰,束文圣.重金属在宽叶香蒲人工湿地系统中的分布与积累.污水处理技术,2002,28(2):101～104.
[59] 杨东升.转基因食品现状及潜在风险综述.食品研究与开发,2004,25(5):3～6.
[60] 杨乃用.实质等同性原则和转基因食品的安全性评价.2003,33(3):44～51.
[61] 杨卓亚,张福锁.土壤—植物体系中的铅.土壤学进展,1993,21(5):1～10.
[62] 殷丽君,孔瑾,李再贵.转基因食品.北京:化学工业出版社,2002.
[63] 永利.露天烧烤羊肉串,居民被熏怎么办?公安月刊,2002,(5).
[64] 庾利萍.食品塑料包装的现状及发展趋势.塑料包装,2005,(3).
[65] 曾北危.转基因生物安全.北京:化学工业出版社,2004.
[66] 曾祥年.纸质食品包装制品的发展趋势.展望与预测,(5).
[67] 张加玲,刘桂英.铝对人体的危害、铝的来源及测定方法研究进展.临床医药实践杂志,2005,14(1).
[68] 张建新,沈明浩.食品与环境学.北京:中国轻工业出版社,2006.
[69] 张军民,胡广东,高振川.转基因食品与饲料安全及其评价.中国农业科技导报,2002(4):21～26.
[70] 张乃明.环境污染与食品安全.北京:化学工业出版社,2007.
[71] 张有林.食品科学概论.北京:科学出版社,2006.
[72] 张至宝,张海霞.取缔露天烧烤任重道远——对济南市取缔露天烧烤的调查思考.山东环境,1999,(6).
[73] 赵国志.转基因食品的现状与问题.中国油脂,2000,25(6):40～44.

[74] 智研咨询 2017 年全球主要转基因作物种植面积及产销量统计. 载于中国产业信息网.《2017—2022 年中国转基因作物市场供需预测及投资战略研究报告》,2017-07.
[75] 中华人民共和国国家标准 BB/T5009.12-1996.
[76] 周卫东. 转基因作物的安全性与发展前景. 生物学教学,2005,30(8):5~7.
[77] 周小理. 食品安全与品质控制原理及应用. 上海:上海交通大学出版社,2007.
[78] 朱乐,炎炎夏夜,警惕路边烧烤污染身边环境. 环境警示,2006,(8).

思 考 题

1. 食源性疾病的定义、流行因素与特点。
2. 食源性疾病的分类及对人体健康的危害。
3. 食品污染的定义和分类。
4. 食品污染的途径和特点。
5. 食品污染对人体健康的危害。
6. 转基因食品的定义和分类。
7. 转基因食品的安全性及其评价原则。
8. 烧烤食品对人体健康的危害。
9. 茶叶对人体健康的影响。

第十一章　日用化学品与人体健康

第一节　概　　述

日用化学品渗入到人们现代生活的每个角落，给人们的生活带来很大影响。一方面，各种日用化学品提供便捷、卫生、高质量的生活方式；另一方面，随着品种和数量的增加，加之不合理的使用，日用化学品也带来了越来越多的卫生问题，甚至威胁使用者的健康。

日用化学品种类繁多，与人们的衣、食、住、行息息相关。按其用途可分为如下13类：洗涤剂、清洁剂、染料、擦光剂、化妆品、食品添加剂、黏合剂、涂料、皮毛和皮革保护剂、家用药品、除虫剂、家用气溶胶及其他。

日用化学品不仅种类很多，所含的化学物质也各异。

化妆品可以引起多种皮肤病变。毒性很高的苯胺用于生产涂料、光漆、染料、抗氧化剂、除草剂、杀虫剂、杀菌剂和家用杀虫剂等家用化学品，可以对人体造成损伤。萘（卫生球的主要成分），不论是误服，还是皮肤沾染或吸入高浓度蒸气，均可造成肝、肾损伤。还有广泛用作溶剂、灭火剂和干洗剂中的四氯化碳，用作去油剂和干洗剂的三氯乙烷（CH_3CCl_3），用作制冷剂和发泡剂的二氯二氟甲烷（CF_2Cl_2）、三氯一氟甲烷（$CFCl_3$）等，它们都是主要的氯代烃污染源。在农药、油漆、油墨、复写纸、黏胶剂等中用作添加剂，在塑料中用作增塑剂的多氯联苯（PCBs），是毒性很大的有机氯化物，可诱导肝癌的发展，还可以通过母体进入胎儿体内并致癌。多氯二苯并二噁英（PCDD）、多氯代二苯并呋喃（PCDF）是目前毒性最大的有机氯化物，也是主要的环境内分泌干扰物质。

本章主要介绍化妆品和洗涤剂对人体健康的危害。

第二节　化妆品对人体健康的危害

一、化妆品的定义和分类

1. 定义

化妆品是指以涂擦、喷洒或者其他类似的方法，散布于人体表面任何部位（皮肤、毛发、指甲、口唇、口腔黏膜等）以达到清洁、消除不良气味、护肤、美容和修饰目的日用化学品。

2. 分类

化妆品的品种繁多,据有关统计,我国目前的化妆品已达到30多类900多个品种。化妆品按其作用分为普通化妆品、特殊用途化妆品。

(1) 普通化妆品

产品常用的普通化妆品有护肤类、益发类、彩妆类和芳香类。

① 护肤类化妆品。这类化妆品具有清洁、保护和营养皮肤的作用,主要包括:清洁皮肤用品,如洗面奶、香皂、沐浴液等;保护皮肤用品,如面霜、乳液、防裂油等;特殊护理类,如面膜、磨砂膏和眼膜等。

② 益发类化妆品。是指用于毛发的清洁和保护,主要包括:清洁毛发用品,如各种香波、洗发膏等;护发用品,如发油、护发素、发乳和焗油等;整发用品,如发胶、摩丝、定型啫哩等。

③ 彩妆类化妆品。是指用于修饰面部皮肤以及眼周、面颊、口唇、指甲等部位的用品,如粉底、睫毛膏、唇膏、指甲油等。

④ 芳香类化妆品。是指以酒精溶液为基质,以香精、定香剂、色素为辅助的透明液态物质,如香水、古龙水、花露水等。

(2) 特殊用途的化妆品

是指用于育发、染发、烫发、脱发、美乳、健美、除臭、祛斑、防晒等的化妆品。这类化妆品为获得某些特殊功能常加入某些限用物质或有一定副作用的物质,因此对健康的危害比较突出。

二、化妆品污染的分类

1. 化妆品的微生物污染

化妆品各种原料都有被微生物污染的可能,其中尤以天然动植物成分、矿产粉剂、色素、离子和营养成分为甚。由于其中加入各种氨基酸、蛋白质或滋养品(胎盘提取液、人参、甘草提取液等),更有利于微生物的生长繁殖,因此在生产、保存和使用的过程中均易受到微生物的污染。微生物污染化妆品以后,除了可以引起化妆品腐败之外,还可以对使用者的健康带来不良影响,可能造成感染。

为了了解2010年广州进出口的化妆品微生物污染情况,按照卫生部《妆品卫生规范》(2007版)微生物学部分要求,对化妆品的菌落总数、霉菌和酵母计数、绿脓杆菌、金黄色葡萄球菌和粪大肠菌群5个项目进行检测分析。结果表明:2010年广州共检测6601份进出口化妆品,检出18份不合格样品,合格率为99.73%。在不合格样品中,18份样品全部菌落总数超标,其中1份样品同时检出霉菌超标,2份同时检出绿脓杆菌。香水类和口腔卫生用品类的卫生情况最好,合格率达到100%。

2015年广东省内对化妆品的菌落总数、粪大肠菌群、铜绿假单胞菌、金黄色葡萄球菌、霉菌和酵母菌5个项目进行检测分析。结果发现检测的10 516份化妆品中,不合格样品有73份,总合格率为99.31%。菌落总数单个项目不合格的样品有34份,霉菌和酵母菌单个项目不合格的样品有3份,菌落总数、霉菌和酵母菌两个项目同时不合格的样品36份,没有致病菌项目不合格的样品。

严重的微生物污染除了会引起化妆品腐败、变质、霉变,出现产品变稀或分层以外,其中的致病还可以诱发感染,用棉布涂擦可以引起疖肿、红斑、水肿和皮肤化脓感染。微生物污染还可以引起角膜炎、慢性结膜炎和眼睑炎。霉菌污染可以致皮肤真菌感染。

2. 化妆品的化学物质污染

(1) 化妆品中的有毒物质来源

一般而言,化妆品的成分毒性很低,其中的有毒化学物质主要来源有:

① 特殊用途的化妆品中某些限用的化学物质,如染发剂中的对苯二胺、2-4氨基苯甲醚,冷烫液中的硫代甘醇酸等属于高毒类化学物质,某些化妆品还含有具有致癌性的丙亚硝基二乙醇胺。

② 化妆品在生产和流通过程中还会受到有毒物质的污染,主要是重金属的污染。

化妆品原料中所含的多种化学品,如色素、防腐剂和香料等的安全问题是目前对皮肤危害最大的一个问题。因为化学品即使比较纯粹,也含有微量的杂质,长期使用容易刺激皮肤,引起过敏和皮肤色素加深;有些增白霜含有激素,在短期内确可使皮肤增白,但时间稍长,脸上就会出现黑斑。化学品的药理作用强,其副作用难以预料和控制,更何况有些高档的化妆品和香料中含有化学成分达几十种之多。往往越是高档化妆品其成分越复杂,过敏的机会也就越多。

(2) 化妆品中的化学物质分类

① 重金属。重金属污染是化妆品污染的主要卫生问题,常见的污染化妆品的重金属有汞、铅、砷、铬、镍等,其中以铅和汞的污染较为突出,如祛斑霜(包括增白剂)中的汞(氯化汞),香粉中的铅,生发剂、雪花膏中的砷等。

② 有机物质。各种化妆品中一般都含有防腐剂,多为有机物,例如甲醛。染发剂中大都使用氧化染料(如对苯二胺)、有机化合物和双氧水等混合而成,在个别染发剂中还有硝基对苯二胺、硝基氨基苯酚等。唇膏的主要成分为羊毛脂、蜡质和染料(可能为非食用色素)。这些成分都可能对人体健康造成不良影响。

③ 特殊成分。如部分化妆品可能含有雌激素或类雌激素类物质,长期使用该物质能引起儿童性早熟症状。有些丰乳膏中含有大量雌激素,用后虽使乳房增大,但却是暂时的;久用会使局部色素沉着,月经不调。

三、化妆品对人体的危害

化妆品要达到相应的效果,必定含有一些对人体有潜在危害的化学物品。即使是一些合格产品,它的化学品含量未超国家允许标准,但若长期使用,对人体也会有影响。更何况还有不少假冒伪劣产品、过期化妆品,祸害就更大。

1. 使用不当时造成的伤害

① 刺激性伤害。这是最常见的一种皮肤损害,与化妆品含有刺激成分、化妆品 pH 过高或过低、使用者皮肤角质层损伤有关。

② 过敏性伤害。化妆品中含有致敏物质,使具有过敏性体质的使用者发生过敏反应。

③ 感染性伤害。化妆品富含营养成分,具有微生物繁殖的良好环境。使用被微生物污染的化妆品会引起人体的感染性伤害,对破损皮肤和眼睛周围等部位伤害更大。

④ 全身性伤害。化妆品原料多种多样,许多成分虽然具有美容功效,但对人体可能具有多种毒性;某些成分本身可能无毒,但在使用过程中也可能产生有毒物质(如光毒性)。这些毒性成分可经皮肤吸收到体内并在体内蓄积,造成全身性的机体损害。

2. 化妆品中有毒物质的常见危害

① 化妆品中有毒化学物质如果超过限量,在使用中经过皮肤吸收可能产生全身毒性,个别的甚至引起急性中毒。

② 使用重金属含量过高的化妆品,可造成体内重金属的蓄积,甚至出现中毒反应。化妆品中的有机汞及其氧化物和盐类、有机砷可以通过完整的皮肤黏膜吸收,醋酸铅等染料可以经过破损的皮肤吸收。这些重金属物质还可以通过胎盘和乳汁造成胎儿和婴幼儿体内重金属负荷增加。增白霜中的汞是氟化汞和碘化汞,也很容易被皮肤吸收导致慢性积聚,会引起局部或全身性的毒副反应,如皮炎、肌肉萎缩、粟粒疹,甚至过敏反应。有些化妆品含有四氧化三铅(俗称丹红)或碱式碳酸铅(俗称铅白),进入人体或呼吸道易引起铅中毒。香粉和眉笔中就含铅,生发剂中会含有砷的成分。

③ 化妆品还可能被致癌、致畸和致突变的物质污染,这些物质的远期危害值得关注。合成香料中像醛类,往往对皮肤刺激很大。有的合成色素能使细胞产生变异。

④ 化妆品中作为溶剂的有机物多为微毒或低毒,但是仍然有血清酶和外周血指标的改变。有些有机物具有一定毒性甚至引起过敏反应,例如洗发香波中含的苯酚有毒性。若苯酚通过大面积皮肤吸收进入体内,对内脏、肾功能和神经系统有广泛的破坏作用。洗发水含苯胺类化合物,如不慎溅入眼内,两天内眼球表面就出现广泛性损伤,并能渗入晶体引起白内障。含氢醌的皮肤漂白剂、含硫化物的脱毛

剂以及指甲化妆品常可引起刺激性接触性皮炎。染发剂中的染料，主要是对苯二胺可使部分人发生过敏性皮炎。唇膏中的染料也可以通过口唇黏膜吸收，引起过敏反应。据报道，有9%的妇女在使用口红以后出现唇干裂等症状。

⑤ 婴幼儿误服化妆品也可以造成中毒。化妆品特别是喷雾型化妆品还可以污染空气，主要是有机物和滑石粉的污染。

3. 化妆品成分中"十大黑客"的伤害

(1) "黑客"一：紫外线吸收剂

防晒剂按作用分为物理性防晒和化学性防晒两大类。前者常用的有二氧化钛、陶土粉、氧化锌，后者主要有对氨苯甲酸、水杨酸类及香豆素等，其原理是吸收或反射紫外线。因此，防晒产品可使皮肤免受紫外线灼伤，但是其含有的化学防晒剂成分与紫外线接触后，也容易产生光过敏、光毒性，反而会"灼伤"皮肤，轻者使皮肤产生刺激或引起接触性皮炎，重者使皮肤产生红斑、皮疹，甚至糜烂，以致造成毁容。目前以化学合成的紫外线吸收剂为主。因此，我国化妆品卫生法规对化妆品组分中限用紫外线吸收剂、化妆品中最大允许使用浓度及标签上必须标印的使用条件和注意事项都做出了规定。

(2) "黑客"二：防腐剂

为了防止污染，护肤品、化妆品中都含有防腐剂。防腐剂也是一种不安全成分，容易导致皮肤过敏等炎症。购买化妆品时一定要注意是否还有防腐剂。

(3) "黑客"三：酒精

普通化妆品的成分中，一般都含有酒精，它对皮肤具有很大的伤害。

① 酒精具有超强的渗透力，能渗透到细胞体内，使其蛋白质凝固变性从而使细胞脱水，皮肤就会渐渐失去弹性。

② 酒精具有高挥发性，在带走皮肤热量的同时也带走了皮肤的水分，使皮肤的天然保湿能力及免疫力降低，造成皮肤干燥，粗糙，皮脂分泌旺盛，毛孔粗大。皮肤将会更快衰老。

③ 含有酒精的化妆品涂在皮肤上之后会有光敏反应发生，导致皮肤色素加重，产生难以逆转的斑点。

④ 由于细胞的适应性，在长期使用含有酒精的化妆品后，皮肤细胞就会对酒精产生依赖，而对不含酒精成分的化妆品产生排斥。

⑤ 酒精会麻痹细胞，使细胞难以区分营养物质的优劣，从而会吸收一些对皮肤有害的物质，例如铅，汞等有害物质，让皮肤不再健康。

(4) "黑客"四：矿物油

含有矿物油的护肤品滋润效果很好，但对皮肤负担很大。如果纯度高，产品的安全性也高；如果纯度太低，不但影响清洁效果，甚至会造成毛孔堵塞。

(5) "黑客"五：激素

经常使用带有激素的化妆品，会导致"激素美容综合症"，甚至会出现严重的皮肤反应。

长期使用含激素的化妆品会导致毛细血管扩张、萎缩,甚至出现多毛、皮炎等症状。同时,激素外用还可能引起人体内激素水平变化,造成内分泌混乱等症状。

(6)"黑客"六:对苯二酚

对苯二酚有美白除斑的作用,但使用不当会引起细胞毒性反应,且因它极畏光,所以需搭配高防晒系数产品,会对皮肤造成负担。对苯二酚本身是一种有毒物质,积聚下来会留下可怕的疤痕。它还可能对人体内部器官带来致命的伤害,尤其是肾和肝。

(7)"黑客"七:汞、铅、砷等重金属类

化妆品引起中毒的真正元凶是汞、铅、砷等重金属类,其中最重要的原因是重金属的超标。

① 汞对人体的危害。会导致色素脱失;皮肤刺激;造成皮肤损伤;造成体内汞的蓄积,从而引起机体各种不良反应,最主要的就是中枢神经系统,如失眠乏力、记忆力不好,特别是情绪的变化非常明显。

② 铅对人体的危害。除了对皮肤有影响外,还会造成神经衰弱,另外吸收铅以后,消化系统也会有一些症状,比如便秘、食欲不振,严重的话,肝功能可能有损害。

③ 砷对人体的危害。砷也会引起有神经系统的改变,同时还有一些周围神经的改变,比如手麻、脚麻、四肢无力、疼痛等症状,皮肤上可能还有黑变、色素的沉着。

(8)"黑客"八:香料

很多人都喜欢化妆品芳香的味道,其实香料也是伤害皮肤的元凶,可能造成光敏感、接触性皮炎等健康问题。

香料中含的"铬"和"钕"属于禁用元素,如果皮肤抵抗力较弱的患者使用,皮肤就会出现刺激感和灼烧感,或者皮肤敏感、发红,严重的就会导致皮炎。铬为皮肤变态反应原,可引起过敏性皮炎或湿疹,病程长,久而不愈。钕对眼睛和黏膜有很强的刺激性,对皮肤有中度刺激性,吸入还可导致肺栓塞和肝损害。

(9)"黑客"九:色素

与香料一样,含有"铬"和"钕"等禁用元素,其危害同香料。

(10)"黑客"十:双氧水

美容院通常都会使用双氧水起到美白的作用。但是如果浓度高,就会对皮肤有伤害,因为高浓度的双氧水会有很强的氧化性。如30%的双氧水会对皮肤产生腐蚀作用。

四、化妆品引起皮肤损害的原因分析

1. 化妆品本身的问题

① 化妆品中含禁用物质。如苯酚、维甲酸、激素等。

② 化妆品中限用物质含量超标。如铅、汞、砷等。

③ 化工原料不纯产生的毒性刺激。

④ 化妆品中活性成分的毒副作用。如果酸的配方不合理、浓度过高等。

⑤ 化妆品生产储存过程中微生物污染。

⑥ 标签说明书中宣传不当，误导消费者。如宣传其具治疗作用，或夸大宣传功效。

2. 错误地使用化妆品

① 一些非正规操作的美容院自行勾兑染发剂、烫发剂、祛斑霜等造成的皮肤伤害等。

② 错误用法造成的皮肤损害。不了解皮肤的结构和生理功能，对自己的皮肤判断有误，将脂溢性皮炎引起的面部皮肤起皮屑，误认为是皮肤干燥，大量使用油性护肤品引起痤疮；相反，部分人认为皮肤油腻，采用大量的洗涤方法希望去掉油脂，结果引起皮肤脱屑。

③ 部分人大量过度使用功效化妆品（祛斑霜、营养霜、精华素、染发、丰乳、减肥等），或长期进行所谓的皮肤护理，引起皮肤角质层的损伤，导致皮肤敏感、面部红血丝、皮肤干燥。

④ 一些美容院使用化学剥脱方法来祛除色素斑等。

五、香水对人体的危害

1. 香水的概念和危害

不少人，特别是女士很喜欢给自己喷洒香水，以为可愉悦心情，给自己增添魅力。日常用品中，比如洗发水、化妆品、婴儿护肤品、空气清新剂、洗涤用品中也多有香水的成分，但很少有人会考虑香水等芳香剂的安全性。

据路透社及法新社的报道，美国健康及环保组织“HealthCare Without Harm”“Coming Clean”以及“Environmental Working Group”早前联合委托一间国家实验室，化验 72 种美容产品，发现其中 52 种含有邻苯二甲酸盐，包括名牌 Christian Dior’s Poison 和 Escape by Calvin Klein 香水。而根据美国环境工作团体（EWG）早前进行的研究，多款指甲油，如美宝莲（Maybelline）牌的指甲油和 Nivea Cream 等亦含有该种化学物。进行研究的组织表示，邻苯二甲酸盐可以令香水的香味持久，并有软化物质的功能，因此，广泛应用于香水产品内。

邻苯二甲酸盐这种物质经实验室研究后，已证实对动物的肝、肾及雄性生殖器有不良影响。在动物测试中，显示该化学物有损动物健康，包括影响男性生殖系统，甚至出现尿道下裂，即尿道不能延伸至阴茎的底部，并会影响肝、肾脏及睾丸，甚至造成雌性怀有畸胎。

除了含有令人生畏的邻苯二甲酸盐，香水还有以下危害：

① 对皮肤、肺脏和大脑的危害尤为显著。很多人用过香水后产生荨麻疹、皮炎等副作用。香水对慢性肺病特别是哮喘病人的影响很大。据统计，仅在美国，高

达75%(大约900万病人)的哮喘病例是由香水诱发的。香味同记忆有关联,这就意味着芳香剂对大脑组织有影响。此类影响即为神经毒害作用。

② 香味的化学成分可以通过口、鼻以及皮肤吸收进入人体,这些成分可以通过血液循环达到全身各部位。敏感人群极易引发头疼(特别是偏头痛)、打喷嚏、流眼泪、呼吸困难、头晕、喉咙痛、胸闷、活动过度(在儿童中尤为显著)等症状。

③ 需要特别指出的是,儿童比成年人更易受香水影响。家长经常喷洒香水会毒化身边孩子所呼吸的空气,引起孩子注意力不集中、学习障碍、活动过度,严重的甚至会诱发惊厥、发育迟缓等问题。妇女长期使用香水,会使香水的化学成分在体内积累,哺乳期时就会通过奶水损害婴儿健康。

2. 部分国家立法抵制“香水”

据了解,不少国家认为香水是继香烟之后公共场合的又一大污染源。美国和加拿大的一些城市,很早就开始抵制“二手香”。美国城市哈利法克斯在1996年推行了一项名为“无香,好处不言自明”的政策,鼓励人们在市政府、图书馆、学校、医院、法院和公交车等公共场所减少香水的使用量,并在几年后把“禁香”写入了该市的法律条文。

紧跟哈利法克斯,美国各地效法试图把“香水族”赶出办公室,加州的圣克鲁斯法令禁止人们在公众集会场合使用香水。不久前,美国广播业大鳄“无线广播网”的一名雇员甚至因为在工作场合吸入“二手香”致病而起诉获胜,赢得高达千万美元赔偿金。

加拿大媒体不久前曾报道,加拿大西部一名女子因身上香水味过浓,乘坐公交车时两次被司机赶下车。

欧洲环境办公室表示,因为收到太多投诉,他们如今正申请法律条文,规定欧洲制造商必须标明各类产品中的香味成分,让消费者尽量避免过敏成分。

在号称“香水之都”的巴黎,一些大公司已经明令禁止男女职工使用香气浓烈的香水,理由是防止空气污染,提高工作效率。

专栏11-1

英国生物化学家历时三年研究发布警告

英国生物化学家理查德·本斯曾用三年时间对各类化妆品及日常清洁用品中的化学成分展开研究。

由于使用化妆品,欧洲女性每年平均吸收约2.3千克化学物质。《化妆品》杂志也于近日公布一项与之相似的研究结论,该杂志认为,欧洲女性每年从化妆品中吸收的化学物质平均达1.98千克。女性使用化妆品时,化学物质经由皮肤进入体内,被人体吸收,相比之下,直接食用这些化学物质对人体造成的伤害反而可能更小。如果口红进入口腔中,其中的化学成分会被唾液和胃液中的酶分解。但若抹在嘴上,化学物质就会直接进入血液。

本斯还指出，某些癌症的出现可能与人们大量使用某类化妆品有关。同时，一些化妆品还可能对皮肤造成刺激，甚至加速皮肤老化。

除了指出特定化学成分可能导致的后果，本斯还进一步解释说："我们现在还不清楚，多种化学物质混合在一起会产生什么样的反应。如果它们之间发生某种化学反应，对人体的伤害可能会更大。"

资料来源：吴思佳，盖明，北京晚报，2007-06-21.

第三节　洗涤剂对人体健康的危害

一、洗涤剂及其种类

1. 洗涤剂的概念

洗涤剂是指用以去除物体表面污垢，使被清洁对象通过洗涤达到去污目的的专用配方产品。洗涤的目的是去除污垢，保持衣物类和其他用品清洁，避免身体或物体受污染，减少疾病传播，维护健康。

家用洗涤用品中，大部分都是由易溶于水的表面活性剂和添加剂组成，其作用原理是借助表面活性剂的物理化学特性将污垢溶解到水中，随着水的流动将污垢带走。

2. 洗涤剂的分类

洗涤剂的分类方法很多，按表面活性剂的来源可以分为天然洗涤剂和合成洗涤剂；根据表面活性剂类型可以分为阴离子型、阳离子型、非离子型、两性型和特殊型；按洗涤剂的酸碱度可以分为酸性洗涤剂、中性洗涤剂和碱性洗涤剂；按产品的剂型可以分为半固体洗涤剂(如肥皂类)、粉状洗涤剂、液体洗涤剂、膏状洗涤剂和气溶胶喷洗液等。家用洗涤剂按其使用目的可以分为以下几类：

① 纤维织物洗涤剂。指可以用于衣服/料、羽毛、地毯和皮毛等的洗涤剂，例如洗衣皂、洗衣粉/液、衣领净等。

② 硬表面洗涤剂(或者日用品洗涤剂)。主要用于金属、玻璃、油漆表面、卫生器具和餐具的洗涤。

③ 个人清洁洗涤剂。例如香皂、洗发香波、沐浴露/剂、清洁霜、剃须剂等，其中洗发香波、清洁霜、剃须剂等也被认为是化妆品。

④ 特殊用途的洗涤剂。例如地板清洁剂、墙壁清洁剂、水泥墙清洁剂、酸性清洁剂(用于洗涤坐便器和厨房洗涤槽)等。

二、洗涤剂的主要成分

洗涤剂的主要成分是表面活性剂和添加剂。

1. 表面活性剂

表面活性剂是洗涤剂具有清洁作用的主要成分，而且也是洗涤剂产生危害的主要因素。可以根据表面活性剂将洗涤剂分类，一般家用洗涤剂多为泡沫多的阴离子型和非离子型。

2. 添加剂

添加剂种类很多，因洗涤剂的使用目的而异。常用的添加剂有以下几种：

① 助洗剂。常用的有磷酸盐、焦磷酸盐和三聚磷酸盐等含磷的盐类。其主要作用是软化水、提高碱度、增强湿润力和洗涤力。由于含磷洗涤剂能造成水体富营养化，从20世纪60年代起削减了其用量，代之以硅酸钠和碳酸钠等碱性助洗剂，也就是现在人们所熟知的无磷洗涤剂。

② 络合剂。主要是EDTA及其钠盐，其作用是与金属离子络合形成不溶性的复合物，在漂洗时加以去除。由于EDTA及其盐类价格昂贵，很少用于衣物洗涤剂。

③ 泡沫改良剂。主要作用是增加或者抑制洗涤剂的泡沫。常用含有C_{10}～C_{16}脂肪酸的二乙醇胺来增加阴离子洗涤剂的泡沫，用C_{16}～C_{22}脂肪酸和非离子化合物来抑制泡沫。

④ 酶。常用的有枯草杆菌和地衣芽孢杆菌的代谢酶，其作用是去除织物上蛋白和碳水化合物的污渍。

⑤ 杀菌剂。常用的有邻苯甲基对氯苯酚、邻苯基苯酚和氯邻苯基苯酚，主要用于地板清洁剂和墙壁洗涤剂。

⑥ 其他。常用的添加剂还有腐蚀抑制剂、抗再沉淀剂、光亮剂、色素和香料等。

三、洗涤剂对人体健康的危害

1. 作用原理

对人体健康有不良影响的主要是合成洗涤剂，其毒性主要取决于表面活性剂的类型，一般来说阳离子型表面活性剂毒性大于阴离子型，非离子型毒性最小。目前，应用最普遍的是阴离子型合成洗涤剂，其中烷基苯磺酸钠(ABS)最为常用。

动物实验表明，洗涤剂的急性中毒主要表现为中枢神经系统和胃肠道的症状。慢性实验显示，硬性ABS可以抑制大鼠精子发生，造成输精管硬化；受孕小鼠在孕期给予ABS可以致胎鼠畸形。研究还发现，ABS具有促癌作用。ABS可以影响肝脏、肾上腺的功能，并对机体的免疫功能有抑制作用。

2. 洗涤剂对人体健康的危害

① 对皮肤的危害。洗衣粉、洗涤剂、杀虫剂、洁厕灵等家庭用清洁化学品，其中的酸性物质能从皮肤组织中吸收水分，使蛋白凝固；而碱性物质除吸收水分外，还能使组织蛋白变性并破坏细胞膜，损害比酸性物质更加严重。洗涤用品能除去

皮肤表面的油性保护层，进而腐蚀皮肤。常使用洗涤剂还可导致面部出现蝴蝶斑。

② 对免疫功能的危害。各种清洁剂中的化学物质都可能导致人体发生过敏性反应。有些化学物质侵入人体后会损害淋巴系统，引起人体抵抗力下降；使用清除跳蚤、白蚁、臭虫和蟑螂的药剂，会使人体患淋巴癌的风险增大；一些漂白剂、洗涤剂、清洁剂中所含的荧光剂、增白剂成分，侵入人体后，易在人体内蓄积，大大削减了人体免疫力。

③ 对血液系统的危害。清洁用品中的化学物质进入血液循环，会破坏红细胞的细胞膜，引起溶血现象。不少含天然生物精华物的沐浴液，常含有防腐剂等化学物质，也是血液污染之源。用于防衣物虫蛀的“卫生球”，主要成分为煤焦油中分离出来的精萘。长期吸入卫生球的萘气，会造成机体慢性中毒，抑制骨髓造血功能，使人出现贫血、肝功能下降等现象。据有关资料表明，家庭中置放杀虫剂的妇女，患白血病的风险比家中没有这类物品的高 2 倍。

④ 对神经系统的危害。一些空气清新剂中所含的人工合成芳香物质能对神经系统造成慢性毒害，致人出现头晕、恶心、呕吐、食欲减退等症状。杀虫剂含除虫菊酯类毒性物质，用来杀灭苍蝇等飞虫的树脂大都用敌敌畏处理过，这些毒性物质能毒害神经并诱发癌症。不同类型的清洁剂混用，可能导致的后果更严重。

⑤ 对生殖系统的危害。化学稀释剂、洗涤剂大都含有氯化物。过量氯化物会损害女性生殖系统。

参考文献

[1] http：//www. newssc. org. ，2007-08-28.
[2] 白雪涛.生活环境与健康.北京：化学工业出版社，2004.
[3] 卜晓明.小心毒吻.北京晚报，2007-10-13.
[4] 佳佳.不可忽视的家庭环境污染.健康必读，2001，(10)：34.
[5] 王连生.环境健康化学.北京：科学出版社，1994.
[6] 王艳菲.“主妇手”困扰主妇.健康必读，2004，(6)：36.
[7] 吴思佳，盖明.英国生物化学家历时三年研究发布警告.北京晚报，2007-06-21.
[8] 张金良.居住环境与健康.北京：化学工业出版社，2004.
[9] 赵王峰，赵冬平，赵忠.现代生活中的污染与防治.北京：化学工业出版社，2004.

思考题

1. 化妆品的定义、分类和化学组成。
2. 化妆品对人体健康的危害(十大“黑客”)。
3. 洗涤剂对人体健康的危害。

第十二章 医学地理学与流行病学

第一节 医学地理学

一、医学地理学的定义

医学地理学是研究人群疾病和健康状况的地理分布与地理环境的关系以及医疗保健机构和设施地域合理配置的学科。

医学地理学是一门介于医学、地理学和环境科学等学科之间的交叉科学，又是一门独立于医学、地理学和环境科学的新兴学科。

医学地理学也是一门既古老而又年轻的学科。

二、医学地理学发展简史

医学地理学的研究历史悠久，大致可分为以下几个阶段。2000 多年前，中国的《黄帝内经》里就提出医家不但要精“岐黄之术”，而且要“上知天文、下知地理、中和人事”。在《黄帝内经》的《素问・异法方宜论》中提出不同环境产生不同疾病的论述。古希腊的希波克拉底，在其著作《论空气、水和土壤》中阐述过外环境对人体健康的重要影响。

医学地理学始建于 18 世纪末 19 世纪初。德国芬克和富克斯等人的著作对医学地理学的创建和发展起过重要的作用。其研究的内容多是环境生物因子所致的传染性疾病的地理分布及其与地理环境的关系。直到 20 世纪前叶，这种传统的研究仍是医学地理学研究非常重要的组成部分，虽在研究地区、范围、病种、深度和系统性各方面有了显著变化，但研究方向改变不大。

20 世纪中期，城市化和工业化的急剧发展以及科学技术的迅猛进步，给医学地理学的发展带来了新的活力。第一，继续研究疾病的地理分布空间模式和强调发展生态医学地理方向中，深化了疾病与环境关系的研究，着重探讨了疾病发生的环境原因；第二，医学地理学概念有新发展，研究内容更丰富，明确提出发展健康地理和保健地理；第三，研究的病种发生变化，传统研究以传染性疾病为主，现已逐步转移到非传染性疾病；第四，加强了应用的研究；第五，医学地理制图有新发展，在制图方法、技术、内容上都有长足进展；第六，普遍采用了电子计算机和数理方法进行数据处理和模拟研究。

三、医学地理学研究的对象与内容

医学地理学是一门研究一定地理区域内的各种自然因素、社会经济条件以及地区(域)生活习惯与人类健康关系的科学。它的主要研究对象是地理环境和人。随着国内外医学地理学的发展,如今医学地理学不仅要研究人群疾病和健康状况的地理分布规律,疾病发生、流行和健康状况变化与地理环境的关系,而且还要研究具有地理学特色的医疗保健机构设施的合理配置和医学地理区划等。

医学地理学与当前新兴的环境医学既有联系,又有区别。虽然这两门学科的研究对象都是环境和人,但环境医学主要是研究环境污染对人体健康的影响,而医学地理学主要是研究自然环境对人体健康的影响,同时也涉及具有地区特征的所谓"公害病"的研究,而且随着生产和科学的不断发展,其研究领域还在不断地拓宽和深化。当前的医学地理学主要包括疾病地理、营养地理、疗养地理、区域医学地理、健康地理、保健地理、环境医学、医学地理制图等几个分支研究领域。

(1) 疾病地理

疾病地理主要研究人群疾病地理分布的空间模式与地理环境因素的复杂关系,特别是它们的病因联系,这是医学地理学的传统研究领域。早期,疾病地理多注重传染性疾病、寄生虫病与地理环境物理、生物因子的关系,因此,伤寒、霍乱、脑炎、猩红热、鼠疫、白喉、疟疾、黄热病等成为医学地理学研究的对象。

随着生产和科学的发展以及卫生水平的提高,生物性病因的传染性疾病在许多国家和地区已得到了控制,一些非传染性疾病,如慢性病、癌症、心血管病、变态反应、遗传病、精神和中枢神经系统疾病等却成为威胁发达国家、城市和某些特定地域人群健康和生命的主要病害。所以,疾病地理研究重点已趋向于研究这些疾病的地理学问题。

(2) 营养地理

营养地理主要研究营养素和营养病的地理分布模式及其与自然环境条件和社会经济因素的关系,热量、蛋白质、维生素、必需矿质营养元素及其对健康影响的地理学问题是其主要研究内容。

(3) 疗养地理

疗养地理又称医疗地理,是研究具有一定疗养能力的地理因素的地域分异、医学地理评价和疗养区选择。

(4) 区域医学地理

区域医学地理又称医学景观学,主要研究一个区域或国家内,地理环境性质对人群疾病和健康的影响,进行综合的医学地理评价,为区域开发提供医学地理咨询,对保证当地居民和新移民的健康有重要意义。

(5) 健康地理

健康地理主要研究人群健康状况和生命现象或过程的空间模式及其与环境因

素的关系。这是新近提出和发展的一个研究方向。健康意味着环境与人体处于生态“平衡”状态,疾病就是这种“平衡”遭破坏。健康地理既研究“平衡”破坏的原因、趋势及其空间模式,也要研究维持“平衡”的最佳条件。许多人类生理现象、遗传特性、血液学特征、人类活动的危害影响,以致太阳黑子活动都可以成为健康地理所关注的问题。

(6) 保健地理

保健地理主要研究医疗保健服务系统的空间构型(配置)和功能,包括医疗机构、人员编制、床位、医疗设施等的合理空间配置。这虽在早期医学地理著作中也有所涉及,但多属于现状的记述。20世纪60年代以来,由于与保健计划结合,同时引进定量研究方法,形成了研究保健地理的领域。

(7) 环境医学

人类活动不断地影响着地理环境,引起环境质量的变化;这种变化又反过来影响着人类的生活和健康,随着工农业生产的发展,环境污染造成了各种公害。伦敦烟雾事件,洛杉矶光化学烟雾事件,日本水俣病、骨痛病、四日市哮喘等重大公害事件,夺走了成千上万人的生命。环境污染对人体健康的影响已成为当代环境科学、医学和地学研究的重要课题,当然也成了医学地理学研究的重要对象。

(8) 医学地理制图

医学地理制图不仅是一种研究方法,而且也是反映医学地理研究成果的重要手段之一。医学地理图(尤其是图集)既能直观地表达疾病流行和健康状况与地理环境的关系,构成医学地理的主要内容,又能在一定程度上反映一个国家或地区的医学地理研究的深度和广度。可以预见,随着制图方法、技术、数据处理和表现方式的进步,医学地理制图将会有更为广阔的发展和应用前景。

综上所述,医学地理学研究的内容可概括为三个方面:人群疾病和健康状况的地理分布模式;人群疾病和健康状况与地理环境的关系及分布模式的形成原因;医疗保健服务系统规划和空间合理配置。

四、医学地理学研究的任务

医学地理学研究的任务包括:

① 探索病因,控制病源;

② 探索健康长寿的环境原因;

③ 研究疗养地的选择;

④ 研究生命有关元素的地域分异;

⑤ 研究地区性环境污染物对健康的危害。

总之,医学地理学与地理学和医学的许多分支学科及领域密切相关,如地理学中的景观学、气候学、土壤地理学、地貌学、生物地理学、化学地理学、人口地理学、经济地理学和行为地理学等,医学中的流行病学、社会医学、营养学、预防医学等。

此外，还直接与社会学、生物学、经济学、人口学、统计学等多学科有关。所以，医学地理学研究须具备十分广泛的基础知识和专业训练。多学科的协作研究往往能取得更满意的成果。

医学地理学对查明和控制疾病流行、探索环境致病原因、选择疗养地、评价最适宜人类生存的环境条件、进行新开发区医学地理评价等都有重要意义。随着人类活动影响的增长以及生态环境恶化，人类健康问题已成为普遍关注的问题。医学地理学在保护人类健康的战略决策中起的作用愈来愈大。另外，医学地理学的研究也有明显的军事和政治意义。

第二节　流行病学

一、流行病学的定义

流行病学(epidemiology)一词来源于希腊语，“epi”(在……之中)，“demi”(人群)，“ology”(学科)，意为“加在人间的”或“在人群中发生的”事物的学问。

现代流行病学的定义以 MacMahon 及 Lilienfeld 为代表。MacMahon 在其 1970 年所著的《*Epidemiology Principles & Method*》中写道：“流行病学是研究人类疾病的分布及影响疾病频率的决定因子的科学，”在 1996 年，他仍然强调说“描述疾病分布和探索疾病及观察到的分布的原因是流行病学的两个主要研究领域。”Lilienfeld 在其 1980 年的《*Foundations of Epidemiology*》中称：“流行病学研究人群中疾病之表现形式及影响这些形式的因素。”

目前国际上比较通用的流行病学定义为：流行病学是研究特定人群中疾病与健康状况的分布及其影响因素以及研究如何防治疾病及促进健康的策略和措施的科学。

我国学者在多年实践的基础上，提出的流行病学定义为：流行病学是研究疾病和健康状态在人群中的分布及其影响因素以及制定和评价预防、控制、消灭疾病及促进健康的策略与措施的科学。

该定义的基本内涵有四点：

① 流行病学是从人群的角度研究疾病和健康状况；

② 研究各种各样的疾病，不仅限于传染病；

③ 从疾病的分布出发，揭示影响和决定疾病频率、分布的因素以及流行的特征；

④ 运用流行病学的原理和方法，结合实际情况，研究如何预防和控制疾病，增进人群健康。

二、流行病学研究的任务

上述定义和内涵说明：流行病学的研究范围不仅包括研究防治疾病的具体措施，更应研究防治疾病的对策，以达到有效地控制或预防疾病的伤害、促进和保障人类健康。研究对象是人群，包括各型病人和健康人。其任务是探索病因，阐明分布规律，制定防治对策，并考核其效果，以达到预防、控制和消灭疾病的目的；同时，流行病学的任务还包括预防疾病、促进健康。在研究人群疾病和健康状况及其影响因素的基础上，还要预防疾病在人群中发生，促进人们的健康，使人类延年益寿。

三、流行病学的特征

作为一门医学科学基础科学和方法学，流行病学在其学术体系中体现着如下一些特征：

① 群体特征。流行病学的着眼点是一个国家或一个地区的人群的健康状况，它所关心的常常是人群的大多数，而不仅仅是个体的发病情况。

② 以分布为起点的特征。以疾病的分布为起点来认识疾病，重点在于人、地点、时间，即通过收集、整理并考察有关疾病在时间、空间和人群中的分布特征，揭示疾病发生和发展的规律，为进一步研究提供线索。

③ 对比特征。对比是流行病学研究方法的核心，贯穿其始终。只有通过对比调查、对比分析，才能从中发现疾病发生的原因或线索。

④ 概率论和数理统计学的特征。在描述某个地区或某个特定人群疾病发生、死亡的情况中，我们常常用相对数(如“率”)来反映，而不是用绝对数来表示。

⑤ 社会医学的特征。人群健康与环境有着密切的关系。疾病的发生不仅仅与人体的内环境有关，还必然受到自然环境和社会环境的影响和制约。在研究疾病的病因和流行因素时，还应该全面考察研究对象的生物、心理和社会生活状况。

⑥ 预防为主的特征。作为公共卫生和预防医学的一门分支学科，流行病学始终坚持预防为主的方针并以此作为学科的研究内容之一。与临床医学不同，流行病学面向整个人群，着眼于疾病的预防，保护人群健康。

四、流行病学发展简史

1. 萌芽期

也称为经验积累时期或直接观察和记载时期。这个时期人类还没有认识微生物，无法区别传染性和非传染性疫病，但是疫病可引起流行或大流行，造成损失，人类根据观察记载疫病的流行情况。这一时期起源于远古时代，如最早的文字殷商甲骨文已有“虫”“蛊”等许多文字记载。由于认识到疾病带来的灾害，开始了疫病预防方面的工作，如采用隔离、检疫等措施(唐代将麻风病人移居深山密林进行隔离或穿带特殊的衣服以示区别)。15 世纪中叶在意大利的威尼斯开始了原始的海港检疫法规,要求海外来船一律在港外停留检疫 40 天。在这一时期人类主要是通过观察了解和预防疫病。

2. 成长期

同时也是新知识、新理论壮大充实期。主要是微生物、传染病、病原学理论的不断发展,方法的不断出现,为流行病学的发展奠定了良好的条件。最主要的事件包括提出了传染病由瘴气引起的概念和 1749—1823 年由琴纳提出的种痘法。

同时借助统计学的知识,依据统计学结果可说明疫病的状况及疫病预防策略。1850 年英国成立了"伦敦流行病学学会"。1870 年俄国出版了《流行病学刊物》。19 世纪末期,柏林大学 Hirsch 著有《地理病理学》(*Geographical Pathology*)。在这一阶段,我国有关的医学著述有吴又可《瘟疫论》(1642),张璐的《医通》(1695),吴子存的《避疫说》(1891),熊立品的《治疫全书》(1777)等书。

3. 发展期

19 世纪末 20 世纪初,流行病学有了飞速发展。以传染病研究为基础形成了流行病学理论体系,如 Stallybrass 所著《流行病学》,俄国人建立了流行过程的理论,出版了《流行病学总论》和《流行病学各论》。我国近代流行病学可以认为起源于伍连德(1879—1960)。生物学防疫措施日臻完善,流行病学对疫病的防疫,从措施的发展到更加重视对策。比如消灭天花的过程,当发病率高时实施普遍免疫接种;而当发病率受到控制以后,则改为以监测及环行接种为主,节约了人力、物力,提高了效率。措施更加具有针对性(不同时间、地点、条件采用不同的对策);WHO 进行全球性疾病的流行病学监测,出版《疫情周报》(《*Weekly Epidemiological Record*》)、《世界卫生统计》(*World Health Sitatistics*)、《世界卫生状况报告》(《*World Health Situation Report*》)。1954 年成立了国际流行病学协会(International Epidemiological Association),1972 年出版了国际流行病学杂志 International Journal of Epidemiology。

4. 成熟期

随着人类对动物与人类疫病关系的不断认识、畜牧业集约化经营水平的提高、动物疾病情况的改变,20 世纪 60 年代以来兽医学发生了很大变化,兽医流行病学发展很快。表现在研究范围扩大,研究方法增多,形成了比较专业的队伍,理论专著、期刊的出版以及兽医教育中专门课程的设置,这些都标志着兽医流行病学已成为一门独立的学科。

作为一门独立的学科,流行病学已确立了其初步地位,现正处于蒸蒸日上的发展阶段。流行病学对现代医学的发展正在发挥着积极有效的作用。

五、流行病学的研究方法

流行病学旨在研究疾病在人群中的分布和发生频率。对疾病发生频率的研究很大程度上是基于流行病学的基本原则,也就是说疾病是非随机发生的。就本质而言,所有人发生某一种疾病的概率是不等的。不同个体发生疾病的危险水平取决于个体的机能和所处的环境。

流行病学研究方法的分类目前有多种,从流行病学研究的性质来分,大致可以分为以下几类。

1. 描述性研究

通过调查或观察的方法将疾病、健康或者其他卫生事件真实地展现出来,不但描述事件在不同时间、地点、人群分布特点,同时提供影响分布因素的线索。

① 横断面研究(cross-sectional study)。在某一卫生事件发展的过程中的某一时点或某一期间进行的调查,展现事件当时的断面现状,反映事件从过去发展到当时的累加现象。

② 个案调查(individual survey)。对个别病例及周围环境进行调查研究,查明该具体疾病或卫生事件的来龙去脉,找到发生该事件的原因和影响因素。

③ 暴发调查(outbreak survey)。对局部地区短期之内出现大批相同性质病人或其他卫生事件的调查。

④ 生态学研究(ecologic study)。在自然状态下对疾病、健康或卫生事件与某些相关因素之间的相关关系进行的观察性研究。

⑤ 卫生监测(surveillance of health)。长期地、系统地收集某种疾病或卫生事件资料,描述其发展和变化的态势,找出规律,分析原因,提出控制疾病流行,保障人群健康的措施并评价措施实施效果

⑥ 档案研究(archival study)。数据可以来源于已有的现成资料,如医院的病历、防疫部门的疫情报告、卫生管理部门的疾病及死亡报告、统计或公安部门的人口资料、计划生育部门的出生记录、社区居民或企业职员健康档案等。

2. 分析性研究

在描述性研究提供的信息的基础上建立的病因假设。

① 病例对照研究(case-control study)。选择一批有代表性的病例,选择一批和病例相匹配的进行对照,比较病例组合对照组含有该可疑致病因素比例的差异,推导该因素是否与疾病相关。本质上就是在时间上反向追溯,从而确定促进疾病发生的因素。

② 队列研究(cohort study)。信息有可能会由于病例和对照回忆既往暴露情况的能力不同而产生偏倚(biased)。可通过队列研究(cohort study)设计来避免,也就是先在非感染人群中评估暴露情况,然后观察随后研究对象的疾病发生情况。其性质具有前瞻性。

3. 实验性研究

通过人为控制研究因素在人群中进行实验,最终证实研究者所关心的病因是否为疾病的原因。

① 临床实验(clinical trial)。在医院以临床病人为研究对象,主要观察某一药物或治疗措施的治疗效果。关键是遵循随机、对照双盲法的原则。

② 现场试验(field trial)。针对预防效果评价的人群试验。

③ 社区试验(community trial)。进行社区干预研究(intervention study),在人群中通过改变可疑致病因素观察该人群疾病或健康状态是否发生变化。

4. 理论性研究

① 理论流行病学(theoretical epidemiology)。理论流行病学也叫数学流行病学(mathematical epidemiology),是利用流行病学调查所得到的数据建立有关的数学模型,或用电子计算机仿真进行的理论研究。

② 方法的研究。流行病学本身的理论与方法的研究,因为流行病学本身也需要不断地发展与完善。

六、流行病学的应用

(1) 疾病监测

疾病监测是指长期、系统、连续收集一个地区某种疾病及影响因素的资料,经过分析将信息及时反馈,以便采取措施并评价其效果的一种预防疾病、保障健康的有效措施。疾病监测的实施在收集资料阶段要采用描述流行病学的手段描述疾病的分布特征,在此基础上进行的分析要借助病因推断的思想及分析流行病学的方法,效果评价时体现了实验流行病学的基本原则和方法,可以说疾病监测的全过程体现了流行病学研究的全过程。

(2) 探索病因

为了研究病因和环境的特征,流行病学家常常依赖问卷调查、资料回顾以及实验室研究等手段。通过这些渠道获得的信息可以帮助我们了解一些疾病的特征。这些特征与疾病的发生或者是巧合的一致,或者是因果关系。流行病学家首先关心最后一种关系,即疾病发展的决定因素,也称为危险因素(risk factor)。确认危险因素,可以帮助我们更好地了解疾病发生的途径,从而制定更好的预防措施。

(3) 诊断性检测

诊断性检测的目的是为了获得判断某种特定情况是否存在客观证据。获得这些证据可以帮助我们在普通人群中检测出那些毫无症状的早期病患者,这一过程称之为筛查(screening)。在其他情况下,诊断性检测也可用来确诊那些已经出现征兆或症状的患者。

(4) 确定自然史

流行病学收集到的信息可以反映疾病的自然史,这包括两方面的含义:首先流行病学关注人群从健康到疾病流行的全貌,它的研究对象不仅局限于临床典型病例,它看到的是从开始接触致病物质的隐伏阶段到出现典型症状直到病人死亡的全过程;其次是基于现场和社会的研究使流行病学家可以收集到在没有外来干预,特别是医学干预情况下疾病发生和转归的本来面目。

(5) 寻找预后因素

对生存情况进行分析,可以帮助我们区分好的和不好的临床结果。

(6) 检测新的治疗方案

防治效果评价是流行病学研究的重要内容之一,任何在实验室或动物模型证实的有效预防和治疗手段,最终均应以人群实验结果予以肯定或否定。

(7) 提供卫生政策和评价的依据

卫生政策(decision-making)包括政府有关部门制定的各种法令、法规和各项宏观防治疾病、保障健康的战略及策略,也包括卫生医师和临床医师在处理疫情和具体疾病防治方案时作出的正确的判断。任何决策都需要建立在有充分证据的基础上,而流行病学提供了收集这些证据的基本原则和方法。

也有文献中将(5)和(6)归为一条,统称为"防治效果及预后的评价"。

参考文献

[1] http://www.qsng.vn/html/bkjzxview/200611290615.html,2006-11-29.

[2] Raymond S, Greenberg, et al. 医学流行病学. 游伟程译. 北京:人民卫生出版社,2006.

[3] 方如康,戴嘉卿. 中国医学地理学. 上海:华东师范大学出版社,1993.

[4] 郭新彪. 环境医学概论. 北京:北京大学医学出版社,2002.

[5] 胡永华. 实用流行病学. 北京:北京医科大学出版社,2002.

[6] 蓝绍颖,鲍勇. 流行病学. 南京:东南大学出版社,2003.

[7] 李立明. 流行病学. 北京:人民卫生出版社,2005.

[8] 李立明. 流行病学进展(第10卷). 北京:北京医科大学出版社,2002.

[9] 沈福民. 流行病学原理与方法. 上海:复旦大学出版社,2001.

[10] 宋诗铎. 传染病学. 北京:北京医科大学出版社,2003.

[11] 王滨有. 流行病学. 北京:科学技术文献出版社,2005.

[12] 王建华. 流行病学. 北京:人民卫生出版社,2005.

[13] 王素萍. 流行病学. 北京:中国协和医科大学出版社,2003.

[14] 吴茵杰,流行病学. 北京:科学出版社,2005.

[15] 赵仲堂. 流行病学研究方法与应用. 北京:科学出版社,2005.

[16] 中国科学技术馆. 征服瘟疫之路——人类与传染病斗争科学历程. 石家庄:河北科学技术出版社,2003.

思考题

1. 医学地理学的定义、研究对象、内容及任务。
2. 流行病学的定义、研究任务和方法。
3. 流行病学的特征。

第十三章　地质环境与人体健康

第一节　生物地球化学性疾病

一、生物地球化学性疾病的定义

前面谈到人体必需的微量元素不能在体内合成，必须通过新陈代谢与所在的环境进行物质交换而从外界获得。某些地方由于地质原因，环境中某些必需微量元素过低，影响到该地生活人群对元素的摄入量，造成体内微量元素缺乏，严重时出现临床症状，导致疾病的发生；相反，由于环境中某些微量浓度过高，导致人群中必需微量元素或非必需微量元素摄入过多时，也会对健康带来危害。这类由于某些地区的水土中某些微量元素过多或过少而引起的疾病称为生物地球化学性疾病。由于生物地球化学性疾病往往明显局限于一定地区，因此也称为地方病。

二、生物地球化学性疾病的特点

① 分布呈明显的区域性；
② 疾病的发生与微量元素有密切的关系；
③ 疾病的发生取决于某种元素的总摄入量。

三、生物地球化学性疾病的类型

生物地球化学性疾病主要包括以下几种：
① 克山病。
② 大骨节病。
③ 碘缺乏病。包括：地方性甲状腺肿和地方性克汀病。
④ 地方性砷中毒。
⑤ 地方性氧中毒。

四、影响生物地球化学性疾病流行的因素

1. 营养条件
① 生活条件和营养状况的改善，可降低流行强度；

② 研究表明,蛋白摄入量的增加,可拮抗氟、砷等外来化学物质的毒性作用;

③ 维生素 C 有促进氟的排泄、拮抗氟对羟化酶的毒性作用,从而可促进体内胶原蛋白的合成;

④ 膳食中的维生素 A、D、B_1、B_2、B_3,以及钙、磷、铁和锌等,对调节机体代谢、提高抗病能力均有着良好的促进作用。

2. 生活习惯

① 饮水中微量元素的过多或不足;

② 燃煤的空气污染;

③ 居民饮食和饮水习惯。

因此,在研究氟、砷等病因元素的生物学效应时,应全面考虑经饮水、食物和空气三种介质的总摄入量,以便能更加客观、准确地评价人群外暴露水平。

3. 多种元素的联合作用

多种化学元素、多种致病因子同时作用于人群的联合作用。高氟与低碘、高氟与低硒、低碘与低硒并存的地质环境,增加了对人群健康影响的复杂性。研究资料表明,低硒与低碘之间有一定的协同作用,可使碘缺乏病流行强度加重;在碘(或硒)水平过低的地区,若同时存在有高氟危害,可使人群较早出现氟中毒效应。多种病因元素并存对生物地球化学性疾病流行强度、流行规律及健康效应的影响,将是环境卫生学研究领域内的新课题。

五、我国地方病防治现状

在《"十三五"全国地方病防治规划》中指出,地方病是由生物地球化学因素、生产生活方式等原因导致的呈地方性发生的疾病,多发生在老少边穷地区,是病区群众因病致贫、因病返贫的重要原因。地方病防治是一项十分复杂的社会系统工程,也是一项重大民生工程。为建立地方病防治长效机制,持续落实综合防治措施,巩固防治成果,维护人民群众身体健康,根据《"健康中国 2030"规划纲要》部署,结合深化医药卫生体制改革要求,特制定本规划。

"十二五"期间,各地区、各部门认真履行职责、加大投入,健全完善防治网络,大力落实综合防治措施,社会广泛参与,防治工作取得显著成效,大多数地区的地方病危害得到了有效控制或消除。

但是,导致我国地方病发生的自然、地理环境条件难以根本改变。全国尚有 163 个县未达到消除碘缺乏病目标,已达到消除目标的部分地区工作滑坡,水源性高碘病区改水措施未得到有效落实;尚有部分饮水型地方性氟(砷)中毒地区未进行改水或改水工程水氟(砷)含量仍然超标,燃煤污染型地方性氟(砷)中毒地区部分改良炉灶因缺乏维修维护而失去防病效果,饮茶型地氟病病区氟含量合格砖茶饮用率仍较低;部分地区大骨节病、克山病病情尚未有效控制。一些地区对地方病防治工作的重要性和持久性认识不足,防治工作弱化、资金削减、人员流失,影响了防治成果的持续巩固，距实现控制和消除地方病危害目标仍有较大差距。

《"十三五"全国地方病防治规划》明确指出，到2020年，实现以下目标：

1. 持续消除碘缺乏危害。继续实施食盐加碘消除碘缺乏危害策略，各省份95%以上的县保持消除碘缺乏危害状态，人群碘营养总体保持适宜水平。

2. 保持基本消除燃煤污染型地方性氟（砷）中毒危害。强化燃煤污染型地方性氟（砷）中毒防治工作的后期管理，建立管理机制并有效运行。全国95%以上的病区县达到燃煤污染型氟中毒控制或消除水平，其中辽宁、河南、广西3个省份的所有病区县达到消除水平。贵州、陕西省所有病区县达到燃煤污染型砷中毒消除水平。

3. 保持基本消除大骨节病状态。全国95%以上的病区县达到消除目标，其中河北、山西、辽宁、吉林、黑龙江、山东、河南、四川、陕西9个省份的全部病区县达到消除目标。

4. 保持基本消除克山病状态。全国95%以上的病区县达到消除目标，其中河北、山西、辽宁、黑龙江、山东、河南、湖北、重庆、四川、贵州、云南、西藏12个省份的全部病区县达到消除目标。

5. 有效控制饮水型地方性氟（砷）中毒危害。全面落实已查明氟（砷）超标地区的改水工作，90%以上村的改水工程保持良好运行状态，饮用水氟（砷）含量符合国家卫生标准。70%以上的病区县饮水型氟中毒达到控制水平，90%以上的病区县饮水型砷中毒达到消除水平。

6. 有效控制水源性高碘危害。水源性高碘病区和地区95%以上的县居民户无碘盐食用率达到90%以上，水源性高碘病区落实改水降碘措施。

7. 有效控制饮茶型地氟病危害。在内蒙古、四川、西藏、甘肃、青海、宁夏、新疆7个省份大力推广氟含量合格砖茶，逐步降低人群砖茶氟摄入水平。

《"十三五"全国地方病防治规划》确定到2020年持续消除碘缺乏危害状态、保持基本消除克山病状态等7种地方病防治目标。

我国重点防治的地方病有地方性甲状腺肿、地方性克汀病、地方性氟中毒、大骨节病、克山病、鼠疫和布鲁氏菌病7种。

第二节　克山病

克山病是一种病因尚未完全清楚的以心肌坏死为主要症状的地方病，在20世纪初我国东北地区就有本病的记载。1935年冬，本病曾在黑龙江省克山县发生大流行，由于病因不明、认识不清，即因地名命名为"克山病"。病区群众称它为"快当病""攻心翻""吐黄水病""窝子病""羊毛疔"等。患者发病急，重症患者死亡率曾达85%以上，严重威胁病区人民健康，是我国重点防治的地方病之一。

据调查资料，1980年急性克山病已基本消灭。

一、流行病学

1. 地区分布

克山病在我国分布很广，在吉林、辽宁、陕西、甘肃、内蒙古、宁夏、湖北及西藏等省、自治区的某些地区均有发现。总体来说，其分布特点基本与大骨节病一致，形成一条由东北向西南延伸的宽带，位置居中，将我国分成西北、东南两个非病带。在国外，除朝鲜和日本曾出现过与克山病症状完全相同的疾病之外，拉美地区、英、法等国也曾有类似本病的报道。

2. 流行特点

(1) 地区性

克山病的流行与地形、地貌和土壤的种类有密切关系，并有显著的地区性，基本上沿兴安岭、长白山、太行山、六盘山到云贵、青藏高原的山脉而分布。多发生于海拔200～2000米左右的山区、丘陵及其邻近地区。平原地区很少发现。农村多、城镇少，在病区之内主要发生于吃当地粮食的农民，吃商品粮的非农业人口很少发病。耕地面积宽广、林木稀少、阳光充足、地势开阔的河谷和平坎发病较重。在林木繁茂、杂草丛生、无地可耕的阴暗峡谷中发病最重。沿山脉和山麓的半山区较重，沿江河的平原地区发病较轻。克山病每次流行时，多有一个发病严重的中心，向周围扩散，离中心愈远病情愈轻。发病中心并不固定，各次流行的间隔年限不定，在非流行年度常呈现散发状态。

(2) 时间分布

克山病在一年四季皆可发生，但季节性很显著。东北和西北地区都集中于冬季，发病高峰多在12月至次年的1月或2月；而西南地区主要集中于夏季，高峰多在7—9月。在高峰月内发病人数可占全年总数的60%～70%。急性克山病可呈现短期、多发的现象，其表现是在十几天内，发病例数急剧增加。

(3) 人群分布

凡在病区居住者不分男女、老幼均可患病。但总的情况是青壮年、妇女和儿童较多。青壮年患者中，北方地区女性多于男性，以21～50岁年龄组计，男女发病率之比值为1∶1.5～4.8。但在四川病区，性别与发病率无显著关系。小儿发病率低于妇女，但死亡率很高，个别病区几乎全是小儿发病，成年人中仅有潜在患者，但两岁以内小儿发病者极少。

本病患者绝大多数是农民，非农业人口发病较少。在重病区，经济和卫生条件较差的家庭中尤为常见。

不同民族中，如汉族和朝鲜族虽然都从事农业，但朝鲜族中很少有急性病例发生。而朝鲜族一旦采用汉族的劳动和生活方式，即同样发病。居住在病区的少数民族，如黑龙江省的达斡尔族以渔、猎为生，就很少患本病。

二、病因学

克山病病因尚未查明，曾有过多种假说，经过多年来的研究、探索，当前主要集中于水土说和生物性病因说。

1. 水土说

水土说（生物地球化学学说）认为本病是土壤或饮水中某些元素过多，进入人体后，选择性地作用于心肌而引起中毒，也可能是由于对心肌代谢十分重要的某些元素缺乏或比例失调所致。它的主要论据是：克山病的分布有明显的地方性，主要分布在棕壤性土系为主的地区，由于这些地区内自然地理条件和化学组成的异常，影响当地饮水和粮食中化学元素的含量，通过水和食物与人体联系，造成心肌病变；在流行区内，疾病重点分布于受侵蚀、剥离的山区或岗梁地带内，在元素易于富集的广阔平原上，病情甚轻甚至完全没有；病区内的饮水类型，水、土、粮、菜中的元素种类及含量与本病的发病率有一定关系。

在水土病因学中曾涉及硒、钼、镁、锌缺乏和亚硝酸盐过多等说法。

2. 生物性病因说

生物性病因说认为本病是一种自然疫源性疾病①，由致病因子通过媒介传染人体所致。它的主要论据是：克山病有年度多发和季节多发的特点，说明病因对人体作用的时间相当集中，在一定的地形，地貌和土壤等自然环境中，可生长一定的生物，其中也包括一些疫源性疾病的宿主，尤其是某些啮齿野生动物，很可能是本病的传染源所在。本病的年度多发、季节多发、地区性的灶性分布特点，可用疫源性疾病进行解释；克山病患者可有微热，白细胞增多，这些都支持生物性病因说。

三、临床与病理

根据发病的缓急、心脏功能状况，克山病可分为急性、亚急性、慢性和潜在型四种。

(1) 急性克山病

主要临床表现是急性循环衰竭。心肌收缩力减弱，心排血量不足，脑、心以及各脏器呈现贫血、缺氧，所以患者多表现头晕、目眩、恶心、呕吐、腹痛（小儿多见）等症状。有些患者还有四肢发凉、小腿痛、心悸、气短、口渴、烦躁等症状。个别患者可突然晕厥、抽搐、发绀、四肢厥冷，这是急性心原性脑缺血综合症的表现。

(2) 亚急性克山病

主要临床表现也是急性全心功能衰竭，但因儿童表达能力所限，早期症状多不

---

① 自然疫源地：亦称“自然疫区”，在人迹罕至的地区，某些疾病的病原体经常在一定的动物宿主和节肢动物之间传播，人一旦进入这些地区就有被感染的可能，这种地区称为“自然疫源地”。例如在某些原始森林中，森林脑炎病毒在啮齿动物（动物宿主）和一种硬蜱（节肢动物）之间传播，成为森林脑炎的自然疫源地。

易发觉。部分患儿以腹痛、食欲不振、恶心、呕吐等症状发病,但大部分儿童在发生充血性心力衰竭之前(数日至十数日)即有精神萎靡、嗜睡、哭闹和上呼吸道感染症状。比较常见的症状是咳嗽、气喘、腹胀、腹泻、恶心、呕吐、浮肿和少尿等全心衰竭及循环衰竭的表现。

(3) 慢性克山病

临床主要表现是慢性充血性心力衰竭。患者常有头痛、头晕、上腹不适、食欲减退、恶心、呕吐等症状。在劳动之后,常有心悸、气促、呼吸困难、咳大量泡沫痰,常有下肢、颜面以及全身浮肿。

(4) 潜在型克山病

一般多无明显的自觉症状,或时有、时无、时轻、时重,所以多数患者能照常参加劳动。常见的症状有周身无力、头昏头晕、胸闷气短和腹部不适等,但休息后即可消失。

克山病的病变主要累及心肌,表现为严重的心肌变形、坏死和瘢痕形成。心脏均有程度不同的扩大,增重严重者可引起前区隆起和胸廓变形,心脏扩大近似球形。

克山病常并发其他疾病,致使病情加重。血管栓塞是其重要的并发症,多见于慢性克山病患者,有脑栓塞、肺栓塞、脾栓塞、肾栓塞及下肢动脉栓塞等。慢性克山病患者有时还夹杂有肺源性心脏病及慢性肝炎。急性、亚急性克山病患者,尤其是小儿,常夹杂有上呼吸道感染、支气管炎、支气管肺炎、蛔虫症等。

第三节 大骨节病

大骨节病是一种病因未明的,以关节软骨变性、坏死为主的慢性地方性疾病。疾病晚期,继关节软骨变性、坏死而出现关节周围代偿性软骨及骨质增生,使关节周径显著增粗变形,故称之为“大骨节病”。

1664年在我国山西省安泽县县志上已有类似大骨节病的记载;1849年俄国人尤连斯基报告在西伯利亚外贝加尔地区发现许多侏儒。一般认为这是文献中有关本病的最早记载。通过1855—1902年卡辛、贝克夫妇的调查,才确定外贝加尔地区乌洛夫河流域发生的骨关节病是一种独立的疾病,并称之为“乌洛夫病”,也称之为“卡辛-贝克病”。现在本病的国际通用英文名称为“Kashin Beck disease”(KBD)。此病在我国称之为大骨节病,俗称“柳拐子病”或“大罗拐病”,也有人叫矮人病、算盘珠病。

在本病流行区,轻度患者关节增粗变形,肌肉萎缩,严重影响生产劳动;重度患者发育障碍,臂弯腿短,关节粗大,步态蹒跚,不仅丧失劳动力,甚至生活也不能自理,是我国积极防治的地方病之一。

一、流行病学

1. 地理分布

大骨节病在我国分布于黑龙江、吉林、辽宁、河北、河南、山东、山西、陕西、甘肃、四川、台湾、内蒙古和西藏等地。

在国外主要分布于俄罗斯的西伯利亚东部、朝鲜北部、越南太平省以及蒙古、日本、瑞典和荷兰等国。

本病的分布与地势、地形的关系相当密切，在我国多分布于山区和半山区，海拔高度在500～1800米之间，平原上少见。在西北黄土高原地区，沟壑地带发病较重。在东北地区，多见于低山与丘陵地带，以山谷低洼潮湿地区发病最重，而山岗、沟口、河沙岗地发病较轻。病区多属大陆性气候，暑期短，霜期长，昼夜温差大。

地区性非常显著，凡是居住在流行区的青少年，不论是当地人还是外地迁入者都有可能患病。在一个较大的病区，并不是所有的自然村都发病，可能这个村发病，而与之相邻近的村不发病。轻病村与重病村、流行村与非流行村、患病户与非患病户可以相互毗邻；也可在一大片患病的村庄中间，出现一个或几个无患者的“健康岛”；也可在一大片无患者的村庄中出现一个或几个“病岛”。这种特点称为“灶状分布”。

2. 人群分布

本病在各个年龄组中都有发生，多发年龄为8～15岁，25岁以上者很少发病。男女间的发病率无明显差异。居住在病区内的汉、满、蒙、回、藏、朝鲜各族都有发病。发病率的范围为5%～9.6%。

3. 时间分布

本病的多发季节各地有所不同。四季分明的温带多发于3—5月份，寒温带多发于5—6月份，暖温带多发于2—3月份。因本病病程缓慢，发病于不知不觉之中，所以确切的发病月份不易查清。从发病年份看，多是先呈阶梯式上升，逐渐到达高峰，再呈阶梯式下降。

二、病因学

大骨节病的病因尚未查明，多年来国内外学者提出许多假说，目前较为流行的有三种：生物地球化学学说、食物性真菌中毒说、腐殖酸中毒说。

1. 生物地球化学学说

该说认为本病是矿物质代谢障碍性疾病，是由于患区的土壤、水及植物中某些元素缺少、过多或比例失调所致。

(1) 硫酸根与硒元素比例(SO_4^{2-}/Se)失调说

中国科学院地理研究所等单位，对病区水样的分析证明：病区水样SO_4^{2-}平均含量为17 ppm，非病区为56 ppm，二者相差极为显著。与此同时，病区内硒的含量又较非病区高。如以 SO_4^{2-} 与 Se 的比值作指标，则病区与非病区差异明显，而且与发病强度有一定的联系。土壤的分析也显示出病区 SO_4^{2-} 含量较非病区低，而 Se 的含量病区为累积型增多，非病区为淋溶型减少。病区主食玉米的灰分中亦呈现低硫、高硒。硫和硒的生物地球活动性，亦和大骨节病的波浪形流行特点相符。例如在多雨潮湿的年份，饮水中 SO_4^{2-} 含量低于正常，硒含量高于正常，SO_4^{2-} 与 Se 的比值大为降低，也正是本病大流行的时期。

(2) 镁、硅比例(Mg/Si)失调

辽宁省林土研究所等单位在北方几个省市病区与非病区内，对人群的头发样品进行了19种元素的分析。结果表明，镁、硅的比值与本病发生有明显的规律：患者头发中含 Mg 量平均为 79 ppm，而非病区正常人为 194 ppm。患者头发中含 Si 量明显地较非病区正常人高。如 20 岁以下患者，头发中 Si 平均含量为 163 ppm，而对照组为 39 ppm。从 Mg/Si 的比值看，本病患者普遍较对照组低，而且规律性比较一致。

(3) 硒缺少

我国西北生物与水土保持研究所对陕西全省范围不同自然条件地区硒的分布特点进行了全面和详细的调查。结果证实了环境缺硒与大骨节病的分布十分吻合，查明了人体硒含量直接接受水、土、粮食等含硒量的影响。如在陕西省安康盆地及相邻的巴山地区土壤、饮水、粮食中的硒含量较高，测得当地人头发中的含硒量为 5965 ppb 左右；而在陕西中部渭北高原区土壤、饮水、粮食中的硒含量较低，测得人头发中的含硒量仅为 59 ppb 左右。

2. 食物性真菌中毒说

此说认为，本病的发生是因病区粮食被一种毒性镰刀菌所污染，此菌可形成耐热毒素，以致病区居民长期食用这种粮食引起中毒而发病。

食物性真菌中毒说，最早是由苏联的谢尔盖耶夫斯基(1941)提出的。他认为，病源由谷物传播。流行病学调查证明：玉米、小麦中检出的镰刀菌多，以玉米、小麦为主食的居民中发病者多；而稻米中很少检出镰刀菌，所以主食为稻米的居民就很少发病。

另外，大骨节病的发病高峰与多雨、潮湿的年度相一致，而潮湿正是某些生物因子，特别是真菌类生长繁殖的良好条件。

3. 腐殖酸说

早在19世纪末、20世纪初就有人指出大骨节病多分布于富含腐殖酸的环境中。“乌洛夫病”的患者多饮用含铁和腐殖酸多的沼泽水。在黑龙江、吉林进行的观察，也证实病区水中腐殖酸的含量显著高于非病区。而且病情越重的地区，水中腐殖酸的含量就越高。本病的发病率与水中有机物含量呈平行关系。

近年来，有些学者认为低硒、真菌毒素和饮水中有机物三者在本病发生上可能有其内在联系——粮食受真菌污染和饮水受有机物污染的共同结果，在病区环境缺乏足够的硒的保护情况下，便引起发病。

以上三种病因虽说都有一些根据，但无论哪一种也不能圆满地解释大骨节病发生和流行的所有特征。所以本病的病因学仍是一个迫切需要解决的问题。

三、临床表现

1. 一般体征

本病主要侵犯骨骼生长发育期的儿童和青少年，主要临床表现是四肢关节对称地疼痛、变形、增粗，屈伸活动受限以及四肢肌肉萎缩。病程发展缓慢，无炎症反应。骨骼发育严重障碍者可发展到手足短粗、身材矮小、关节活动困难，以致残废。在成人中因骨骼已停止发育，所以新发病例多见于产妇、哺乳期妇女或劳动局部肢体紧张者。成人的临床体征多是肘关节弯曲和指关节增粗。年幼患者造成短指(趾)，畸形和矮小。由于许多关节增粗变形，常出现髋、膝关节的内翻或外翻畸形，腰部脊柱代偿性前凸，臀部过分后突，患者走路时呈“鸭行步态”。

2. 临床分度

① 早期。患者易疲乏，晨起关节不灵活并有不固定的疼痛，四肢感觉异常，关节可有“捻发样摩擦音”以及小腿肌肉轻度萎缩、四肢末端挛缩等。

② Ⅰ度。主诉与早期时的症状基本相似。

③ Ⅱ度。自觉症状与前者基本相同，但程度可能加重。

④ Ⅲ度。自觉症状和他觉症状较前者严重。

这个分度标准可概括地反映病情的严重程度与患者的劳动能力。但各度之间很难截然分开，所以这种划分也只是一个相对的标准。

大骨节病患者虽以软骨病变为主，但体内许多系统和代谢功能都受影响。

第四节　地方性甲状腺肿与地方性克汀病

地方性甲状腺肿(endemic goiter)，又称碘缺乏病(iodine difieney disorders)，简称地甲病，俗称“大粗脖”病。我国古籍中称其为“瘿”，是人类最古老的疾病之一。早在公元前 4 世纪，我国《山海经》中已有该病的记载。隋代巢元方在《诸病源候论》中就指出，瘿与水土有关。公元 7 世纪孙思邈在《千金方》中明确指出，用海藻类植物可以治疗甲状腺肿。国外用海藻治疗甲状腺肿是在 12 世纪以后。

克汀病(endemic cretinism)简称地克病，又俗称“呆小病”，小儿时期因甲状腺功能减退引起的疾病。主要表现为发育迟缓、智力低下、动作迟钝、声音粗哑、便秘、面容特殊(眼窄小、鼻塌、舌厚大)、四肢粗短、腹大、皮肤和头发干燥、粗糙等。

甲状腺位于人体颈部，贴近喉和颈前，是人体内最大的内分泌器官。由它合成和分泌的甲状腺激素，有促进组织代谢和身体发育的作用。

由于被皮下脂肪和肌肉所覆盖，一般人的甲状腺多是既看不见，也摸不着。只有当它的任何一叶超过本人拇指末节大小时,才称为甲状腺肿。甲状腺肿在许多地方的大量人群中都可查到,如果只有很少的人被查出时,称为散发性甲状腺肿。只有在一个固定区域内,有比较多的人都有甲状腺肿时,才叫地方性甲状腺肿。地方性甲状腺肿的地区性很明显,几乎是住在病区内就易发病,离开病区就可痊愈(中度、轻度肿大者),而返回病区又可复发。由于人们对触知的和可见的甲状腺肿大,何者定为"甲状腺肿"的概念不清。我国规定:一个乡镇范围内,居民中甲状腺肿患病率(可见性甲状腺肿)大于3%,或7~14岁中小学生甲状腺肿大率(可触知与可见性甲状腺肿)大于20%即为地方性甲状腺肿。

随着学术界对碘缺乏危害人类健康认识的不断深入,1983年澳大利亚学者Hetzel提出了碘缺乏病的概念,取代传统的地方性甲状腺肿与地方性克汀病术语,反映了碘缺乏对生长发育的全部影响,包含缺碘对人类健康损害从轻至重以及亚临床损伤的全貌。地方性甲状腺肿与地方性克汀病只是碘缺乏病概念中的两类明显表现。碘缺乏对人类健康最大的危害是导致智力落后。作为公共卫生问题,碘缺乏病已成为影响社会经济发展的重要因素。

据不完全统计,全世界地方性甲状腺肿病患者已超过两亿。

一、流行病学

1. 地区分布

碘缺乏病是世界上流行最广泛的一种地方病。世界上严重病区有亚洲的喜马拉雅山地区、非洲的刚果河流域、南美洲的安第斯山区、欧洲的阿尔卑斯山区、北美洲的美国和加拿大之间的大湖盆地周围地区、大洋洲新西兰的一些地区。世界上最大的碘缺乏病集中点主要在印度,其罹患率高达该地人口的90%。

我国除去东南沿海个别省市外,几乎都有此病,尤以西北、东北、华北和西南等地区的山岳丘陵地带为重。从地貌、地形看,山区多于平原,内陆多于沿海,乡村多于城市,农区多于牧区,偏远、经济不发达和生活水平低下的山地丘陵地带尤为严重。

2. 人群分布

在地方病区,甲状腺肿可见于任何年龄的人。但一般情况下,出生后前几年甲状腺肿大者少,随着年龄的增加,生长发育的加快和青春发育期的到来,甲状腺肿的人数就逐渐增多。女性发病高峰多在12~18岁之间,男性在9~15岁之间。此后,随着年龄增长,男性至成年后逐渐下降;而女性由于月经来潮、怀孕、哺乳等各种生理因素,甲状腺肿的发病率仍保持一个较高的水平。从对男、女的侵犯程度看,多为女重于男,但越是重病区,男女发病的比率越接近;越是轻病区,女性患病率越显著地高于男性。男女比例从1∶1到1∶6或1∶7。

在不同的地方病区,甲状腺肿患病率差异很大,其波动范围在0.4%~90%之间。但在一些严重的村寨内,患病率可达100%。一般规律是,在只食用当地自产食品的地区，患病率差异大；而食品来源多样化，地区间差异就小。

3. 世界流行状况

国际控制碘缺乏病理事会、联合国儿童基金会和世界卫生组织联合公布的数据显示，碘缺乏问题正威胁着世界上 118 个国家和地区，共有 15.72 亿人口生活在缺碘地区，其中有 6.55 亿患有甲状腺肿，1120 万人患有克汀病，4300 万人存在不同程度的脑发育障碍或神经运动功能缺陷，每年因缺碘所致的胎儿流产达 3 万例，每年约有 12 万新生儿出生之时就已存在明显的生理和心理缺陷。世界各地甲状腺肿患病情况见表 13-1。

表 13-1　世界各地甲状腺肿患病情况

地　区	人口/百万	受威胁人口/百万	甲状腺肿患者/百万
非洲	550	181	86
美洲	727	168	63
东地中海	406	173	93
欧洲	847	141	97
东南亚	1355	486	176
西太平洋	1553	423	141

4. 中国流行情况

我国是世界上碘缺乏病分布广泛、病情严重的国家之一。我国的 32 个省、自治区和直辖市中，除上海外都不同程度地发生着地方性甲状腺肿大。除上海、江苏外，都有地方性克汀病流行。全国受碘缺乏威胁的人口约为 4 亿人，占全世界碘缺乏区人口的 37.4%，占亚洲病区人口的 62.5%。我国碘缺乏病分布特点是山区、丘陵地区、某些冲积平原缺碘严重，城市人口缺碘程度较轻，农村，尤其是老、少、边、穷地区的人口缺碘则较严重。

二、碘缺乏病的病因学

1. 自然环境缺碘是碘缺乏病的主要原因

① 陆地上碘流入海洋的地质变化发生于第四纪冰川期，气候变暖，冰川融化，地表岩石及熟土壤被冰水大量冲走，由母岩重新形成的新土壤碘含量仅为熟土壤的 1/4。

② 洪水泛滥、沙漠化，土壤被大量雨水反复冲刷，土壤中的碘连同土壤被冲走，也是环境碘缺乏的原因之一。

③ 人类活动对土壤植被的破坏，滥砍滥伐，水土流失严重，人为造成了环境缺碘。

碘是人体必需的微量元素。没有碘，甲状腺无法合成甲状腺激素，当然也就没有生理效应。所以碘缺乏是地方性甲状腺肿的基本原因。

根据碘代谢测定，人类甲状腺每天必须捕获近 60 微克碘化物，分泌约 52 微克甲状腺激素。为保持碘平衡,每人每日需要摄入100～300微克碘。世界卫生组织推荐的标准是140微克,但很多学者认为每人每日摄入量应为200微克。碘的摄入量是决定地方性甲状腺肿发生的基本原因。因为尿碘量近似于碘的摄入量,所以现在认为,一个地区的人群中24小时尿碘低于25微克时,属于严重的地方病区,并有地方性克汀病人;当24小时尿碘为25～50微克时,属于中等病区,只有甲状腺肿患者,没有克汀病人;当24小时尿碘为50～100微克时,属于轻病区,很少见巨大的结节型甲状腺肿患者。

2. 致甲状腺肿的物质

碘缺乏是地方性甲状腺肿的最基本原因,但不是唯一的致病原因。地方性甲状腺肿流行,除缺碘外,还有其他致甲状腺肿的物质起作用。

文献中报告了很多由于食用牛奶(牧草中有丰富的十字花科植物)、芸苔属植物、木薯、核桃仁、大豆以及洋葱、大蒜等诱发甲状腺肿的报道。这些物质的致甲状腺肿作用,可能和它们所含的硫葡萄糖配糖体有关。硫葡萄糖配糖体也称甲状腺肿元素,现在已从300多种芸台属植物中查出50多种含硫葡萄糖配糖体。这种物质须在水解为硫氰酸盐或异硫氰酸盐后才有致甲状腺肿作用。

在饮水方面,曾有一系列因饮用硬度高的水、含氟化物、硫化物高的水以及受微生物和化学物质污染的水而诱发甲状腺肿的报告。土壤、食物中锰含量高,有利于地方性甲状腺肿的流行。锂是强有力的致甲状腺肿物质。很多化学制剂及某些抗生素也有致甲状腺肿的作用。但大多数致甲状腺肿物质在地方性甲状腺肿病因中只起辅助作用,很少有某一种致甲状腺肿物质单独地引起地方性甲状腺肿的流行。

值得重视的是碘对甲状腺肿的两重性——缺碘是地方性甲状腺肿的基本原因,然而长期地摄入过多的碘也可造成地方性甲状腺肿。像日本北海道海滨的渔民,由于饮用高碘的深井,曾造成地方性甲状腺肿的流行。因此,现在认为碘的安全摄入量为50～1000微克/日。

一次摄入大剂量碘或长期持续性摄入较高剂量的碘所引起的一系列功能、形态和代谢障碍称之为碘过多症。碘过多症的发生与摄入碘的剂量、途径和持续时间以及机体的耐受性有关。碘过多症最常表现为高碘甲状腺肿,除此之外,还可能引起碘致性甲亢、碘中毒、甲状腺癌等有关联的疾病。这几种碘过多症可以是高碘所造成的原发性疾病,也可能是高碘所诱发的继发性疾病。

高碘性甲状腺肿(iodine excess goiter)又称碘性甲状腺肿或碘致性甲状腺肿,按其流行病学的特点可分为地方性和散发性两种。地方性高碘甲状腺肿比散发性甲状腺肿较为常见,与散发性不同之处在于,它的存在已构成了公共卫生问题。地方性高碘甲状腺肿依据高碘摄入的途径又可分为水源性和食物源性;依据地理分布又可分为滨海型和内陆型。

三、临床表现

大多数地方性甲状腺肿大者除去颈部变粗外，多无明显症状，常常在健康检查或专业调查中才被发现。初得时腺肿小且为弥漫型，年代久后才成为巨大的甲状腺肿，下垂于颈下、胸前。腺肿表面有隐约可见的曲张静脉搏，内部可有大小不等、质地较硬的结节。巨大的甲状腺肿可压迫气管影响呼吸，严重的可使气管移位、软化、弯曲、狭窄，不仅可造成呼吸困难，甚至可引起肺气肿、支气管扩张以至肺循环障碍。

目前临床上把甲状腺肿分为弥漫、结节、混合三种类型：弥漫型是指甲状腺的峡部和叶部均匀增大，触诊摸不到结节；结节型是在甲状腺表面上可摸到一个或几个结节；混合型是指在比较大的甲状腺肿上又摸到一个或几个结节。

甲状腺的大小分为生理增大、Ⅰ度、Ⅱ度、Ⅲ度、Ⅳ度几个等级，它象征甲状腺的发展过程。

① 正常。甲状腺看不见、摸不到。

② 生理增大。头部保持正常位置时，甲状腺易摸到，大小不超过本人拇指末节。

③ Ⅰ度。头部保持正常位置时，甲状腺易看到，大小超过本人拇指末节。

④ Ⅱ度。脖根明显变粗，大小相当于 1/3 个拳头。

⑤ Ⅲ度。颈部失去正常形状，大小相当于本人 2/3 个拳头。

⑥ Ⅳ度。大小相当于本人一个拳头，多有结节。

更为重要的是，在严重缺碘的、古老的地方性甲状腺肿病区，常常发现地方性克汀病或类似克汀病的病人。其临床特征是不同程度地呆、小、聋、哑、瘫，因此有“一代甲、二代傻、三代四代断根芽”的说法。

另外，在地方性甲状腺肿流行区，还有一大批智力迟钝、体格发育落后的儿童，虽尚未达到地方性克汀病或类克汀病的程度，但确已受到缺碘的损害。

近代的观察也显示碘缺乏和乳腺癌、卵巢癌以及子宫内膜癌的发生有关系。

专栏 13-1

世界甲状腺日

2007 年 9 月，甲状腺国际联盟(TFI)的成员为了提高全球居民的甲状腺健康意识，决定设立“世界甲状腺日”，确定 5 月 25 日为“世界甲状腺日”，并于 2008 年 5 月 25 日开展了第一届“世界甲状腺日”的宣传活动。2009 年，国际甲状腺联盟宣布决定将世界甲状腺日(5 月 25 日)的这一周定为“国际甲状腺知识宣传周”(International Thyroid Awareness Week)。此后，每年的这一周都有一个宣传主题。

历年世界甲状腺日宣传主题

2009年5月25—31日,第一届宣传主题:“认识甲减的病因与症状”

2010年5月25—31日,第二届宣传主题:“甲状腺疾病对妊娠妇女及儿童智力发育的影响”

2011年5月25—31日,第三届宣传主题:“防治‘甲低’”

2012年5月25—31日,第四届宣传主题:“关注甲状腺健康,降低心血管疾病风险”

2013年5月25—31日,第五届宣传主题:“甲状腺结节与甲状腺癌”

2014年5月25—31日,第六届宣传主题:“关注甲状腺疾病的五个理由评论”

2015年5月25—31日,第七届宣传主题:“别让甲减偷走您的健康”

2016年5月25—31日,第八届宣传主题:“健康备孕·你查甲状腺了吗”

2017年5月25—31日,第九届宣传主题:“其实不怪你,查查甲状腺”

2018年5月25—31日,第十届宣传主题:“关注甲状腺 轻松迎好孕”

第五节 地方性氟中毒

氟是构成地壳的固有元素之一。它在地球上分布广泛,岩石、土壤、水体、植物、动物及人体内都含有一定量的氟。

氟在元素周期表中居卤族元素之首,化学性质活泼。早在1802年就有人用气体氟做过动物实验,但直到在人齿珐琅质、血液、乳汁特别是脑组织中都发现氟后,人们才重视氟的生物作用。氟对机体的影响随着其摄入量而变动:当氟缺乏时,动物和儿童龋齿发病率升高,摄入适量的氟可以预防龋齿,有益于儿童生长发育,可预防老年人骨质变脆;氟过量时可影响细胞酶系统的功能,破坏钙磷代谢平衡,引起特异的疾病——地方性氟病,或称地方性氟中毒。地方性氟中毒是一种典型的地方病,病区和非病区境界分明,所以不少国家就以地区命名。如美国称之为“得克萨斯牙齿”,日本称之为“阿苏火山病”。这个病的主要特征是氟斑釉齿和氟骨症。

地方性氟中毒是一种慢性全身性地方病。根据我国考古学家对古人类牙齿化石的研究证实,距今约10万年前,山西省阳高县的“许家窑人”就患有氟斑牙。晋代嵇康的《养生论》中也有“齿居晋而黄”的记载,说明它是一种很古老的疾病。但是,人类对本病的认识还是近百年以来的事。在国外,直到19世纪末、20世纪初才开始有本病的报道,当时只发现火山附近村庄居民的牙齿呈黄、褐、黑色,但不知其原因。直到1931年前后才由Churchin等人证明了这种牙与饮水含氟量之间的因果关系。1932年Moller等人报告瑞典冰晶石工厂工人的职业性氟骨症,以后世界各地才逐渐有地方性氟骨症的报道。

我国地方性氟中毒的报道是从1930年开始的。然而，大量的调查研究和防治工作是在20世纪60年代以后开始的。

一、流行状况和致病因素

1. 流行状况

地方性氟中毒也是一种世界性的地方病，亚洲、欧洲、非洲、美洲均有分布，主要流行于印度、俄罗斯、波兰、德国、意大利、英国、美国、阿根廷、墨西哥、摩洛哥、日本、朝鲜、马来西亚等国。

我国的氟中毒分布很广，除上海市外，其他各省、市、自治区均有不同程度流行。大部分分布在黄河以北的干旱半干旱地区，西到新疆，东到黑龙江省西部。刘东生等(1980年)曾讨论了我国地方性氟病的环境地质与地球化学问题。我国地方性氟病大致分布在四个比较集中的地区。

① 黑龙江省的三肇地区(肇州、肇东、肇源)，吉林的白城，辽宁的赤峰，河北的阳原，山西的大同、山阴，陕西的三边，宁夏的盐池、灵武以及甘肃和新疆的一些地区，大致自东向西呈一宽条带状分布。

② 北方沿海局部富氟地区，如渤海湾附近(天津)，山东沿海及昌潍地区。

③ 南方主要在鄂西北、黔西至云南东北部，大致呈东北—西南方向分布。

④ 一些零星的局部高氟地区，如陕西的关中地区、四川南部的泸州地区、云南的元谋，以及浙江、福建、广东的某些地区，均有轻重程度不等的地方性氟中毒。

我国南方的病区多呈点状分布，大部分是由于高氟温泉和富氟岩矿影响所致。氟中毒病区可分为六种类型：

① 浅层高氟地下水型。主要分布于北方干旱半干旱地区。

② 深层高氟地下水型。主要分布于渤海沿岸。

③ 高氟温泉型。分布于各地高氟温泉出露区。

④ 高氟岩矿型。主要指萤石矿地区。

⑤ 生活燃煤污染型。主要分布于陕南、滇东北、湘南、贵州等地。

⑥ 高氟茶水型。主要分布于四川省阿坝和甘孜州。

2. 致病因素

(1) 饮水含氟量

成人每天约摄入氟0.3～4.5毫克，其中35%来自食物，65%来自饮水。饮水含氟量在0.5毫克/升以下，龋齿发病率增高；0.5～1.0毫克/升是龋齿和斑釉齿发病率最低的范围，无氟骨症发生；在1.0毫克/升以上时，随水氟的增高，斑釉齿发病率上升；当大于4毫克/升时，氟骨症逐渐增多。我国生活饮用水水质卫生标准规定，水中含氟量为0.5～1.0毫克/升。

(2) 年龄与性别

氟斑牙主要见于正在生长发育中的恒齿。氟骨症多侵犯成年人，并随年龄增长而病情加重。在性别方面，男女无显著不同，但妇女由于怀孕、哺乳等生理变化，氟骨症的表现较男性为重。

(3) 食品含氟量和个人健康状况

大部分地方性氟中毒，由于饮水中含氟高而引起的。植物中含氟量多于动物，海产品多于陆产品。鱼类和茶叶中含氟很多。在水含氟量相近似的情况下，个体营养不良，特别是维生素A、C缺乏时，易促进氟骨症发生。

(4) 地理气候条件

干旱少雨是形成干旱、半干旱高氟浅层地下水病区的气候条件。此类病区地势低洼，排水不畅，饮水氟含量高，因而形成地方性氟中毒病区。生活燃煤污染型病区多分布在高寒山区，由于病区气候寒冷潮湿，烤火期长，尤其是收获季节阴雨绵绵，粮食需用煤火烘烤，致使室内空气和粮食受到煤烟中的氟污染，因而形成生活燃煤污染型病区。

氟从消化道进入体内被吸收后，主要分布于骨骼、牙齿，大部分从尿中排出，其次是粪便，头发、指甲、汗腺中可排出微量。

二、病原发生学

关于地方性氟中毒的学说很多，但比较公认的是氟破坏钙、磷代谢平衡和抑制酶活性的学说。

1. 氟破坏钙、磷代谢平衡

钙是骨骼、牙齿的重要组成部分，并与钾、钠、镁离子协同，以维持组织的正常生理功能。氟与钙有很大的亲和力，当大量氟进入体内后，钙与氟化合成氟化钙，沉积于骨组织中。一般情况下，血钙含量非常恒定并与磷形成一定的比例。在血钙下降时也引起磷的代谢紊乱，就会出现缺钙症候群(腰、腿痛，手抽筋麻木)。由于血钙下降使甲状旁腺功能活跃，促使骨组织分泌枸橼酸增多，使局部骨组织酸度增高，骨质溶解，骨组织中的钙向血中转移，以维持血钙恒定。临床上出现骨质脱钙的变化。骨质脱钙首先累及脊椎，脊椎支持不住身体重量时，逐渐发生骨骼变形，甚至瘫痪。

氟化钙大部分沉积于骨组织中，使骨组织硬化并密度增加。少量沉积于软组织中，使骨膜、韧带及肌腱钙化。

2. 氟抑制酶的活性

氟与钙、镁、锰等离子结合，抑制许多酶的活性，在骨组织细胞供应能力不足的情况下，造成骨细胞营养不良。例如氟化钙也可抑制骨磷化酶，使骨组织代谢紊乱，引起钙的吸收和蓄积缓慢，并从骨组织中游离出来。

3. 氟对牙齿的作用机制

氟对牙齿的作用机制，在于适量的氟可取代羟基磷灰石中的羟基形成氟磷灰石，氟磷灰石是牙齿的基本成分，使牙质光滑坚硬、耐酸、耐磨。但当进入体内的氟过多时，大量的氟沉积于牙组织中，逐渐使牙釉质发生色素沉着，牙的硬度减弱，牙质遭到破坏。

三、临床表现

在一个固定地区，饮水中含氟量超过国家规定标准(0.5～1.0毫克/升)或因食物中含氟过高，造成人群发病时，即可定为地方性氟中毒。地方性氟中毒可出现中枢神经、肌肉、胃肠道等一系列症状，以及骨骼、牙齿的变化。但主要表现是牙齿和骨骼损害。

1. 氟斑釉齿

居住于高氟区(水氟高于1.0毫克/升或食物中氟高)，排除其他原因，牙齿发生斑釉改变，即可定为氟斑釉齿。它是慢性氟中毒最早出现的症状之一。

临床上把氟斑釉分为三型：

① 白垩型。牙齿表面失去光泽，粗糙似粉笔，触之有细砂感，可呈点状或线状，或为不规则的小片，重者可波及牙的整个表面。

② 着色型。表面出现微黄色，逐年加重变为黄褐色或黑褐色。

③ 缺损型。牙釉质损害脱落，呈点状或片状凹陷，或出现广泛的黑褐色斑块，有浅窝或斑样缺损。

但分型不反映病情轻重，各型多为混合存在，单独存在者少见。

2. 氟骨症

生活于高氟区，患有氟斑牙，具有痛、麻、抽、紧以及硬、弯、残、瘫等临床表现者；或生活于病区，无氟斑牙，但X线片有氟骨症变化者，即诊断为氟骨症。

临床分度：① Ⅰ度——只有临床症状无体征，功能状态良好；② Ⅱ度——已发生脊椎或四肢变形，但功能状态尚好，能参加一般劳动，或生活尚能自理者；③ Ⅲ度——丧失生活自理能力。

骨骼是氟中毒损害的主要器官，骨氟随年龄增长而增长。由于骨骼的脱钙和肌腱、韧带的钙化，可以引起肢体变形，颈项强直，脊柱前弯受限制，呈现驼背畸形。甚至四肢大关节屈曲固定，肌肉挛缩，失去随意运动的能力。

严重病例由于关节强直变形而形成“三不见”：出门不见天，回家不见门，说话不见人。

3. 水氟与心血管疾病

在流行病学方面，日本首先观察到高氟地区心脏病患者多，低氟地区心脏病患者少的现象。1945年，美国密执安州某市，向饮水中加氟预防龋齿，五年后进行疾病调查时，居民心血管病死亡率，较之对照城市明显增高。以上事实，使人不得不怀疑水中加氟与心脏病死亡率有某些联系。

4. 水氟与癌

1977年有人分析美国10座加氟城市1100万人口和10座未加氟城市700万人口的癌症死亡率。统计结果证明,在水中未加氟之前,两组城市的癌症死亡率比较近似。但加氟后,10座加氟城市的癌症死亡率都较未加氟城市为高。也有证据表明,空气中氟的浓度与肺癌,食物中氟性浓度与胃癌有某些关系。

第六节　地方性砷中毒

地方性砷中毒简称地砷病,是一种生物地球化学性疾病,是居住在特定地理环境条件下的居民,长期通过饮水、空气或食物摄入过量的无机砷而引起的以皮肤色素脱失和(或)过度沉着、掌跖角化及癌变为主的全身性的慢性中毒。

地砷病是一种严重危害人体健康的地方病。除致皮肤改变外,无机砷是国际癌症研究中心确认的人类致癌物,可致皮肤癌、肺癌,并伴有其他内脏癌高发。在重病区,当切断砷源后或离开病区,经过多年仍有地砷病的发生,表明由砷引起的毒害可持续存在很长时间,并逐渐显示出远期危害——皮肤改变、恶性肿瘤及其他疾病等。

一、流行病学

1. 地域分布

在全世界已知饮高砷水所形成的病区,主要分布在美洲和亚洲,其中,智利是历史最悠久的病区,而孟加拉、印度和中国是全世界病情最严重、病区面积最大、受危害人口最多的国家。在我国,发现最早的地砷病病区为台湾西南沿海病区,时间为20世纪50年代;70年代在贵州发现了燃煤污染型病区;80年代初期在新疆准噶尔盆地的乌苏县北部地带首次确定了饮水型病区。90年代初在内蒙古、山西相继确认为地砷病存在。迄今,我国已发现15个省(区、直辖市)有地砷病病区或高砷区的存在,分别为新疆、山西、内蒙古、宁夏、吉林、青海、甘肃、安徽、江苏、湖北、云南、四川、贵州、陕西和台湾,其中贵州和陕西为燃煤污染型地砷病病区,其余为饮水型地砷病病区或高砷区。饮水型最重病区是内蒙古和山西省,燃煤污染型最重病区是贵州省。

2. 人群分布

无论是饮水型还是燃煤污染型砷中毒,只有暴露于高砷水或燃高砷煤者才会发病。在许多饮水型砷中毒病区,均发现高砷水井的分布是呈点状或灶状分布的,故患者也相应呈点状散在分布。同样在燃煤型污染区,患者只出现在燃用高砷煤的家庭。

(1) 年龄

在饮用高砷水的人群中,任何年龄均可受害。据目前的资料,病人最小年龄为

3 岁,最大年龄为 80 岁,且随年龄的增长患病率上升,20 岁以上居民患病率明显高于 20 岁以下,40～50 岁年龄段是患病的高峰期。因为随年龄增长,累积剂量增高,砷对机体作用时间亦长。但是儿童砷中毒的发生也常见报道,砷暴露对尚处于生长发育阶段的儿童各方面的影响是目前急需解决的重要问题。燃煤污染型砷中毒情况与饮水型基本相似。

(2) 性别

饮水型地方性砷中毒的性别差异报道不一,有人认为该病与性别无关,有的调查表明砷中毒人群分布以成年男性和重体力者居多,有些地区则是男性明显高于女性,并且病情严重。这可能与机体的摄入量、免疫力和排泄机制有关,但造成这种差异的原因还没有确切的流行病学资料证明。

(3) 家庭聚集性

在片状的小病区内病人集中在个别村,而在一个村屯内,病人又发生在个别的户,这是因为同一病区的井水含砷量差异很大,同一位置不同深度的水层,含砷量也相差很大。所以病人呈小块状或点状分布。其发病的突出特点为家庭聚集性,大部分发病家庭有 2 名或 2 名以上的患者,有些则全家发病。在处于同样摄砷状况下的人群中,也并不是每个人都出现同样的病情,即使是同一家人,病情也存在很大差异。

(4) 职业

该病的发病人群均为贫困地区的农民,其他职业鲜有发病。

3. 时间分布

地方性砷中毒的潜伏期一般较长,但燃煤污染型地砷病病区发病的潜伏期较饮水型地砷病发病时间短(饮水型一般约 10 年),具有发病急、病情重的特点。饮水型砷中毒的发病率在冬春季节发生四肢末端发绀现象较多,台湾病区冬季乌脚病病情加重,提示低温加重砷中毒的血管损害。燃煤污染型砷中毒在冬季的发病也相对较多,因为冬季居民在室内逗留时间较长,而且在这一季节用砷污染的煤烘烤食物,通过呼吸道接触砷污染空气的机会增多。地方性砷中毒的发病没有一定的周期性,而是呈持续上涨的趋势。

二、病因学

地砷病主要是通过长期饮用含有高浓度无机砷的水或燃用含高浓度无机砷的酶所引起。砷是构成物质世界的基本元素,在自然界广泛分布,多以化合物的形式存在,如砷的氢化物、氧化物、硫化物等。

根据砷的来源,人类暴露砷方式大体上可分为生活接触、职业性砷暴露、环境污染及医源性暴露等方式。其中,生活接触方式是引起地方性砷中毒的最主要途径,是形成地砷病病因链的重要环节。在生活接触中,主要通过饮用含高浓度无机砷的地下水所致,造成饮水性砷中毒。在中国,还有少数病区是由于当地居民长期敞灶燃烧高砷煤,污染了室内的空气和食物而造成的慢性砷中毒,称为燃煤污染型砷中毒。两种类型的砷中毒在临床表现方面基本一致。

三、临床表现

临床上,地砷病多为慢性砷中毒表现。在不同病区,由于携砷介质不同及摄入量的差异,临床表现不尽相同。在轻病区病人往往只有轻的皮肤病变而无明显的临床症状。在重病区病人体征明显,常伴有不同程度的临床症状,同时心血管病、肝病、肿瘤等并发也较多见。经消化道摄入砷量较高时可出现明显的消化道症状,个别情况下如误饮含砷很高的泉水,曾引起群发性急性砷中毒。

1. 临床症状

(1) 神经系统

一般可分为中枢神经和周围神经损害两类表现。

① 中枢神经损害。睡眠异常(失眠、多梦、嗜睡等)、头疼、头晕、记忆力减退、疲乏等非特异神经衰弱综合征。

② 周围神经损害。周围神经损害表现通常包括颅脑神经和脊髓神经两部分。颅神经损害表现为听力减退、耳鸣、眼花、视力下降,重者可失明,嗅觉减退或丧失,味觉减退等。脊神经损害通常表现为肢体麻木、感觉异常或迟钝、自发疼等。尤其表现为对称性的手足肢端呈手套、袜套样的麻木,即通常所称的末梢神经炎表现较为常见,临床上有一定的诊断参考意义。

(2) 循环系统

重病区有些病人可出现心悸、心跳加快、胸闷、胸疼、胸部不适、背疼等表现,血管损害可导致脉搏减弱或消失、肢冷,尤其寒冷季节较明显。

(3) 消化系统

常见表现有食欲减退、恶心、呕吐、腹痛、腹胀、腹泻或便秘及肝痛,在燃煤污染型病区肝区疼痛比饮水型病区多见。

(4) 其他呼吸系统

可有咳嗽、气喘、鼻咽干燥、多痰等;泌尿系统可有尿频、尿急、尿道刺激症等;生育功能受到一定影响,可出现男性性欲减退,女性月经紊乱、月经初潮推迟等。

2. 体征

(1) 皮肤体征

临床上地砷病体征较为复杂,其中以皮肤病变为主要,即通常所说的地砷病皮肤三联征——掌跖角化、躯干皮肤色素沉着和色素脱失,因其他疾病很少发生,故具有诊断上的特异性。躯干皮肤色素沉着和色素脱失斑点主要指腹、腰等躯干非暴露部位同时存在的异常表现:其中色素沉着有弥漫性浅灰至灰黑色色素沉着,亦称古铜色色素沉着和雀斑样棕褐色点状色素沉着两种;色素脱失斑点常为大小不一,针尖至黄豆大圆形脱色斑点。两者共存使皮肤呈花皮状。

（2）其他体征

① 神经系统。神经系统往往出现自主神经功能紊乱，早期可致多汗，后期则少汗，毛细血管收缩舒张障碍；神经反射检查可有异常；皮肤触觉检查呈现触觉减退，特别是手足触觉、痛觉检查可呈肢端异常表现；肢体自主活动障碍及肌肉萎缩等表现。

② 循环系统。心脏可有心律不齐、早搏等；心电图异常亦较常见，主要为心肌损害。值得注意的是由血管内膜增生、管壁增厚硬化改变所致血管闭塞性表现，临床检查动脉血管搏动减弱甚或消失（常用部位为桡动脉腕部、足背动脉等）；患肢皮肤冰冷、皮色苍白、发绀、黑变、坏死等病变；微循环检查可见血流迟滞，颜面毛细血管扩张、手足发绀，在寒冷季节尤为明显。

③ 消化系统。常见肝肿大、肝区压疼，燃煤污染型病区较多，严重者有肝硬化、腹水。

参考文献

[1] http://finance.ifeng.com/a/20160525/14422593_0.shtml，2016-05-25

[2] 陈静生.环境地球化学.北京：海洋出版社，1990.

[3] 陈静生.环境地学.北京：中国环境科学出版社，1986.

[4] 方如康，戴嘉卿.中国医学地理学.上海：华东师范大学出版社，1993.

[5] 郭新彪.环境健康学.北京：北京大学医学出版社，2006.

[6] 郭新彪.环境医学概论.北京：北京大学医学出版社，2002.

[7] 刘东生等.我国地方性氟病的地球化学问题.地球化学，1980，01.

[8] 生物谷，中国生命科学论坛.防治碘缺乏病医生手册.[EB/ol] http://www.bioon.com (2005-08-13).

[9] 谭见安，王五一，雒昆利.地球环境与健康.北京：化学工业出版社，2004.

[10] 杨克敌主编.环境卫生学.北京：人民卫生出版社，2007.7

[11] 中华人民共和国地方病与环境图集编纂委员会.中华人民共和国地方病与环境图集.北京：科学出版社，1989.

思考题

1. 生物地球化学性疾病的定义及特点。
2. 克山病的地区分布、流行特点、病因学。
3. 大骨节病的地区分布、流行特点、病因学。
4. 地甲病、地克病的地区分布、流行特点、病因学。
5. 地方性氟中毒的地区分布、流行特点、病因学。

第十四章 自然灾害

第一节 概 述

地球上的自然变异，包括人类活动诱发的自然变异，无时无地不在发生着。当这种变异给人类社会带来危害时，即构成自然灾害。自然灾害孕育于由大气圈、岩石圈、水圈、生物圈共同组成的地球表面环境中，因为它给人类的生产和生活带来了不同程度的损害，包括以劳动为媒介的人与自然之间，以及与之相关的人与人之间的关系。灾害都具有消极的或破坏的作用，所以说，自然灾害是人与自然矛盾的一种表现形式，具有自然和社会两重属性，是人类过去、现在、将来所面对的最严峻的挑战之一。

世界范围内重大的突发性自然灾害包括旱灾、洪涝、台风、风暴潮、冻害、雹灾、海啸、地震、火山、滑坡、泥石流、森林火灾、农林病虫害、宇宙辐射、赤潮(与其他自然灾害相比极少出现，出现了影响也小)等。

自然灾害系统是由孕灾环境、致灾因子和承灾体共同组成的地球表层变异系统，灾情是这个系统中各子系统相互作用的结果。自然灾害是人类依赖的自然界中所发生的异常现象，且对人类社会造成了危害的现象和事件。它们之中既有地震、火山爆发、泥石流、海啸、台风、龙卷风、洪水等突发性灾害；也有地面塌陷、地面沉降、土地沙漠化、干旱、海岸线变化等在较长时间中才能逐渐显现的渐变性灾害；还有臭氧层变化、水体污染、水土流失、酸雨等人类活动导致的环境灾害。这些自然灾害和环境破坏之间有着复杂的相互联系。人类要从科学的意义上认识这些灾害的发生、发展，并尽可能减小它们所造成的危害，已是国际社会的一个共同主题。自然灾害的形成必须具备两个条件：一是要有自然异变作为诱因，二是要有受到损害的人、财产、资源作为承受灾害的客体。

一、灾害形成

灾害是对能够给人类和人类赖以生存的环境造成破坏性影响的事件总称。纵观人类的历史可以看出，灾害的发生原因主要有两个：一是自然变异，二是人为影响。因此，通常把以自然变异为主因的灾害称之为自然灾害，如地震、风暴、海啸；将以人为影响为主因的灾害称之为人为灾害，如人为引起的火灾、交通事故和酸雨等。

影响自然灾害灾情大小的因素有三个：一是孕育灾害的环境（孕灾环境），二是导致灾害发生的因子（致灾因子），三是承受灾害的客体（受灾体）。

二、灾害分类

自然灾害形成的过程有长有短，有缓有急。有些自然灾害，当致灾因素的变化超过一定强度时，就会在几天、几小时甚至几分、几秒钟内表现为灾害行为，像火山爆发、地震、洪水、飓风、风暴潮、冰雹、雪灾、暴雨等，这类灾害称为突发性自然灾害。旱灾、农作物和森林的病、虫、草害等，虽然一般要在几个月的时间内成灾，但灾害的形成和结束仍然比较快速、明显，所以也把它们列入突发性自然灾害。另外还有一些自然灾害是在致灾因素长期发展的情况下，逐渐显现成灾的，如土地沙漠化、水土流失、环境恶化等，这类灾害通常要几年或更长时间的发展，则称之为缓发性自然灾害。

许多自然灾害，特别是等级高、强度大的自然灾害发生以后，常常诱发出一连串的其他灾害接连发生，这种现象叫灾害链。灾害链中最早发生的起作用的灾害称为原生灾害；而由原生灾害所诱导出来的灾害则称为次生灾害。自然灾害发生之后，破坏了人类生存的和谐条件，由此还可以导生出一系列其他灾害，这些灾害泛称为衍生灾害。如大旱之后，地表与浅部淡水极度匮乏，迫使人们饮用深层含氟量较高的地下水，从而导致了氟病，这些都称为衍生灾害。

灾害的过程往往是很复杂的，有时候一种灾害可由几种灾因引起，或者一种灾因会同时引起好几种不同的灾害。这时，灾害类型的确定就要根据起主导作用的灾因和其主要表现形式而定。

三、灾害特征

自然灾害的特征归结起来主要表现在以下六个方面：

第一，自然灾害具有广泛性与区域性。一方面，自然灾害的分布范围很广。不管是海洋还是陆地，地上还是地下，城市还是农村，平原、丘陵还是山地、高原，只要有人类活动，自然灾害就有可能发生。另一方面，自然地理环境的区域性又决定了自然灾害的区域性。

第二，自然灾害具有频繁性和不确定性。全世界每年发生的大大小小的自然灾害非常多。近几十年来，自然灾害的发生次数还呈现出增加的趋势，而自然灾害在发生时间、地点和规模等的不确定性，又在很大程度上增加了人们抵御自然灾害的难度。

第三，自然灾害具有一定的周期性和不可重复性。主要自然灾害中，无论是地震还是干旱、洪水,它们的发生都呈现出一定的周期性。人们常说的某种自然灾害“十年一遇,百年一遇”实际上就是对自然灾害周期性的一种通俗描述。自然灾害的不可重复性主要是指灾害过程、损害结果的不可重复性。

第四,自然灾害具有联系性。自然灾害的联系性表现在两个方面。一方面是区域之间具有联系性。比如,南美洲西海岸发生“厄尔尼诺”现象,有可能导致全球气象紊乱;美国排放的工业废气,常常在加拿大境内形成酸雨。另一方面是灾害之间具有联系性。也就是说,某些自然灾害可以互为条件,形成灾害群或灾害链。例如,火山活动就是一个灾害群或灾害链。火山活动可以导致火山爆发、冰雪融化、泥石流、大气污染等一系列灾害。

第五,各种自然灾害所造成的危害具有严重性。例如,全球每年发生可记录的地震约有500万次,其中有感地震约5万次,造成破坏的近千次;而里氏7级以上足以造成损失惨重的强烈地震,每年约发生15次;干旱、洪涝两种灾害造成的经济损失也十分严重,全球每年可达数百亿美元。

第六,自然灾害具有不可避免性和可减轻性。由于人与自然之间始终充满着矛盾,只要地球在运动、物质在变化,只要有人类存在,自然灾害就不可能消失,从这一点看,自然灾害是不可避免的。然而,充满智慧的人类,可以在越来越广阔的范围内进行防灾减灾,通过采取避害趋利、除害兴利、化害为利、害中求利等措施,最大限度地减轻灾害损失,从这一点看,自然灾害又是可以减轻的。

四、主要影响

① 灾难会带来实质性的创伤和精神障碍。

② 绝大多数的痛苦在灾后一两年内消失,人们能够自我调整。

③ 由灾难引起的慢性精神障碍非常少见。

④ 有些灾难的整体影响可能是正面的,因为它可能会增加社会的凝聚力。

⑤ 灾难扰乱了组织、家庭以及个体生活。

自然灾害会引起压力、焦虑、压抑以及其他情绪和知觉问题。影响的时间以及有些人不能尽快适应的原因仍然是未知数。在洪水、龙卷风、飓风以及其他自然灾害过后,受害者会表现出恶念、焦虑、压抑和其他情绪问题,这些问题会持续一年左右。这是一种极度的灾难的持续效果,称为创伤后应激障碍,是指经历了创伤以后,持续的、不必要的、无法控制的无关事件的念头,强烈地避免提及事件的愿望,睡眠障碍,社会退缩以及强烈警觉的焦虑障碍。

发生频率最高和危害程度最大的十大自然灾害排名为:① 海啸,② 地震,③ 雪灾,④ 洪水,⑤ 泥石流,⑥ 火灾,⑦ 火山爆发,⑧ 沙尘暴,⑨ 虫灾,⑩ 干旱。

附录 14-1

近年世界重大自然灾害一览表

自然灾害名称	灾害类型	主要受灾国	发生时间	死亡人数/人
卡特里娜飓风	风暴	美国	2005 年	1800
锡德风暴	风暴	孟加拉国	2007 年	4100
南亚大地震	地震	巴基斯坦	2005 年	180 000
美国田纳西洲洪水	洪水	美国	2010 年	30
中国玉树地震	地震	中国	2010 年	2000
印度洋地震	海啸	印度尼西亚	2004 年	111 171
俄罗斯森林火灾	森林火灾	俄罗斯	2010 年	50
中国舟曲县泥石流	泥石流	中国	2010 年	1550
缅甸特强气旋风暴纳尔吉斯	风暴	缅甸	2008 年	78 000
巴基斯坦克什米尔地区大地震	地震	巴基斯坦	2005 年	75 000
智利地震	海啸	智利	2010 年	500
秘鲁泥石流	泥石流	秘鲁	2010 年	26
海地大地震	地震	海地	2010 年	250 000
澳大利亚洪灾	洪水	澳大利亚	2011 年	42
巴西洪灾	洪水	巴西	2011 年	785
中国汶川地震	地震	中国	2008 年	87 000
中美洲“阿加莎”风暴	风暴	危地马拉	2010 年	142
印度尼西亚爪哇岛大地震	地震	印度尼西亚	2006 年	6500
美国热浪	风暴	美国	2011 年	5
日本海啸大地震	地震＋海啸	日本	2011 年	16 500
冰岛埃亚菲亚德拉火山爆发	火山	冰岛	2010 年	0
巴基斯坦洪灾	洪水	巴基斯坦	2010 年	2000
印度尼西亚苏门答腊岛大地震	地震	印度尼西亚	2005 年	1300
孟加拉国水灾	洪水	孟加拉国	1987 年	2000
喀麦隆尼奥斯火山湖毒气	火山	喀麦隆	1986 年	1740
“桑美”台风	风暴	东南亚等国	2006 年	458
西班牙加纳利群岛山火	森林火山	西班牙	2007 年	0
热带风暴“碧利斯”	风暴	菲律宾	2006 年	672
热带风暴“珍妮”	风暴	海地	2004 年	3000

附录 14-2

世界各大洲的主要自然灾害

大洲	自然灾害的特点
亚洲	自然灾害类型齐全,主要有:地震、干旱、洪涝、台风、寒潮、沙漠化、水土流失等。自然灾害分布广泛,损失巨大,其中中国、日本、孟加拉国、印度尼西亚等国灾害频繁。
欧洲	自然灾害类型相对较少,低温灾害特别是雪灾比较严重。
非洲	自然灾害类型较少,以旱灾为主,旱灾引发蝗虫灾害。由于人口压力过大,引起严重的土地退化、沙漠化等现象。旱灾主要分布在热带草原。
北美洲	自然灾害类型齐全,主要有:地震、龙卷风、飓风、洪涝等。西海岸主要为地震、火山灾害;东、南部主要为龙卷风、飓风灾害;中、南部洪涝灾害严重。
南美洲	自然灾害类型相对较少,以地震、火山喷发、泥石流灾害为主,集中分布在西海岸的智利、秘鲁等国。
大洋洲	大陆内部气象灾害较多,岛屿多火山、地震。

第二节　中国自然灾害

一、中国自然灾害分类

我国是世界上自然灾害种类最多的国家,自然灾害分为八大类:气象灾害、海洋灾害、洪水灾害、地质灾害、地震灾害、农作物生物灾害、森林生物灾害和森林火灾。

1. 气象灾害

① 暴雨,② 雨涝,③ 干旱,④ 干热风、焚风,⑤ 高温、热浪,⑥ 热带气旋,⑦ 冷害,⑧ 冻害,⑨ 冻雨,⑩ 结冰,⑪ 雪害,⑫ 雹害,⑬ 风害,⑭ 龙卷风,⑮ 雷电,⑯ 连阴雨(酸雨),⑰ 浓雾,⑱ 低空风切变,⑲ 酸雨,⑳ 沙尘暴。

2. 海洋灾害

① 风暴潮,② 灾害性海浪,③ 海冰,④ 海啸,⑤ 赤潮,⑥ 厄尔尼诺现象。

3. 洪水灾害

① 暴雨灾害,② 山洪,③ 融雪洪水,④ 冰凌洪水,⑤ 溃坝洪水,⑥ 泥石流与水泥流洪水。

4. 地质灾害

① 泥石流,② 滑坡,③ 崩塌,④ 地面下沉,⑤ 地震,⑥ 岩石膨胀,⑦ 沙土液化,⑧ 土地冻融,⑨ 土壤盐渍化,⑩ 土地沙漠化,⑪ 火山,⑫ 地热。

5. 地震灾害

① 构造地震,② 陷落地震,③ 矿山地震,④ 水库地震等。

6. 农作物生物

① 农作物病害，② 农作物虫害，③ 农作物草害，④ 鼠害。

7. 森林生物

① 森林病害，② 森林虫害，③ 森林鼠害。

8. 天文灾害

天文灾害是指空间天体或其状态，如太阳表面、太阳风、磁层、电离层和热层瞬时或短时间内发生异常变化，可引起卫星运行、通信、导航以及电站输送网络的崩溃，危及人类的生命和健康，造成社会经济损失。

二、中国自然灾害直接经济损失

中国自然灾害直接经济损失主要是由于地震、台风、干旱、暴雨（暴雨和洪水）和雪灾引起的。从2007年至2016年间所有损失的10年平均值所占灾因的比例来看，干旱占25%，地震占24%，暴雨、洪水、泥石流占24%，台风占12%，冰雪、霜冻、低温占8%，暴风、冰雹、闪电和龙卷风7%。

据2017年全国自然灾害基本情况来看，2017年各类自然灾害共造成全国1.4亿人次受灾，881人死亡，98人失踪，直接经济损失3018.7亿元。

第三节 国际减轻自然灾害日

国际减轻自然灾害日是由联合国大会1989年确定的，定于每年10月的第二个星期三。2009年，联合国大会通过决议改为每年10月13日为国际减轻自然灾害日，简称“国际减灾日”。所谓“减轻自然灾害”，一般是指减轻由潜在的自然灾害可能造成对社会及环境影响的程度，即最大限度地减少人员伤亡和财产损失，使公众的社会和经济结构在灾害中受到的破坏得以减轻到最低程度。

一、“国际减轻自然灾害十年”由来

自然灾害是当今世界面临的重大问题之一，严重影响经济、社会的可持续发展和威胁人类的生存。联合国于1987年12月11日确定20世纪90年代为“国际减轻自然灾害十年”。

国际减轻自然灾害十年（简称国际减灾十年）是由原美国科学院院长弗兰克·普雷斯博士于1984年7月在第八届世界地震工程会议上提出的。此后这一计划得到了联合国和国际社会的广泛关注。联合国分别在1987年12月11日通过的第42届联大169号决议、1988年12月20日通过的第43届联大203号决议，以及经济及社会理事会1989年的99号决议中，对开展国际减灾十年的活动做了具体安排。1989年12月，第44届联大通过了经社理事会关于国际减轻自然灾害十年的报告,决定从1990年至1999年开展“国际减轻自然灾害十年”活动,规定每年10月的第二个星期三为“国际减少自然灾害日”(International Day for Natural Disaster Reduction,简称IDNDR)。1990年10月10日是第一个“国际减轻自然灾害十年”日,联大还确认了“国际减轻自然灾害十年”的国际行动纲领。

二、“国际减轻自然灾害十年”国际行动纲领

“国际减轻自然灾害十年”国际行动纲领首先确定了行动的目的和目标。

行动的目的是:通过一致的国际行动,特别是在发展中国家,减轻由地震、风灾、海啸、水灾、土崩、火山爆发、森林大火、蚱蜢和蝗虫、旱灾和沙漠化以及其他自然灾害所造成的生命财产损失和社会经济的失调。

其目标是:增进各国迅速有效地减轻自然灾害的影响的能力,特别注意帮助有此需要的发展中国家设立预警系统和抗灾结构;考虑到各国文化和经济情况不同,制定利用现有科技知识的方针和策略;鼓励各种科学和工艺技术致力于填补知识方面的重要空白点;传播、评价、预测与减轻自然灾害的措施有关的现有技术资料和新技术资料;通过技术援助与技术转让、示范项目、教育和培训等方案来发展评价、预测和减轻自然灾害的措施,并评价这些方案和效力。

附录14-3

历年“国际减少自然灾害日”主题

1991年:减灾、发展、环境——为了一个目标

1992年:减轻自然灾害与持续发展

1993年:减轻自然灾害的损失,要特别注意学校和医院

1994年:确定受灾害威胁的地区和易受灾害损失的地区——为了更加安全的21世纪

1995年:妇女和儿童——预防的关键

1996年:城市化与灾害

1997年:水:太多、太少——都会造成自然灾害

1998年:防灾与媒体

1999年:减灾的效益——科学技术在灾害防御中保护了生命和财产安全

2000年:防灾、教育和青年——特别关注森林火灾

2001年:抵御灾害,减轻易损性

2002年:山区减灾与可持续发展

2003年:面对灾害,更加关注可持续发展

2004年:总结今日经验、减轻未来灾害

2005年:利用小额信贷和安全网络,提高抗灾能力

2006年:减灾始于学校

2007 年：防灾、教育和青年
2008 年：减少灾害风险 确保医院安全
2009 年：让灾害远离医院
2010 年：建设具有抗灾能力的城市——让我们做好准备
2011 年：让儿童和青年成为减少灾害风险的合作伙伴
2012 年：女性——抵御灾害的无形力量
2013 年：面临灾害风险的残疾人士
2014 年：提升抗灾能力就是拯救生命——老年人与减灾
2015 年：掌握防灾减灾知识，保护生命安全
2016 年：用生命呼吁——增强减灾意识、减少人员伤亡
2017 年：建设安全家园——远离灾害，减少损失

参考文献

[1] http：//finance. eastmoney. com/news/1351，20160505620925515. html，2016-05-05
[2] http：//nj. bendibao. com/news/20151013/57968. shtm，2015-10-13

思考题

1. 自然灾害形成。
2. 自然灾害分类与特征。
3. 自然灾害主要影响。